Den demographischen Wandel im
Unternehmen erfolgreich gestalten

Thomas Langhoff

Den demographischen Wandel im Unternehmen erfolgreich gestalten

Eine Zwischenbilanz aus arbeitswissenschaftlicher Sicht

Dr. Thomas Langhoff
Prospektiv GmbH
Friedensplatz 6
44135 Dortmund
langhoff@prospektiv-do.de

ISBN 978-3-642-01241-9   e-ISBN 978-3-642-01242-6
DOI 10.1007/978-3-642-01242-6
Springer Dordrecht Heidelberg London New York

Die Deutsche Nationalbibliothek verzeichnet diese Publikation in der Deutschen Nationalbibliografie; detaillierte bibliografische Daten sind im Internet über http://dnb.d-nb.de abrufbar.

© Springer-Verlag Berlin Heidelberg 2009
Dieses Werk ist urheberrechtlich geschützt. Die dadurch begründeten Rechte, insbesondere die der Übersetzung, des Nachdrucks, des Vortrags, der Entnahme von Abbildungen und Tabellen, der Funksendung, der Mikroverfilmung oder der Vervielfältigung auf anderen Wegen und der Speicherung in Datenverarbeitungsanlagen, bleiben, auch bei nur auszugsweiser Verwertung, vorbehalten. Eine Vervielfältigung dieses Werkes oder von Teilen dieses Werkes ist auch im Einzelfall nur in den Grenzen der gesetzlichen Bestimmungen des Urheberrechtsgesetzes der Bundesrepublik Deutschland vom 9. September 1965 in der jeweils geltenden Fassung zulässig. Sie ist grundsätzlich vergütungspflichtig. Zuwiderhandlungen unterliegen den Strafbestimmungen des Urheberrechtsgesetzes.
Die Wiedergabe von Gebrauchsnamen, Handelsnamen, Warenbezeichnungen usw. in diesem Werk berechtigt auch ohne besondere Kennzeichnung nicht zu der Annahme, dass solche Namen im Sinne der Warenzeichen- und Markenschutz-Gesetzgebung als frei zu betrachten wären und daher von jedermann benutzt werden dürften.

Einbandentwurf: WMXDesign GmbH, Heidelberg

Gedruckt auf säurefreiem Papier

Springer ist Teil der Fachverlagsgruppe Springer Science+Business Media (www.springer.com)

Volker Volkholz[†]

Dieses Buch ist Volker Volkholz gewidmet, der mich in den letzten 20 Jahren als Geschäftsführer der GfAH, aber vor allem als Lehrer und Mentor begleitet hat. Volker Volkholz, der permanenter Innovator, Pionier und Visionär gewesen ist, hat mich als junger Arbeitswissenschaftler bereits zu Beginn der 90er Jahre mit dem demografischen Wandel vertraut gemacht. Er war es auch, der mich 2007 gedrängt hat, meine umfangreichen Erfahrungen mit der betrieblichen Gestaltung des demografischen Wandels endlich einmal systematisch aufzuarbeiten und zu publizieren.

Volker Volkholz hat bereits 1991 publiziert, welche Altersstrukturen wir 2010 und 2020 zu erwarten haben und welche Folgewirkungen dies auf die Erwerbsarbeit haben wird. Heute ist dies Bestandteil von Tarifverträgen und abendlicher TV-Talks. Damals hat es noch niemanden interessiert. So war es eigentlich mit vielem, was Volker kreiert, vorgedacht und als Idee in die arbeitswissenschaftliche Debatte eingebracht hat. Dass seine Ideen und Visionen erst dann die Breite interessiert haben, wenn er selbst schon wieder geistig um Meilen voraus und längst wieder mit anderem beschäftigt war, ist offensichtlich das Los, das Vordenker – also weitsichtig und umfassend Nachdenkende – zu tragen haben. Ihm hat es bisweilen, zum Schluss immer häufiger, zu schaffen gemacht.

Zu dem vorliegenden Buch hätte er wohl gesagt: „Mir gefällt deine lakonische Schreibweise. Die hast Du wohl von mir." Er hätte mich einleitend für die geballte Leistung gelobt und für die nicht opportune Ehrlichkeit, um dann langsam aber beharrlich einen Gedanken nach dem anderen zu ergänzen, die es auch noch Wert gewesen wären zu erwähnen. Nach Stunden hätte ich dann völlig ausgelaugt vom konzentrierten Zuhören und Mitschreiben um eine Beendigung seines Rates und seiner Unterstützung gebeten. Sein Wissen und seine Anregungen wären Stoff für drei weitere Bücher gewesen. So war Volker Volkholz.

Ich verdanke Volker Volkholz den Mut, das vorliegende Buch geschrieben zu haben. Sein Wirken wird immer auch in meinen Taten weiterleben.

Dortmund, im Februar 2009   Thomas Langhoff

[†] 16. November 2008

Über das Buch

Mit dieser Buchveröffentlichung wird eine Zwischenbilanz von 10 Jahren betrieblicher Gestaltung des demografischen Wandels aus arbeitswissenschaftlicher Sicht vorgenommen.

Zunächst wird dem Leser die Unveränderbarkeit der demografischen Entwicklung in den nächsten Jahrzehnten dargelegt und seine Auswirkungen und Herausforderungen für Gesellschaft, Wirtschaft, Unternehmen und Erwerbstätige dargestellt. Dabei ist die zentrale Botschaft, dass die Beschleunigung des demografischen Wandels kurz bevorsteht und im nächsten Jahrzehnt zu einer der entscheidenden Wettbewerbsfaktoren wird.

Es wird aufgezeigt, wie Unternehmen die komplexe Thematik in betrieblichen Demografieprojekten operationalisieren können und welche betrieblichen Analysen notwendig sind, um evidenzbasiert betriebsspezifische Strategien zu entwickeln. Dabei werden unterschiedliche Betriebstypen ebenso generiert wie auch die Einzigartigkeit jedes Unternehmens hervorgehoben.

Es werden Vorurteile zur Produktivität und zur Innovationsfähigkeit älterer Arbeitnehmer ebenso entlarvt wie der Mythos, altersgemischte Belegschaften und Teams seien anzustrebende (weil arbeitswissenschaftlich begründete) Gestaltungslösungen.

Es werden die operativen und strategischen Handlungsfelder im Unternehmen beschrieben, mit der „demografischen Brille" betrachtet und skizziert, was zu tun ist, um sie demografiefest zu machen. Zu den Handlungsfeldern werden vorhandene arbeitswissenschaftliche Erkenntnisse, vorliegenden Beispiele guter Praxis aus verschiedensten Branchen wie auch wichtige betriebliche Erfahrungen und Probleme aufgezeigt. Dabei hat die vorliegende Buchveröffentlichung Handbuchcharakter für all die Unternehmen, die sich bisher noch nicht intensiv mit dem demografischen Wandel beschäftigt haben, um sich auf den demografiegetriebenen Wettbewerb des nächsten Jahrzehnts vorzubereiten.

Es werden aber auch die Probleme kritisch konstatiert, für die bislang keine Lösung in Sicht ist und die viele Unternehmen einzelner Branchen in den nächsten Jahren relativ sicher zu einer Dauerbaustelle werden lassen.

Hierfür, aber nicht nur, werden die notwendigen Forschungsbedarfe aus Sicht der angewandten Arbeitswissenschaft formuliert, um sie in zukünftige Forschungsprogramme einfließen zu lassen. Damit ist die umfassende Zwischenbilanz zur betrieblichen Gestaltung des demografischen Wandels nicht nur für Betriebspraktiker, sondern auch für Arbeitswissenschaftler und Intermediäre interessant.

Vorwort Dr. Jürgen Pfister

In Europa wird die Erwerbsbevölkerung in den nächsten 20 Jahren um 20, 8 Mill. bzw. um 6, 8 % sinken; – allein in Deutschland von derzeit 35 auf knapp 20 Millionen. Zugleich wird der Anteil der über 55 Jährigen an der Erwerbsbevölkerung um 24 Millionen bzw. um 8, 7 % steigen, während der Anteil aller übrigen Altersklassen um ca. 20–25 % abnehmen wird. Bereits ab dem Jahre 2013 wird die stärkste Alterskohorte der Erwerbstätigen in Deutschland die der Über-50-Jährigen sein.

Der demografische Wandel gehört zweifellos zu den sichersten Zukunftsindikatoren, die wir haben. Auf der Makroebene von Wirtschaft und Gesellschaft sind seine Auswirkungen gewissermaßen vorprogrammiert und mit hoher Eintrittswahrscheinlichkeit prognostizierbar. Dagegen wissen wir vergleichsweise wenig darüber, wie sich der demographische Wandel auf der Mikroebene eines einzelnen Unternehmens konkret auswirkt und welche Maßnahmen daraus für die Gestaltung der Arbeitsorganisation, der Personalplanung und des Personalmanagements in der betrieblichen Praxis abzuleiten sind. In der betrieblichen Praxis fehlt es uns vielfach an verlässlichen Daten und Fakten, wie der Personalbestand in unseren Betrieben strukturiert ist. Und dort, wo wir über diese Strukturdaten verfügen, wissen wir meistens nichts darüber, wie sie sich in den nächsten 5 bis 10 Jahren entwickeln werden. Für eine aktive Gestaltung des demografischen Wandels in unseren Unternehmen brauchen wir eine Personalplanung, die den quantitativen und den qualitativen Bedarf an Mitarbeitern einerseits und die zukünftige Entwicklung des Personalbestandes andererseits erfasst, beides systematisch abgleicht und darauf aufbauend gezielte Maßnahmen zur Schließung der entstehenden „Lücken" einleitet.

Genau hier setzt Dr. Thomas Langhoff mit seiner „Zwischenbilanz" zur betrieblichen Gestaltung des demografischen Wandels an. Das zentrale methodische Element dieser Zwischenbilanz ist das von ihm entwickelte Werkzeug zur Altersstrukturanalyse „Astra". Die Altersstrukturanalyse liefert solide empirische Daten über den Personalbestand eines Betriebes und dessen langfristige Entwicklung bis hinunter auf die Ebene von Jobfamilien. Sie schafft damit die Grundlage für effektives und effizientes Handeln im Rahmen des betrieblichen Demografiemanagements.

Zahlen, Daten und Fakten können jedoch nur dann zu sinnvollen Antworten beitragen, wenn sie sich in strategische Fragestellungen und Handlungsfelder einfügen. Andernfalls gerät man rasch in die Gefahr, Datenfriedhöfe zu produzieren. Dieser

Gefahr entgeht der Autor dadurch, dass er die Daten der Altersstrukturanalyse systematisch mit betrieblichen Strategien eines demografieorientierten Personalmanagements verbindet. Anhand von Fallbeispielen aus der betrieblichen Praxis beschreibt der Autor, wie auf den Ergebnissen der Altersstrukturanalyse eine Maßnahmeplanung im Rahmen eines betrieblichen Demografieprojektes aufgebaut werden kann und was bei der Interpretation der Daten in den strategischen Handlungsfeldern „Rekrutierung", „Bindung" und „Übergang in die Rente" zu beachten ist. In diesem Zusammenhang entwickelt er exemplarisch Antworten auf die wichtigste Zukunftsfrage von Unternehmen im Zeichen des demografischen Wandels, die da lautet: Wie können wir unseren steigenden Bedarf an hochqualifizierten Fach- und Führungskräften in einem schrumpfenden Arbeitsmarkt mittel- und langfristig sicherstellen?

Darüber hinaus entwickelt der Autor konzeptionelle Bausteine eines betrieblichen Demografiemanagements in den operativen Handlungsfeldern „Arbeitsgestaltung", „Betriebliches Gesundheitsmanagement", „Aus- und Weiterbildung", sowie „Führung und Motivation". Der Autor stellt das in diesen Handlungsfeldern verfügbare arbeitswissenschaftliche Gestaltungswissen ausführlich dar und überprüft es daraufhin, was es zur Beantwortung von zentralen Fragen des betrieblichen Demografiemanagements beitragen kann, wie z. B. der Folgenden:

- Wie können Unternehmen die Gesundheit und damit die Beschäftigungsfähigkeit ihrer Mitarbeiter durch ein betriebliches Gesundheitsmanagement sowie durch eine alternsgerechte Arbeitsgestaltung nachhaltig fördern und langfristig erhalten?
- Wie können Unternehmen sicherstellen, dass ältere Mitarbeiter ihre beruflichen Erfahrungen rechtzeitig vor ihrem Ausscheiden an jüngere Mitarbeiter weitergeben und wertvolles Know im Unterehmen verbleibt?
- Wie kann die berufliche Weiterbildung in den Unternehmen von Anfang an als lebenslanger Prozess der Kompetenzentwicklung organisiert werden, und wie kann die Arbeit selbst so organisiert werden, dass Prozesse umweltbezogenen Lernens durch die Kombination von anspruchsvollen Aufgaben und individuellen Entscheidungskompetenzen über die gesamte Berufsbiografie hinweg kontinuierlich gefördert werden?
- Wie können Unternehmen eine Kultur der Vielfalt und Wertschätzung entwickeln, die negativen Altersbildern entgegenwirkt und in der Mitarbeiterinnen und Mitarbeiter unterschiedlicher Generationen konstruktiv und produktiv zusammenarbeiten können?

Der Autor behandelt auch diese zentralen Fragen eines betrieblichen Demografiemanagements überwiegend auf der Basis konkreter Fallbeispiele aus der Praxis. Seinen diesbezüglichen Ausführungen ist deutlich anzumerken, dass sie gemeinsam mit Praktikern für die betriebliche Praxis erarbeitet wurden. Sie sind deshalb nicht nur arbeitswissenschaftlich fundiert, sondern weisen zugleich einen großen Praxisbezug auf. Gleichwohl ist der Grundtenor dieser Ausführungen, dass das arbeitswissenschaftliche Gestaltungswissen zwar vielfach vorhanden ist, es in den Betrieben aber weitgehend an der Fähigkeit zur Interpretation und Übersetzung der arbeitswissenschaftlichen Erkenntnisse in betriebliche Aufträge und Maßnahmen fehlt.

Vorwort Dr. Jürgen Pfister

Die Betriebe verfügen vielfach nicht über das Steuerungswissen, das zur Umsetzung des arbeitswissenschaftlichen Gestaltungswissens in der Praxis erforderlich ist. Der Autor macht deshalb nicht die Wissensfrage, sondern die Steuerungsfrage konsequent zum Impetus des betrieblichen Demografiemanagements und der Arbeitswissenschaft. Das Werk von Dr. Thomas Langhoff ist von daher nicht zuletzt eine Fundgrube für Werkzeuge und Methoden zur Steuerung von betrieblichen Demografieprojekten. Prägnante Zusammenfassungen, Checklisten, Audits, und Strategiecockpits zur Erfassung des Ist-Standes und des Projektfortschritts erleichtern den Praktikern in den Betrieben die Erprobung der konzeptionellen Bausteine und die Anwendung des verfügbaren arbeitswissenschaftlichen Gestaltungswissens in den betrieblichen Handlungsfeldern.

Der Autor hat mit seinem Werk die meines Wissens umfassendste, arbeitswissenschaftlich fundierte Bilanz zur betrieblichen Gestaltung des demografischen Wandels in den letzten 10 Jahren vorgelegt. Dennoch geht das Werk weit über eine reine Bilanzierung von Gestaltungsaktivitäten hinaus. Es trägt vielmehr maßgeblich dazu bei, die Lücke zwischen arbeitswissenschaftlicher Theorie einerseits und betrieblicher Praxis andererseits zu schließen. Der Autor zeigt auf, wie arbeitswissenschaftliches Gestaltungswissen systematisch zur Entwicklung demografiefester Strukturen in den Betrieben genutzt und zur Lösung der zentralen Fragen eingesetzt werden kann, die der demografische Wandel in den betrieblichen Handlungsfeldern aufwirft. Das Werk von Dr. Thomas Langhoff verdient deshalb eine breite Leserschaft von all denjenigen, die in der betrieblichen Praxis mit der aktiven Gestaltung des demographischen Wandels befasst sind: Unternehmer, Führungskräfte, Personalmanager, Wissenschaftler und Vertreter von Arbeitgeberverbänden und Gewerkschaften.

Dr. Jürgen Pfister
**Vorstandsvorsitzender des
Demographie-Netzwerks ddn**

Inhalt

Einleitung 1

1. Der demografische Wandel in Wirtschaft und Gesellschaft 7
2. Individuelles Altern, Leistungsfähigkeit und Produktivität 31
3. Altersstrukturanalyse 53
   3.1 Demografieanalyse des Unternehmensstandorts 90
4. Demografiemanagement: Projektmanagement, Auditierung und Strategiecockpit 99
5. Arbeitsgestaltung 119
6. Gesundheitsmanagement 147
   6.1 Betriebliches Eingliederungsmanagement (BEM) 174
   6.2 Der Work Ability Index (WAI) 188
7. Aus- und Weiterbildung 203
8. Diversity Management 229
9. Führung und Motivation 243
10. Demografiefeste Personalstrategien (Rekrutierung, Bindung, Übergang in die Rente) 259
    10.1 Arbeitgeberattraktivität und Work-Life-Balance (WLB) 286
    10.2 Unternehmenskooperation als strategischer Ansatz im demografischen Wandel 303
11. Demografischer Wandel in Klein- und Kleinstbetrieben, insbesondere im Handwerk 307

12. **Die Rolle der betrieblichen Interessenvertretung** 319

13. **Ausblick auf das nächste Jahrzehnt** 331
    13.1 Betrieblicher Handlungsbedarf und offene Forschungsfragen. ... 333
    13.2 Wege aus der Trägheit 341

Literatur gesamt 349

Über den Autor 363

Sachverzeichnis 365

Abkürzungsverzeichnis

ABB	Asea Brown Boveri
AG	Arbeitgeber
AGG	Allgemeines Gleichbehandlungsgesetz
AK	Arbeitskreis
AN	Arbeitnehmer/in
ArbSchG	Arbeitsschutzgesetz
ASA	Arbeitsschutzausschuss
AsiG	Arbeitssicherheitsgesetz
ASTRA	Altersstrukturanalyse
ASV	Arbeitsschutzverwaltung
ATZ	Altersteilzeit
AU	Arbeitsunfähigkeit
AuG	Arbeits- und Gesundheitsschutz
AZ	Arbeitszeit
BA	Betriebsarzt
BAuA	Bundesanstalt für Arbeitsschutz und Arbeitsmedizin
BBW	Berufsbildungswerk
BDA	Bundesvereinigung der Deutschen Arbeitgeberverbände
BEM	Betriebliches Eingliederungsmanagement
BetrVG	Betriebsverfassungsgesetz
BG	Berufsgenossenschaft
BGF	Betriebliche Gesundheitsförderung
BiBB	Bundesinstitut für Berufsbildung
BKK	Betriebskrankenkasse
BMBF	Bundesministerium für Bildung und Forschung
BMI	Bundesinnenministerium
BR	Betriebsrat
BSC	Balanced Scorecard
BV	Betriebsvereinbarung
BZD	Betriebszugehörigkeitsdauer
CBT	Computer Based Training
CGC	Capital-Gain Consultants

DAK	Deutsche Angestellten Krankenkasse
DDR	Deutsche Demokratische Republik
DGV	Deutscher Gießereiverband
DIW	Deutsches Institut für Wirtschaftsforschung
DLU	Dienstleistungsunternehmen
DM	Diversity Management
EAP	Employee Assistance Programme
EBIT	Earnings Before Interests and Taxes
EDV	Elektronische Datenverarbeitung
EU	Europäische Union
F&E	Forschung und Entwicklung
FiF	Frauen in Führungspositionen
FK	Führungskraft
FQ	Fehlzeitenquote
FTE	Full Time Equivalent
GefStoffVO	Gefahrstoffverordnung
GG	Grauguss
HDE	Hautverband des Deutschen Einzelhandels
IAB	Institut für Arbeitsmarkt- und Berufsforschung
IAP	Institut für Arbeitssystemgestaltung und Personalmanagement
IAT	Institut Arbeit und Technik
IBS	Institut für Bevölkerungsforschung und Sozialpolitik
IfaA	Institut für angewandte Arbeitswissenschaft
IfM	Insitut für Mittelstandsforschung
IHK	Industrie- und Handelskammer
IKK	Innungskrankenkasse
IMBA	Integration von Menschen mit Behinderungen in die Arbeitswelt
IMS	Integriertes Managementsystem
IT	Information Technology
IuK	Information und Kommunikation
KFZ	Kraftfahrzeug
KFZA	Kurzfragebogen zur Arbeitsanalyse
Kita	Kindertagesstätte
KMU	Kleine und mittlere Unternehmen
KSchG	Kündigungsschutzgesetz
KVP	Kontinuierlicher Verbesserungsprozess
KZE	Kurzzeiterkrankung
LIAB	Linked-Employer-Employee-Datensatz
LZK	Langzeiterkrankung
MA	Mitarbeiter und Mitarbeiterinnen
MAG	Mitarbeitergespräch
MAGS	Ministerium für Arbeit, Gesundheit und Soziales
MELBA	Merkmalprofile zur Eingliederung Leistungsgewandelter und Behinderter in Arbeit
MSE	Muskel-Skelett-Erkrankungen

MV	Marketing und Vertrieb
NAP	Nationaler Aktionsplan
NRW	Nordrhein-Westfalen
OECD	Organisation for Economic Co-operation and Development
ÖPNV	Öffentlicher Personennahverkehr
PDCA	Plan-Do-Check-Act
PIS	Personalinformationssystem
PISA	Programme for International Student Assessment
RAF	Rote Armee Fraktion
RFID	Radio Frequency Identification
RoG	Ressourcenorientiertes Gesundheitsmanagement
ROI	Return Of Investment
SchwbV	Schwerbehindertenvertretung
SGB	Sozialgesetzbuch
SHK	Sanitär-Heizung-Klima
SIFA	Sicherheitsfachkraft
SMBG	Süddeutsche Metallberufsgenossenschaft
TN	Teilnehmer
TOP	Technik-Organisation-Personal
TZ	Teilzeit
UPS	United Parcel Service
VDI	Verband Deutscher Ingenieure
VDV	Verband Deutscher Verkehrsunternehmen
VZ	Vollzeit
WAI	Workability-Index
WB	Weiterbildung
WBT	Web Based Training
WEF	World Economic Foundation
West LB	Westdeutsche Landesbank
WLB	Work-Life-Balance
WLB	Work-Life-Balance
ZDH	Zentralverband des Deutschen Handwerks

Einleitung

Demografischer Wandel als gesicherter Zukunftsindikator

Seit Beginn des 21. Jahrhunderts tauchen in den Debatten, die sich um Wirtschaft und Arbeit drehen, verschiedene Themen auf: Globalisierung, Flexibilität, Lohnnebenkosten, Rentensystemsicherung und demografischer Wandel. Dabei wird der demografische Wandel zunehmend mehr als ein universalbeeinflussender Zukunftsfaktor herangezogen, der von Wirtschaft, Gesellschaft und Staat verlangt, sich neu aufzustellen. Von allen möglichen Entwicklungen der Zukunft ist der demografische Wandel der sicherste Zukunftsindikator, den wir haben (Langhoff 2003). Die zentralen Elemente der demografischen Entwicklung sind (nach Höfkes 2003):

Die Geburtenrate sinkt und führt kumuliert zu einer sinkenden Bevölkerungszahl. Ohne jährliche Zuwanderung wäre unsere Bevölkerungszahl schon vor 30 Jahren gesunken. Nach Berechnungen des statistischen Bundesamtes werden im Jahr 2010 etwa 300.000 Menschen und im Jahr 2030 etwa eine halbe Millionen Menschen mehr sterben als geboren werden. Ohne weitere Zuwanderung wird die deutsche Bevölkerung von 82 Millionen auf unter 60 Millionen im Jahr 2050 sinken, d. h. ein Verlust von über 25%. In den letzten 10 Jahren hatten wir lediglich eine Zuwanderung von ca. 1 Million. Es ist auch nicht eine drastische Zunahme der Zuwanderung und/oder der Geburtenrate für die nächsten Jahre zu erwarten. Das Erwerbspersonenpotenzial wird von über 45 Millionen (inklusive Selbstständige) auf 25 Millionen im Jahr 2040 sinken (Statistisches Bundesamt 2002).

Die Lebenserwartung steigt kontinuierlich. Man schätzt, dass im Jahr 2050 Männer durchschnittlich zwischen 75 und 80 Jahre und Frauen durchschnittlich etwa 85 Jahre alt werden. Aufgrund der niedrigen Geburtenrate wird etwa um 2040 herum die Hälfte der Bevölkerung in Deutschland über 50 Jahre alt sein.

Wegen der sich nach wie vor im Arbeitsprozess befindenden Kohorte der Babyboomer (ca. 1955 bis 1965) wird das Erwerbspersonenpotenzial erst ab 2015 sinken, allerdings ohne Nachfolge. Bis dahin nimmt die Alterung der Erwerbspersonen drastisch zu. Nach dem Austreten der Babyboomer aus dem Erwerbsleben wird das Erwerbspersonenpotenzial (Alter zwischen 15 und 65) dramatisch schrumpfen. Der Rückgang der Erwerbspersonen wird deutlich mehr zu spüren sein als der Rückgang der Bevölkerung.

Demografischer Wandel als komplexes Thema

Die Gestaltung des demografischen Wandels von und in Unternehmen gehört zu den komplexen Themen, denen nicht mit einem klar definierten Maßnahmebündel in einem betrieblich aufgelegten 2-Jahresprojekt begegnet werden kann. Ähnlich komplexe Themen (aus arbeitswissenschaftlicher Sicht) hatten wir in den letzten drei Jahrzehnten in betrieblichen Gestaltungsfeldern wie bspw. im Arbeits- und Gesundheitsschutz/Gesundheitsmanagement und im Qualitätsmanagement oder in Managementstrategien wie bspw. Lean Management, Business Reengineering und Balanced Scorecard. All diese komplexen Themen unterlagen einem nahezu ubiquitären Wandlungsprozess und betrafen alle Branchen und Betriebsgrößen.

Ihre gemeinsamen charakteristischen Merkmale bestehen darin, dass

- die Kenntnis der Vergangenheit und damit verbundener Diagnosen und Entscheidungen nicht mehr handlungsinstruktiv sind,

- zu deren Bewältigung eine Vielzahl von häufig unterschiedlichen Maßnahmen notwendig sind, die sämtliche Funktionsbereiche und Funktionsgruppen im Unternehmen betreffen,

- mit langen Lern- und Implementierungszeiten bei häufig schwieriger Koordination umgegangen werden muss,

- mit zeitweise ungünstigen Relationen von zusätzlichen Erträgen und zusätzlichen Kosten zu rechnen ist. Der Ressourcenaufwand ist beträchtlich und will top down entschieden und bottom up umgesetzt werden.

Eine arbeitswissenschaftliche Forschung, die eine vergleichende Analyse solch komplexer Themen zum Gegenstand hat, existiert nicht, wäre aber wünschenswert.

Demografischer Wandel im Diffusionsverlauf

Inwiefern der demografische Wandel von der Gesamtheit der Unternehmen erkannt, aufgenommen und umgesetzt wird, beschreibt den Ausbreitungsprozess über die Zeit (Diffusionsverlauf). Modis (1998) charakterisiert den Diffusionsverlauf solcher komplexer Themen mit einer S-Kurve.

Es beginnt mit einer langen Anlaufphase, d. h. einem gering wachsenden Ausbreitungsgrad. Dem folgt eine Phase beschleunigter Ausbreitung, d. h. es werden am Markt alle Branchen und Betriebsgrößen sowie die unterschiedlichsten Unternehmenstypen erfasst. Diese Beschleunigungsphase geht dann in die Sättigungsphase über, in der die gesamten Akteure der Wirtschaft im Hinblick auf den de-

Einleitung 3

mografischen Wandel aufgestellt sind und dies zur Mindestbedingung für die Marktteilnahme geworden ist.

Die folgende Abbildung beschreibt schematisch den Diffusionsverlauf des demografischen Wandels in Deutschland wie auch in Westeuropa:

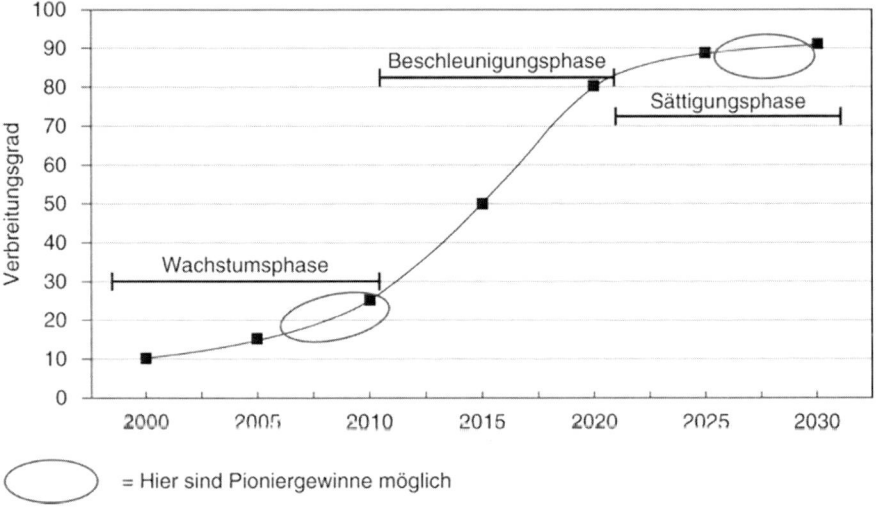

Abb. 0-1: S-kurviger Diffusionsverlauf des demografischen Wandels

Die S-Kurve zeigt, dass sich die Wachstumsphase etwa von 2000 bis 2012[1] erstreckt, um dann eine beschleunigte Phase der Ausbreitung bis etwa 2020 einzuleiten, die dann sukzessive in eine Sättigungsphase übergeht. In diesem Diffusionsverlauf gibt es zwei Zeitfelder, in denen Pioniergewinne möglich sind, im letzten Drittel der Wachstumsphase und auf dem Höhepunkt der Sättigungsphase.

In der Wachstumsphase, wenn die Erfolgsfaktoren schneller und besser (d. h. systematisch) in einem Unternehmen ineinander greifen.

In der Sättigungsphase, wenn ein Innovationssprung gelingt, d. h. prinzipiell der Start einer neuen S-Kurve auf höherem Niveau.

Wer es heute schafft, sich noch vor dem Übergang in die Beschleunigungsphase exzellent auf den demografischen Wandel aufzustellen, kann Unternehmensvorteile für etwa 10 Jahre nutzen. Das gilt für Pioniere und die Unternehmen sind gut beraten zu ihnen zu gehören, denn aufgrund langer Lern- und Implementierungszeiten bei der Gestaltung eines derart komplexen Themas wie dem demografischen Wandel, sind in der Beschleunigungsphase, die durch einen harten Mainstream-Wettbewerb gekennzeichnet sein wird, kurzfristig keine Unternehmensvorteile durch schnelle Anpassungsprozesse zu erwarten. Etwa ab dem Jahr

---

[1] Etwa ab dem Jahr 2012 wird die stärkste Alterskohorte der Erwerbstätigen in Deutschland die der über 50 Jährigen werden.

2020 wird alles, worüber heute in den meisten Unternehmen noch zaghaft nachgedacht wird, zur Standardlösung aller geworden sein.

Für den demografischen Wandel begründen zwei zeitversetzte zentrale Herausforderungen zwei zeitlich versetzte, d. h. hinterherlaufende S-Kurven – die Alterung und die Rekrutierung. Beide werden durch die Wanderung der Kohorten, insbesondere durch die der Babyboomer verursacht, dessen „Altersspitze" die Geburtenjahrgänge zwischen 1955 und 1965 kennzeichnet.

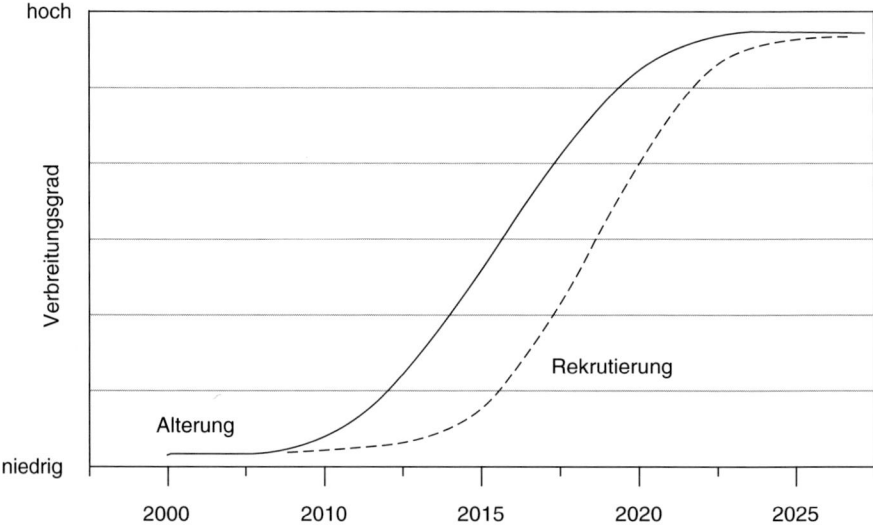

Abb. 0-2: Differenzierung des Diffusionsverlaufs in S-Kurven für die zentralen Prozesse Alterung und Personalbedarf (bzw. -verlust).

Die Geburtenzahl nimmt seit den 50er Jahren stetig zu, um dann ab 1955 bis etwa 1965 stark anzusteigen und danach wieder bis 1970 stark abzufallen und in ein Niedrigniveau einzupendeln. Etwa ab dem Jahr 2005 wird dieser Verlauf der Geburtenzahlen zu einem rapiden Anstieg der über 50-Jährigen in den Unternehmen führen, der bis 2015 extrem und danach etwas flacher, aber weiterhin kontinuierlich ansteigen wird. Erst ab 2025 werden wieder andere Altersgruppen in den Unternehmen die Rolle der am häufigsten vertretenen Altersgruppe übernehmen.

Wir sind seit etwa 2005 mitten in die Beschleunigungsphase des notwendigen Umgangs mit alternden Belegschaften angekommen. Es gilt die Arbeitsfähigkeit der Belegschaft bis zum inzwischen verlängerten Renteneintritt zu gewährleisten.

Die S-Kurve des Personalbedarfs läuft der S-Kurve des Anstiegs Älterer logischerweise hinterher. Hier wird die Beschleunigungsphase etwa ab dem Jahr 2013 eintreten, um 2020 ihren Höhepunkt haben und ab 2025 wieder abflauen. Wenn die Babyboomer in großer Zahl aus dem Unternehmen ausscheiden, droht den Unternehmen auch zugleich ein umfassender Abfluss von Knowhow und Erfahrung. Zeitparallel kommt es in dieser Beschleunigungsphase aufgrund des schrumpfenden Erwerbspersonenpotenzials zur Verknappung auf dem Arbeitsmarkt, der in Deutschland eher von Bildungsarmut als von Hochqualifikation geprägt ist.

Unternehmen werden ihre Arbeitskräfte verstärkt mit Menschen besetzen müssen, die heute noch größtenteils am Rande des Arbeitsmarktes stehen: Frauen, Zugewanderte (Migranten), Ältere.

Demografischer Wandel als Wettbewerbsfaktor

Wie die Konsequenzen, die sich aus der Kohortenwanderung ergeben, zeigen, wird der demografische Wandel zum Wettbewerbsfaktor. Vor allem muss man jetzt tätig werden, um morgen überlebensfähig zu sein. Nach nunmehr 10 Jahren Erfahrung zur proaktiven Gestaltung des demografischen Wandels insbesondere durch Vorreiter- und Pionierunternehmen und betrieblichen Modellvorhaben lassen sich inzwischen für die Unternehmen, die der Herausforderung des demografischen Wandels mit Erfolg, d. h. mit Gewinn begegnen wollen, die zentralen Erfolgsfaktoren nennen:

Managementkompetenz zur Beherrschung komplexer Themen (Demografischer Wandel ist kein eigenständiges Gestaltungsfeld). Damit verbunden ist der konsequente Einsatz des Prozessinstrumentariums PDCA – Plan-Do-Check-Act.

- Solide Analyse und Beurteilung altersbezogener Daten im Unternehmen und dynamischer Unternehmen-Umfeld-Entwicklungen (Verständnis von Alters- und Kohortenpräferenzen)

- Erfolgreiche Wissensdiffusion (vor allem auch Integration von versäultem technischen, wirtschaftlichen und wissenschaftlichen Wissen)

- Konsequente Umsetzung der Prinzipien Individualisierung und Partizipation

- Herausbildung einer Ensemblekompetenz quer über alle Funktionsbereiche durch organisationales Lernen (Volkholz und Langhoff 2008)

- Überführung von organisatorischen Lösungen in Leistungen der Unternehmenskultur – also die Variante mit den höchsten Effizienzgewinnen (Wertschöpfung durch Wertschätzung)

- Gezielte Suche nach und Entwicklung von Innovationen (mit zunehmend älteren Innovationsträgern)

Arbeitswissenschaftliche Bilanz zum demografischen Wandel

In diesem Buch soll nach ca. 10 Jahren aktiver Gestaltung des demografischen Wandels durch Pionierunternehmen, ambitionierte Multiplikatoren und Promotoren sowie durch öffentlich kofinanzierte Modellvorhaben eine Zwischenbilanz aus angewandter arbeitswissenschaftlicher Sicht gezogen werden.

Bevor die Bewältigung des demografischen Wandels zwischen 2010 und 2020 in seine ubiquitäre Beschleunigungsphase eintritt, macht es Sinn, die Probleme, die Hürden und selbstverständlich auch die bisher ermittelten Erfolgsfaktoren und Erfolgsbeispiele zusammenzustellen.

Die Darstellung beruht größtenteils auf Praxiserfahrungen, die in Forschungsvorhaben und in Betriebs-, Branchen- und Politikberatungen erworben wurden. Auf eine ausführliche Darstellung des State of the Art der hier angesprochenen arbeitswissenschaftlichen Disziplinen musste verzichtet werden, da dies den Aufwand der Erstellung gesprengt und den Charakter der Bilanzierung verfälscht hätte. Selbstverständlich wird das Grundlagenwissen der demografischen Entwicklung sowie der Alternsforschung vermittelt, das notwendig ist, um die Gestaltungsanforderungen in den einzelnen Handlungsfeldern zu erläutern und zu begründen.

Die Bilanzierung soll insbesondere Betriebspraktiker einen Weg zur Umsetzung weisen und gleichzeitig auch Anforderungen an die weitere Arbeitsforschung formulieren.

1. Der demografische Wandel in Wirtschaft und Gesellschaft

Die Thematik Demografischer Wandel, Alterung sowie damit verbundene Zukunftsprognosen und deren Auswirkungen auf Wirtschaft und Gesellschaft sind inzwischen in aller Munde. Man fragt sich dennoch, ob die Wahrheiten richtig verstanden und angemessene Aktivitäten gestartet worden sind. Man fragt sich auch, wenn die demografische Entwicklung so omnipotent ist, warum man sich nicht schon viel früher mit dem Thema beschäftigt hat, wo doch die wissenschaftlichen Erkenntnisse hierzu seit Jahrzehnten vorliegen.

Der Autor hat 1990 als Nachwuchswissenschaftler gleich an dem ersten vom Bundesforschungsministerium geförderten Forschungsprojekt im Förderprogramm Arbeit und Technik mitgearbeitet und seitdem das Thema nicht mehr losgelassen. Damals lagen alle Prognosen auf dem Tisch. Aber was bedeutet es 1990 schon, wenn ca. im Jahr 2000 die Zahl der über 50Jährigen die Zahl der unter 30Jährigen überschreiten wird. Politik und Wirtschaft haben sich jedenfalls nicht sonderlich dafür interessiert. Erst in der zweiten Hälfte der 90er Jahre wurde das Thema demografischer Wandel wieder aus der Versenkung gehoben, nachdem die Aktivitäten zur Konstruktion der deutschen Wiedervereinigung wieder Luft dafür gaben. Arbeitsminister Norbert Blüms Ausspruch „Die Renten sind sicher!" hat doch zumindest viele Wissenschaftler und Intellektuelle aufgefordert, sich zu Wort zu melden und über die zukünftige Finanzierung unseres sozialen Sicherungssystems zu diskutieren. Auch die groteske „Green Card" Aktion unseres damaligen Bundeskanzlers Schröder zeigte, dass erste demografisch bedingte Schwierigkeiten auf Deutschlands Vorreiter-Unternehmen zukommen sollten.

Heute wissen wir, dass der große Beschleunigungsschub des demografischen Wandels kurz bevorsteht und dass es besser gewesen wäre, wenn wir uns schon etwas eher und intensiver damit beschäftigt hätten. Davon ausgenommen sind selbstverständlich all die Pionierunternehmen, dessen Praxisbeispiele das Buch anreichern. Sie sollen allen anderen als Aufforderung dienen, es ihnen schnellstmöglich gleichzutun.

Zum besseren Verständnis der Entwicklung soll im 1. Kapitel eine wissensintensive Einführung zum Thema Demografischer Wandel in Wirtschaft und Gesellschaft vorgenommen werden, um die Verstehensbasis zu schaffen, auf die alle folgenden Kapitel aufbauen.

Die Grunddaten und Erkenntnisse beruhen im Wesentlichen auf Arbeiten der Bertelsmann Stiftung (2003) und des Instituts für Bevölkerungsforschung und Sozialpolitik Bielefeld (Birg 2001, 2006) und des Statistischen Bundesamtes.

Der demografische Wandel ist der sicherste Zukunftsindikator, den wir haben, weitaus sicherer als politische oder wirtschaftliche Indikatoren.

Er hängt in erster Linie von der Größe der verschiedenen Altersgruppen ab (Kohortenwanderung) und erst in zweiter Linie vom menschlichen Verhalten, das sich natürlich ändern kann. Aber auch die Verhaltensänderungen lassen sich relativ gut analysieren und bei den Annahmen berücksichtigen. Die statistischen Hochrechnungen sind also bis auf geringe Abweichungen sehr sicher. Bspw. lag der Prognosefehler, der von der UN in den 50er Jahren für das Jahr 2000 vorhergesagten demografischen Entwicklung der Weltbevölkerung unter 2%. Ebenso verhält es sich mit der demografischen Entwicklung in Deutschland, dessen Prognosen auch für die nächsten Jahrzehnte etwa seit Mitte der 70er Jahre vorliegen und bekannt sind. Bisher stellt sich alles genauso dar wie vorausberechnet, und die Prognosen bis 2050 werden mit einer Wahrscheinlichkeit von etwa 99% ebenso eintreffen.

Die Hauptdeterminanten der Bevölkerungsentwicklung sind die Entwicklungen der Geburtenrate, der allgemeinen Lebenserwartung und der Wanderungsströme. Im Jahr 2006 wurden konstatiert:

- Geburten (jährlich z. Z. etwa 700.000)

- Zuwanderung (jährlich z. Z. etwa 800.000)

- Abwanderung (jährlich etwa 600.000)

- Sterbefälle (jährlich etwa 850.000)

Gegenwärtig liegt die Geburtenrate pro Frau bei ca. 1,4. Deutschland bräuchte 2,1 zur Bestandserhaltung der Bevölkerung.

Die Geburtenrate ist regional unterschiedlich, sie schwankt zwischen 1,9 (Landkreis Cloppenburg) und 0,9 (Heidelberg). Bei den autochthonen Staatsbürgern beträgt sie 1,2. Bei den Zugewanderten 1,9. In den alten Ländern beträgt sie 1,4; in den neuen Ländern 1,2. Bei der Lebenserwartung gibt es kaum auffällige Unterschiede (siehe Abb. 1-1).

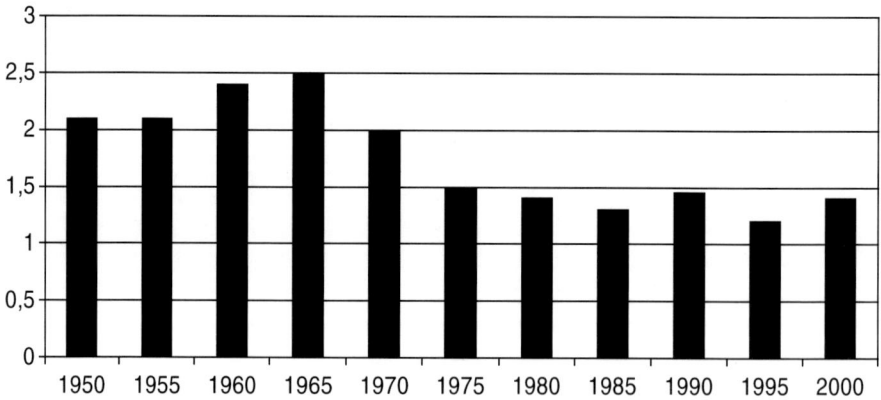

Abb. 1-1: Geburtenziffer pro Frau in Deutschland (Quelle: Statistisches Bundesamt 2003, zitiert nach Bertelsmann Stiftung 2003)

1. Der demografische Wandel in Wirtschaft und Gesellschaft

Die demografische Alterung wird vornehmlich durch den Rückgang der Geburtenrate bestimmt, weniger durch den Anstieg der Lebenserwartung.

Dabei nützt es auch nichts, wenn uns plötzlich durch welche Gründe auch immer, bspw. durch eine kinderfreundliche Familienpolitik, ein relativ rascher Anstieg der Geburtenrate pro Frau auf 2,0 gelänge. Dies würde die Alterung unserer Gesellschaft in den nächsten Jahrzehnten nicht stoppen. Das liegt daran, dass uns durch die nicht geborenen Kinder des Geburtenrückgangs der letzten 35 Jahre heute die potenziellen Eltern fehlen und damit die zukünftigen Enkel usw.

Daher wird die jährliche Geburtenzahl von gegenwärtig etwa 700.000 immer weiter abnehmen, selbst wenn die Geburtenrate pro Frau erhöht werden könnte.

„Wenn ein demografischer Prozess ein Vierteljahrhundert in eine falsche Richtung läuft, braucht es ein Dreivierteljahrhundert, um ihn zu stoppen." (Herwig Birg)

Im Übrigen bewirken die unterschiedlichen Familienpolitiken Europas nicht, dass irgendein Land die Bestandsquote erreicht. Auch die viel gerühmte Familienpolitik der Franzosen, die bereits Anfang der 90er Jahre eingeleitet wurde, hat bei differenzierter Betrachtung zum einen eher zu einer hohe Geburtenrate bei den Zugewanderten geführt, weniger bei den autochthonen Franzosen selbst, und zum anderen hat sie die Zahl kinderloser Frauen kaum erhöht, sondern eher die Entscheidung für das 2. und 3. Kind. Solche Differenzierungen werden kaum wahrgenommen, sind aber insofern wichtig, dass finanzielle Unterstützung als Instrument zur Steigerung der Geburtenrate weniger tauglich sind, als bedingungsbezogen die Vereinbarkeit und Familie und Beruf zu verbessern.

Es ist in Deutschland weiterhin von einer Geburtenrate von etwa 1,3 Geburten pro Frau auszugehen.

Für die Zukunft wird von einer weiter steigenden Zunahme der Lebenserwartung ausgegangen. Sie dämpft die Schrumpfung der Gesellschaft nur marginal, da die sinkenden Geburtenraten den Haupteffekt darstellen (s. o.). Die Lebenserwartung der Männer wird bis zum Jahr 2050 von 75 auf etwa 80 Jahre, bei den Frauen von 81 auf etwa 86 Jahre ansteigen. Die Zahl der über 100-Jährigen wird von ca. 10.000 (2005) im Jahr 2025 auf etwa 44.200 und im Jahr 2050 auf etwa 114.700 ansteigen (Schätzung durch Bundesverwaltungsamt); siehe auch Abb. 1-2.

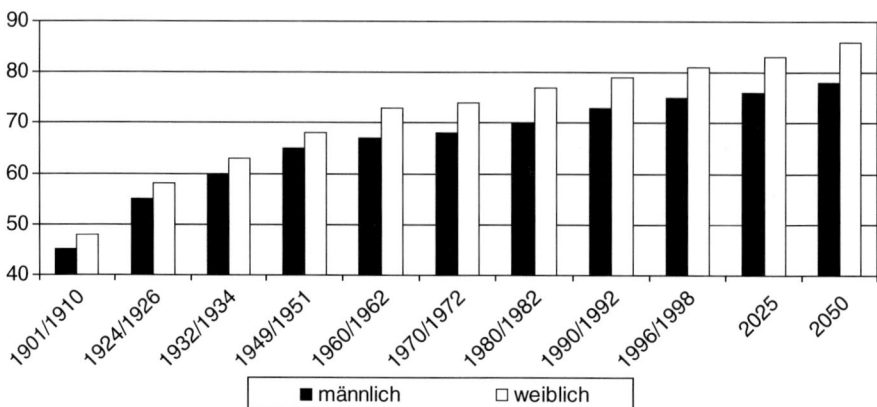

Abb. 1-2: Lebenserwartung Neugeborener, ab 2025 Schätzung der 9. koordinierten Bevölkerungsvorausberechnung (Quelle: Statistisches Bundesamt, zitiert nach Bertelsmann Stiftung 2003)

Je nach Zukunftsannahmen, die sich hauptsächlich im Bereich der Zu- und Abwanderungen unterscheiden – weniger in der Lebenserwartung und in der Geburtenrate – wird die Bevölkerung Deutschlands von gegenwärtig 82 Millionen auf ca. 65 Millionen im Jahr 2050 schrumpfen. Davon werden unter 50 Millionen autochthone Bevölkerung sein und etwa ¼ bis ⅓ werden Zugewanderte (Migranten) sein. Es ist zu vermuten, dass in einigen Agglomerationsräumen der Anteil der Migranten bei den unter 40-Jährigen bis zu 50% betragen wird. Letzteres mag überraschend anmuten, aber Deutschland ist seit Langem ein Einwanderungsland. Es hat seit den 70er Jahren, bezogen auf seine Bevölkerung, relativ gesehen viel mehr Einwanderer aufgenommen als bspw. die USA, Australien oder Kanada (siehe auch folgende Abb. bezogen auf Europa).

1. Der demografische Wandel in Wirtschaft und Gesellschaft

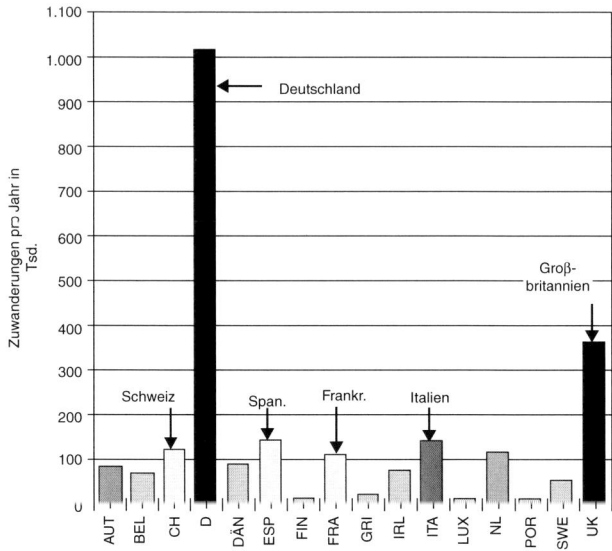

Abb. 1-3: Zuwanderung pro Jahr in Europa von 1991 bis 2002 (©Birg 2005)

Die sinkende Geburtenrate und der Anstieg der Lebenserwartung bis 2050 sind relativ sicher. Unterschiedliche Modellrechnungen gibt es in Bezug auf die Zuwanderung. Würde es zu keiner Netto-Zuwanderung kommen, würde die deutsche Bevölkerung bis 2050 um 23 Millionen abnehmen (auf 59 Millionen). Würde es zu einer Netto-Zuwanderung p. a. von 300.000 Tsd. Menschen kommen, könnte die Bestandsgröße der deutschen Bevölkerung gehalten werden. Allerdings ist eine solche Annahme völlig unrealistisch und würde die Integrationsfähigkeit unserer Gesellschaft sprengen. Selbst bei 300.000 Netto-Zuwanderung pro Jahr würde dies übrigens an der Alterung nur wenig ändern. Die folgende Abbildung zeigt Prognosen zur Bevölkerungsentwicklung in Deutschland, die sich vornehmlich durch unterschiedliche Zuwanderungsannahmen unterscheiden.

12　　　　　　　　　　　1. Der demografische Wandel in Wirtschaft und Gesellschaft

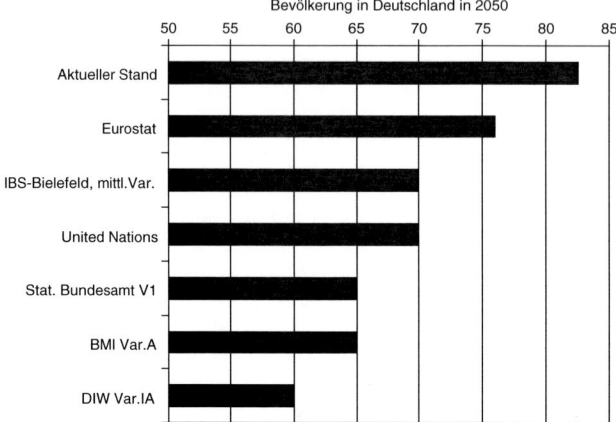

Abb. 1-4: Prognosen zur Bevölkerungsentwicklung in Deutschland (Quellen: Enquete-Kommission „Demografischer Wandel", UNFPA, EUROSTAT/Economic Policy Committee, Bundesministerium des Innern, zitiert nach Bertelsmann Stiftung 2003)

Die Zahlen von 2004 (Bauer 2006) zeigen eine Netto-Zuwanderung von knapp 100.000 bei leicht steigender Abwanderung (mehrheitlich hohes Qualifikationsniveau) und leicht sinkenden Zuwanderung (bei konstant eher niedrigem Qualifikationsniveau), was nicht dafür spricht, eine Netto-Zuwanderung von mehr als 100.000 p. a. in den nächsten Jahren bzw. Jahrzehnten anzunehmen. Fasst man die Annahmen zu Geburtenrate, Lebenserwartung und Wanderung zusammen, wird die Bevölkerung in Deutschland voraussichtlich in 2050 etwa 65 Millionen betragen, also um 20% schrumpfen (siehe folgende Abb.).

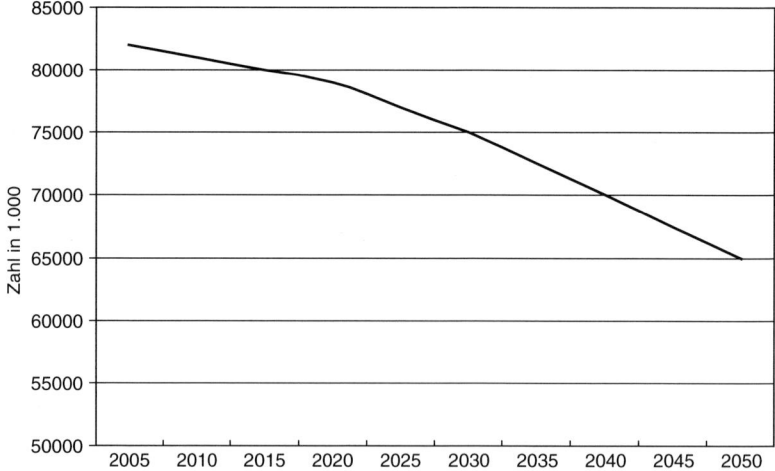

Abb. 1-5: Entwicklung der Bevölkerung in Deutschland von 2000 bis 2050 (Quelle: Statistisches Bundesamt, zitiert nach Bertelsmann Stiftung 2003)

1. Der demografische Wandel in Wirtschaft und Gesellschaft 13

Die folgende Abb. zeigt die geschätzte Gesamtbevölkerung nach Altersklassen bis 2100.

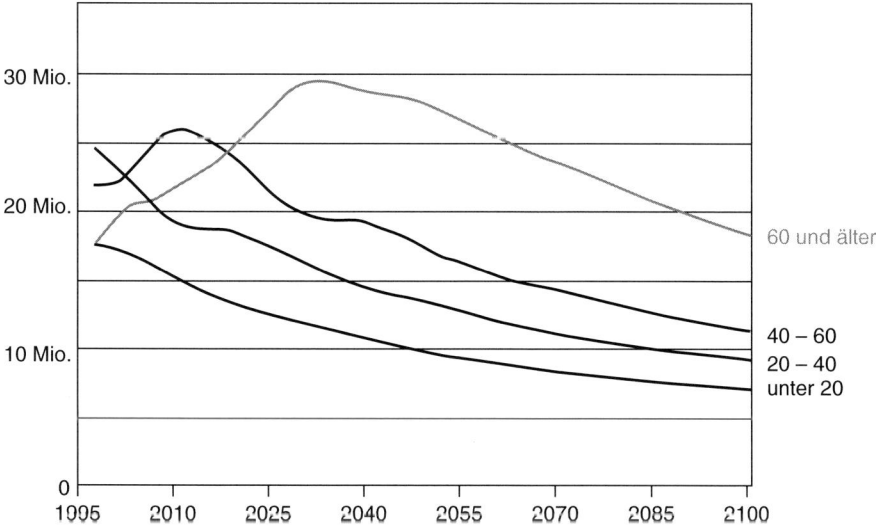

Abb. 1-6: Geschätzte Gesamtbevölkerung nach Altersklassen bis 2100 (©Birg 2006).

Die Abb. 1-7 zeigt, dass das Absinken der Geburtenrate bereits seit 1840 festzustellen ist.

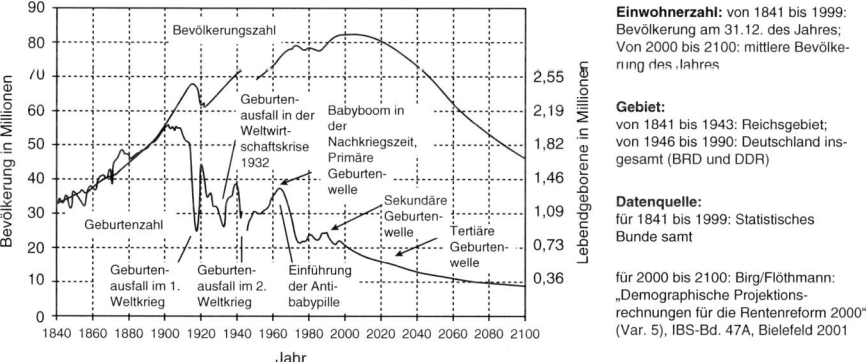

Abb. 1-7: Anzahl der Einwohner und Lebendgeborenen in Deutschland von 1841 bis 1999 mit Vorausberechnungen bis 2100 (©Birg 2006)

Wir können im Grunde seit 1840 zeitparallel zur Industrialisierung einen permanenten Geburtenrückgang verzeichnen. Linde (1984) spricht von einer säkularen Nachwuchsbeschränkung. In der Kurve permanenten Absinkens der Geburtenzahlen in Deutschland gibt es zwei kurze Anstiege: die Zunahme der Geburtenraten durch die Familienpolitik im Dritten Reich und die Baby-Boomer als Wirtschaftswunderkinder nach dem 2. Weltkrieg.

Weltweit lässt sich bei der Entwicklung von Wohlstandsgesellschaften beobachten, dass bei steigenden Pro-Kopf-Einkommen auch die Opportunitätskosten von Kindern steigen. Damit werden die entgangenen Einkommen bezeichnet, auf die eine Frau verzichtet, wenn sie Kinder erzieht, statt erwerbstätig ist. Dies führt zwangsläufig zu sinkenden Geburtenraten. Man bezeichnet diese ubiquitär geltende Regel als Demografie-Ökonomie-Paradoxon.

Die folgende Abbildung zeigt die Altersstruktur der Bevölkerung Deutschlands, wie sie sich im Jahr 2000 darstellte. Man braucht sie sich für das Jahr 2008 nur so vorzustellen, in dem man links noch acht Balken der gleichen Größenordnung hinzufügt. Man kann an dieser Form der Visualisierung ebenfalls eindrucksvoll die deutsche Geschichte ablesen.

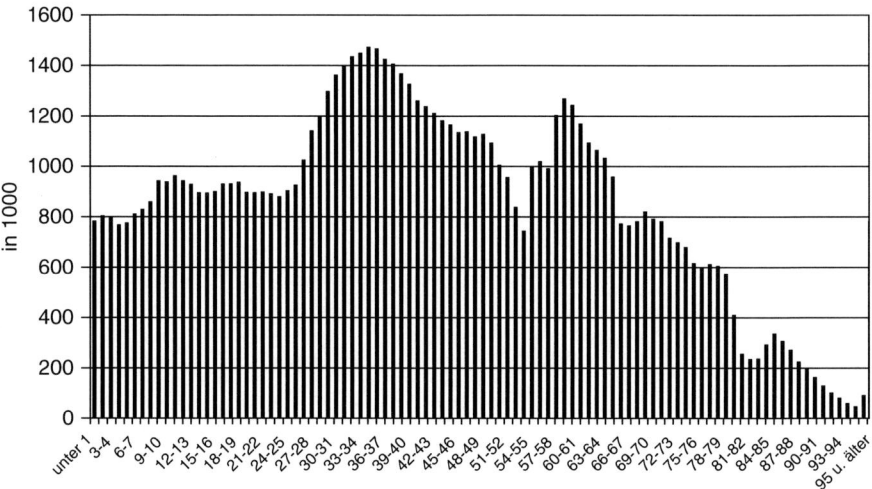

Abb. 1-8: Altersstruktur der Bevölkerung Deutschlands zur Jahrtausendwende (Quelle: INIFES, nach Statistisches Bundesamt 2001)

Betrachtet man das Bild von rechts nach links, dann stellt die Senke bei den 85- bis 89-Jährigen das Absinken der Geburtenrate im 1. Weltkrieg dar. Die Spitze bei den 57- bis 64-Jährigen kennzeichnet die Familienpolitik des Dritten Reiches und das Ansteigen der Geburtenrate. Dann folgt bei den 52- bis 57-Jährigen der Knick des 2. Weltkrieges und die anschließenden „Hungerjahre". Dann das erneute Anwachsen im „Wirtschaftswunder", das bei den 34- bis 43-Jährigen zum höchsten Altersberg in Deutschland geführt hat. Nie wurden so viele Kinder geboren wie in dieser Zeit. Das sind die Baby-Boomer. Nebenbei bemerkt sind die Eltern dieser Kinder das Ergebnis der Familienpolitik des Dritten Reiches. Dann kommt der Pillenknick und das Absinken auf ein Plateau der bis 30-Jährigen, was in Abständen von 25-30 Jahren weiter absinkt (hier bei den 5- bis 10-Jährigen), weil das Fehlen der Eltern, die vorher hätten geboren werden müssen, kaskadenweise zu neuen Absenkungsstufen führt.

Ohne die Zukunft schwarz malen zu wollen, sollten wir alle darauf bedacht sein, dass mit der demografischen Entwicklung eine bisher nicht da gewesene Zunahme sozialer Gegensätze und sozialer Konflikte verbunden sein können und zwar zwischen

- Alten und Jungen

- Menschen mit und ohne Kindern

- Zugewanderten und der autochthonen Bevölkerung

- Wachsenden und schrumpfenden Bundesländern und Kommunen

- Agglomerationsräumen und verödeten Landschaften.

Bisher gibt es keine Hypothesen und Szenarien, die uns Vorstellungen darüber geben, ob wir die Herausforderungen durch einen Zugewinn von Solidarität bewältigen können oder ob wir uns auf explosive Entladungen einstellen sollten.

Die Auswirkungen des demografischen Wandels auf die Rentenversicherung, die Krankenversicherung, die Pflegeversicherung, die Arbeits- und Wohnungsmärkte, die Auslastung der kommunalen Infrastruktur und der öffentlichen Finanzen können gefährlich für unser wirtschaftliches Wachstum werden.

Durch die demografische Alterung kommen insbesondere dramatische Belastungen auf unser soziales Sicherungssystem zu. Die Zahl der verrenteten Erwerbstätigen, die Rentenbezüge erhalten, nimmt immer mehr zu, während die Zahl der Erwerbstätigen, also der Beitragszahler, immer mehr abnimmt – selbst bei hohen Einwanderungszahlen.

Ebenso verringert sich durch die Bevölkerungsschrumpfung und durch die demografische Alterung die Wachstumsrate des Volkseinkommens. Das bedeutet wiederum geringere Steuereinnahmen. Eine negative wirtschaftliche Entwicklung hat ihrerseits wiederum einen negativen Einfluss auf die Geburtenrate, so dass Deutschland Gefahr läuft, in einen negativen, sich selbst verstärkenden Kreislauf hineinzugeraten, dem unbedingt entgegenzusteuern ist.

Selbst eine Verdopplung unserer Produktivität und unseres Pro-Kopf-Einkommens bis zum Jahr 2050 würde nicht annähernd ausreichen, um die sozialen Lasten zu decken. Wer behauptet: „Unsere Renten sind sicher!" verkennt die Fakten.

Aus wissenschaftlicher Sicht sind die Annahmen unserer beiden Rentenreformen der letzten 10 Jahre und unserer Gesundheitsreform derart grotesk, dass „die demografische Alterung Deutschland in den nächsten Jahrzehnten in eine permanente gesellschaftspolitische Großbaustelle verwandeln wird (Birg)".

Deutschland hält drei demografische Rekorde (Birg 2005):

1. Deutschland ist das Land, das am frühesten angefangen hat zu schrumpfen (aufgrund der sinkenden Geburtenrate seit den 70er Jahren).

2. Der jahrgangsbezogene höchste Anteil von zeitlebens kinderlosen Frauen und Männern (während die durchschnittliche Geburtenrate pro Frau durchaus in einigen Ländern niedriger ist als in Deutschland)

3. Bezogen auf 100.000 Einwohner hatte Deutschland in den 80er Jahren 1022 Zuwanderer (Australien 694; Kanada 479, USA 245)

Im Folgenden sollen einige Bemerkungen zur Raumentwicklung und zur Migration innerhalb Deutschlands gegeben werden. Jeder Erwerbstätige, der irgendwo zuzieht, um eine Arbeit anzunehmen, ist irgendwo weggezogen und fehlt dort als Arbeitskraft. Diese Bewegung innerhalb Deutschlands vollziehen jährlich 4 Millionen Menschen. Diese in den alten Bundesländern seit Jahrzehnten bekannte Wanderungsbewegung war bis zur Wende ein Nord-Südgefälle und seit der Wende zusätzlich ein Ost-Westgefälle. Besonders mobil sind junge Menschen mit guter Ausbildung. Am meisten davon profitiert haben die Bundesländer Bayern und Baden-Württemberg, sowohl demografisch wie auch wirtschaftlich.

Beispielsweise hat Mecklenburg-Vorpommern 1/5 aller Frauen zwischen 20 und 35 Jahren durch Abwanderung verloren, also die Gruppe mit der höchsten Geburtenerwartung. Das ist wirtschaftlich und demografisch fatal, politisch kaum aufzuhalten, aber für die Zielregionen dieser Frauen wiederum ein Vorteil.

In den nächsten Jahrzehnten werden sich Bundesländer, Kommunen, Regionen immer kontrastreicher voneinander abheben: Abriss, Rückbau, leerstehende Wohnungen, Ghettos usw. werden prosperierenden Siedlungen, Gewerbegebieten und florierendem Freizeitangebot gegenüberstehen. Derzeit sind 5 Agglomerationsräume in Deutschland identifiziert, die weiter prosperieren werden: Köln/Bonn; Rhein/Main; Stuttgart, München, Hamburg, bei Berlin ist man sich uneinig. Alle anderen Räume schrumpfen schleichend bzw. veröden relativ schnell. Alle Anzeichen deuten darauf hin, dass Deutschland im 21. Jahrhundert eine Wanderungsbewegung erfährt, die im Ausmaß der Industrialisierung im 19. Jahrhundert gleicht. Daher versucht man sich heute bereits im Osten Deutschlands auf sogenannte „Wachstumskerne" zu konzentrieren und gibt andere ländliche Regionen bereits fördertechnisch auf.

Im Folgenden soll versucht werden, das unaufhaltsame „demografische Altern" verständlich zu erklären. Dazu muss man das Wandern von Altersgruppen über die Zeit nachvollziehen (Volkholz u. Langhoff 2003). Das demografische Altern beschreibt die quantitativen Verschiebungen zwischen den Altersgruppen.

Zweckmäßig ist es freilich, sich zunächst einige methodisch-inhaltlichen Gegebenheiten in Erinnerung zu rufen, auf denen eine solche Reise in die Zukunft beruht.

Alter und Alter(n) sind Faktoren, um die herum immer noch eine Menge gesellschaftlicher Sachverhalte organisiert sind. Ändert sich die Altersstruktur der Erwerbstätigen, so gehen hiervon zwei Wirkungen aus:

- Wirkungen infolge der Zu- und Abnahme einzelner Altersgruppen,

- Wirkungen infolge der veränderten Alterszusammensetzung, d. h. der veränderten quantitativen Proportionen zwischen den Altersgruppen.

Wobei selbstredend diese Wirkungen nur gelten, solange die zugrunde liegenden Zusammenhänge fortbestehen.

Die Annahme, dass diese Zusammenhänge fortbestehen, ist die Voraussetzung dafür, dass altersbezogene Zukunftsaussagen überhaupt möglich sind. Die Annahme aber, dass diese Zusammenhänge auflösbar – zumindest aber änderbar – sind, ist die Voraussetzung dafür, Zukunft für gestaltbar zu halten.

Zusätzlich zu berücksichtigen ist, dass Alter(n) selbst im Verlauf der Zeit sich ändert, d. h. beispielsweise, die älteren Arbeitnehmer vor 20 Jahren sind mit den heutigen und den in 20 Jahren nicht identisch und auch nicht ohne weiteres vergleichbar. Einflussfaktoren, die das Alter(n) verändern sind Qualifikation, Geschlecht, Einkommen, technischer Fortschritt, Wertewandel etc.

Mittelfristig, bezogen auf die nächsten 10 bis 20 Jahre, sind diese Einflussfaktoren insofern nicht ganz so dramatisch, da ihre Wirkung teilweise bereits vorliegt. Die 30- bis 39-Jährigen der 90er Jahre sind eben die 50- bis 59-Jährigen im 2. Jahrzehnt des 21. Jahrhundert. Also ist der Rahmen der demografischen quantitativen Veränderungen der Altersgruppen durch eine Kohorten-Betrachtung zu ergänzen. Nichts desto trotz ist jeweils zu prüfen, ob der Ausgangspunkt der Betrachtung, die Altersabhängigkeiten, weiter Bestand hat bzw. wie diese zu ändern sind.

Die Alterszusammensetzung der Erwerbstätigen, also das zahlenmäßige Verhältnis von Jüngeren und Älteren, ändert sich zwischen 1980 und 2020 ziemlich schnell – bezogen auf demografische Verhältnisse.

Im Folgenden wird die Alterszusammensetzung in Form von Kohorten (10 Jahresgruppen) strukturiert und ihr Wandern anhand der Erwerbstätigen in Nordrhein-Westfalen dargestellt. Der Unterschied zum Bundesdurchschnitt der Erwerbstätigen liegt unter 2%. Mit der folgenden Abb. 1-9 soll ein lohnender Blick zurück in die 90er Jahre geworfen werden.

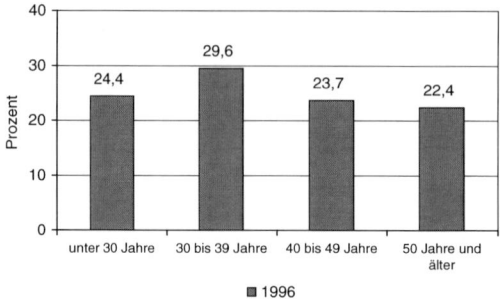

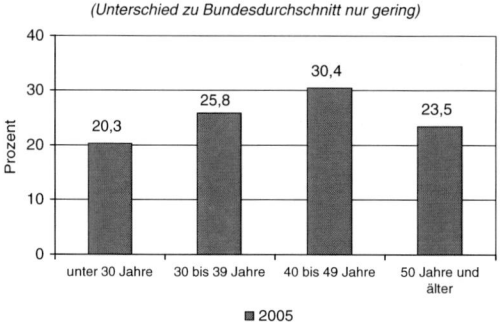

Abb. 1-9: Veränderung der Alterszusammensetzung der Erwerbstätigen in NRW (%-Angaben für 1996 und 2005, Quelle: Prognos AG, Deutschland Report Nr.2, Basel 1998, S. 88)

Die 90er Jahre waren in Bezug auf die Humanressourcen die goldenen Jahre der Unternehmen. Nie zuvor hat es und nie mehr danach wird es so viele 30- bis 39-Jährige geben wie in diesem Jahrzehnt (siehe 2. Säule von links). Die Zahl der unter 40-jährigen Erwerbstätigen betrug über 50% und die Kohorte der über 50-Jährigen war zahlenmäßig die kleinste Altersgruppe.

Eine große Gruppe 30- bis 39-Jähriger zu haben bedeutet viele beruflich gut Ausgebildete mit ersten Berufserfahrungen, familiären Bindungen also eingeschränkter Wechsellust, karriereorientierte und leistungsfähige Beschäftigte.

Ohne diese Altersgruppe wären die Restrukturierungsprozesse in den Unternehmen in den 90er Jahren sehr viel schwieriger zu realisieren gewesen.

Und schließlich waren die „Humanressourcen" vergleichsweise billig zu haben. Nahezu jeder Qualifizierungsbedarf konnte über das Arbeitsamt finanziert werden. Die Ausbildung konnte zurückgefahren werden, denn es gab reichlich etwas ältere aber eben doch jüngere Fachkräfte (in der Folge ist ein erneuter Lehrstellenmangel entstanden).

Die Mobilität war rückläufig. Die Menschen waren froh, wenn sie nach einem Hürdenlauf über befristete Arbeitsverhältnisse einen festen Job fanden: so konnte die Arbeitszeit rigoros flexibilisiert werden.

Viele Personalmanager sind in jener Zeit unternehmenssozialisiert worden und verwechseln dieses befristete phasenweise Glück immer noch mit einem natürlichen Dauerzustand. Erst einer Minderheit von Unternehmen und Verbänden

1. Der demografische Wandel in Wirtschaft und Gesellschaft

dämmert, dass diese sprudelnde Quelle der Humanressourcen zwar nicht versiegt, doch sehr viel weniger zukünftig abwerfen wird.

Die Kombination eines Reichtums an Humanressourcen mit guter öffentlicher Finanzausstattung hat auch kritische Sachverhalte vernebelt, insbesondere:

- die ungehemmte Frühverrentung, die heute die Rentenversicherung zu höheren Beiträgen zwingt, obwohl rein demografiebedingt eine Senkung der Frühverrentung angestanden hätte. Das Argument „Arbeit für Jüngere" ist dazu missbraucht worden, um Eigennutz und Mangel an Kreativität zu kaschieren. Nahezu jeder Frührentner kann im zeitlichen Gegenwert zu seiner Finanzierung noch gesellschaftlich nützliche Arbeit verrichten. Einige Probleme könnten kleiner sein, als sie heute sind.

- der relative Reichtum an Ressourcen hat dazu beigetragen, den PISA-Sachverhalt zu übersehen bzw. zu verdrängen. Die Diskussionen vor PISA erweisen sich im Nachhinein als irrwitzig: jahrelang sind die Betriebe wegen zu geringer Ausbildungsplätze kritisiert worden. Dabei waren sie es, die immer den meisten der unzureichend gebildeten und erzogenen Jugendlichen überhaupt eine Chance gegeben haben; also kompensatorisch das Versagen von Schule, Eltern und Raumentwicklung ausgeglichen haben.

Der kurze Rückblick zeigt, dass trotz vieler Konferenzen, Berichte und Forschungsergebnisse in Deutschland die Fähigkeit zur Selbstdiagnose offensichtlich wenig ausgeprägt war.

Betrachtet man das Jahr 2005 – zur Zeit der zitierten Veröffentlichung noch Projektion, heute schon Vergangenheit – so ist die Gruppe der 20- bis 29-Jährigen in den 80ern, der 30- bis 39-Jährigen in den 90er Jahren im gegenwärtigen Jahrzehnt zu den 40- bis 49-Jährigen gewandert und macht die stärkste Altersgruppe aus. In dieser Betrachtung ist die Zahl der über 40-jährigen Erwerbstätigen bereits über 50% und die Kohorte der unter 20-jährigen ist zahlenmäßig die kleinste Altersgruppe. Sieht man von jugendzentrierten und vergreisten Belegschaften ab, so kann in 2005 für etwa 2/3 aller Unternehmen in Deutschland festgehalten werden, dass die Gruppe der 40- bis 50-Jährigen die stärkste Alterskohorte darstellt.

Im Vergleich der Altersgruppen ist diese Gruppe diejenige, die durch gesellschaftliche Einrichtungen am wenigsten unterstützt wird und mit der das politische System am wenigsten umgehen kann.

Diese Alterskohorte wird die erste sein, die mit ihren Rentenübergängen in 10 bis 20 Jahren, die nicht mehr wie bislang gewohnt finanzierten Renten erleben wird.

Die Folge ist eine verstärkte Eigenvorsorge, was erwünscht ist und dennoch das Konsumklima in diesem Jahrzehnt und darüber hinaus belasten wird.

Die Folge einer eher homogen eingetrübten Zukunftserwartung werden sozial und gesellschaftlich zunehmend unterschiedliche Positionierungen sein – je nach beruflicher Stellung, Ersparnissen und erwarteten Erbmassen. Ein Polarisierungsprozess in relative Habenichtse und Besser-Verdienende ist in Ansätzen zu erkennen. Relativ sicher ist die Zunahme von Midlife-Krisen.

Erwerbsmäßig betreibt diese Altersgruppe eher eine Klammerpolitik, d. h. sie beißt sich an „ihren" Arbeitsplätzen fest. Dies zeigen sinkende Mobilitätsraten und zunehmende Tätigkeitsdauern beim jetzigen Arbeitgeber.

Die 40- bis 49-Jährigen sind mit der Ungeduld der nachrückenden 30- bis 39-Jährigen konfrontiert, denen sie den beruflichen Aufstieg versperren, sie werden von zunehmenden Gesundheitsbeschwerden, die subjektiv durchaus noch überhöht werden können, geplagt.

Es ist eine zutiefst ambivalente Gruppierung, die dieses Jahrzehnt als stärkste Altersgruppe charakterisiert: hin- und hergerissen zwischen einem verteidigenden Trotz und der Hilflosigkeit, wenn es droht schief zu gehen oder schief gegangen ist (z. B. Arbeitslosigkeit).

Gesellschaftlich, politisch und arbeitswissenschaftlich ist die Altersgruppe der 40-49 Jährigen überhaupt erst zu entdecken.

Sodann ist zu überlegen, wie durch Beratungshilfen, altersbedingten Widerständen (etwa bei Einstellungen oder Weiterbildungen) individuelle Unterstützung gegeben werden kann. Auch ist zu prüfen, ob diese Altersgruppe, auch aus Eigeninteresse, proaktiv für die Zukunft gewonnen werden kann, insbesondere auf dem Gebiet der Gesundheitsvorsorge. *Eine Prävention, die diese Altersgruppe nicht erreicht, hat wenig Zukunft.*

Aus arbeitswissenschaftlicher Sicht ist zu fragen, wie also in unsicheren Erwerbsverhältnissen Orientierungen geschaffen werden können, wo doch nichts sehnlicher erhofft wird, als das Erreichte nicht zu verlieren?

Das nächste Jahrzehnt wird geprägt sein von einer extremen Beschleunigung, was die aktive Gestaltung und den Verbreitungsgrad unternehmerischer Aktivitäten zur Bewältigung von Fragen des Humankapitals betrifft. Die über 50-Jährigen werden zur stärksten Altersgruppe in den Unternehmen und das nicht am Ende des Jahrzehnts, sondern eher am Anfang (siehe Abb. 1-10):

1. Der demografische Wandel in Wirtschaft und Gesellschaft 21

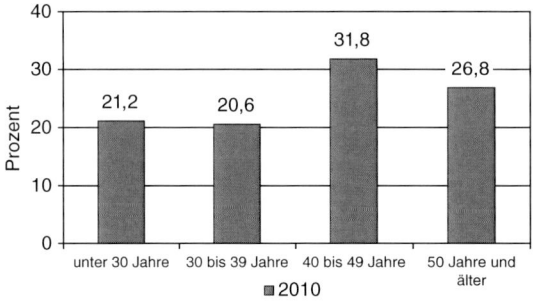

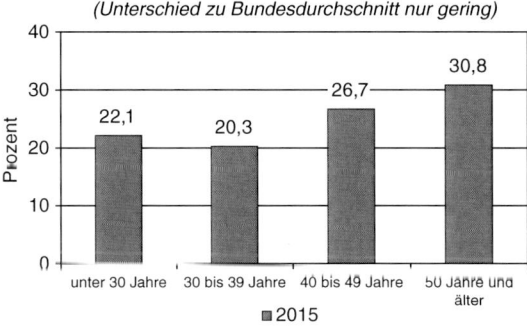

Abb. 1-10: Veränderung der Alterszusammensetzung der Erwerbstätigen in NRW (%-Angaben für 2010 und 2015, Quelle: Prognos AG, Deutschland Report Nr.2, Basel 1998, S. 88)

Der Übergang von den 40- bis 50-Jährigen zu den über 50-Jährigen als stärkste Altersgruppe ist etwa für das Jahr 2012/2013 errechnet worden.

Alles, was bis dahin versäumt worden ist – und das wird nicht wenig sein – wird nur schwer zu reparieren sein, und das in einem beschleunigten aggressiven Wettbewerb um junge, qualifizierte, gesunde Arbeitskräfte und den Erhalt der Arbeitsfähigkeit als weitere Produktivgröße. Besonders schwierig aufzuholen wird unterlassene Prävention in Bezug auf Gesundheit, Bildung und Arbeitsgestaltung. Allenfalls können noch Verschlimmerungen abgebremst werden. Nachfolger werden den Pionieren, die sich frühzeitig im ersten Jahrzehnt des 21. Jahrhunderts auf den demografischen Wandel durch intelligente arbeitsgestalterische Maßnahmen eingestellt haben, nur schwer hinterherkommen.

Es wird ein Jahrzehnt der unübersichtlichen Konflikte werden:

- Es wird Arbeitnehmer geben (die es sich leisten können), die unbedingt möglichst bald in Frührente gehen wollen, obwohl sie im Betrieb wegen des fehlenden Nachwuchses dringend gebraucht werden.

- Es wird Arbeitnehmer geben, die unbedingt noch weiterarbeiten wollen/ müssen, obgleich sie niemand mehr haben will.

- Es wird das Jahrzehnt sein, in dem eine intergenerative Umverteilung der Arbeit durchgesetzt werden muss. Ältere müssen die Arbeit von Jüngeren übernehmen, einfach, weil es von ihnen zu wenige gibt. Geschehen kann dies, indem bspw. Schichtarbeiter mehr Jahre als bisher üblich in Schichtarbeit tätig sein werden etc.

- Wenn nicht schon früher, wird es spätestens in diesem Jahrzehnt eine Art Aufstand der Arbeitgeber geben: Konfliktgegenstand ist der Kündigungsschutz. Ursache dieses Konfliktes, der die Republik mehr als alle Beitragskontroversen zur Sozialversicherung erschüttern wird, ist der wachsende Anteil der Beschäftigten mit über 15-jähriger Tätigkeitsdauer beim Arbeitgeber.

- Aber auch hier sind die Verhältnisse unübersichtlich. Einer wachsenden Anzahl von faktisch nur schwer bis nicht kündbaren Arbeitnehmern steht auch ein wachsender Bedarf an eben diesen gegenüber – wegen fehlenden Nachwuchses.

- Und schließlich gilt: im nächsten Jahrzehnt (2010 bis 2019) wird das 2. Viertel dieses Jahrhunderts greifbarer sein, als es heute ist. Und sofern sich bezüglich der Work-Life-Balance zur Erhöhung der Geburtenhäufigkeit nichts Grundlegendes ändert, wird dann allmählich sinnlich begreifbar, was zur Zeit noch verdrängt wird: ein über Jahrzehnte unaufhaltsames Schrumpfen der Bevölkerung, verbunden mit einer stagnierenden bis schrumpfenden Wirtschaft. Es kann eine Zeit für kollektive Neurosen werden.

Kann vorbeugend gegengesteuert werden? Zumindest in Teilbereichen lautet die Antwort eindeutig „ja":

- Das PISA-Problem, die unzulängliche schulische Entwicklung eines Viertels der Jugendlichen, ist bis dahin bewältigbar.

- Gesundheitsprävention, sowohl auf der Verhältnis- als auch der Verhaltensebene, ist deutlich verbesserbar.

- Neue Formen der Arbeits(zeit)organisation und der Ausrichtung von Berufsbildern können die Arbeitsfähigkeit erheblich verlängern.

- Der fehlende Ersatzbedarf für (hoch) qualifizierte Fachkräfte ist zumindest in erheblichen Teilen durch größere Diversität der Beschäftigten und eine besser ausgebaute Kompetenzförderung und -entwicklung in den Betrieben auffangbar.

Diese Maßnahmen machen andere (Re-)Finanzierungsmaßnahmen nicht überflüssig. Aber sie können auch dazu beitragen, das Allerwichtigste glaubwürdig zu fördern, nämlich die positive Einstellung Zukunft aktiv zu gestalten.

Insgesamt ist wohl die besorgniserregendste Entwicklung das Auseinanderklaffen von Jungen und Alten, die, wenn es erst einmal eine dramatische Größenord-

1. Der demografische Wandel in Wirtschaft und Gesellschaft   23

nung angenommen hat, sich lange halten wird. Volkholz nennt diese Entwicklung die sogenannte Altersschere (siehe folgende Abb.).

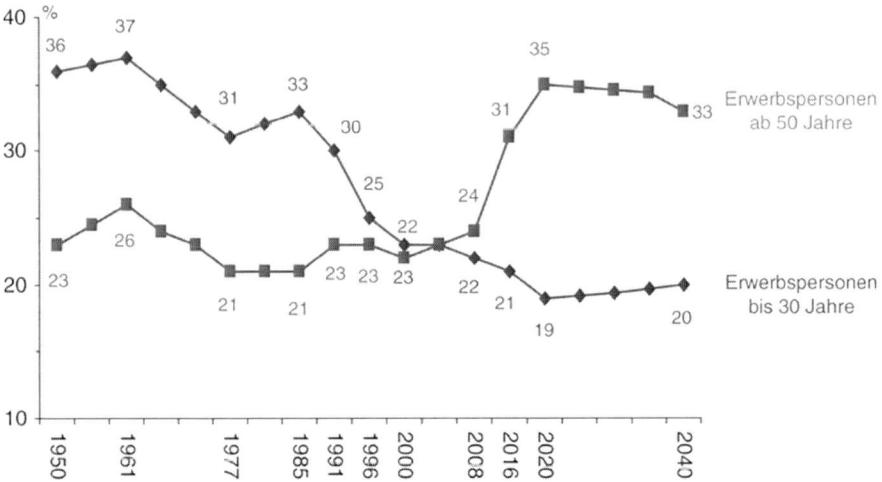

Abb. 1-11: Junge und alte Arbeitskräfte von 1950 bis 2040 (Quelle: Statistische Jahrbücher, IAB-Projektion 1999, zitiert nach Volkholz 2000)

Die Abbildung zeigt das Auseinanderdriften von unter 30-jährigen und über 50-jährigen Erwerbstätigen bis 2040. Diese Entwicklung betrifft die gesamte Bevölkerung. Im Jahr 2050 werden wir dreimal so viel über 60-Jährige wie unter 20-Jährige haben als heute.[1]

Neben dem Auseinanderdriften von Jung und Alt ist festzuhalten, dass in Deutschland bislang keine Kultur der Altersarbeit existiert. Die Entwicklungen zeigen ein enormes Ansteigen des Anteils älterer Arbeitnehmer, über dessen Größenordnungen in Deutschland kaum Erfahrungswerte vorliegen. Die staatlichen Maßnahmen der Verlängerung der Lebensarbeitszeit von 65 auf 67 Jahre sowie der Wegfall geförderter Vorruhestandsregelungen und der Altersteilzeit treffen auf eine gegenwärtig existierende Erwerbsquote Älterer von ca. 51% (2007). Dies ist mittlerer Durchschnitt in Europa (siehe folgende Abb.), wobei konstatiert werden muss, dass die Erwerbsquote Älterer in Deutschland 2001 noch 41,5% betrug. Der Anstieg von knapp 10% in 10 Jahren ist allerdings nicht nur durch arbeitsmarktpolitische Anstrengungen sondern wesentlich durch natürliche Kohortenwanderung entstanden. Für das nächste Jahrzehnt ist darüber hinaus eine Zunahme der Altersarbeit aufgrund Altersarmut zu erwarten, da die Rentenhöhen für viele nicht aus-

---

[1] Leider rechnet das Statistische Bundesamt nur bis 2050. Es wäre zwingend geboten, Modellrechnungen bis zum Ende des Jahrhunderts zu machen, vor allem, was Geburtenrate und Wanderungsströme betrifft. Dies will in der Altenkommission der Bundesregierung jedoch niemand wissen, obwohl wir es unserer jungen und zukünftigen Elterngeneration jetzt schon schuldig wären.

reichen werden, den Lebensunterhalt zu fristen. Schätzungen hierzu sind dem Autor nicht bekannt und sind wohl auch aus politischen Gründen nicht opportun.

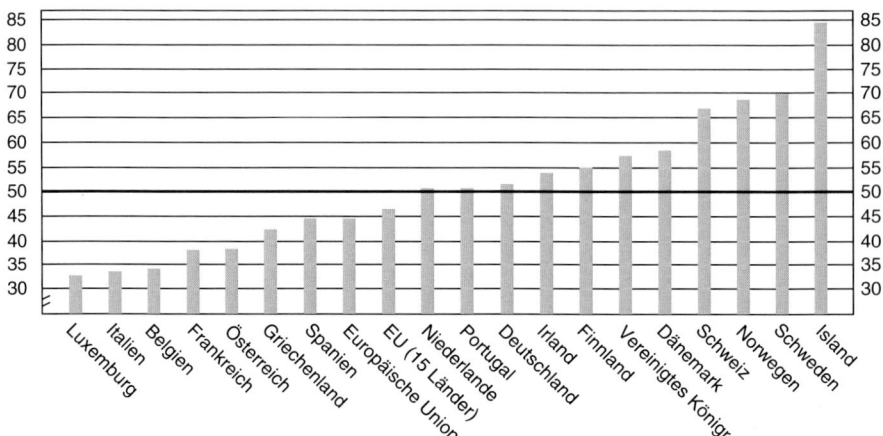

Abb. 1-12: Beschäftigungsquoten Älterer 2007 im internationalen Vergleich in % (Quelle Eurostat/Arbeitskräfteerhebung)[2]

Gemeinhin wird die Zunahme der Erwerbsquote Älterer aufgrund angenommener Zunahme von Fehlzeiten und sinkender Produktivität eher als Fluch bezeichnet. Dass dies nicht sein muss, zeigte eine beeindruckende Untersuchung von Richenhagen (2007). Richenhagen hat die Beschäftigungsquote Älterer ausgewälter Länder korreliert mit dem Global Competition Index des World Economic Forum (siehe folgende Abb.).

---

[2] Die Beschäftigungsquote Älterer wird nach Eurostat gemessen als das Verhältnis erwerbstätiger Personen zwischen 55 und 65 Jahren zur Gesamtbevölkerung derselben Altersklasse.

1. Der demografische Wandel in Wirtschaft und Gesellschaft 25

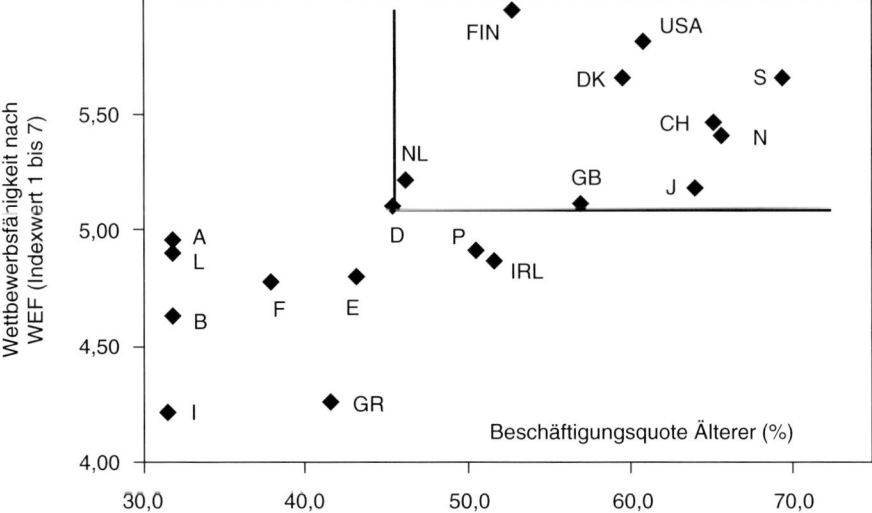

Abb. 1-13: Ländervergleich Beschäftigungsquote Älterer mit dem Global Competition Index des Weltwirtschaftsforums (Quelle: Eurostat 2005 und World Economic Forum 2006, dargestellt von Richenhagen 2007)

Es zeigt sich, dass die meisten Länder mit einer höheren Erwerbsquote Älterer auch einen höheren Global Competition Index vorzuweisen hatten. Offensichtlich lohnt es sich, die unternehmerischen Aktivitäten und politischen Rahmensetzungen dieser Länder näher zu betrachten, worauf hier nicht näher eingegangen werden soll; siehe hierzu auch Richenhagen (2007), Barth u. a. (2006) sowie Kraatz u. a. (2006). Bezogen auf die Beschäftigungsquote Älterer zeigt der Vergleich Deutschlands mit den „Erfolgsländern", dass folgende Stellschrauben entscheidend sind (Richenhagen 2006):

- Die Rückführung von Vorruhestandsregelungen,

- Das Setzen positiver Anreize für längeres Arbeiten,

- Die Rekrutierung Älterer durch die Unternehmen sowie

- Maßnahmen zum Erhalt und zur Förderung der Arbeits- und Beschäftigungsfähigkeit derzeitig und zukünftig Älterer.

Hinsichtlich des letztgenannten Punktes sind insbesondere die überragende Bedeutung des Themas Weiterbildung (Lebenslanges Lernen) sowie Potenziale der Arbeitsorganisation, der Führung, der Gestaltung sozialer Beziehungen und der Beteiligung der Beschäftigten zu nennen.

Neben dem Anstieg der Beschäftigungsquote Älterer in den letzten Jahren ist aber zeitgleich auch die Arbeitslosigkeit Älterer gestiegen. Die folgende Abb. 1-14 zeigt die Arbeitslosigkeit älterer Arbeitnehmer im internationalen Vergleich aus dem Jahre 2001. Zum Vergleich betrug die Arbeitslosigkeit älterer Arbeitnehmer 2006 in Deutschland 16,1% (Statistik der Bundesagentur für Arbeit). Damit zählt Deutschland nach wie vor zu den Spitzenreitern der Arbeitslosigkeit Älterer in Europa. Die dem zugrunde liegende Ursache-Wirkungs-Kette ist einfach zu erklären: Die extensive Nutzung von Vorruhestandsregelungen der letzten 15 Jahre hat dazu geführt, dass Unternehmen kaum in ältere Arbeitnehmer investiert haben. Dies hat dazu geführt, dass ältere Arbeitnehmer deutlich niedrigere Qualifikationsniveaus aufweisen als Jüngere, was wiederum zu der höheren Arbeitslosigkeit älterer Arbeitnehmer geführt hat.

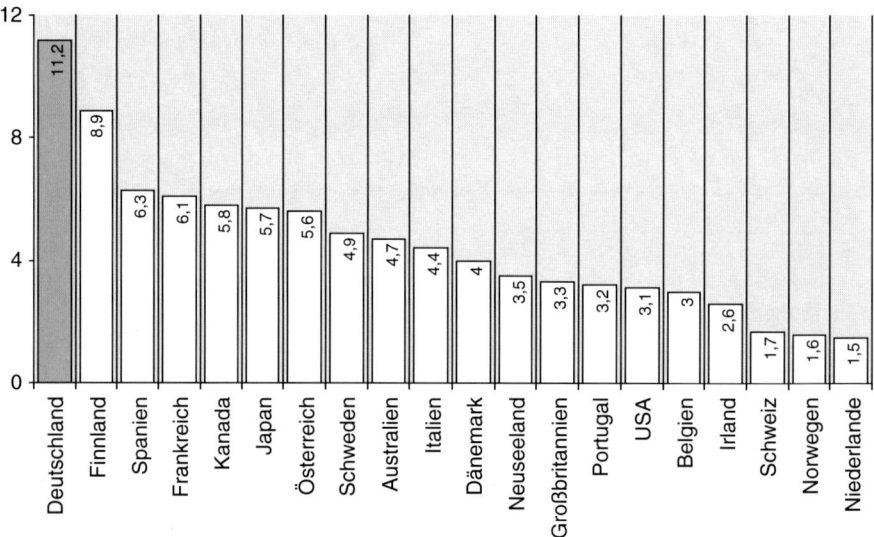

Abb. 1-14: Arbeitslosigkeit älterer Arbeitnehmer 2001 im internationalen Vergleich (Quelle: OECD Employment Outlook 2002, zitiert nach Bertelsmann Stiftung 2003)

Im Vergleich zur Erwerbsquote Älterer hat sich die Frauenerwerbsquote nur wenig geändert. Die Abb. 1-15 zeigt die Frauenerwerbsquoten im internationalen Vergleich aus dem Jahr 2001, bei der sich Deutschland im unteren Mittelfeld befindet. Im Jahr 2006 betrug die Frauenerwerbsquote 64,7%, also ein Anstieg von 0,9% in 5 Jahren, was verglichen mit dem Anstieg der Erwerbsquote Älterer sehr gering ist.

1. Der demografische Wandel in Wirtschaft und Gesellschaft 27

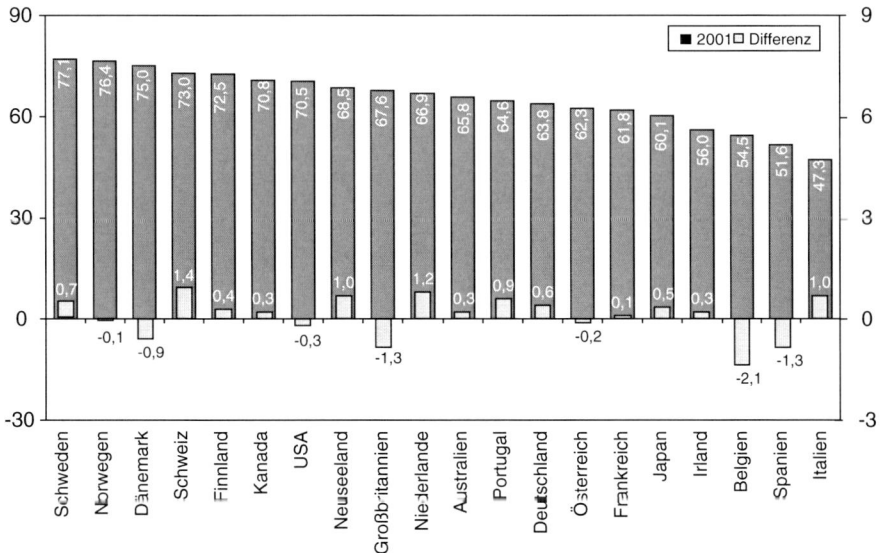

Abb. 1-15: Frauenerwerbsquoten im internationalen Vergleich 2001 (Quelle: OECD Employment Outlook 2002, zitiert nach Bertelsmann Stiftung 2003)

In letzter Zeit wird von einigen Politikern (nicht von Wissenschaftlern) behauptet, dass es einen positiven Zusammenhang zwischen einer hohen Frauenerwerbsquote und einer hohen Geburtenrate gibt. Das ist ein Mythos. Betrachtet man die Regionen in Deutschland, dann kann umgekehrt festgestellt werden, dass dort, wo hohe Frauenerwerbsquoten vorliegen, gleichzeitig niedrigere Geburtenraten zu verzeichnen sind (Birg u. a., 2007). Die heutigen Anforderungen an ein Erwerbsleben und damit verbundener Erfordernisse beruflicher, räumlicher und biografischer Mobilität vertragen sich nicht gut mit partnerschaftlicher Bindung und Verantwortung für Kinder durch Elternschaft. Ahn u. Mira haben gezeigt, dass in EU-Ländern, ob mit hoher, mittlerer oder niedriger Frauenerwerbsquote, die Geburtenrate (Total Fertility Rate) überall absinkt.

Die Erhöhung der Frauenerwerbsquote ist zweifellos eine sinnvolle unternehmerische und arbeitsmarktpolitische Strategie zur Gewinnung notweniger Arbeitskräfte, bewirkt aber per se keine Erhöhung der Geburtenrate. Dies bedarf erheblicher flankierender Anstrengungen zur Verbesserung der Work-Life-Balance.

Fasst man die Entwicklungen der letzten 10 Jahre zur Erwerbspersonenstruktur zusammen, bleibt festzuhalten:

- eine Verringerung der jüngeren Erwerbspersonen,

- ein Anstieg der älteren Erwerbspersonen,

- ein Anstieg der älteren Arbeitslosen,

- eine relative Konstanz der Frauenerwerbsquote.

Diese Entwicklungen stellen in ihrer Form bisher keine Gegensteuerung zur Schrumpfung des Erwerbspersonenpotenzials in Deutschland dar. Die folgende Abb. 1-16 zeigt die prognostizierte Entwicklung des Erwerbspersonenpotenzials bis 2040.

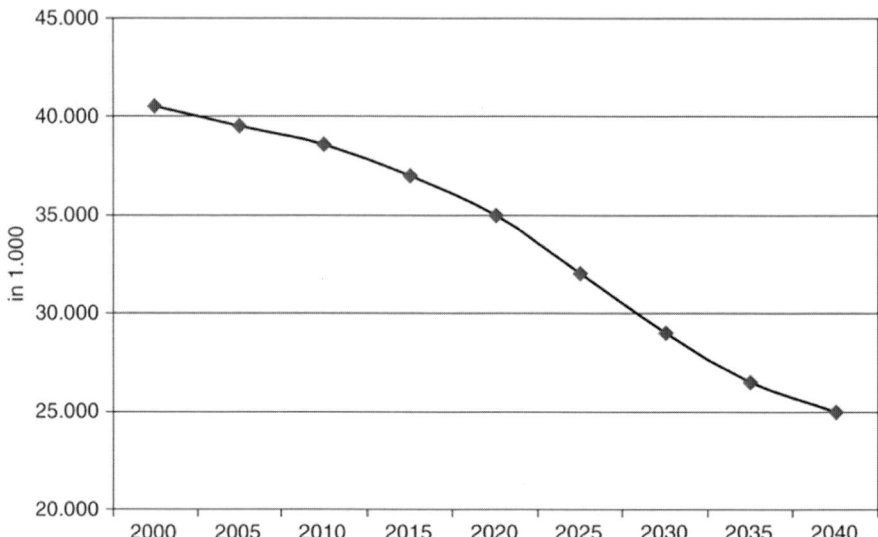

Abb. 1-16: Entwicklung des Erwerbspersonenpotenzials bis 2040 in Deutschland (Quelle: Statistisches Bundesamt 2003, zitiert nach Bertelsmann Stiftung 2003)

Demnach haben wir zwischen 2000 und 2040 einen Verlust von 40% unseres Erwerbspersonenpotenzials zu erwarten. Dabei wird der Anteil über 60-jähriger Erwerbspersonen um 250% (Enquete Kommission) bis zu 350% steigen (Deutsches Institut für Wirtschaftsforschung 2000). Solche dramatischen Entwicklungen werden jedoch von den Unternehmen in Deutschland bislang kaum registriert. Eine Befragung des Instituts für Mittelstandsforschung zur Vorbereitung des Mittelstands auf die Auswirkungen des demografischen Wandels zeigt folgendes erschreckendes Bild (Suprinovic u. Kranzusch 2008).

1. Der demografische Wandel in Wirtschaft und Gesellschaft

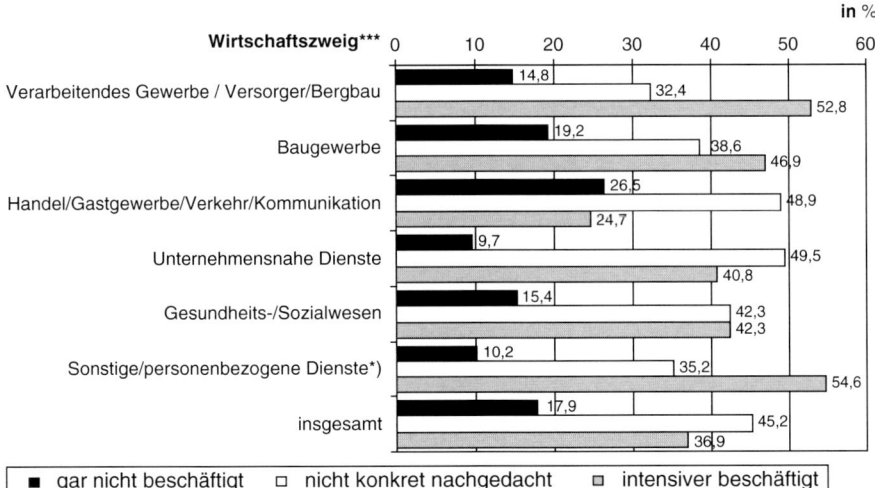

Abb. 1-17: Informationsstand der Unternehmen zum demografischen Wandel 2007 (Suprinovic u. Kranzusch, Institut für Mittelstandsforschung, Bonn 2008)

Die Befragung verdeutlicht, dass sich knapp zwei Drittel aller Unternehmen bisher noch nicht intensiv mit den Auswirkungen des demografischen Wandels beschäftigt haben – je kleiner die Unternehmen, desto drastischer die Ergebnisse. Im Handel, Gastgewerbe, Verkehr sind es gar ¾ aller Unternehmen, die sich bisher auf den demografischen Wandel nicht einstellen.

Die vorliegende Bilanzierung soll mit dazu beitragen, dass die Unternehmen in Deutschland begreifen, wie wichtig eine Auseinandersetzung mit der Entwicklung des demografischen Wandels für die Zukunfts- und Überlebensfähigkeit ist.

Auf der folgenden Seite werden abschließend noch einmal wesentliche Erkenntnisse und Trends im Überblick dargestellt.

Die Geburtenziffer pro Frau liegt seit 25 Jahren bei knapp 1,4. Eine wirksame Zunahme wird auch in den nächsten 20 Jahren nicht erwartet. Die Bestandsquote liegt bei 2,4.

Die Bevölkerung von 82 Millionen wird bis 2050 auf 60-70 Millionen sinken.

Das Erwerbspersonenpotenzial (abzüglich Selbstständige) von derzeit 35 Millionen wird bis 2040 auf knapp 20 Millionen sinken.

Die stärkste Alterskohorte der Erwerbstätigen sind derzeit die 40- bis 50-Jährigen. Etwa ab dem Jahr 2013 wird die stärkste Alterskohorte der Erwerbstätigen die der über 50-Jährigen werden.

Pauschal gilt heute: Das Verhältnis der AU-Tage der unter 50-Jährigen zu den AU-Tagen der über 50-Jährigen ist 1 zu 2 (Ältere sind zwar weniger häufig krank, aber dafür wesentlich länger).

Die Zahl pflegebedürftiger Menschen wird sich weiter erhöhen. Im Schnitt wird im Jahr 2020 jeder 10. Beschäftigte einen Angehörigen zu Hause pflegen. Im Jahr 2030 wird es nach Schätzungen jeder 5. Beschäftigte sein.

Der Migrantenanteil von heute 9% wird bis 2030 auf 20% steigen.

Die Schulabgänger werden bis 2025 um ca. 20% sinken, die der Hochschulabgänger um ca. 25%.

(Aus der Not heraus) wird sich schrittweise eine Kultur der Altersarbeit entwickeln (Die Zahl der Renten unter der Armutsgrenze wird deutlich steigen; Schätzungen werden gegenwärtig vermutlich aus politischen Gründen nicht veröffentlicht und diskutiert).

Zur Finanzierung des Rentensystems wird das gesetzliche Renteneintrittsalter wahrscheinlich zwischen dem Jahr 2015–2020 weiter auf 70 Jahre angehoben.

Diverse Branchen werden bis zum Jahr 2030 radikale Umstrukturierungs- und Dezimierungsprozesse erleben (z. B. Bauwirtschaft, Wohnungs- und Immobilienmarkt, ÖPNV, Stahl etc.)

In der Raumentwicklung wird sich bis zum Jahr 2030 das Nord-Süd-Gefälle und das Ost-West-Gefälle weiter verschärfen. Große Agglomerationsräume (Köln/Bonn; Rhein/Main; Stuttgart, München, Hamburg, Berlin unklar) werden bleiben und teilweise prosperieren, kleinere Agglomerationen schrumpfen, ländliche Regionen veröden (demografisch formuliert).

2. Individuelles Altern, Leistungsfähigkeit und Produktivität

In den letzten 10 Jahren ist dem Thema „Alter und Leistungsfähigkeit" zunehmend mehr Bedeutung zugeschrieben worden. Natürlich gab es auch schon vorher Experten, die sich mit der Thematik differenziert auseinandergesetzt haben, wie Elsner (1991), Baltes und Baltes (1986), Lehr (1983), Eitner (1975) u. a. Eine breitenwirksame und von der Öffentlichkeit wahrgenommene Forschung fand aber kaum statt, weil der ältere Erwerbstätige bis dato aus dem Erwerbsleben zügig ausgegliedert wurde und eine Nachfrage nach arbeitswissenschaftlichen Erkenntnissen aus der Wirtschaft nicht vorlag. Als Instrumente der Freisetzung älterer Erwerbstätiger wurden Frühverrentungsmöglichkeiten jedweder Art verwendet: Vorruhestandsregelungen, erweiterte Arbeitsunfähigkeitsbetrachtungen, eine verlängerte Bezugsdauer von Arbeitslosengeld in Verbindung mit der Rente wegen Arbeitslosigkeit, Abfindungen, Blockmodelle der Altersteilzeit, die in der 2. Hälfte der 90er Jahre zu Erwerbsquoten über 60-jähriger Männer von ca. 35% geführt haben. Die dahinterliegenden Strategien der Unternehmen waren multikausal. Es gab genügend junge Kräfte, die wandernde Babyboomer-Kohorte waren die 30- bis 40-Jährigen, Altern wurde mit geringerer Produktivität und Leistungsfähigkeit verbunden und vor allem waren ältere Arbeitnehmer aufgrund des vorherrschenden Senioritätsprinzips zu kostenintensiv. Letzteres beginnt seit Langem zu zerbröseln und junge qualifizierte Arbeitskräfte sind rar geworden. So hat sich zunehmend eine Reihe von Untersuchungen mit der Frage des Zusammenhangs zwischen individuellem Alter und Leistungsfähigkeit beschäftigt, erweitert auf Fragen der beruflichen Leistungsfähigkeit (Hacker 1996), der Produktivität (Schneider 2007) und der Innovationsfähigkeit (Bergmann 2001).

In einer Modellrechnung von Funk und Seyda (2006) konnte gezeigt werden, dass wenn nur 25% der 55- bis 64-Jährigen mit nur halber Produktivität erwerbstätig würden, dann könnte das Brutto-Inlands-Produkt um 1% gesteigert werden.

Der Anstieg von Aktivitäten der Alternsforschung ergibt sich aber nicht nur durch den Fokus auf das Erwerbsleben. Die folgende Abb. 2-1 zeigt die Veränderung der Relation der über 64-Jährigen zur Erwerbsbevölkerung in ausgewählten Ländern.

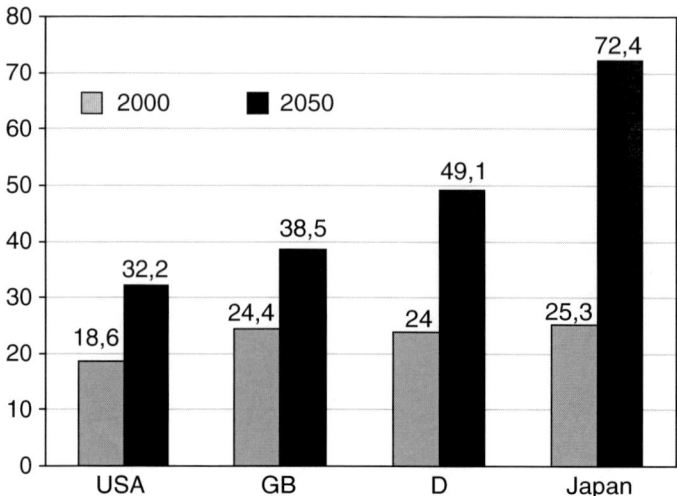

Abb. 2-1: Prognostizierte Veränderung der Relation der über 64-Jährigen zur Erwerbsbevölkerung in ausgewählten Ländern (zitiert nach Lehmann 2005).

Für die Wirtschaft spielt neben den alternden Erwerbstätigen auch die alternde Bevölkerung als Kunde, Käufer und Dienstleistungsempfänger zunehmend eine große Rolle: Seniorengerechtigkeit in Produktgestaltung im Konsumgüterbereich, bei der Gestaltung von Dienstleistungen, bei der Architektur der Daseinsvorsorge, im Verkehr usw.

Die Japaner sind hier weltweit mit ihren Investitionen in alternsbezogene Geschäftsfelder führend. Deutschland hinkt weit hinterher, zumal eine Beschäftigung mit seniorengerechten Produkten sich auch positiv auf die alternsgerechte Arbeitsgestaltung in Unternehmen auswirken würde. Hier sind Wirkungszusammenhänge zu beobachten.

Individuelles Altern und Leistungsfähigkeit

Bis in die 90er Jahre des vorherigen Jahrhunderts wurde sowohl wissenschaftlich wie auch gesellschaftlich das Defizitmodell vom Alter proklamiert. In fast jedem arbeitsmedizinischen Lehrbuch wurden defizitäre Entwicklungen physiologischer Parameter dargestellt, siehe bspw. die Entwicklung der Muskelkraft in Abhängigkeit vom Alter in folgender Abb.2-2:

2. Individuelles Altern, Leistungsfähigkeit und Produktivität 33

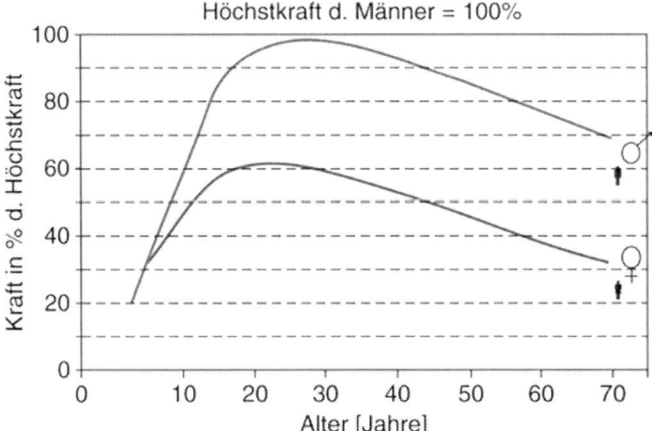

Abb. 2-2: Muskelkraft in Abhängigkeit von Alter und Geschlecht (Brokmann 1969, zitiert nach Schat 2005)

Neben der Abnahme der Muskelkraft sind folgende physiologische Leistungsveränderungen zu konstatieren (detaillierte Darstellung bei Langhoff 1991):

- Abnahme der Erregbarkeit, Kontraktibilität, Kontraktionsgeschwindigkeit und Elastizität der Muskeln mit zunehmendem Alter (Müller-Limmroth 1984); langandauernde Zwangshaltungen und monotone Bewegungsabläufe führen zu chronischer Überlastung der Sehnenansätze der Muskeln

- Abnutzung von Knorpeln und Gelenken ab dem 40. Lebensjahr, verstärkt durch Arbeiten in Zwangshaltungen, Stehberufen und schweres Heben und Tragen (Müller-Limmroth 1984)

- Verminderung der Druck- und Biegebeanspruchung von Knochen ab dem 40. Lebensjahr (Elsner 1991)

- Zunahme von Körperfett, Abnahme von Plasmavolumen, Gesamtkörperwasser und Extrazellulärflüssigkeit mit dem Alter (Herrmann und Stephan 1991)

- Abnahme der Sehschärfe, der Akkomodationsfähigkeit sowie der Dunkeladaptation der Augen ab dem 45. Lebensjahr; Ältere brauchen ein höheres Beleuchtungsniveau, sind aber auch blendempfindlicher

- Abnahme der Fähigkeit, hochfrequente Töne zu hören (Altersschwerhörigkeit); oftmals kontrastiert durch Lärmschwerhörigkeit

- Verringerung der Sauerstoffaufnahme und des Sauerstofftransports im Blut mit zunehmendem Alter, damit verbunden Abnahme der Herzfrequenz, des Herzzeitvolumens und der Pulsfrequenz (Biener und Schär 1986)

Die defizitäre Entwicklung der physiologischen Parameter mit dem Alter liest sich wie ein Katalog des Schreckens. Es ist aber zu erwähnen, dass Arbeitsbedingungen, Lebensverhältnisse, Training, genetische Dispositionen, individuelle Chronifizierungen und letztlich Kohorteneffekte zu erheblichen Differenzierungen führen. Im Übrigen zeigen sich viele der physiologischen Entwicklungen nicht pathogen im Erwerbsalter, sondern erst später. Auch sind viele Untersuchungen an Maximalleistungen orientiert, die nicht gleichbedeutend sind mit einer Einschränkung der allgemeinen Lebens- und Arbeitsfähigkeit.

Abb. 2-3 zeigt die Abnahme diverser Fähigkeiten mit dem Alter. Es zeigen sich bis zum Alter vom 65. Lebensjahr Leistungen in Orientierung an der Maximalkapazität von 70 bis 90%, die für die allgemeine Lebens- und Arbeitsfähigkeit als völlig ausreichend angesehen werden kann.

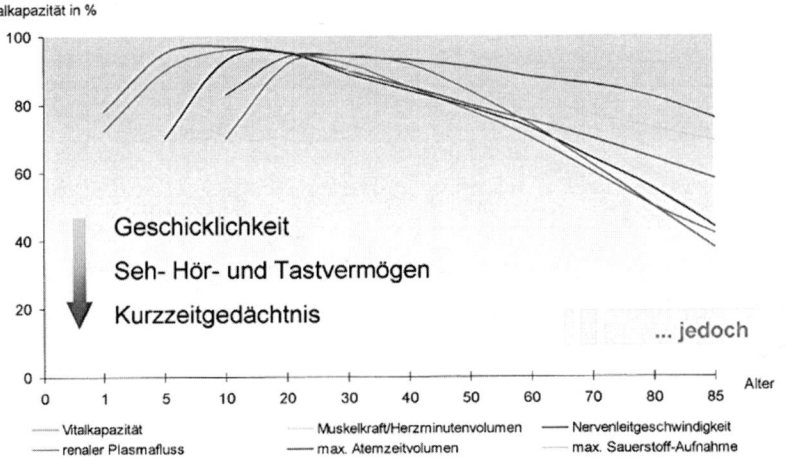

Abb. 2-3: Entwicklung physiologischer Parameter mit dem Alter in Orientierung an der Maximalkapazität (Mann 2008)

Berufliche Leistungen orientieren sich bspw. nicht an der Maximalleistung („testing the limits"), wie sie in psychometrischen Untersuchungen erbracht werden. Sie orientieren sich an Dauerleistungen, die jahrzehntelang stabil erbracht werden und innerhalb der Maximalleistung von Personen liegen. Daher sind Untersuchungsergebnisse wie zuvor beschrieben kritisch in ihrer Übertragbarkeit auf den Zusammenhang zwischen Alter und beruflicher Leistungsfähigkeit zu sehen.

Abb. 2-4 zeigt, welche Einflussfaktoren insgesamt auf die Entwicklung der Leistungsfähigkeit mit zunehmendem Alter einwirken.

2. Individuelles Altern, Leistungsfähigkeit und Produktivität

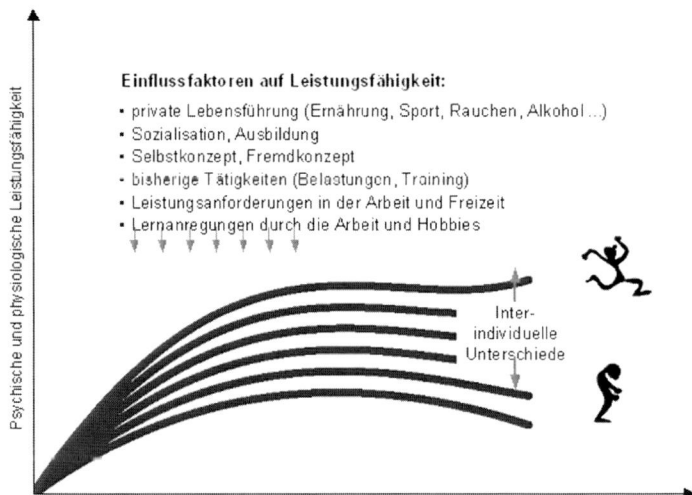

Abb. 2-4: Entwicklung der Bandbreite der Leistungsfähigkeit mit zunehmendem Lebensalter, Prinzipskizze (Schat 2005)

Die Einflussfaktoren bewirken, dass mit zunehmendem Alter die ermittelten Leistungsfähigkeiten stark variieren. Individuelles Altern ist also geprägt von der Lebens- und Arbeitsbiografie der Individuen. Der Einfluss von Gesundheit, Leistung und Lernen ist bei Jüngeren in der Phase von Schule und Ausbildung noch relativ standardisiert zu betrachten, während mit zunehmendem Alter der Umfang möglicher Einflüsse ständig zunimmt und zu einer Streuung der individuellen Leistungsfähigkeiten führt. Auch wenn die Augenscheinkorrelation mit zunehmendem Alter zu der Leistungsvariabilität führt, so ist nicht das kalendarische Alter ursächlich verantwortlich, sondern die zahlreichen Einflussfaktoren (siehe Abb. 2-4), die hier multikausal wirken. Baltes hat festgestellt, dass die Variabilität der Leistung im Alter größer ist, als zwischen allen Altersgruppen, was in der folgenden Prinzipskizze verdeutlicht wird.

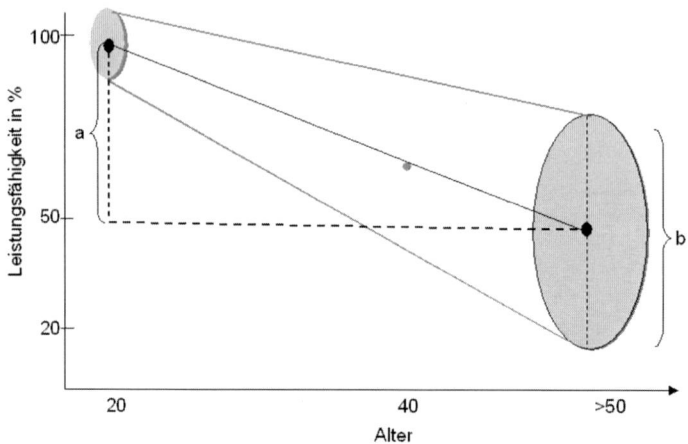

a = Variabilität zwischen den Altersgruppen; b = Variabilität innerhalb der Gruppe der Älteren; b > a

Abb. 2-5: „Baltes-Kurve": Zunahme der Leistungsvariabilität im Alter

Die Forschergruppe um Baltes war die erste, die kognitive Prozesse des Alterns, die bislang ähnlich wie die physiologischen Parameter als defizitäre Entwicklungen dargestellt wurden, differenziert betrachtet und intensiv beforscht haben. Bis dato wurde die kognitive Leistungsfähigkeit vornehmlich durch Intelligenztests erfasst, und das im Rahmen von Querschnittsuntersuchungen. Die Gesamtscores solcher Intelligenztests zeigen mit fortschreitendem Alter auch defizitäre Entwicklungen, was neben der Entwicklungen der physiologischen Parameter ebenfalls zur Verbreitung des Defizit-Modells vom Altern beigetragen hat (Lehr 2003; siehe folgende Abb. 2-6).

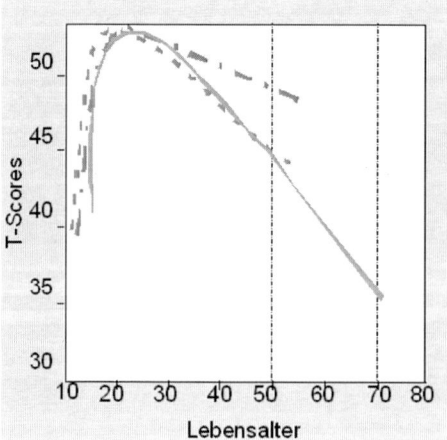

Abb. 2-6: Veränderung der Gesamtscores bei drei amerikanischen Intelligenztests im Altersverlauf (zitiert nach Schat 2005; Quelle: Brokmann 1969 und Lehr 2003)

2. Individuelles Altern, Leistungsfähigkeit und Produktivität

Bei der Interpretation und Verallgemeinerung der Ergebnisse der Intelligenz-Tests ist besonders der Kohorteneffekt zu berücksichtigen, da sich technologische Entwicklung, Erwerbsangebote und Bildungsbedarfe in unterschiedlichen Generationen auch unterschiedlich darstellen. So war die Notwendigkeit, sich neben seiner Berufstätigkeit weiterzubilden bspw. in den 50er und 60er Jahren weniger ausgeprägt als danach, was sich in Querschnittsuntersuchungen niederschlägt. Wird der Kohorteneffekt in Längsschnittuntersuchungen kontrolliert, so zeigt sich, dass die ermittelten Werte in Intelligenztests bis ins hohe Lebensalter ansteigen bzw. noch zunehmen (Benda 1997, zitiert nach IfaA 2005).

Erst Anfang der 90er Jahre haben Baltes und Mitarbeiter ein altes Intelligenzmodell von Catell (1971) aufgegriffen, das mentale altersstabile und mit dem Alter abnehmende Fähigkeiten unterscheidet. Man spricht auch von kristalliner und fluider Intelligenz.

Die fluide Intelligenz bezeichnet die Informationsaufnahme und Informationsverarbeitung, die sowohl die Geschwindigkeit wie auch das Ergebnis des Prozesses beinhaltet. Baltes spricht von der wissensfreien Mechanik, die durch die biologische Evolution die Architektur unseres Gehirns geprägt hat. Die fluide Intelligenz erlebt eine defizitäre Entwicklung mit dem Alter.

Die kristalline Intelligenz bezeichnet das erworbene Wissen und die Verknüpfung von neuen Informationen mit vorhandenem Wissen, bspw. Problemlösen. Baltes spricht hier analog zur Mechanik von der Pragmatik der Intelligenz, die kulturell-historisch erworben ist. Die kristalline Intelligenz bleibt bis ins hohe Alter erhalten bzw. nimmt zu.

Mechanik und Pragmatik stehen in einer kompensatorischen Beziehung zueinander, so dass die mit dem Alter zunehmenden Abbauprozesse der Mechanik in Beruf und Alltag kaum bemerkbar sind (Baltes, Lindenberger u. Staudinger 2006).

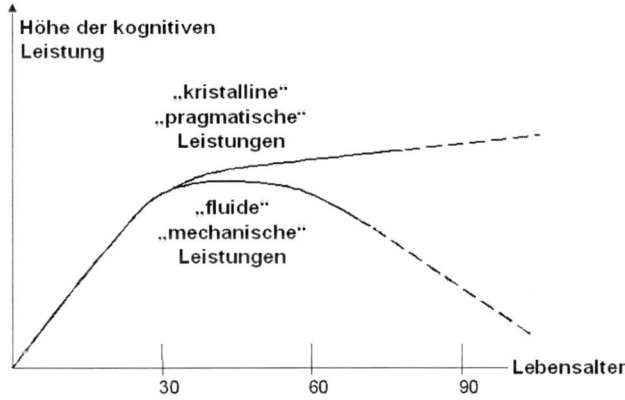

Abb. 2-7: Konstrukt der fluiden und kristallinen Intelligenz zur Entwicklung der Intelligenz (kognitive Leistungsfähigkeit) im Altersverlauf (Catell 1971, Horn 1982, Salthouse 1985, Baltes 1987, Lindenberger und Baltes 1993)

Die Unterscheidung zwischen der fluiden und kristallinen Intelligenz als Konstrukt der Entwicklung kognitiver Leistungsfähigkeit im Altersverlauf hat sich bis heute gehalten (Staudinger 2007) und ist in den letzten 25 Jahren mit zahlreichen Untersuchungen befüllt worden. Aber auch diese Untersuchungen bestätigen lediglich in ihren Gesamtscores die Entwicklung. Ähnlich der Entwicklung der physiologischen Parameter zeigen sich mit zunehmendem Alter große Streubreiten der Ergebnisse. Diese Streubreiten ergeben sich wie bereits bei den in Abb. 2-4 angegebenen Einflussfaktoren im Wesentlichen durch anregende Lebensbedingungen, Gesundheit und den Anforderungen eines lebenslangen Lernens.

Dabei sind insbesondere Erkenntnisse dauerhafter Lernerfordernisse in der Arbeit und damit verbundenem Training (Baltes u. Kliegl 1992) sowie neueste Erkenntnisse aerober Fitness (Colcombe et al. 2003, Voelcker-Rehage, Godde u. Staudinger 2006) auf die Verbesserung der mechanischen Intelligenz zu nennen. Beides führt zu hohen kognitiven Leistungsfähigkeiten im Alter.

Zusammenfassend bleibt festzuhalten, dass hinsichtlich des individuellen Alterns sowohl physiologische wie auch kognitive Parameter im Altersverlauf zu negativen Altersgradienten führen. Mit zunehmendem Alter nimmt aber auch die Streubreite der Ergebnisse zu, so dass sich die negative Entwicklung lediglich in den Gesamtscores zeigt. Eindeutige Ergebnisse zeigen sich erst im hohen Lebensalter (ab 75 Jahre). Zahlreiche Einflussfaktoren bewirken gute (wie auf der anderen Seite schlechte) Ergebnisse im Alter zwischen den Individuen. Dazu gehören insbesondere Bedingungen, die ein lebenslanges Lernen begünstigen (also dauerhaftes Training des Gehirns) wie auch sportliche Fitness, insbesondere aerobe Ausdauer.

Aus arbeitsmedizinischer wie auch aus kognitionswissenschaftlicher Sicht sollte also statt eines Defizitmodells vom Alter vielmehr von einem Kompetenzmodell des Alters gesprochen werden, da es viele Bedingungen und Aktivitäten gibt, die das einzelne Individuum dazu befähigen können.

Das Defizitmodell ist gesellschaftlich, wirtschaftlich und individuell ein gelerntes Modell. Schon Simone de Beauvoir hat in ihrer Studie „Das Alter" (1970) den Umgang mit den Alten scharf kritisiert und sah die Begründung in einer nicht mehr gebrauchsfähigen Bewertung der Arbeitskraft. Sie entlarvte das Defizitmodell vom Alter als eine kulturelle Konstruktion und nicht als eine biologische Tatsache. Ein gesellschaftlich verbreitetes Defizitmodell vom Alter und damit kommunizierte Altersstereotype führen letztlich auch zu einer „sich selbsterfüllenden Prophezeiung", die zur Senkung der Leistungsmotivation und Leistungsbereitschaft Älterer bzw. älterer Beschäftigter führt. Durch solch ein Stereotyp wird auch jeglicher Leistungswandel Älterer sogleich als mit ein mit dem Alter verbundener Leistungsabbau assoziiert.

Kompetenzmodell heißt, dass Leistungsfähigkeiten unterschiedlich stark ausgeprägt sein können und dass sie sich auch in unterschiedliche Richtungen entwickeln können: die einen verbessern sich, andere bleiben stabil, wieder andere lassen nach. Dabei können die Geschwindigkeiten sehr unterschiedlich sein,

2. Individuelles Altern, Leistungsfähigkeit und Produktivität

intraindividuell wie auch interindividuell, so dass das kalendarische Alter als Kriterium zur Bewertung einer Leistungsfähigkeit wenig aussagen kann.

Untersuchungen zum Betriebsklima zeigen, dass dort wo ein negatives Altersbild im Unternehmen vorherrscht, auch eine signifikant niedrigere Produktivität und weniger Selbstregulation festzustellen ist (Baltes et al. 2006). Ähnliches gilt für das Lernklima (Sonntag et al. 2004) und das Gesundheitsklima. Die soziale Arbeitsumgebung beeinflusst mit ihren Normen und Standards in Bezug auf Gesundheit das Gesundheitsverhalten und die Arbeitszufriedenheit signifikant positiv (Ribisi u. Reischl 1993).

Die folgenden Abb. zeigen, dass es auch Unterschiede in den Meinungsbildern der Erwerbstätigen und der Führungskräfte gibt.

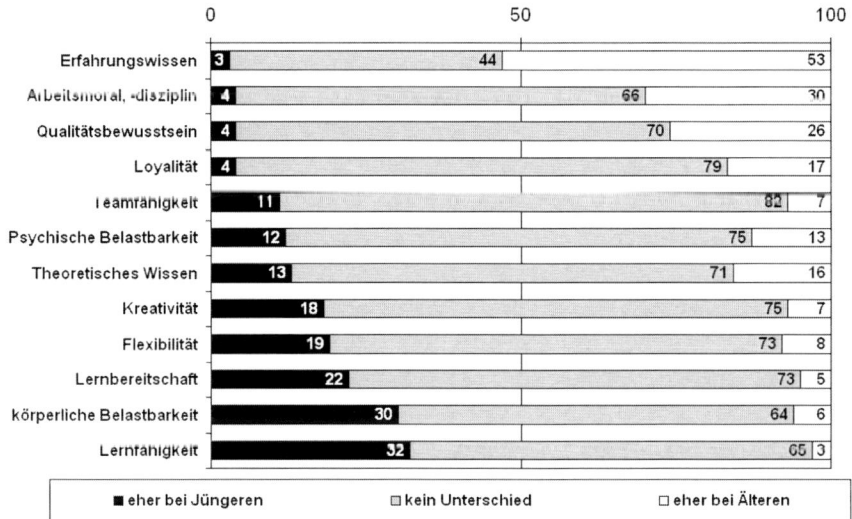

Abb. 2-8: Vergleich der Eigenschaften zwischen Jüngeren und Älteren im Urteil der Erwerbstätigen (Quelle IAB-Betriebspanel 2002, zitiert nach Richenhagen 2005)

Die obige Abb. zeigt, dass Erwerbstätige jeglichen Alters den Älteren besondere Stärken in den Dimensionen Erfahrungswissen, Arbeitsmoral, Qualitätsbewusstsein und Loyalität gegenüber dem Betrieb zuschreiben.

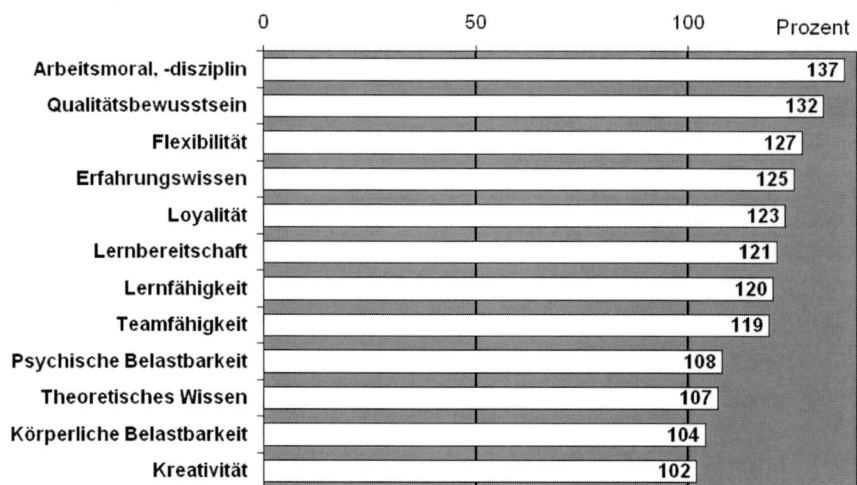

Abb. 2-9: Wichtigkeit einzelner Eigenschaften für die Arbeitsplätze im Urteil der Erwerbstätigen (Quelle IAB-Betriebspanel 2002, zitiert nach Richenhagen 2005)

Die in Abb. 2-8 dargestellten Stärken Älterer werden bei der Fragestellung nach der Wichtigkeit für die Arbeit unter den Top 5 wieder genannt. Die Erwerbstätigen selbst schätzen also die Stärken der älteren Arbeitnehmer als die wichtigsten für die Arbeit insgesamt ein. Umgekehrt sieht es bei der Einschätzung von Personalmanagern aus, siehe folgende Abb.2-10, Personalmanager halten zum großen Teil das Erfahrungswissen älterer Erwerbstätiger für kompensierbar, was mit einer geringeren Wertschätzung des Erfahrungswissens gleichzusetzen ist.

Durch die dezidierte Befragung Erwerbstätiger wird das Vorurteil vom Defizitmodell in seine Einzelteile zerlegt und führt bei differenzierter Betrachtung zu anderen – nämlich positiven – Ergebnissen.

2. Individuelles Altern, Leistungsfähigkeit und Produktivität

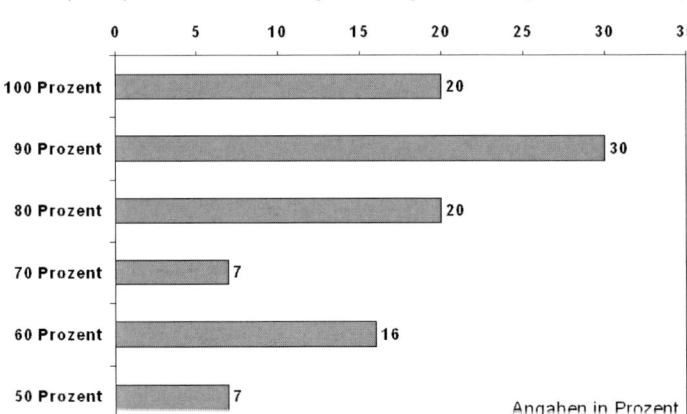

Abb. 2-10: Einschätzung von Personalmanagern zur Kompensation des Erfahrungswissens älterer Erwerbstätiger (Personalentscheider-Befragung CGC Deutschland 2004)

Alter, berufliche Leistungsfähigkeit und Produktivität

Berufliche wie auch geistig schöpferische (künstlerisch-kreative) Leistungen sind jedoch wesentlich komplexer als die bisher dargestellten physiologischen und mentalen Basisfunktionen.

Schon Lehr (2003) konnte keinerlei Eindeutigkeit in den Ergebnissen zum Zusammenhang zwischen Alter und beruflicher Leistung erkennen.

> „Je nach spezifischer Betriebssituation fand man keinerlei Unterschiede zwischen Älteren und Jüngeren oder konstatierte ein besseres Abschneiden der Älteren oder auch ein besseres Abschneiden der Jüngeren" (Lehr 2003, S. 213)

Nahezu sämtliche Meta-Studien zum Zusammenhang zwischen Alter und Arbeitsleistung weisen keinen signifikanten Altersunterschied auf, einschließlich der amerikanischen Forschung (Waldman u. Aviolio, 1986; Mc Evoy & Cascio (1989). Die Unterschiede, die auftreten, sind eng verknüpft mit der Art der Tätigkeit und der Bildung von beruflichem Erfahrungswissen (Bergmann 2001).

Eine Zusammenfassung der Befunde zu Alter und beruflicher Leistung liefert Warr (1996). Er kategorisiert 4 Aufgabentypen:

1. Arbeitsaufgaben, die wissensbasierte Urteile ohne Zeitdruck erfordern. Diese profitieren vom Alter.

2. Arbeitsaufgaben, für deren Leistungen negative Alterskorrelationen zu erwarten sind. Das sind Aufgaben mit hohen Anforderungen an kontinuierliche schnelle Informationsverarbeitungen, für die Erfahrungen keine oder nur eine sehr geringe Rolle spielen.

3. Arbeitsaufgaben, bei denen steigende Schwierigkeiten in der Informationsverarbeitung oder hinsichtlich physischer Fähigkeiten zu einem Nachlassen der Leistungsfähigkeit führen können, was aber auf verschiedene Weise durch Strategien und Wissen kompensiert werden kann.

4. Altersneutrale Aufgaben als solche, in denen Arbeitsroutinen vorherrschen und die Anforderungen nicht so hoch sind.

Abb. 2-11: Zusammenfassung der Befunde zu Alter und beruflicher Leistung: Aufgabentypen (Warr 1996)

Neben dieser tätigkeits- und berufserfahrungsbezogenen Differenzierung bleibt aber die Grundaussage der Altersstabilität. Wie ist diese Grundaussage mit den Ergebnissen der defizitären Entwicklung fluider Intelligenz im Altersverlauf zu erklären (wissensfreie mechanische Intelligenz; s. o.)? Diese würden sich lediglich bei dem von Warr genannten 2. Aufgabentyp (dauerhafte, schnelle Informationsverarbeitung wie bspw. bei Fluglotsen) einstellen. Hinsichtlich des dritten Aufgabentyps entwickelt das Gehirn offensichtlich Kompensationsstrategien, die in zahlreichen Untersuchungen mit z. T. verblüffenden Ergebnissen nachgewiesen worden sind (siehe folgende Abb.).

Studie von Olson u. Siwak (1986)
→ Gleiche Bremsreaktionszeiten bei jungen und älteren Autofahrern
→ aber: negativer Altersgradient bei Reaktionszeitaufgaben im Labor
→ Erklärung: Einsatz antizipativer Strategien

Studie von Salthouse (1984)
→ Keine Unterschiede in der Tippgeschwindigkeit bei Typisten im Alter von 19 bis 72 Jahren
→ aber: negativer Altersgradient bei Wahlreaktionszeiten im Labor
→ Erklärung: Antizipation der zu tippenden Inhalte

Studie von Murell u. Humphries (1978)
→ Leistungsvergleich junger und alter Simultanübersetzer mit jeweils Berufserfahrung oder nicht
→ negativer Altersgradient nur in der Gruppe der Unerfahrenen
→ Erklärung: Kompensation mittels Erfahrung

Abb. 2-12: Beispiele von Untersuchungen zu Kompensationsstrategien im Alter bezogen auf Aufgabentyp III nach Warr

2. Individuelles Altern, Leistungsfähigkeit und Produktivität

Kompensationsstrategien stellen sich mit zunehmender Berufserfahrung ein. Zum einen wird offensichtlich im Gehirn in größeren Einheiten (pattern) wahrgenommen. Der Kennerblick eines Experten befähigt, auf ein Ziel zu schauen und gleichzeitig bereits die adäquate Handlung mitzusehen. Erfahrung ermöglicht die psychische Automatisierung von informationsverarbeitenden Prozessen. Intellektuelle Routinen sparen Arbeitsgedächtniskapazität (Bergmann 2001). Ein regelgeleitetes, zeitbeanspruchendes Schlussfolgern und Problemlösen wie es Jüngere bzw. wenig Erfahrene praktizieren, ist bei Experten nicht nötig.

Fazit

Fasst man den Stand arbeitswissenschaftlicher und gerontowissenschaftlicher Forschung zum Zusammenhang zwischen individuellem Alter und (beruflicher) Leistungsfähigkeit zusammen, so ist das kalendarische Alter kein geeigneter Prädiktor. Die bestimmende Größe für die Leistungsfähigkeit ist nicht das kalendarische, sondern das biologische Alter. Es gibt keinen allgemeinen Leistungsknick in der Mitte des 4. Lebensjahrzehnts. Arbeit macht nicht generell krank. Dies gilt auch für ältere Beschäftigte. Es besteht kein unmittelbarer Zusammenhang zwischen Alter und Leistungsfähigkeit. Leistungsunterschiede innerhalb der jeweiligen Altersgruppe sind größer als zwischen den Altersgruppen und zeigen in der Gruppe der Älteren die größte Streuung (Baltes-Kurve).

Nicht Alter und Geschlecht, sondern Arbeitsbedingungen, Lebensverhältnisse, Bildung und Motivation sind entscheidend für die Leistungsfähigkeit. Fähigkeiten, die im Arbeitsprozess ständig gefordert, geübt und trainiert werden, begünstigen die Leistung im Alternsprozess.

(Berufliche) Leistungsfähigkeit im Alter wird maßgeblich durch die individuelle Lebensführung und durch die Art der Tätigkeit und der Arbeits- und Beschäftigungsbedingungen mitbestimmt:

- Individuelle Disposition
- Arbeitsbedingungen
- Lebensbedingungen
- Soziale Beziehungen
- Bildung
- Einkommen

Bspw. korreliert das Gesundheitsverhalten mit Qualifikation. Bei Personen mit geringer Qualifikation beobachtet man eine signifikante Erhöhung des Nikotinabusus, des Übergewichts, der Häufigkeit anderer Risikofaktoren und eine geringere sportliche Betätigung (Lehmann 2005). Die Kombination eines ungünstigen Gesundheitsverhaltens mit ungünstigen Einflüssen aus der Arbeitsumwelt erhöht drastisch die Zunahme chronischer Krankheiten bzw. Mehrfacherkrankungen.

Die folgende Abb. zeigt Einflüsse der Arbeitsumwelt, die sich dauerhaft negativ auf die Entwicklung der Leistungsfähigkeit (und der Gesundheit) mit dem Alter auswirkt.

- Arbeitsumgebung
  Kälte, Hitze, ungünstige Beleuchtung, Lärm

- Tätigkeiten mit begrenzter Dauer

- Arbeitsorganisation/Arbeitszeit
  Taktgebundenheit, Pausengestaltung, Schichtarbeit, Nachtschichten

- Führungsverhalten
  keine Wertschätzung Älterer

- Kritische Konstellationen, z. B.
  schwere körperliche Hitzearbeit, schwere Arbeit bzw. hoher Genauigkeitsgrad nach vorgegebenem Tempo

Abb. 2-13: Einflüsse der Arbeitsumwelt auf den langfristigen Erhalt der Leistungsfähigkeit (Lehmann 2005)

Neben den negativen körperlichen Trends im Alter, die allerdings wie beschrieben interindividuell sehr streuen und von zahlreichen Faktoren jenseits des kalendarischen Alters abhängen, gibt es eine Reihe, insbesondere mentaler und sozialer Fähigkeiten, die mit zunehmendem Alter stabil sind bzw. noch zunehmen (Marschall, B. 2004; zitiert nach Mann 2008).

Fähigkeiten eher gleichbleibend:	Fähigkeiten eher zunehmend:
• Widerstandsfähigkeit bei üblichen physischen und psychischen Anforderungen	• Arbeits- und Berufserfahrung
• Bewegungsgeschwindigkeit unterhalb der Dauerleistungsgrenze	• Auffassungsvermögen und Urteilsfähigkeit
• Dauerleistung	• Zuverlässigkeit und Verantwortungsbewusstsein
• Konzentrationsfähigkeit	• Selbstständigkeit und Fähigkeit zu dispositivem Denken
• Wissensumfang	• Geübtheit in körperlichen und geistigen Fähigkeiten
• Sprachliche Kenntnisse	• Ausgeglichenheit und Kontinuität
• Lösen von Alltagsproblemen	• Gesprächsfähigkeit

2. Individuelles Altern, Leistungsfähigkeit und Produktivität

Überträgt man u. a. die Fähigkeiten auf Arbeitsaufgaben, dann können Ältere besser oder weniger gut folgende Aufgaben erledigen:

Ältere können besser Aufgaben erledigen, die	Ältere können weniger gut Aufgaben erledigen, die
• vertraut sind	• schwere körperliche Arbeit und/oder monotone, sich ständig wiederholende Bewegungen erfordern,
• relativ selbstständig eingeteilt werden können, hinsichtlich Arbeitspensum, Arbeitsrhythmus und Arbeitsablauf,	• mit extremen Umgebungseinflüssen wie Hitze, Kälte, Zugluft, hohe Luftfeuchte, Lärm, unzureichende Beleuchtung verbunden sind,
• komplexe Lösungswege erfordern, bei denen ohne Erfahrung „nichts geht",	• unter starkem Zeit- und Leistungsdruck erfüllt werden müssen,
• soziale Kompetenzen erfordern,	• wenig Selbstbestimmung beim Arbeitstempo zulassen,
• detaillierte Kenntnisse über betriebliche Abläufe und informelle Beziehungen voraussetzen	• keine ausreichende Erholung ermöglichen,
	• gute Seh- und Hörleistungen voraussetzen

Alter und Produktivität

Ein Demografiewissenschaftler würde auf die Frage des Zusammenhangs zwischen Alter und Produktivität antworten, dass alternde Belegschaften global gesehen nicht zwangsläufig weniger innovativ und produktiv sind als junge Gesellschaften. So hatte bspw. Indien im Jahr 2001 mit einem Durchschnittsalter von 23 Jahren ein Pro-Kopf-Einkommen von 460 Dollar, Deutschland hatte im selben Jahr ein Durchschnittsalter von 40 Jahren und ein Pro-Kopf-Einkommen von 23.700 Dollar.

Ein Arbeitswissenschaftler prüft, ob die gerontowissenschaftlichen Erkenntnisse des Zusammenhangs zwischen Alter und (beruflicher) Leistungsfähigkeit auf ein konkretes Unternehmen übertragbar sind, und wird zu dem Schluss kommen, dass dies nicht so ohne Weiteres machbar ist. Ein einfaches Beispiel hierzu ist die Fehlzeitenquote nach Alter. I. d. R. ist in den meisten Unternehmen eine sukzessiver Anstieg der Fehlzeiten mit dem Alter beobachtbar bis zum Alter von ca. 55 bis 60 Jahren, um dann wieder bis zum Alter von 65 Jahren abzufallen. Heißt das, dass die 60- bis 65-Jährigen wieder gesünder sind? Die Antwort lautet „Nein", denn die weniger Arbeitsfähigen sind meistens über Vorruhestandsregelungen und wegen Erwerbsunfähigkeit aus dem Unternehmen ausgeschieden, so dass mehr heitlich leistungsfähige Ältere übrig geblieben sind. Ähnlich verhält es sich mit der Beobachtung und dem Vergleich von Leistungsfähigkeit zwischen alt und jung, da es sich bezogen auf die Älteren im Betrieb um Selektionseffekte handeln kann.

Es stellt sich also angesichts alternder Belegschaften im Zuge des demografischen Wandels die Frage nach der Produktivität. Wie produktiv ist ein Unternehmen, das im Jahre 2012 über 50% über 50 Jährige hat? In der folgenden Abbildung sind plausible Hypothesen zum Anstieg und zur Verminderung der Produktivität im Alter gegenübergestellt.

- **Produktivität steigt mit Alter**
  - da Unfallrisiko sinkt
  - da bessere Entscheidungen getroffen werden
  - da zufriedener mit der Arbeit

- **Produktivität sinkt mit Alter**
  - da Gesundheit abnimmt
  - da schnelle Informationsverarbeitung und Arbeitsgedächtnis abnehmen
  - da Lernen von sehr Neuem schwerer fällt

Abb. 2-14: Gegenüberstellung von Hypothesen zur Produktivität im Alter (nach Dittmann-Kohli und Van der Heijden 1996)

Für Hochqualifizierte, deren Aufgabenanforderungen im geistig-schöpferischen Bereich liegen, und die in ihrer Arbeitsbiografie weniger einseitig körperlichen Belastungen ausgesetzt waren, stellt sich die Frage nach der Produktivität kaum. Hier überwiegen sogar Vorteile der kristallinen Intelligenz, des Erfahrungswissens und der sozialen Kompetenzen. Das zeigen auch Renteneintrittsalter unterschiedlicher Berufsgruppen. So nimmt die Häufigkeit der Frühverrentung in Berufen mit hoher körperlicher Belastung, geringer Qualifikation und wenig Entscheidungsspielraum zu (Frühverrentung bei Ärzten 6% im Vergleich zu 50% bei Maurern, zitiert nach Lehmann 2005).

Problematischer ist die Produktivität älterer Beschäftigter, die ihr Erwerbsleben lang schwer körperlich gearbeitet haben, in Wechselschicht, und deren Tätigkeiten wenig physische und mentale Belastungswechsel beinhalteten. Diese Klientel ist im Alter nicht nur weniger produktiv sondern auch veränderungsresistenter gegenüber Restrukturierungen und Bildungsanforderungen. Um mit diesen Beschäftigtengruppen weiterhin produktiv arbeiten zu können, ist es heute zwingend notwendig, für die Altersgruppe der heute Mittelalten Arbeitsbedingungen zu schaffen, die einen organisierten Belastungswechsel beinhalten und Weiterbildung kontinuierlich zu implementieren, um Tätigkeits- und Entscheidungsspielräume zu erweitern, um so zukünftig mit dieser Beschäftigtenklientel noch produktiv tätig zu sein.

Vielfach findet man in der arbeitswissenschaftlichen Literatur und auch mitgeteilt in zahlreichen Vorträgen die Mär von der Produktivität altersgemischter Teams. Diese Legende ist in der 2. Hälfte der 90er Jahre entstanden und hat wohl mit dem in dieser Zeit ebenso proklamierten Ideal einer altershomogenen, d. h. gleichmäßig altersgemischten Belegschaft, zu tun. Wie bei vielen anderen wissenschaftlichen Fragestellungen ist auch hier Alter nicht der geeignete Prädiktor.

2. Individuelles Altern, Leistungsfähigkeit und Produktivität

Zunächst ist festzustellen, dass sich heute die Frage nach altershomogenen Belegschaften und altersgemischten Teams nicht mehr stellt, weil das Mischverhältnis von alt und jung sich so darstellt, dass bei jeglicher Struktur höchstens ein bisschen jung dabei ist.

Bezogen auf die aktive Gestaltung der Altersstruktur einer Belegschaft gilt die Erkenntnis, dass eine zwanghafte Verjüngung weder möglich noch eine Lösung darstellt. Bezogen auf die Gestaltung der Teams gilt die Erkenntnis, dass eine unterschiedliche Alterszusammensetzung u. U. fatale Folgen auf die Teamleistung haben kann. Die folgende Aufstellung zeigt ausgewählte Untersuchungen zur Produktivität von Teams.

- Pelled/Eisenhardt/Xin (1997): Untersuchung von 45 Teams – je unterschiedlicher die Zusammensetzung der Betriebszugehörigkeitsdauer, desto höher das emotionale Konfliktgeschehen

- Alexander et al. (1995): Untersuchung von 398 Krankenhäusern – je höher die Zusammensetzung der Betriebszugehörigkeitsdauer, desto höher die Fluktuation von Pflegekräften

- Hamilton/Nickerson/Owan (2004): Untersuchung eines Bekleidungsherstellers – je unterschiedlicher die altersgemischte Teamzusammensetzung, desto geringer die Produktivität

- Zenger/Lawrence (1989): Untersuchung eines Elektronikherstellers – je unterschiedlicher die altersgemischte Teamzusammensetzung, desto schlechter fällt die berufsbezogene Kommunikation aus

- Ancona/Caldwell (1992): Untersuchung von F&E Mitarbeitern eines Hochtechnologieunternehmens – je unterschiedlicher die fachlichen Unterschiede im Team, desto höher ist der Innovationsgrad

- Pelled/Eisenhardt/Xin (1997): Untersuchung von 45 Teams – je höher die funktionalen Unterschiede im Team, desto positiver ist die Teamperformanz

Die Untersuchungen zeigen, dass nicht unterschiedliche Alterszusammensetzung einen positiven Einfluss auf die Teamperformanz haben, sondern unterschiedliche Expertisen, also unterschiedliche Fachkompetenzen oder Interdisziplinarität. Dann kann Alter u.U. noch einen positiven Zusatzeffekt darstellen. Umgekehrt zeigen altersheterogene Gruppen bei gleichartigen Tätigkeiten sogar mehrheitlich negative Effekte auf die Teamperformanz. Neuere Untersuchungen hierzu auch von Mannix und Neale 2005 sowie von Kessler & Staudinger 2006.

Es ist also ein Trugschluss die vermeintliche Absenkung der Produktivität Älterer durch die Bildung altergemischter Teams per se zu vermeiden bzw. die Produktivität noch zu erhöhen.

Will man sämtliche Einflussparameter ausschließen, um die Produktivität im Altersverlauf zu messen, so trifft man dort auf Hinweise, wo die Produktivität einzelner direkt an das Einkommen gekoppelt ist, z. B. bei Vertriebsmitarbeitern. Die folgende Abbildung zeigt die Abhängigkeit von Provisionseinkommen, Alter und Unternehmenseintritt.

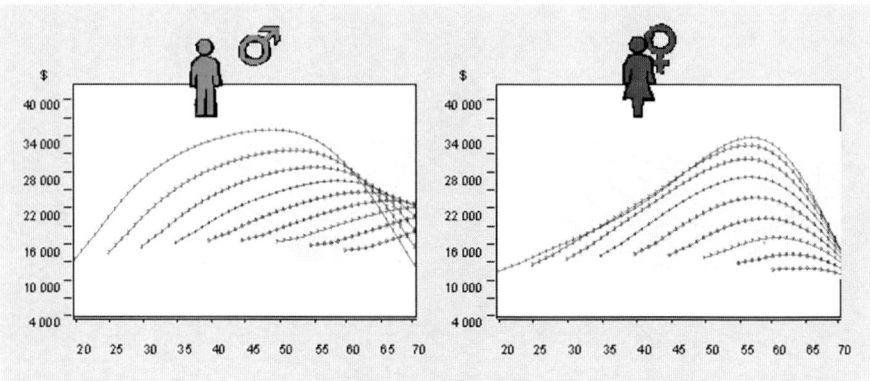

Abb. 2-15: Abhängigkeit von Einkommen und Lebensalter für männliche und weibliche Vertriebsmitarbeiter mit unterschiedlichem Eintrittsalter und umsatzabhängigem Provisionseinkommen (Kotlikoff u. Wise 1987), zitiert nach IfaA 2005

Solch eine Untersuchung ist die Ausnahme, da Arbeitsleistung sich fast immer als ein Produkt kooperativer Leistungen definiert. Sie zeigt jedoch eindeutig die in der Literatur mehrheitlich proklamierte These des umgekehrt U-förmigen Verlaufs zwischen Alter und Produktivität (vgl. bspw. Skirbekk, V. 2004). Schneider (2007, auch 2006) hat sich eingehend mit der Überprüfung des umgekehrt U-förmigen Verlaufs der Alters-Produktivitäts-Kurve beschäftigt und den Linked-Employer-Employee-Datensatz des Instituts für Arbeitsmarkt und Berufsforschung (LIAB) herangezogen, gegenwärtig die größte und brauchbarste Stichprobe in Deutschland.

2. Individuelles Altern, Leistungsfähigkeit und Produktivität

Es zeigt sich über alle Sektoren eine positive Korrelation der Mittelalten (35–45 Jahre) und der betrieblichen Produktivität (was für die umgekehrte U-Kurve spricht).

Es zeigt sich im Produktionsbereich ein negativer Zusammenhang zwischen Produktivität und der jüngsten Altersgruppe.

Es zeigt sich im Dienstleistungssektor ein positiver Zusammenhang zwischen Produktivität und der jüngsten Altersgruppe.

Es zeigt sich insgesamt ein produktivitätssteigender Effekt tertiärer Bildung.[1]

Es zeigt sich ein produktivitätsdämpfender Effekt bei Mitarbeitern mit einer Betriebszugehörigkeit kleiner 3 Jahre.

Eine lange Betriebszugehörigkeit zeigt keine Produktivitätsdämpfung (was für den Effekt der Erfahrungsakkumulation spricht).

Die Ergebnisse ergeben zumindest keinen mutlosen Blick in die Zukunft. Es sind zukünftig weiter ansteigende Betriebszugehörigkeiten zu erwarten, die zumindest teilweise altersbedingte Produktivitätsdämpfungen ausgleichen werden. Die wandernden Kohorten, also das bloße Altern der Belegschaften, führen zu einer Abnahme junger Altersgruppen, was den produktivitätsdämpfenden Effekt der Jüngeren im verarbeitenden Gewerbe vermindert. Darüber hinaus ist bei den zukünftig Älteren aufgrund der Kohorteneffekte mit einem produktivitätssteigernden Effekt der tertiären Bildung zu rechnen.

Das folgende Beispiel verdeutlicht den zuletzt genannten Aspekt des Kohorteneffekts tertiärer Bildung. Die Abb. 2-16 zeigt den Anteil Volks-, Haupt-, Realschule ohne Berufsausbildung und die Abb. 2.17 zeigt den Anteil der Beschäftigten mit Fachhochschul- oder Hochschulabschluss an den jeweiligen Altersgruppen der Beschäftigten der Metallindustrie in Deutschland 2002–2003.

---

[1] Tertiäre Bildung umfasst höhere Fach- und Berufsausbildung, höhere Fachschule, Fachhochschule, Universität

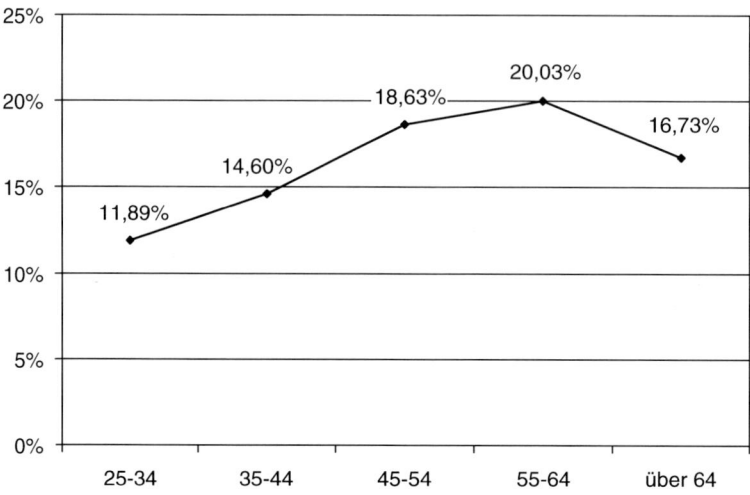

Abb. 2-16: Anteil Volks-, Haupt-, Realschule ohne Berufsausbildung an den jeweiligen Altersgruppen der Beschäftigten der Metallindustrie in Deutschland 2002–2003 (IfaA 2005)[2]

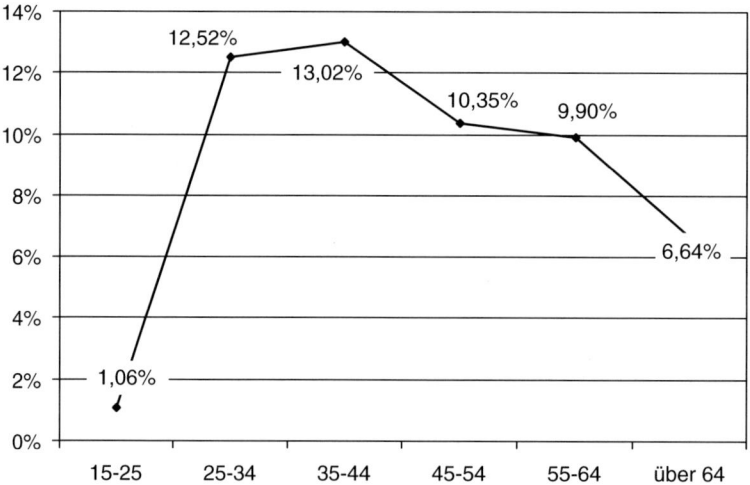

Abb. 2-17: Anteil der Beschäftigten mit Fachhochschul- oder Hochschulabschluss an allen Beschäftigten an den jeweiligen Altersgruppen der Beschäftigten der Metallindustrie in Deutschland 2002–2003 (IfaA 2005).

Der Kohorteneffekt zeigt deutlich, dass die älteren Beschäftigten von morgen sich nicht mit den älteren Beschäftigten von heute vergleichen lassen. Die älteren Beschäftigten von morgen werden deutlich durch den vergleichsweise höheren

---

[2] IfaA-Auswertung nach IAB-Daten, Werte für 2002 und 2003 vorläufig, Zahlenwerte < 3 und korrespondierende Zellen sind aus Datenschutzgründen vom IAB nicht ausgewiesen und vom IfaA geschätzt.

2. Individuelles Altern, Leistungsfähigkeit und Produktivität

Anteil tertiärer Bildung profitieren, was sich auch in der Produktivität positiv niederschlagen wird.

Trotz dieser ermutigenden Hinweise wird gegenwärtig zurecht darüber diskutiert, ob ältere Arbeitnehmer bei sinkender Produktivität langfristig nur zu niedrigeren Löhnen als heute weiterbeschäftigt werden können.

Die sogenannten Senioritätslöhne, die ältere Arbeitnehmer über ihre erbrachte Leistung hinaus belohnen, erfüllten zu früheren Zeiten (als die über 50-Jährigen zur zahlenmäßig kleinsten Gruppe gehörten – also bis 1998) einmal ihren Sinn: Sie stellten für junge Mitarbeiter einen Anreiz dar, sich einzubringen und schafften die Grundlage für langwährende, oft das ganze Erwerbsleben dauernde Arbeitsverhältnisse. Im Zuge alternder Belegschaften ist dieses Konzept obsolet.

Zukünftig ist nicht Alter die Frage, sondern die individuelle Produktivität des Einzelnen ist für die Entlohnung und Stellengestaltung relevant. Dabei gibt es aber ungelöste Probleme: Wie gelingt es dem Arbeitgeber, die i. d. R. nicht unmittelbar beobachtbare Produktivität des Beschäftigten zu erfassen und wie gelingt es dem Beschäftigten, diese zu signalisieren?

Auf dem Arbeitsmarkt haben wir ein altersunabhängiges Informations- und Kommunikationsproblem. Erste Lösungsansätze werden im Kapitel 7 „Aus- und Weiterbildung" mit dem Kompetenzpass vorgestellt.

Einen interessanten Aspekt zu dieser Debatte bringt Volkholz, 2008 ein. Volkholz hat den Zusammenhang zwischen Alter, Tätigkeitsdauer und Bruttoeinkommen mithilfe des BiBB/IAB-Datensatzes von 1998/1999 untersucht, siehe folgende Abb. 2-18).

Tätigkeits-dauer	20-24 J.	25-29 J.	30-34 J.	35-39 J.	40-44 J.	45-49 J.	50-54 J.	55-59 J.	60-65 J.	Ø DM
0 bis 2	2.347	2.900	*3.238*	3.018	3.035	3.003	2.798	2.576	1.970	2.853
2 bis 6	2.735	3.207	*3.573*	3.397	3.335	3.070	3.322	2.803	2.368	3.217
6 bis 15	3.237	3.449	3.799	*4.158*	3.999	3.765	3.707	3.502	3.363	3.772
15 und länger	-	-	3.790	3.893	4.330	4.647	4.882	*4.959*	*4.956*	*4.583*
gesamt	2.690	3.229	3.629	3.753	3.878	3.974	4.198	*4.223*	*4.254*	*3.747*

Jeweilige Höchstwerte: *kursiv und grau hinterlegt*

Abb. 2-18: Alter, Tätigkeitsdauer, Bruttoeinkommen (in DM 1998/1999); Auswertung des BiBB/IAB-Datensatzes von 1998/1999 (n = 34.337); Volkholz 2008

Die Abbildung zeigt:

- Mit zunehmender Tätigkeitsdauer steigt das Einkommen (rechte Spalte)

- Arbeitnehmer mit einer bis zu 15-jährigen Tätigkeitsdauer erzielen Einkommen, die spätestens ab dem 40. Lebensjahr von Jahrfünft zu Jahrfünft sinken.

- Wirklich positiv stabil – ein Arbeitsleben lang – ist die Einkommensentwicklung nur bei Arbeitnehmern mit einer langen, über 15-jährigen Tätigkeitsdauer im Betrieb.

Volkholz interpretiert die Daten so, dass wir eine zunehmende Polarisierung der Altersproduktivität bekommen, die gekennzeichnet ist durch gut Verdienende mit langer Tätigkeitsdauer und weniger gut Verdienende aufgrund häufigeren Arbeitgeberwechsels (z. B. Einstellungskampagnen 50+). Der Aspekt der Altersdiversität bezogen auf Tätigkeitsdauer und Einkommen wird in der gegenwärtigen Diskussion über die Altersproduktivität bislang vernachlässigt. Außerdem verstärkt es die Immobilität/Sesshaftigkeit in Zeiten zunehmender Flexibilisierung.

3. Altersstrukturanalyse

Nach der Sensibilisierung für die Thematik und die Bedeutung der demografischen Entwicklung ist die Altersstrukturanalyse das zentrale Element betrieblicher Aktivität, mit der begonnen werden sollte. Die Grundfragen lauten:

- Wie ist das Unternehmen selbst demografisch aufgestellt?
- Was weiß das Unternehmen über seine Altersstrukturen?
- Welche demografierelevanten Informationen können aus den vorhandenen Daten gewonnen werden?
- Gibt es Auffälligkeiten?
- Welche Entwicklungsverläufe/Prognoseverläufe sind ableitbar?

Mit der Beantwortung oder vorsichtiger ausgedrückt, mit der Annäherung zu den o. g. Fragen steht und fällt die Qualität des gesamten betrieblichen Demografiemanagements (Kapitel 4).

Nur auf der Basis solider empirischer Daten können überhaupt erst die richtigen Fragen formuliert und die richtigen Hypothesen aufgestellt werden, d. h., mit den Ergebnissen der Altersstrukturanalyse wird die *Effektivität* des weiteren Vorgehens bestimmt („Doing the right things!" – „Das Richtige tun!").

Auf der anderen Seite wird aber auch durch die Analyse der vorhandenen Daten weiterer Informationsbedarf deutlich, z. B.

- Warum sind die Frauen im Vertrieb doppelt so häufig krank als die Männer?
- Warum sinkt die Weiterbildungsteilnahme der Facharbeiter in der Produktion bei den über 50-Jährigen um 70%?
- Was bedeutet es, dass die An- und Ungelernten in Fertigungsbereich A eine fast doppelt so hohe Betriebszugehörigkeitsdauer als in Fertigungsbereich B haben? Usw.

Solche und andere Fragen stellen sich bei der Beobachtung von Auffälligkeiten visualisierter Daten.

Sie sind meist der Grund für die Initiierung von Betriebsaufträgen und für die Einrichtung von Arbeitsgruppen, sich zunächst mit der fortgesetzten, differenzierten Analyse zu beschäftigen, um dann später zu Maßnahmengenerierung und deren Bearbeitung zu kommen.

Dadurch liefert die Altersstrukturanalyse nicht nur die Grundlage für effektives Handeln sondern auch für effizientes Handeln im Rahmen des Demografiemanagements, weil aus der Altersstrukturanalyse heraus auch das Konzept für einen Demografie-Monitor entwickelt wird, der laufend ein Reporting liefert.

Ein laufendes Demografie-Reporting als Monitoring von Maßnahmen ist wiederum die Grundlage dafür, dass aus der Initiierung von Maßnahmen unternehmensbezogen so etwas wie Institutionalisierung wird. Man spricht dann von demografiefesten Strukturen und Prozessen.

Allerdings ist die soeben beschriebene Funktionalität einer Altersstrukturanalyse, seine prozessuale Umsetzung und vor allem die Interpretation der gewonnenen Daten für die meisten Unternehmen eine bislang nicht bewältigte Herausforderung. Die meisten Unternehmen selbst glauben zwar eine Altersstrukturanalyse gemacht zu haben und zu wissen, was zu tun ist, unterschätzen aber völlig die Potenzialität und die Differenzierung der Ergebnisse sowie dessen Interpretationsgehalt. Darum soll es in diesem Kapitel gehen.

Zu Beginn der Beschäftigung mit dem Thema Demografischer Wandel im Betrieb ist es wichtig, von einer soliden Datenbasis auszugehen. Nachprüfbare Daten ersetzen intuitive Urteile und Meinungen – und davon gibt es zum demografischen Wandel zumindest so viele wie z. B. Führungskräfte in einem Unternehmen. Nachprüfbare Daten schaffen eine Vergleichsbasis innerhalb und außerhalb des Unternehmens und erlauben objektive Vergleiche

- über die Zeit: „Gibt es auffällige Veränderungen zu den Vorjahren? Sind wir besser geworden? Wie ist der Trend?

- mit anderen (Benchmarking): Wie sind wir im Vergleich zu anderen? Wie entwickeln wir uns im Vergleich zu anderen?

- Mit Soll- bzw. Plan-Werten: Haben wir unsere Ziele erreicht? Wie ist die voraussichtliche Entwicklung?

Die Analyse und Bewertung von Altersstrukturdaten erlaubt es objektiv über den Sachverhalt der demografischen Struktur des Unternehmens zu kommunizieren, Ziele zu formulieren und zu präzisieren, sowie dessen Weg zur Zielerreichung zu beobachten und zu bewerten. In der folgenden Tabelle sind die wichtigen Funktionen der Altersstrukturdaten nach Osborne und Gaebler dargestellt.

Sowohl die Altersverteilung innerhalb einzelner Funktionsgruppen eines Unternehmens (im Produktionsbetrieb wären dies bspw. Führungskräfte, Meister, Vorarbeiter, Facharbeiter, An- und Ungelernte etc.), als auch die Identifizierung zukünftigen Ersatzbedarfs oder das Verhältnis von Facharbeiter-Quote zu An- und Ungelerntenquote, aber auch das Verhältnis der 40- bis 49-Jährigen zu den 50- bis 59-Jährigen sind wichtige Indikatoren für die zukünftige Personalstrategie. Daher

3. Altersstrukturanalyse

Wahrnehmungsfunktion

Kennzahlen sensibilisieren für Aspekte, die oft nicht wahrgenommen werden würden, und machen die Komplexität realer Situationen bewusster und greifbarer. Sie ersetzen intuitive – und oft pauschale, undifferenzierte – Urteile durch nachprüfbare Daten.

Kennzahlen lenken den Blick auf besonders wichtige Aspekte und versuchen, diese einfach und verständlich darzustellen.

> Bsp.: „Die Fehlzeiten von Frauen in der derselben Jobfamilie (bei gleichen Arbeitsbedingungen) sind doppelt so hoch wie bei Männern, und dies über alle Altersgruppen hinweg."

Kommunikationsfunktion

Damit ermöglichen sie die Diskussion und versachlichen sie. Sie regen an, über die Realität und die dokumentierten Aspekte zu diskutieren und sich mit den Entwicklungen kritisch auseinander zu setzen ...

> Bsp. bezogen auf die o. g. Wahrnehmung: „Wie kann das sein? Ein bestimmter Lebensphasenbezug ist nicht erkennbar. Die Arbeitsbedingungen sind gleich. Vielleicht sollten wir die Tatsache mal von einer Gender-Expertin mit einer Beteiligungsgruppe besprechen lassen?"

Anreizfunktion

...und sich ständig für Verbesserungen einzusetzen. Sie erlauben präzise und herausfordernde Zielsetzungen.

Controllingfunktion

Kennzahlen erlauben es, die Erreichung gesetzter Ziele zu überprüfen und Fehlentwicklungen entgegenzuwirken.
("What gets measured gets done„). Sie erlauben objektive und nachprüfbare Vergleiche.

Marketingfunktion

Erfolge werden sichtbar und ermöglichen es, Unterstützung zu gewinnen.
(If you can demonstrate results, you can win more support.)

Quelle: Osborne u. Gaebler 1992

---

fällt ins Auge, dass viele Betriebe die Verteilung ihrer Altersstrukturen nicht unter die Lupe nehmen oder diese vor dem Hintergrund der demografischen Entwicklung nicht interpretieren. Auch ist meist die Altersbezogenheit von unternehmenswichtigen Daten wie Fehlzeiten, Weiterbildungsteilnahme, Personaleinsatzmatrizen im Unternehmen nicht bekannt. Der erste Schritt, sich mit seiner alternden Belegschaft zu befassen, ist die Planung und Durchführung einer Altersstrukturanalyse. Dazu muss man sich überlegen, welche Zahlen zur Darstellung sinnvoll sind. I. d. R. wird mit einfachen Darstellungen gearbeitet, d. h. mit absoluten Zahlen und mit Verhältniszahlen (Prozentwerten). Die vielleicht wichtigste Frage ist, welche Quotenzahlen interessant sind. Hierzu haben sich für die Alters-

strukturanalyse einige sehr wichtige Kennzahlen herauskristallisiert (s. o.). Indexzahlen werden selten verwendet und werden meist im Zusammenhang mit gesonderten Instrumenten gebildet (siehe WAI, Kapitel 6.2).
Absolute Zahlen (Beispiele für Altersstrukturdaten)

- Summen: Anzahl Mitarbeiter Vertrieb gesamt 2008

- Differenzen: Neueinstellungen U 30 gesamt 2008 zu 2000

- Mittelwerte: Altersdurchschnitt Führungskräfte; durchschnittliche Betriebszugehörigkeitsdauer im Bereich Produktion

Verhältniszahlen (Beispiele für Altersstrukturdaten)

- Quotenzahlen: Fluktuationsquote Belegschaft gesamt (Zahl der Austritte auf Belegschaft gesamt 2008)

- Beziehungszahlen: Kosten pro Mitarbeiter

- Indexzahlen: Mitarbeiterzufriedenheit 76 (von 100 Punkten)

Im Folgenden wird beschrieben, was man im Rahmen einer Altersstrukturanalyse erfassen sollte (einschließlich einzelner Fortschreibungen in die Zukunft), wie bei der Analyse vorgegangen wird und was bei der Interpretation der Daten zu berücksichtigen ist. Anhand von anonymisierten Beispielen wird die praktische Umsetzung verdeutlicht.

Eine Altersstrukturanalyse durchzuführen ist aus mehreren Gründen sinnvoll. Zum einen bedeutet der demografische Wandel, dass die Belegschaften altern. In vielen Unternehmen ist festzustellen, dass die am stärksten vertretene Altersgruppe (Kohorte) die 40- bis 50-Jährigen sind und dass entsprechend der Altersdurchschnitt in der Regel auch zwischen 40 und 50 liegt (Im Jahr 2008 ist die Babyboomer-Kohorte zwischen 43 und 53 Jahren.). Im Verlauf der nächsten 10 Jahre wird diese „Alterskohorte" geschlossen in die Gruppe der über 50- bis 65-Jährigen gewandert sein. Gleichzeitig werden Möglichkeiten des Vorruhestands nur sehr schwer zu realisieren sein, wenn nicht sogar per Gesetz unmöglich werden. Darüber hinaus gibt es bereits die erste Erhöhung des gesetzlichen Renteneintrittsalters auf 67 Jahre, damit unser Rentensystem überhaupt noch finanzierbar bleibt. Das ist erst der Anfang.

Dabei stehen nicht nur Fragen im Vordergrund, wie mit solchen „alten" Belegschaften gearbeitet werden kann, sondern auch wie weiter gearbeitet werden kann, wenn diese Alterskohorte einmal innerhalb von ca. 10 Jahren in die Rente wandert bzw. 50% der Belegschaft wegbricht. Auf der anderen Seite wachsen zu wenig junge, qualifizierte Arbeitskräfte nach, so dass bereits jetzt schon in vielen Regionen Facharbeiter/innenmangel herrscht. Das veranlasst die Betriebe dazu überzugehen, ihre An- und Ungelernten (bzw. Geringqualifizierten) fachlich weiter zu

3. Altersstrukturanalyse

qualifizieren. All diese Beobachtungen und Trends machen deutlich, dass es überaus hilfreich ist, seine Altersstrukturen zu kennen, um damit eine Reise in die Zukunft zu machen und „jetzt und heute" personalstrategisch die „richtigen" Entscheidungen zu treffen.

Mit einer Altersstrukturanalyse kann erreicht werden, dass

- ein umfassendes Bild über die Zusammensetzung der Belegschaft nach Alter, Qualifikation, Geschlecht, Nationalität etc. erzeugt wird,

- betriebliche Problemfelder frühzeitig erkannt werden,

- die aktuelle Personalpolitik und -strategie hinsichtlich Chancen, Risiken und zukünftigen Herausforderungen überprüft wird,

- der mittel- bis langfristig eintretende Personalbedarf systematisch ermittelt wird und

- Handlungsbedarfe für betriebliche Gestaltungsfelder abgeleitet werden.

Die folgende Abb. zeigt den Ablauf und die Vorgehensweise der Altersstrukturanalyse, hier am Beispiel des von der prospektiv GmbH entwickelten astra®-Tools (siehe Abb. 3-1).

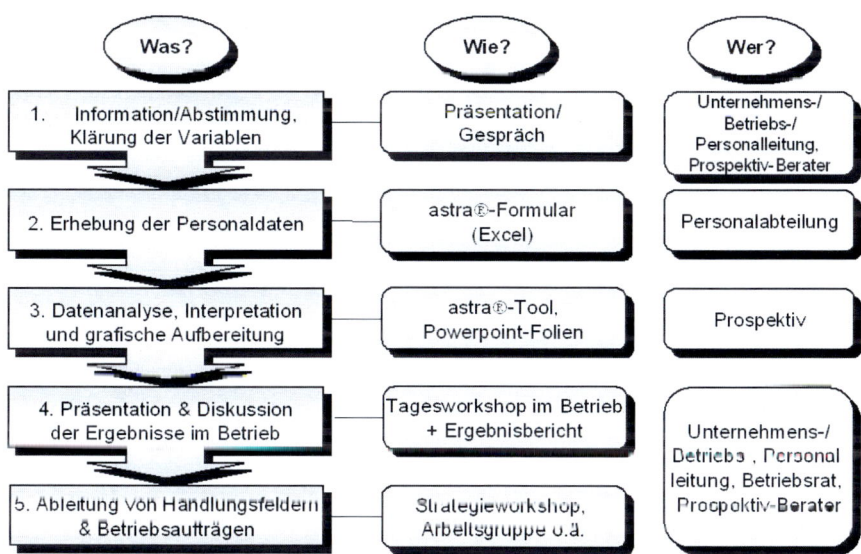

Abb. 3-1: Ablauf und Vorgehensweise bei der Altersstrukturanalyse mit dem astra® -Tool

Die folgende Abb. 3.2 zeigt im Überblick einen Aufnahmebogen für Daten, eine Liste von Schlüsselvariablen sowie sich aus den Schlüsselvariablen ergebenden Hinweise für wichtige operative Gestaltungsfelder im Unternehmen.

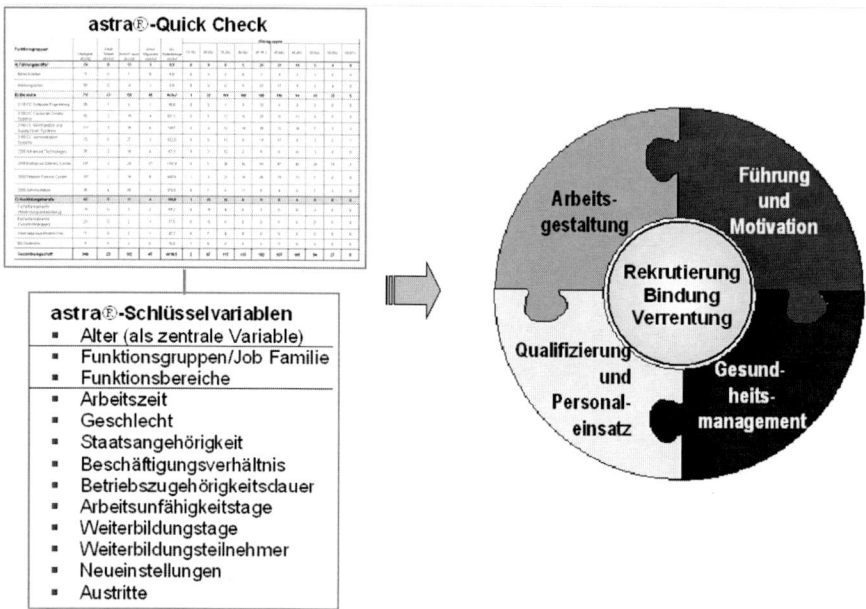

Abb. 3-2: Altersstrukturanalyse: Bestandsaufnahmebogen, Schlüsselvariablen und Hinweise für Gestaltungsfelder im Überblick

Wie schon in Abb. 3-1 angedeutet, ist es wichtig, zunächst die Schlüsselvariablen festzulegen und einzeln zu definieren. Dies ist für ein gemeinsames Verständnis wie auch für Vergleichszwecke zwingend notwendig. Ob bei den Fehlzeiten bspw. die AU-Tage der Langzeitkranken mitgezählt werden oder nicht, ob Köpfe oder Full Time Equivaltens gezählt werden, ob bei der Betriebszugehörigkeitsdauer der Betriebseintritt oder der Konzerneintritt gewertet wird, ob bei den Austritten auch Ruhezeiten dazuzählen oder nicht etc. ergibt jeweils völlig unterschiedliche Ergebnisse. Die folgende Auflistung basiert auf mehrjährige Erfahrung mit Altersstrukturanalysen und gibt Hinweise zur Erhebung von Schlüsselvariablen.

3. Altersstrukturanalyse

Infoblatt Datenerhebung und Schlüsselvariablen:

- Festlegung des Stichtages und Jahr: bspw. 31.12.200x

- Alter: Jede Schlüsselvariable ist grundsätzlich bezogen auf Alter zu erheben. Die Altersverteilung erfolgt in zehn 5-Jahreskategorien, beginnend mit „15-19" und schließend mit „60 u. älter".

- Festlegung der Funktionsgruppen/Job Familien Führungskräfte, Mitarbeiter, Auszubildende und/oder Festlegung der Funktionsbereiche

- Arbeitszeit: Unterschieden wird Vollzeit (monatliche Arbeitszeit bspw. 163 Std.) und Teilzeit, definiert als monatliche Arbeitszeit kleiner gleich xxx Std. Aus arbeitswissenschaftlicher Sicht werden grundsätzlich Köpfe gezählt und keine FTEs (Full Time Equivalents); zu klären ist, wie mit Altersteilzeit umzugehen ist.

- Geschlecht: Männer und Frauen

- Staatsangehörigkeit: MA mit deutscher und nicht deutscher Staatsangehörigkeit

- Beschäftigungsverhältnis: befristet und unbefristet

- Betriebszugehörigkeitsdauer: Jahre nach Betriebseintritt (vs. Konzerneintritt)

- Arbeitsunfähigkeit: Kalendertage mit und ohne gelben Schein. Langzeitkranke (mehr als 6 Wochen) herausnehmen und Anzahl gesondert angeben

- Weiterbildungstage: Bitte definieren, was als Weiterbildung erfasst wurde (z. B. zählen Veranstaltungen zur Mitarbeiterinformation nicht dazu)

- Weiterbildungsteilnehmer: ideal wäre die Unterscheidung von TN mit einmaliger und mehrfacher Weiterbildungsteilnahme

- Neueinstellungen: Zahl der Eintritte im Stichjahr

- Austritte: Kündigung; Beendigung Vertragsbefristung (zu klären ist, wie mit Ruhephasen; Austritt nach ATZ Blockmodell, Verrentung umzugehen ist)

Es wird empfohlen alle oben angegebenen Schlüsselvariablen zu erfassen, da sie in ihrer gegenseitigen Abhängigkeit für die Interpretation eine ideal handhabbare (notwendige und zugleich hinreichende) Datenmenge darstellen. Ausnahmen wären bspw. Staatsangehörigkeit, wenn dies nur eine untergeordnete Rolle spielt oder Schichtzugehörigkeit, wenn nicht im Schichtsystem gearbeitet wird. Auf der anderen Seite können bestimmte Variablen für ein Unternehmen von besonderer Bedeutung sein wie Zahl der Leiharbeitnehmer, Anteil Leistungseingeschränkter (BEM-Fälle) oder andere Variablen. Diese wären dann hinzuzufügen.

Bei der Entscheidung, welche Schlüsselvariablen zu erheben sind, ist die Wahl der Funktionsgruppen und/oder der Funktionsbereiche besonders wichtig. Unternehmen neigen dazu, jede einzelne Jobfamilie und jede einzelne Abteilung schon zu Anfang zu erfassen, wozu dringend abzuraten ist.

> Ein Blick auf aggregierte Daten ist erfahrungsgemäß der sinnvollste Einstieg zum Verständnis der Altersstrukturen der Belegschaft.

Aus arbeitswissenschaftlicher Sicht hat sich die Darstellung nach Funktionsgruppen (Jobfamilien) als ersten Blickwinkel auf die Daten als sinnvoll erwiesen, weil hiermit der Blick auf die Arbeitsfähigkeit des Personals gerichtet wird. Im zweiten Schritt (und der kann u. U. schon im Rahmen eines Betriebsauftrages in einer Arbeitsgruppe bearbeitet werden) ist die Darstellung von Funktionsbereichen sinnvoll. Hier wird der Blick auf die Funktionsfähigkeit des gesamten Unternehmens gerichtet (Organisationsperformanz).

Unternehmen:
Beschäftigte: Verteilung nach Alters- und Funktionsgruppen (Stichtag:)

Funktionsgruppen	Häufigkeit absolut	Anteil befristet Beschäftigte absolut	Anteil Leistungsgeminderte absolut	Anteil Migranten absolut	Anteil Leiharbeitnehmer absolut	Altersgruppen									
						15-19J.	20-24J.	25-29J.	30-34J.	35-39J.	40-44J.	45-49J.	50-54J.	55-59J.	60-64J.
A) Führungskräfte*	0	0	0	0	0	0	0	0	0	0	0	0	0	0	0
Technische Angestellte (ohne Meister, Vorarbeiter)	0														
Kaufmännische Angestellte	0														
Angestellte Meister	0														
Vorarbeiter u.ä.	0														
B) Mitarbeiter	0	0	0	0	0	0	0	0	0	0	0	0	0	0	0
Techn. Angestellte	0														
Kaufmännische Angestellte	0														
Facharbeiter (fachspez., d.h. nicht fachfremde Meister)	0														
An- und Ungelernte	0														
C) Auszubildende	0	0	0	0	0	0	0								
Gewerblich technische Auszubildende	0														
Kaufmännische Auszubildende	0														
Gesamtbelegschaft	0	0	0	0	0	0	0	0	0	0	0	0	0	0	0

* Unter Führungskräfte werden Personen verstanden, denen Mitarbeiter zugewiesen sind oder die als einzelne Experten wichtige Aufgaben ausführen.

Abb. 3-3: Personalstammdatenbogen-Übersicht (Quelle: astra®)

3. Altersstrukturanalyse

Der zuvor dargestellte Personaldatenbogen zeigt typische Job Familien eines Produktionsbetriebes.

Neben dem Übersichtsbogen wird für jede einzelne Funktionsgruppe/Job Familie gesondert ein Personalbogen erstellt, siehe Abb. 3-4. In diesem Personalbogen sind alle Variablen einzutragen, die nach Alter betrachtet werden sollen.

Funktionsgruppe:		Mitarbeiter gewerblich:				Weiterbildung			Fluktuation	
Geschlecht	Alter	Häufigkeit absolut	Anteil AU-Kalendertage absolut	Durchschnittl. Dauer in Jahren der Betriebszugehörigkeit	Anteil Teilzeit absolut	Weiterbildungstage absolut	Weiterbildungs-Teilnehmer absolut		Austritte aus Unternehmen absolut	Neueinstellungen absolut
männlich	15-19 J.									
	20-24 J.									
	25-29 J.									
	30-34 J.									
	35-39 J.									
	40-44 J.									
	45-49 J.									
	50-54 J.									
	55-59 J.									
	60-67 J.									
weiblich	15-19 J.									
	20-24 J.									
	25-29 J.									
	30-34 J.									
	35-39 J.									
	40-44 J.									
	45-49 J.									
	50-54 J.									
	55-59 J.									
	60-67 J.									
zusammen	15-19 J.									
	20-24 J.									
	25-29 J.									
	30-34 J.									
	35-39 J.									
	40-44 J.									
	45-49 J.									
	50-54 J.									
	55-59 J.									
	60-67 J.									

Abb. 3-4: Blanko-Personalbogen für die jeweiligen Funktionsgruppen (Quelle: astra®)

Wie bereits erwähnt, sagt die Erfahrung, dass man sich mit aggregierten Daten der Interpretation von Altersstrukturen nähern sollte. Hierzu ist es sinnvoll, sich zu Beginn Altersstrukturdaten der Belegschaft gesamt (in 5-Jahresgruppen), seiner Kohorten sowie der Führungskräfte gesamt und der Mitarbeiter/innen gesamt anzuschauen. Die folgende Abb. 3-5 zeigt Altersstrukturverläufe aus 6 Unternehmen derselben Branche.

Belegschaften gesamt nach Alter 2005 im Vergleich

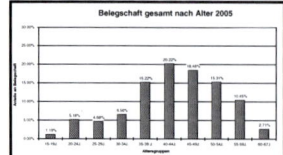

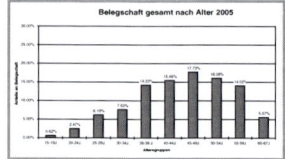

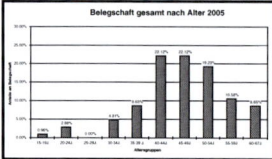
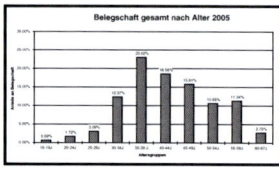
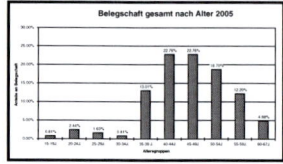

Abb. 3-5: Unterschiedliche Verläufe von Alterstrukturen in 6 Unternehmen einer Branche, astra®

Es wird bei allen Unternehmen deutlich, dass die höchsten „Ausschläge" im Bereich der Mittelalten (40-50 Jahre) zu beobachten sind (Altersberg der Babyboomer), allerdings mit sehr unterschiedlichen Nuancen. Auch häufig zu beobachten sind die vergleichsweise steilen „Anstiege" von links (U 40) und die flacheren „Abstiege" nach rechts (Ü 50), die dann mit den Ü 60-Jährigen wieder stark abfallen. Diese häufig zu beobachtenden Altersverläufe beschreiben die Vernachlässigung der betriebsinternen Ausbildung und der massiven Nutzung von Vorruhestandsregelungen in der 2. Hälfte der 90er Jahre (Folge der Rezession zu Beginn der 90er Jahre und der folgenden Restrukturierungen und Verschlankungen).

Versucht man die Unterschiede der Altersverläufe zu typologisieren, so lassen sich 3 Typen identifizieren, die relativ eindeutig diagnostiziert werden können, siehe Abb. 3-6.

Demografietyp I:
Es existiert heute ein ausgeprägter Altersberg (hoch und spitz) bei den Mittelalten, der bis 2015 zu den über 50-Jährigen wird (größer 50%). Dafür gibt es eher einen geringen Ersatzbedarf (ca. 8–13%).
Demografietyp II:
Die Belegschaft hat heute schon einen Altersdurchschnitt von um die 48 Jahren. Neben der weiter zunehmenden Zahl Älterer kommen bis 2015 bereits hohe Rekrutierungsanforderungen auf das Unternehmen zu (ca. 20–25%).
Demografietyp III:
Die Belegschaft ist jugendzentriert (typisch für young economy, Ø bei 35-40 Jahren) ohne spitzen Altersberg und wird schleichend älter. Kaum Anforderungen an Ersatzbedarf; hohe Anforderungen an Bindung und Karrierewege.

Abb. 3-6: Typen unterschiedlicher Altersverläufe in Betrieben (Kittel u. Langhoff 2007)

3. Altersstrukturanalyse

Die Demografietypen werden in erster Linie in ihrer Beziehung zum wachsenden Anteil über 50-Jähriger und zum aufkommenden Rekrutierungsbedarfs im nächsten Jahrzehnt bestimmt.

Der Demografietyp I ist der am häufigsten vorkommende Typus. Hier wird quasi die Bevölkerungsstruktur, der die Erwerbsstruktur immanent ist, auch im Einzelnen Unternehmen widergespiegelt. Die heute Mittelalten stellen die stärkste Alterskohorte sehr ausgeprägt dar. In der ersten Hälfte des nächsten Jahrzehnts ist in diesen Belegschaften irgendwann jeder 2. Beschäftigte über 50 Jahre. Der Ersatzbedarf bleibt bis 2015 unter 15%. Das liegt vor allem daran, dass es bis dato kaum über 60-Jährige im Unternehmen gab, was sich jetzt ändert.

Beim Demografietyp II hat die Belegschaft heute schon einen Altersdurchschnitt von um die 48 Jahren (z. B. bei Warenhäusern, Stahlunternehmen). Bei diesem Typus kommen die demografischen Wellen der Alterung und des erhöhten Ersatzbedarfs relativ schnell aufeinander. Es gibt Unternehmen, die durch den wandernden Altersberg zwischen 2010 und 2020 nahezu die Hälfte ihrer Belegschaft aufgrund Verrentung neu rekrutieren muss, und dies bei einem gleichzeitig sich verknappendem Arbeitsmarkt.

Der Demografietyp III hat eine eher jugendzentrierte Belegschaft. Solch ein Demografietyp kommt i. d. R. nur im Dienstleistungsbereich vor, bspw. in der young economy bzw. in der IT-Branche, aber auch bei einzelnen Handelsunternehmen, Polizeibehörden etc. Es stellen sich in den nächsten 10-15 Jahren wenig Anforderungen an die Arbeitsfähigkeit Älterer und an Ersatzbedarf. Die qualifizierten Kräfte solcher Unternehmen sind allerdings höchst begehrt bei anderen Unternehmen, die nicht davor zurückschrecken werden diese Kräfte aus festen Arbeitsverhältnissen abzuwerben. Daher stellen sich an jugendzentrierte Unternehmen besondere Anforderungen an die Bindung und an die Berufslaufbahn von Beschäftigten insbesondere mit erfolgskritischem Wissen.

Hat man nun für sein eigenes Unternehmen den entsprechenden Demografietyp diagnostiziert, dann macht man i. d. R. für die Gesamtbelegschaft eine sogenannte „einfache Fortschreibung" und schaut einmal, wie sich die Gesamtbelegschaft in den nächsten 10 Jahren entwickeln wird. Bei der „einfachen Fortschreibung" wird angenommen, dass es keine Frühverrentungen und keine Altersteilzeitregelungen gibt und dass sonstige Personalzu- und -abgänge sich per Saldo ausgleichen. Die radikale Vereinfachung dient dazu, den „reinen" verrentungsbezogenen Rekrutierungsbedarf zu ermitteln. Die folgende Abb. zeigt die Veränderung einer Altersstruktur bei „einfacher Fortschreibung". Es wird deutlich, dass bei diesem Beispiel in 10 Jahren über 50% der Gesamtbelegschaft über 50 Jahre sind (siehe jeweils die drei rechten Balken. 50–65).

Im nächsten Beispiel wird bei der sogenannten „einfachen Fortschreibung" der „reine" *Rekrutierungsbedarf,* der sich in den nächsten fünf bzw. zehn Jahren ergeben wird, für rentenbezogene Abgänge abgeleitet, siehe Abb. 3-7.

I. d. R. wird diese Darstellung für einen Renteneintritt mit 65 Jahren gewählt, weil dies das zukunftsbezogene Maß ist. Um einen Vergleich zukünftigen Maßes mit der vergangenheitsbezogenen Praxis zu veranschaulichen, macht häufig auch

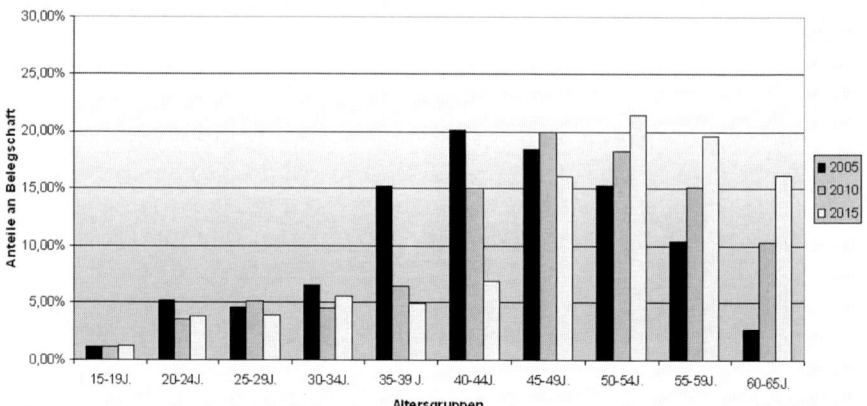

Abb. 3-7: Veränderung der Altersstruktur bei einfacher Fortschreibung für die nächsten 5 bzw. 10 Jahre (anonymisiertes Beispiel, astra®)

eine Visualisierung für einen Renteneintritt mit 60 Jahren Sinn. Dann wird deutlich, dass im Vergleich zur bisherigen Entwicklung zukünftig mit einem signifikanten Anwachsen der über 50-Jährigen zu rechnen ist, welches in dieser Form noch nie im Betrieb existiert hat.

Funktionsgruppen	Ersatzbedarf (Rente ab 65 J.)			Anteil über 50-Jährige			
	bis 2007	2008 - 2012	2002	2007	Delta 2002-07	2012	Delta 2002-12
Führungskräfte	14,3%	8,3%	35,7%	58,3%	22,6%	90,9%	55,2%
	2	1	5	7		10	
Technische Angestellte (ohne Meister, Vorarbeiter)	20,0%	25,0%	60,0%	50,0%	-10,0%	66,7%	6,7%
	1	1	3	2		2	
Kaufmännische Angestellte	0,0%	0,0%	0,0%	0,0%	0,0%	100,0%	100,0%
	0	0	0	0		1	
Angestellte Meister	33,3%	0,0%	33,3%	50,0%	16,7%	100,0%	66,7%
	1	0	1	1		2	
Vorarbeiter u.ä.	0,0%	0,0%	20,0%	80,0%	60,0%	100,0%	80,0%
	0	0	1	4		5	
Mitarbeiter	7,4%	15,3%	38,5%	49,2%	10,6%	50,5%	12,0%
	9	18	47	58		53	
Kaufmännische Angestellte	18,2%	44,4%	90,9%	88,9%	-2,0%	80,0%	-10,9%
	2	4	10	8		4	
Facharbeiter (fachspez., d.h. ohne Bäcker, Friseur u.ä.)	14,8%	10,7%	44,4%	35,7%	-8,7%	30,0%	-14,4%
	4	3	12	10		9	
An- und Ungelernte	3,6%	13,6%	29,8%	49,4%	19,6%	57,1%	27,4%
	3	11	25	40		40	
Gesamtbelegschaft	7,8%	14,1%	36,9%	48,1%	11,3%	52,1%	15,2%
	11	19	52	65		63	

Handlungsbedarf:
☐ = nicht vorhanden (0–1%)   ☐ = groß (25–34%)
☐ = gering (2–14 %)   ■ = sehr groß (35% & mehr)
☐ = mittel (15–24 %)

Abb. 3-8: Anteil über 50-Jähriger sowie verrentungsbezogener Rekrutierungsbedarf bei einer Rente ab 65 Jahren: anonymisiertes Bsp. eines mittelständischen Produktionsbetriebes; astra®

3. Altersstrukturanalyse

Abb. 3-8 zeigt, dass innerhalb der nächsten 10 Jahre (von 2002 an) ein Rekrutierungsbedarf von 30 Mitarbeitern und Mitarbeiterinnen entsteht, davon 13 Fachkräfte. Durch die z. T. enormen Anstiege der über 50-Jährigen in einigen Funktionsgruppen kann als erster Eindruck festgehalten werden, dass

- Gesundheitsprobleme und -einschränkungen zunehmen werden,

- Aufstiegschancen für Jüngere sinken werden,

- Lernanforderungen an ältere Führungskräfte im Zusammenhang mit technischen Innovationen steigen werden,

- die Sicherung und Übertragung von Erfahrungswissen älterer Beschäftigter an Jüngere an Bedeutung gewinnt.

Bezogen auf das gewählte Beispiel sei noch erwähnt, dass ein Anstieg der über 50-Jährigen auf einen Anteil von über 50% an der Gesamtbelegschaft in den nächsten 5 bis 10 Jahren in ca. 90% aller vom Autor durchgeführten Altersstrukturanalysen ab 2005 festgestellt wurde. Das kann zumindest für Mittel- und Großbetriebe klassischer Branchen des produzierenden Gewerbes und der Dienstleistungen sowie für den Öffentlichen Dienst konstatiert werden. Für den Bundesdurchschnitt wurde errechnet, dass im Jahr 2012/2013 die Kohorte der über 50-Jährigen zur zahlenmäßig stärksten Alterskohorte der Erwerbstätigen wird. Dies korrespondiert mit den Erfahrungen des Autors, dass in der ersten Hälfte des nächsten Jahrzehnts nahezu bei jedem untersuchten Unternehmen fast jeder zweite Beschäftigte über 50 Jahre alt sein wird.

Ist für das Unternehmen der Demografietyp erfasst, wird eine Differenzierung der Diagnose für einzelne Job Familien und für die Funktionsbereiche vorgenommen. Oft ergeben sich dabei überraschende Unterschiede in den Altersstrukturen wie die Abb. 3-9 zeigt.

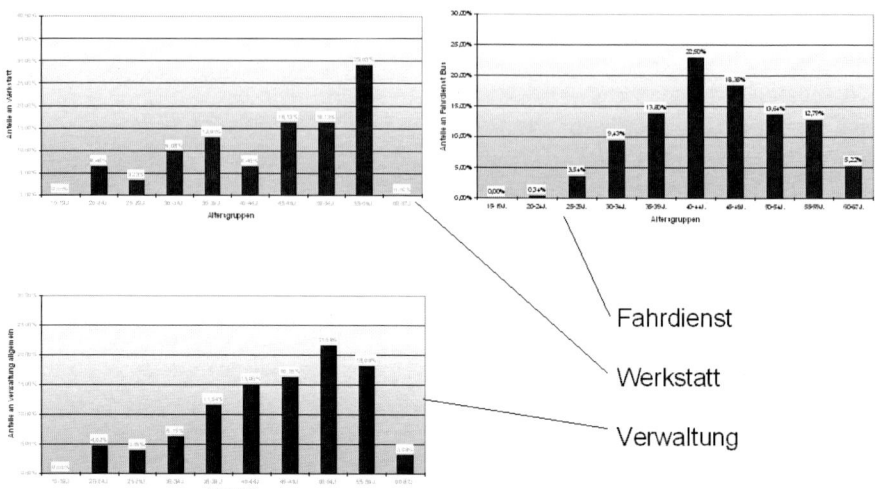

Abb. 3-9: Altersstruktur verschiedener Funktionsbereiche eines Verkehrsunternehmens (anonymisiertes Beispiel, astra®)

Die Abbildung zeigt, dass je nach Funktionsbereich völlig andere Herausforderungen an die Zunahme Älterer und an den Rekrutierungsbedarf unterschiedlicher Job Familien gestellt werden. Für die einzelnen Funktionsbereiche sind vertiefende Analysen sinnvoll, wie das folgende Schaubild (Abb. 3-10) für den Bereich Marketing und Vertrieb zeigt.

Funktionsbereich: Marketing und Vertrieb		
Mitarbeiteranzahl: 200	**Teilzeitanteil:** 33%	**AU-Quote:** 13% (28,5 Tage)
Ersatzbedarf in 5 Jahren: 2,5% (5 MA)	**Ersatzbedarf in 5-10 Jahren:** 10,3% (20 MA)	
Anteil über 50-Jähriger heute: 30,5% (61 MA)	**Anteil über 50-Jähriger in 5 Jahren:** 41,5% (81 MA)	**Anteil über 50-Jähriger in 5-10 Jahren:** 56% (98 MA)
Die 200 Mitarbeiter aus dem Bereich Marketing und Vertrieb umfassen auch 120 Kundenberater Etwa 1/3 der Beschäftigten (hier vor allem die Kundenberater) arbeiten vorwiegend in Teilzeit Der Bereich MV weist – wahrscheinlich bedingt durch die häufige Fahrdienstuntauglichkeit der Kundenberater (ehemalige Fahrer) – mit einer AU-Quote von 13% den höchsten Krankenstand von allen Unternehmensbereichen auf Das Unternehmen plant (zur Erhöhung der Servicequalität) das Wachstum dieses Unternehmensbereiches, obgleich die hiermit verbundene Finanzierung als problematisch angesehen wird.		

Abb. 3-10: Vertiefende Analyse eines Funktionsbereichs am Beispiel Marketing und Vertrieb eines Verkehrsunternehmens (Langhoff 2007)

3. Altersstrukturanalyse

Die bisherigen Beispiele basieren auf Daten der „einfachen Fortschreibung" soweit sie Prognosewerte betreffen. Es ist aber auch sinnvoll entweder standardisierte Zukunftsszenarios oder betriebsspezifisch festgelegte Zukunftsberechnungen durchzuführen. Mit Hilfe des astra®-Tools können beispielsweise für alle Funktionsgruppen wie auch für gewählte Indikatoren zukünftige Entwicklungen antizipiert werden *(Zukunftsszenarios)*. Dabei werden im engen Diskurs zwischen Arbeitswissenschaftler und betrieblichen Akteuren betriebsspezifische Annahmen getroffen über Zugänge (Einstellungen, Übernahme Azubis) und Abgänge (Rentenabgänge, Fluktuation). Die Annahmen werden mit verschiedenen Personalstrategien verknüpft (Fortschreibung, Verjüngung, Altersmischung) und entsprechend Zukunftsszenarios in 5 und in 10 Jahren entwickelt (die nachfolgende Abb. 3-11 zeigt in anonymisierter Form den Vergleich dreier Zukunftsszenarien – in 10 Jahren).

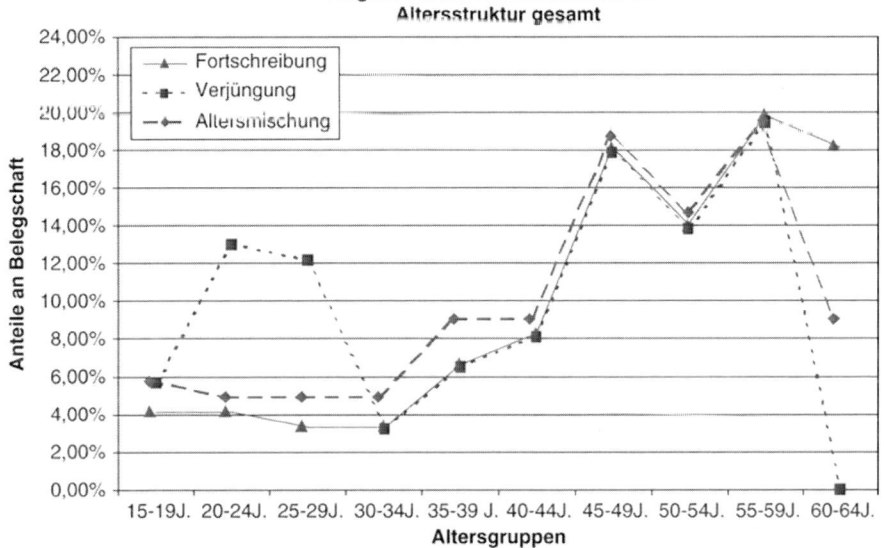

Abb. 3-11: Vergleich dreier Zukunftsszenarien in 10 Jahren: anonym. Bsp. (2002, astra®)

Für die in Abb. 3-11 dargestellten Zukunftsszenarien wurden zusammen mit dem Unternehmen folgende Annahmen getroffen:

Annahmen zur einfachen Fortschreibung der Altersstruktur

- Das gesetzliche Rentenalter wird 65 Jahre betragen
- Es gibt keine Altersteilzeitregelungen und Frühverrentungen
- Die Ausbildungsquote von rd. 3,6% erhöht sich bei konstanten Ausbildungszahlen aufgrund schrumpfender Belegschaft auf 3,7% in 2007 bzw. 4,1% in 2012
- Sonstige Personalzu- und -abgänge gleichen sich per Saldo aus

- Der Personalbestand sinkt in den nächsten 10 Jahren um 14% auf 121 Beschäftigte

Annahmen zum Zukunftsszenario I – Verjüngungsstrategie:

- Alle Beschäftigten werden mit 60 Jahren frühverrentet („Rasenmäherprinzip")[1]
- Die Ausbildungsquote wird auf rd. 5,7% angehoben
- Innerhalb der nächsten 10 Jahre werden zusätzlich 22 Personen zwischen 20 und 29 Jahren (überwiegend An-/Ungelernte, Facharbeiter u. kfm. Angestellte sowie ein Vorarbeiter und ein techn. Angestellter) neu eingestellt
- Sonstige Personalabgänge bleiben unberücksichtigt
- Der Personalbestand sinkt in den nächsten 10 Jahren um 13% auf 123 Beschäftigte

Annahmen zum Zukunftsszenario II: Strategie der Altersmischung

- Die Frühverrentungsquote wird halbiert und orientiert sich an der individuellen Leistungsbereitschaft und -fähigkeit der über 60-Jährigen[2]
- Die Ausbildungsquote wird auf rd. 5,7% angehoben
- Es erfolgen Neueinstellungen i. H. v. 11 Personen aller Altersgruppen
- Sonstige Personalabgänge bleiben unberücksichtigt
- Der Personalbestand sinkt in den nächsten 10 Jahren um 13% auf 123 Beschäftigte

Bei diesem Beispiel zeigt sich, dass bei Fortschreibung der Altersstruktur der Personalbestand weiter sinkt und in Zukunft mehr Ältere die Arbeit von weniger Jüngeren übernehmen müssen. Dies sind für die Arbeitsgestaltung wichtige Erkenntnisse, z. B. ist zu fragen, ob mit einer überalterten Belegschaft Schichtarbeit, wie sie heute umgesetzt wird, noch „gefahren" werden kann. Bei einer gezielten Verjüngungs- oder Altersmischstrategie würde sich der Personalbestand deutlich stabilisieren und o. g. Auswirkungen in abgeschwächter Form auftreten. Es zeigt sich allerdings auch, dass egal welche Strategie gewählt wird, der Altersberg (der Mittelalten) bleibt und langsam weiterwandert. Bei der Verjüngungsstrategie zeigt sich auch, dass wieder ein neuer Altersberg aufgebaut wird. Dies ist besonders bei der konsequent jugendzentrierten Einstellungspolitik der Polizeibehörden zu beobachten, die gegenwärtig einen Altersberg mit sich rumschleppen (Einstellungs-

---

[1+2] Anmerkung: 2002 war dies noch eine realistische Annahme

3. Altersstrukturanalyse

boom zwischen 1968 und 1978 durch Studentenrevolte und RAF-Terrorrismus sowie anschließender Unterdeckung).

Allerdings haben die oben gewählten Prognosestrategien inzwischen schon fast historischen Wert. Sie werden hier noch einmal beschrieben, um auch zu zeigen, dass Möglichkeiten und Ableitungen aus Altersstrukturdaten von 2002 im Jahr 2008 schon nicht mehr gelten (demografischer Wandel als dynamische Entwicklung). Daher nützt es auch nichts Datenbanken mit Altersstrukturdaten aufzubauen, da eine Altersstrukturanalyse eines Unternehmens X im Jahre 2002 mit einer Alterstrukturanalyse eines Unternehmens Y des Jahres 2008 trotz gleichen Betriebstyps der gleichen Branche in keiner Weise miteinander vergleichbar sind. Das bedeutet auch, dass die meisten im Jahr 2002 getroffenen Maßnahmen heute keine Gültigkeit mehr haben. Zum Beispiel ist es gegenwärtig bzw. zukünftig unsinnig anzunehmen, man könne noch Verjüngungsstrategien planen, d. h. für jeden verrentungsbezogenen Abgang einen unter 25 oder 30 Jährigen einzustellen. Zukünftig ist für die Rekrutierung von Mischstrategien auszugehen oder gar von gezielten 40+ oder 50+ Einstellungspolitiken. Daher ist gegenwärtig mehr eine Tendenz nach guten Eignungsdiagnostik-Praktiken als nach jugendzentrierter Einstellung zu beobachten. Dies wird sich aufgrund der Verknappung junger Kräfte auf dem Arbeitsmarkt weiter verschärfen.

Abb. 3-12 zeigt, wie im engen Diskurs mit Unternehmensvertretern Annahmen über zukünftige Einstellungen getroffen werden können. Dabei können Annahmen zur Fluktuation ebenso wie geplante Restrukturierungen oder andere Entwicklungen berücksichtigt werden.

Funktionsgruppen/ Bereiche	Ersatzbedarf		15-19 J.	20-24 J.	25-29 J.	30-34 J.	35-39 J.	40-44 J.	45-49 J.	50-54 J.	55-59 J.
A) Führungskräfte											
Bereichsleiter	Verjüngung	3				2	1				
	Altersmischung	1,5					1	1			
Abteilungsleiter	Verjüngung	6				4	2				
	Altersmischung	5				2	2	1			
B) Bereiche											
Software Engineering	Verjüngung	2			2						
	Altersmischung	1				1					
Customer Centric Systems	Verjüngung	4		2	2						
	Altersmischung	2		1		1					
Merchandise and Supply Chain Systems	Verjüngung	11		5	5	1					
	Altersmischung	7,5		2	2	2	2				
Administration Systems	Verjüngung	4		2	2						
	Altersmischung	2,5			1	2					
Advanced Technologies	Verjüngung	0									
	Altersmischung	0									
Enterprise Delivery Center	Verjüngung	46		10	26	10					
	Altersmischung	33,5			12	12	5	5			
Network Service Center	Verjüngung	7	1	6							
	Altersmischung	3,5		1	1	1	1				
Administration	Verjüngung	3		1	2						
	Altersmischung	2,5				2	1				
C) Ausbildungsberufe											
Fachinformatiker/in (Anwendungsentwicklung)	Verjüngung	2	2								
	Altersmischung	0									
Fachinformatiker/in (Systemintegration)	Verjüngung	2	2								
	Altersmischung	0									
Informatikkaufmann/-frau	Verjüngung	2	2								
	Altersmischung	0									
Ersatzbedarf gesamt:	Verjüngung	92									
	Altersmischung	59									

Abb. 3-12: Unternehmensbezogene Annahmen über Neueinstellungen in einem IT-Unternehmen (Vergleich zweier Zukunftsszenarien; astra®)

Neben den Einstellungsstrategien können aus den Altersstrukturen auch *wichtige Indikatoren* gebildet werden, die als Kennzahlen für die strategische Unternehmensentwicklung genutzt werden können. Der wichtigste Indikator ist der *Gesundheitsindikator.* Er setzt die 40- bis 49-Jährigen ins Verhältnis mit den 50- bis 59-Jährigen. Wird dieser Indikator < 1, dann muss das Unternehmen mit einer erheblichen Steigerung gesundheitsbeeinträchtigter Mitarbeiter/innen rechnen.

Der *Balancierungs- oder Wissensindikator* setzt die bis 40-Jährigen ins Verhältnis mit den über 40-Jährigen. Je näher der Wert bei 1 liegt, desto ausgewogener ist das Verhältnis von Jung und Alt bzw. desto ausgewogener ist das Verhältnis vorhandenen Erfahrungswissens Älterer mit der Generierung neuen Wissens durch Jüngere. Der Indikator gilt auch als Maß für organisationale Leistungsfähigkeit bei Unternehmen mit ausgeprägter körperlicher Arbeit.

Der *Personalbestandserhaltungsindikator* setzt die 15- bis 29-Jährigen zum Normanteil. Je kleiner dieser Wert wird, desto problematischer wird es für das Unternehmen angesichts einer alternden Belegschaft, den Personalbestand über Nachwuchsgewinnung zu sichern. Die nachf. Abb. zeigt an einem anonymisierten Beispiel die Entwicklung der Altersstrukturindikatoren.

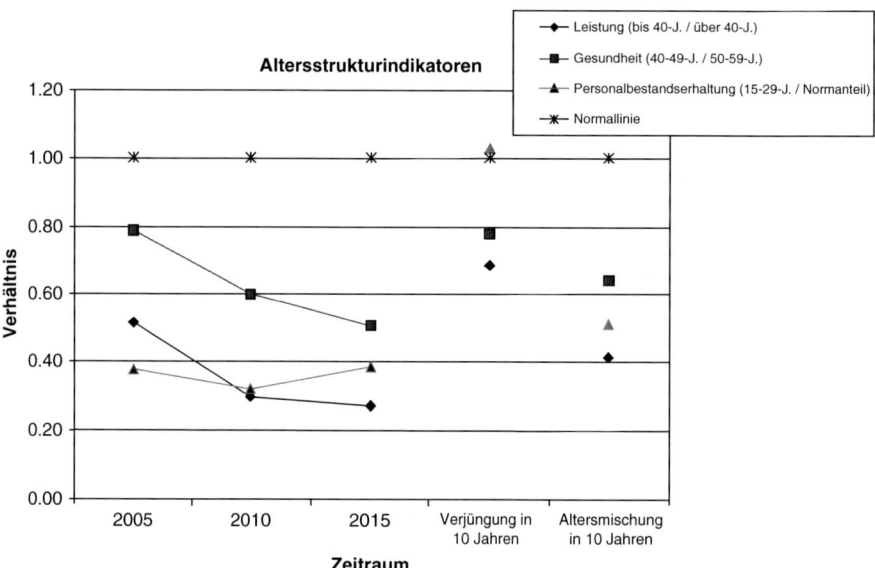

Abb. 3-13: Entwicklung der Altersstrukturindikatoren: anonymis. Bsp. (Langhoff 2007)

Abb. 3-13 zeigt, wie bei Fortschreibung der Gesundheitsindikator ständig sinkt (= Zunahme von Gesundheitsbeeinträchtigungen). Auch die Balancierung von Wissen und Leistung wird zukünftig immer weniger gewährleistet. Solche Kennzahlen und deren Visualisierung dienen Führungskräften zu einem schnellen Überblick. Je größer ein Unternehmen oder je mehr Werke zu einem Unternehmen

3. Altersstrukturanalyse

gehören, desto eher sind Vergleiche von Abteilungen oder Werken hier möglich (benchmarking).

Solche Indikatorenbildungen sind nur sinnvoll, wenn sie vom Management im Unternehmen verstanden werden und zumindest mittelfristig als Monitoringkonzept beispielsweise zum Strategie-Cockpit im Rahmen von betrieblich aufgelegten Demografieprojekten genutzt werden (siehe Kap. 4, Demografiemanagement).

Hat man sich eine Vorstellung zukünftiger Entwicklungen mittels unterschiedlicher Zukunftsszenarien gemacht, sollte man die strategischen Fragen für das Unternehmen formulieren. Die bisher beschrieben Vorarbeiten sind notwendig, um die „richtigen" Fragen für die Gestaltungsfelder im Unternehmen zu formulieren.

Mittels der strategischen Fragen wird auch deutlich

- welcher Informationsbedarf im Unternehmen besteht,

- und welche Soll-Konzepte für ein Strategie-Cockpit bzw. für ein Monitoring des Demografiemanagements aufzustellen ist (Kap. 4),

- welche Kennzahlen zur Informations- und Hypothesengenerierung den strategischen Fragen zuzuordnen sind (siehe auch Kap. 5 bis 10).

An dieser Stelle sollen einige typische strategische Fragen formuliert werden, um einen Eindruck zu gewinnen. Anschließend wird die Vorgehensweise zur Bearbeitung der strategischen Fragen anhand eines Beispiels und eines generellen Vorgehensschemas dargestellt. Eine Vertiefung findet, bezogen auf die betrieblichen Gestaltungsfelder, in den Kapiteln 5 bis 10 statt. Dort werden empirische Beispieldaten aus Altersstrukturanalysen verwendet, um die wichtigsten strategischen Fragen, Kennziffern und Maßnahmen, soweit sie als erfolgreich angesehen werden, detailliert beschrieben.

Beispiele strategischer Fragen in Orientierung an betrieblichen Gestaltungsfeldern

- *Intelligente Konzepte der Nachwuchsgewinnung*
  - Wie kann intelligent Nachwuchs und Ersatzbedarf gesichert werden? (Auszubildende, Fachkräfte, An- und Ungelernte, Führungskräfte)
  - Welche bisher nicht erschlossenen Rekrutierungspotenziale können genutzt werden?

- *Identifizierung und Förderung vorhandener Kompetenzen*
  - Wie können die vorhandenen Kompetenzen erfasst werden?

- Wie können fehlende Kompetenzen unternehmensintern herangebildet werden?
- Wie kann Erfahrungswissen Älterer an Jüngere weitergegeben werden?
- Wie kann neues Wissen im Unternehmen verbreitet werden?

- *Gesundheitsmanagement*
    - Wie kann insgesamt die Arbeitsfähigkeit bis zum Renteneintrittsalter erhalten werden?
    - Welche Maßnahmen der Gesundheitsförderung sind dafür notwendig?
    - Wie kann durch die Arbeitsgestaltung die Erholungsfähigkeit erhalten werden (Belastungsoptimierung)?
    - Was bedeutet eine verlängerte Lebensarbeitszeit und damit eine verlängerte Betriebszugehörigkeitsdauer?
    - Wie kann Arbeit für Leistungseingeschränkte vorgehalten werden?

- *Neugestaltung von Arbeit: Tätigkeiten, Arbeitszeit, Berufslaufbahn*
    - Welche Tätigkeiten müssen neu gestaltet werden, wenn zunehmend mehr Ältere die Arbeit von Jüngeren übernehmen müssen (intergenerative Umverteilung der Arbeit)?
    - Welche Maßnahmen des anforderungsgerechten Aufgabenzuschnitts, der Organisation von Arbeit und der ergonomischen Arbeitsgestaltung sind zu treffen?
    - Wie kann gemeinsam mit den Beschäftigten eine bessere Work-Life-Balance realisiert werden?
    - Welche Möglichkeiten altersgerechter Modelle der Arbeitszeit sind für Beschäftigte und Unternehmen sinnvoll?
    - Wie können Erwerbsverläufe (und Entwicklungspotenziale) im Unternehmen geplant und gestaltet werden, insbesondere bei Tätigkeiten mit dauerhaft hohen körperlichen, mentalen und emotionalen Anforderungen?
    - Welche Mitsprachemöglichkeiten haben die Beschäftigten bei der Gestaltung der Arbeit (Partizipation)?

- *Betriebsklima, Arbeitszufriedenheit und Führungsverhalten*
    - Wie wird mit zunehmender Vielfalt und Andersartigkeit im Unternehmen umgegangen?
    - Wie wird mit Älteren im Unternehmen umgegangen? Gibt es Vorurteile?

3. Altersstrukturanalyse

- Sind die Beschäftigten mit ihrer Arbeit insgesamt zufrieden? Gibt es Verbesserungspotenziale? Wie attraktiv muss Arbeit sein, um die Beschäftigten zu binden und dauerhaft Leistungsfähigkeit zu gewährleisten?

- Welche Veränderungen und neuen Anforderungen kommen auf die Führungskräfte zu (Rolle, Funktion, Verhalten)?

Im Folgenden soll an der Bearbeitung einer strategischen Frage das Vorgehen und die Nutzung von Alterstrukturdaten beschrieben werden:

Welche Chancen und Risiken ergeben sich durch eine deutlich verlängerte Betriebszugehörigkeitsdauer (BZD)?

Die folgende Abb. zeigt die prozentuale Verteilung von Mitarbeitern eines Dienstleistungsunternehmens nach Alter und Betriebszugehörigkeit. Es zeigt sich eine schnell abnehmende Zugangsmobilität (bis 2 Jahre) und eine zugleich zunehmende Betriebszugehörigkeitsdauer über 15 Jahre. Bei einer zunehmenden Verknappung von Kräften auf dem Arbeitsmarkt, der Verlängerung der Lebensarbeitszeit und der Alterung der Beschäftigten kann von einer deutlichen Zunahme der BZD ausgegangen werden.

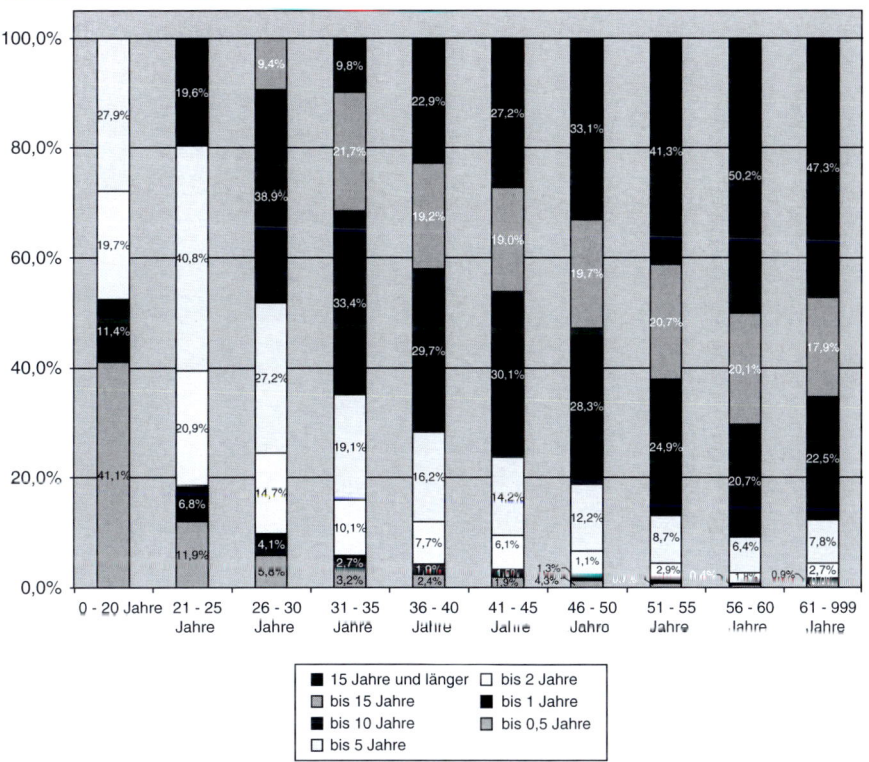

Abb. 3-14: Prozentualer Anteil Mitarbeiter nach Alter und Betriebszugehörigkeit eines Dienstleistungsunternehmens (anonymis. Bsp.)

Chancen und Risiken einer zunehmenden Betriebszugehörigkeitsdauer (Brainstorming auf einem Führungskräfte-Workshop in einem Dienstleistungsunternehmen)

In einem Workshop wurden zusammen mit Führungskräften eines Dienstleistungsunternehmens Chancen und Risiken einer zunehmenden Betriebszugehörigkeitsdauer erarbeitet (siehe folgende Abb.). Anschließend bekam jeder Teilnehmer drei zu verteilende Punkte für die aus seiner Sicht bedeutsamsten Auswirkungen. Dabei wurden drei Auswirkungen im Bereich der Chancen signifikant häufiger gewählt als die anderen: bessere informelle Netzwerke, mehr Erfahrungswissen und vermehrte Kenntnisse über betriebliche Zusammenhänge. Diese Wirkungen sollten gezielt genutzt werden. Es zeigte sich aber auch eine Streuung der Bewertungen sowohl hinsichtlich Chancen wie auch Risiken für alle Perspektiven (Mitarbeiter, Prozesse/Strukturen, Kunden). Dies spricht dafür, keine einseitigen oder vorschnellen Haupteffekte anzunehmen, sondern möglichst differenziert, also unter zu Hilfenahme der verfügbaren empirischen Datenlage eine möglichst gesicherte Interpretation zu ermöglichen.

	Chancen	Punkte	Risiken	Punkte
Kunden	Höhere Kundenbindung	●	Schwiegige Kundenbetreuung bei innovativen Produkten	●●
	Bessere Kundenbetreuung			
Prozesse / Strukturen	Bessere informelle Netzwerke	●●●●●	Mehr Zeitaufwand	
	Eingespielte Arbeitsabläufe	●	Mehr Schwierigkeiten bei organisationellen Veränderungen	●
Mitarbeiter	Bessere Know-how-Sicherung	●	Geringere Veränderungskompetenz	●
	Höhere emotionale Bindung	●●	Größere Gefahr der Betriebsblindheit	●●
	Sinkende Kurzzeiterkrankungen (KZE)		„resignative" Arbeitszufriedenheit	●●
	Höherer Nutzen des Erfahrungswissens	●●●●●	steigende Fehlzeiten	
	Höhere Weiterbildungsrendite		schlechtere Integration neuer MA	●
	Bessere Integration neuer Mitarbeiter (MA)			
	Vermehrte Kenntnisse über betriebliche Zusammenhänge	●●●		

Abb. 3-15: Chancen und Risken einer zunehmende Betriebszugehörigkeitsdauer nach den Perspektiven einer Balanced Scorecard (Einschätzung der Teilnehmer eines Führungskräfteworkshops)

Es ergaben sich auch strittige Punkte. Zum einen die „Schwierige Kundenbetreuung bei innovativen Produkten": Einige Diskussionsteilnehmer rechnen für Beschäftigte mit zunehmender BZD (= ältere MA) damit, dass diese Beschäftigten, aufgrund ihrer wertkonservativen Einstellungen, mit neuen Produkten weniger umgehen können (oder wollen), da sie schon viele Veränderungen durchlebt haben. Für die jungen Beschäftigten von heute, die mit Technik aufgewachsen und hinsichtlich kurzer Produktinnovationszyklen besser sozialisiert sind, sind auch zukünftig keine Probleme mit Produktneuerungen anzunehmen.

Zum anderen war eine eindeutige Zuordnung der „Integration neuer MA" nicht möglich. Die im Alter höhere Sozialkompetenz und das höhere Erfahrungswissen spreche eher für eine einfachere Integration, die Schwierigkeit im Umgang mit Neuem, wenig-flexible und eingefahrene Verhaltensweisen sowie Erfahrungen zu altersgemischten Teams sprechen eher dagegen.

Eindeutig viel die Zuteilung der weiteren Aspekte aus. Als Chancen wurden die „höhere Kundenbindung" und „bessere Kundenbetreuung" beurteilt, da die Kunden zu bekanntem Personal größeres Vertrauen haben und die Beschäftigten aufgrund des Erfahrungswissens besser mit den Kunden umgehen.

Des Weiteren wurden die „besseren informellen Netzwerke" und die „eingespielten Arbeitsabläufe" als Chancen gesehen, da den Beschäftigten mit zunehmenden BZD betriebliche Strukturen besser bekannt sind.

Insgesamt lässt sich feststellen, dass zu den Chancen der verlängerten BZD überwiegend das zunehmende Erfahrungswissen der älter werdenden Beschäftigten beiträgt. Für die Risiken zeichnen sich zumeist der Widerstand gegen Neuerungen und eingefahrene Routinen verantwortlich.

Nach der o. g. Bewertung haben die Führungskräfte ohne Kenntnis der tatsächlich eruierbaren Daten aus dem Personalinformationssystem in einem Brainstorming sinnvolle Kennzahlen zusammengestellt, die zu einer differenzierten Interpretation der strategischen Frage herangezogen werden können:

Alter, Einkommen, Tätigkeitsgruppe, Tätigkeitswechsel, Funktionsbereich, Mitarbeiterzufriedenheit, Kundenzufriedenheit, Weiterbildung, Arbeitsunfähigkeit, Geschlecht, Fluktuation

Vorüberlegungen und Annahmen zu den genannten Kennzahlen (Ergebnisse eines Führungskräfte-Workshops in einem Dienstleistungsunternehmen)

Alter:

Zwischen BZD und Alter wird eine eindeutige Korrelation angenommen. Höhere Betriebszugehörigkeitsdauer geht eindeutig auch mit höherem Alter einher.

Einkommen:
Nicht das Alter lässt MA teurer werden, sondern eine erhöhte Betriebszugehörigkeitsdauer. D. h. es kommen auf das Dienstleistungsunternehmen erhöhte Kosten zu, sollten sich die Betriebszugehörigkeitsdauer tatsächlich erhöhen.

Tätigkeitsgruppe:
Annahme: In verschiedenen Tätigkeitsgruppen ist die Betriebszugehörigkeitsdauer verschieden hoch. Welche Auswirkungen hat das auf das Unternehmen?
Die Tätigkeitsgruppen können in dem Dienstleistungsunternehmen in drei Gruppen unterteilt werden: Kernbelegschaft (Führungskräfte); *Stammbelegschaft* (Tarifgruppe 3 und 4) sowie operative Belegschaft (Einkommen < 2000 €).

Tätigkeitswechsel:
Mit der Variable Tätigkeitswechsel werden potenzialorientierte Entwicklungen bei den Beschäftigten angenommen (höhere Weiterbildungsrendite, höhere Qualifikation, niedrigere Krankenquote).
Zur besseren Umsetzung von Tätigkeitswechseln wären Kompetenzpässe geeignet, die in dem Dienstleistungsunternehmen aber nicht verwendet werden.
Ein weiteres Instrument in diesem Zusammenhang ist der Workability-Index (WAI), der aber nicht angewendet wird in dem Unternehmen.
Eine weitere aussagekräftige Kennzahl könnte die Beförderungsrate sein. Kommt es zu verlängerten Betriebszugehörigkeitsdauer, könnten Beförderungsstaus die Folge sein. Dies könnte wiederum zu Unzufriedenheit und zu erhöhter Fluktuation in den Tätigkeitsgruppen führen.

Mitarbeiterzufriedenheit:
Zur Erfassung von Arbeitszufriedenheit werden in dem Dienstleistungsunternehmen jährliche Beschäftigtenbefragungen durchgeführt. Die Daten können herangezogen werden.

Kundenzufriedenheit:
Annahme: Der Grad des Vertrauens von Kunden in Mitarbeiter mit höherer Betriebszugehörigkeitsdauer ist höher als das Vertrauen in Mitarbeiter mit niedriger Betriebszugehörigkeitsdauer. Die Messung der Kundenzufriedenheit ist jedoch schwierig. Das Verhältnis von Lauf- zu Stammkundschaft ist als Moderatorvariable zu berücksichtigen.

Weiterbildung:
Annahme: Mitarbeiter mit erhöhter Betriebszugehörigkeitsdauer haben eine höhere Weiterbildungsrendite. Sollte man Tätigkeitswechsel befürworten ist auch Weiterbildung sehr wichtig. Als erhebbare Kennzahlen sind in dem Unternehmen Weiterbildungstage, Weiterbildungsteilnehmer und Weiterbildungskosten vorhanden.

3. Altersstrukturanalyse

Arbeitsunfähigkeit/Fehlzeiten:

Annahme: Nicht das Alter als zentrale Variable ist für höhere Fehlzeiten älterer Mitarbeiter verantwortlich, sondern die höhere Betriebszugehörigkeitsdauer (genauer gesagt: die höhere Verweildauer in einer Tätigkeit). Bei nicht belastenden Tätigkeiten wirkt sich eine erhöhte Betriebszugehörigkeitsdauer nicht negativ auf die Höhe der Fehlzeiten aus. Bei belastenden Tätigkeiten steigen die Fehlzeiten mit der Zunahme der Betriebszughörigkeitsdauer. D. h., dass der Belastungsgrad der Tätigkeit einen hohen Einfluss auf die Höhe der Fehlzeiten hat.

Des Weiteren wird angenommen, dass der motivationsbedingte Anteil an den Fehlzeiten mit höherer Betriebszugehörigkeitsdauer sinkt. Eine Ausnahme stellen Mitarbeiter mit dauerhaft geringqualifizierter Tätigkeit dar.

Betrachtet werden sollte neben den Kurzzeitkranken (KZK) mit und ohne gelben Schein sowie den Langzeitkranken (LZK) auch sonstige Fehlzeiten, wie Mutterschaftsurlaub, Erziehungsurlaub (m/w) und Pflege Angehöriger.

Geschlecht:

Das Geschlecht ist eine explorative Variable. Das heißt, es ist sinnvoll sich die Verteilung der Geschlechter, auch ohne eine konkrete Hypothese, anzuschauen.

In Bezug auf Betriebszugehörigkeitsdauer gibt es hierzu keine Hypothese.

Eine Betrachtung des Geschlechts im Zusammenhang mit Entgelt und Arbeitszeitmodellen erscheint sinnvoll.

Fluktuation:

Es wird angenommen, dass bei steigender Betriebszugehörigkeitsdauer die Fluktuation sinkt. Diese These sollte hinsichtlich einzelner Tätigkeitsgruppen überprüft werden.

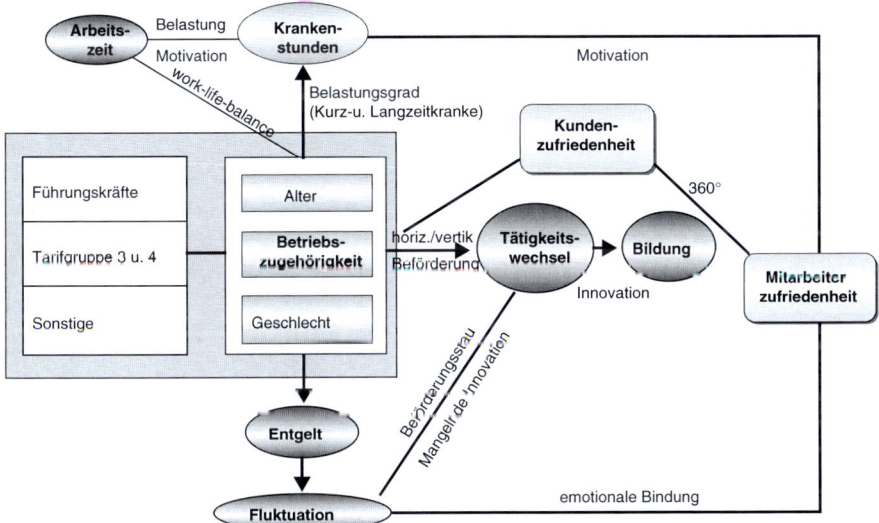

Abb. 3-16: Ursache – Wirkungsgefüge im Kontext der strategischen Fragestellung

Im nächsten Schritt wurde mit den Teilnehmern des Führungskräfteworkshops gemeinsam der Ursache-Wirkungs-Zusammenhang der genannten Kennzahlen zur Bedeutung der Betriebszugehörigkeitsdauer erarbeitet (siehe Abb. 3-17).
Im Kern der strategischen Frage steht die Betriebzugehörigkeitsdauer als zentrale Variable. Tätigkeitsgruppen und Alter sind als Basisvariablen gesetzt. Das Geschlecht wird als explorative[2] Variable bei jeder Fragestellung hinzugezogen.

Aus dem Kern heraus ergeben sich drei wesentliche Interpretationsstränge:
Betriebzugehörigkeitsdauer → Entgelt → Fluktuation
Betriebzugehörigkeitsdauer → Alter → AU
Betriebzugehörigkeitsdauer → Tätigkeitswechsel → Bildung

Ermittlung von Kennzahlen: I. d. R. wird eine mehrstufige Kombination von Kennzahlen in Diagrammen visualisiert. Dabei lassen aufgrund der kognitiven Verarbeitungskapazität des Betrachters höchstens vier Kennzahlen miteinander verbinden, wobei die dritte bzw. vierte Variable i. d. R. auch nicht mehr als bipolare Ausprägungen haben sollten, da die Zusammenhänge sonst zu komplex und kaum mehr verstehbar sind. Zur Darstellung/Visualisierung von kombinierbaren Kennzahlen für die o. g. Interpretationsstränge eignet sich folgender Dendritenbaum.

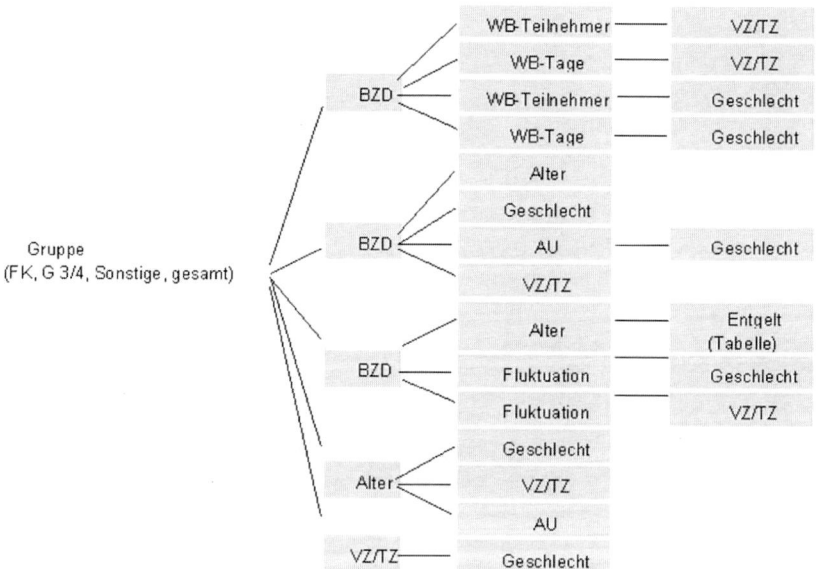

Abb. 3-17: Dendritenbaum zur Darstellung von Kennzahlenkombinationen für die strategische Fragestellung einer zunehmenden Betriebszugehörigkeitsdauer.

---

[2] Explorativ meint, dass hierzu keine hypothesengeleitete Vorstellung zugrunde liegt. Es macht grundsätzlich Sinn das Geschlecht jeweils mitzuerheben, da sich oftmals nicht erwartete Auffälligkeiten ergeben.

3. Altersstrukturanalyse

Die hier dargestellten Kennzahlenkombinationen sind Ergebnis von Vorüberlegungen unter Berücksichtigung technischer und inhaltlicher Möglichkeiten. Der Dendritenbaum macht deutlich, dass allein die Fragestellung einer zunehmenden Betriebszugehörigkeitsdauer auf Basis der vorhanden Kennzahlen des Personalinformationssystems zu einer Visualisierung von mehr als 80 (!) Diagrammen führt, die im Einzelnen hypothesengeleitet interpretiert und bei Auffälligkeiten beschrieben werden sollten. Dabei konnten die Kennzahlen Tätigkeitswechsel, Arbeitszufriedenheit und Kundenzufriedenheit gar nicht berücksichtigt werden.

Interpretation nach Sichtung von mehr als 80 Visualisierungen zur strategischen Frage[3]

Es ist zu erwarten, dass sich die Betriebszugehörigkeitsdauer (BZD) von durchschnittl. 11 Jahren erheblich steigern wird. Bewirkt wird dies durch das Wandern einer Gruppe von Mittelalten (25-50 Jahre, BZD 5-10 Jahre, doppelt soviel Frauen als Männer). Die Gruppe macht ca. ein Viertel der Beschäftigten aus.

Die Analyse von Fluktuationsauffälligkeiten betrifft nicht die o. g. Gruppe. Im Gegenteil ist festzustellen, dass ab einer BZD von 10 Jahren bisher eine arbeitnehmerbedingte Fluktuation von weit unter 1% zu erwarten ist.

Es kann hinsichtlich der verlängerten BZD bei der o. g. Gruppe erwartet werden, dass wissensbezogene Vorteile wie Erfahrungswissen, betriebliches Zusammenhangswissen und informelle Netzwerke deutlich gegenüber möglichen Risiken (verschleißbedingte Fehlzeitenzunahme, Widerstand gegen Neuerungen, eingefahrene Routinen) überwiegen werden.

Es ist ebenfalls eine deutliche Zunahme der BZD bei den Führungskräften zu erwarten (Kernbelegschaft). Diese Führungskräfte sind heute „relativ jung" (durchschnittl. 45 Jahre) mit einer Fluktuationsquote von 0,9% und einem Männeranteil von 85%. Hier ist mit einem erheblichen Karrierestau für nachwachsende High-Potentials zu rechnen (bei denen der Frauenanteil ca. 50% beträgt), so dass Konzepte für alternative Karrierewege erforderlich werden, um aufkommenden Motivationseinbußen vorzubeugen.

Es ist leicht vorstellbar, welcher Aufwand bei einer Formulierung von ca. 20 strategischen Fragen zu den unterschiedlichen Gestaltungsfeldern betrieben werden muss, will man fundiert Altersstrukturen analysieren und interpretieren.

---

[3] Auf eine Darstellung der Visualisierungen soll hier verzichtet werden, da sonst der kapazitäre Rahmen gesprengt würde.

***Schrittfolge bei der Nutzung der Altersstrukturanalysedaten zur
Interpretation einer strategischen Frage (Bsp. Betriebszugehörigkeitsdauer)***

- „Richtige" Formulierung der strategischen Frage, hier: Welche Chancen und Risiken ergeben sich durch eine deutlich verlängerte Betriebszugehörigkeitsdauer (BZD)?

- Betrachtung der BZD heute (Ist-Zustand) als Haupteffekt; Sichtung erster Auffälligkeiten und Bildung erster Hypothesen

- Diskussion von Chancen und Risiken zukünftiger Entwicklungen der BZD

- Erarbeitung eines Ursache-Wirkungs-Kontextes der zu betrachtenden Variable (BZD)

- Festlegung sinnvoller Ko-Variablen zur differenzierten Erfassung der betrachteten Variable BZD

- Abgleich der sinnvollen Variablen mit den darstellbaren Variablen aus dem betriebseigenen System

- Erstellung eines Dendritenbaums zur Darstellung möglicher Variablenkombinationen (Haupteffekte + Variablenkombinationen)

- Betrachtung und Interpretation der visualisierten Diagramme

- Erfassung von Auffälligkeiten, Zusammenhängen, Unterschieden etc. und Ableitung von Schlussfolgerungen (Prognose)

- Benchmarking mit Informationen über BZD anderer Unternehmen der Branche (soweit möglich)

Die konkrete Vorgehensweise bei der Interpretation vorhandener Daten in Orientierung an strategischen Fragestellungen hat gezeigt wie komplex und zeitaufwendig die Materie ist. Es ist genau zu überlegen, welche Kennzahlen gewählt werden, welche Kennzahlen miteinander kombiniert werden und vor allem welche Grenzen der Merkmalskombination und ihrer Darstellung/Visualisierung kognitiv und technisch gesetzt sind. Das Beurteilungsvermögen, was eigentlich als auffälliges Ergebnis zu betrachten ist, hängt auch erheblich vom Wissen über den demografischen Wandel ab. Solche Auffälligkeiten sind dann der Treiber und Auslöser für weitergehende, vertiefende Betrachtungen. Man kann also von einem schrittweisen oder iterativen Prozess der Interpretation von Altersstrukturdaten sprechen.

3. Altersstrukturanalyse

Generelles Vorgehensschema zur Bearbeitung strategischer Fragen (Langhoff 2007)

Ergänzend zu der konkreten Vorgehensbeschreibung am Beispiel einer strategischen Frage zur Betriebszugehörigkeitsdauer soll an dieser Stelle versucht werden, dem Leser ein generelles Vorgehensschema zur Bearbeitung strategischer Fragen und damit verbundener Datenauswahl und -interpretation an die Hand zu geben. Der Prozess der Dateninterpretation ist immer auch abhängig von den vorgefundenen Auffälligkeiten. Deshalb kann die Vorgehensweise hier nur exemplarisch skizziert werden. Im sich wiederholenden Umgang mit der Thematik entwickelt sich ein „Gespür" bzw. das Erfahrungswissen, das zu brauchbaren Ergebnissen führt und sich von der „Versuch-Irrtum"-Vorgehensweise unterscheidet. Da der Autor schon oft gefragt wurde, ob er zur Analyse und Interpretation von Alterstrukturdaten Schulungen anbieten könnte, soll hier versucht werden, die grundlegende Vorgehensweise zu vermitteln, um die betrieblichen Akteure anzuregen, selbst aktiv zu werden. Dabei ist es unabhängig von der jeweiligen strategischen Fragestellung sinnvoll, sich zunächst die Haupteffekte der Schlüsselvariablen der Altersstrukturanalyse in Bezug auf die zentrale Variable „Alter" anzuschauen, d. h. Belegschaft gesamt nach Alter in Bezug auf Geschlecht, Arbeitszeit, Beschäftigungsverhältnis, Arbeitsunfähigkeit usw.

Je nach strategischer Fragestellung wird die Variable ausgesucht, die fortwährend zu beobachten und weiter zu differenzieren ist. Im folgenden Beispiel ist dies die Variable Weiterbildungstage in einem Dienstleistungsunternehmen (Warenhaus).

Strategische Frage:

Welche Qualifikationen werden in Zukunft gefragt und welche Anforderungen an die Weiterbildung alternder Beschäftigter ergeben sich daraus (Weiterbildungsbereitschaft Älterer – Weiterbildungsangebote für Ältere)?

1. Schritt: Verteilung der Weiterbildungstage auf Altersgruppen der Gesamtbelegschaft

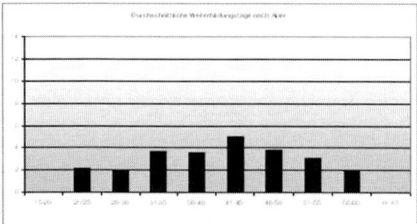

Durchschnittliche Weiterbildungstage der Mitarbeiter in den Altersgruppen

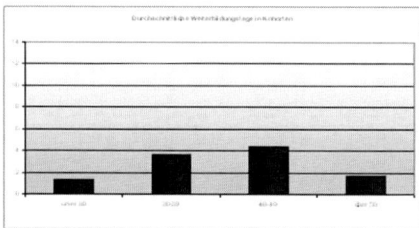

Durchschnittliche Weiterbildungstage der Mitarbeiter in den Kohorten

Mögliche Auffälligkeiten	Mögliche Hypothesen
• Weiterbildungstage nehmen mit zunehmendem Alter ab	• Weiterbildung Älterer hat im Betrieb keinen Stellenwert
• Gleichbleibendes hohes/niedriges Niveau der Weiterbildungstage über alle Altersgruppen	• Weiterbildung wird unabhängig vom Alter als wichtig/unwichtig angesehen
• Nicht erklärbare Unterschiede der Weiterbildungstage über die Altersgruppen	• Teilnahme an Weiterbildung wird durch andere Variablen moderiert, z. B. durch Beschäftigungsverhältnis oder Geschlecht?
• Die höchste Ausprägung der Weiterbildungstage verzeichnet das mittlere Lebensalter	• Kurz nach der Ausbildung und kurz vor dem Ruhestand hat Weiterbildung eine geringere Bedeutung im Unternehmen

2. Schritt: Verteilung der Weiterbildungstage auf Funktionsgruppen oder -bereiche (ggf. beides)

Erfahrungsgemäß wird nach der Betrachtung einer Variable bezogen auf Belegschaft gesamt eine Betrachtung bezogen auf Funktionsgruppen (z. B. Führungskräfte, Einzelhandelskaufleute, Verkäufer etc.) oder Funktionsbereiche (Service, Verwaltung etc.) vorgenommen.

In diesem Beispielunternehmen sind 4 Funktionsgruppen zu unterscheiden.

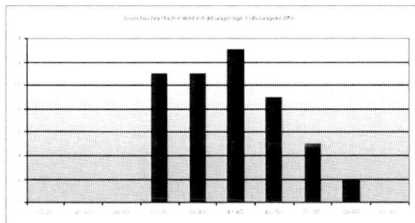

Funktionsgruppe: Führungskräfte
(ca. 9 % der Gesamtbelegschaft)

Funktionsgruppe: Einzelhandelskaufleute
(ca. 30 % der Gesamtbelegschaft)

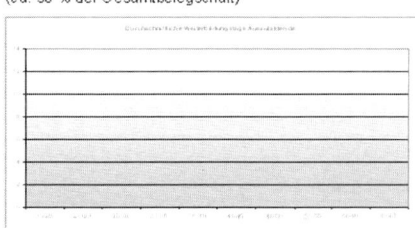

Funktionsgruppe: Verkäufer/in
(ca. 45 % der Gesamtbelegschaft)

Funktionsgruppe: Auszubildende
(ca. 9 % der Gesamtbelegschaft)

Die Betrachtung der Funktionsgruppen und Funktionsbereiche kann zu differenzierten Auffälligkeiten führen.

Auffälligkeiten (fiktiv):

Die Führungskräfte und die Einhandelskaufleute im Bereich Textil verzeichnen (aus unternehmerischen Gründen) in den Altersgruppen der über 50-Jährigen weniger Weiterbildungstage.

Die Verkäufer weisen insgesamt weniger Weiterbildungstage als die Beschäftigten mit der Qualifikation Einzelhandelskaufmann/-frau auf.

Die Einzelhandelskaufleute im Bereich Lebensmittel haben im Gegensatz zum Bereich Textil (z. T. aufgrund gesetzlicher Vorgaben) eine altersunabhängig hohe Anzahl an Weiterbildungstagen. Diese übersteigen die Anzahl der Weiterbildungstage im Bereich Textil um durchschnittlich 2,5 Tage.

3. Schritt: Weitere Differenzierung der Weiterbildungstage mit Hilfe der astra®- Schlüsselvariablen

Neben der Konzentration auf Alter als zentrale Variable und der Entscheidung für die Darstellung der Weiterbildungstage in Bezug auf Funktionsgruppen ist nun zu überlegen, welche weiteren Variablen heranzuziehen sind (siehe astra®-Schlüsselvariablen).

astra®-Schlüsselvariablen	Beispiel
Alter (als zentrale Variable)	Für das schematische Beispiel wurden die folgenden Variablen herangezogen:
Funktionsgruppen	
Funktionsbereiche	1. Weiterbildungsteilnehmer
Arbeitszeit	2. Arbeitszeit
Schichtzugehörigkeit (bei Schichtarbeit)	3. Beschäftigungsverhältnis
Geschlecht	4. Geschlecht
Staatsangehörigkeit	5. Betriebszugehörigkeitsdauer
Beschäftigungsverhältnis	6. Staatsangehörigkeit
Betriebszugehörigkeitsdauer	
Arbeitsunfähigkeitstage	Für die weiteren Variablen wurde vorerst keine Wechselwirkung angenommen.
Weiterbildungstage	Die Reihenfolge ergibt sich je nach betriebsspezifischer Priorisierung.
Weiterbildungsteilnehmer	
Neueinstellungen	
Austritte	

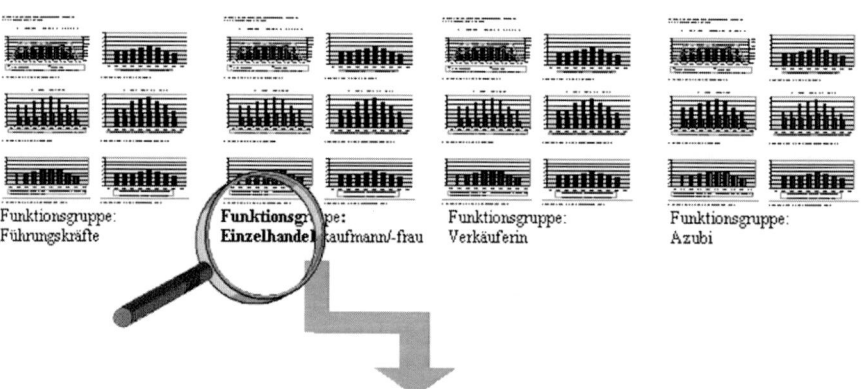

Differenzierung der Weiterbildungstage mit Hilfe der ausgewählten Variablen in der Funktionsgruppe Einzelhandelskaufleute (fiktiv):

3. Altersstrukturanalyse

(Diese Darstellung setzt eine personenbezogene Erfassung der Weiterbildungsteilnehmer voraus.)

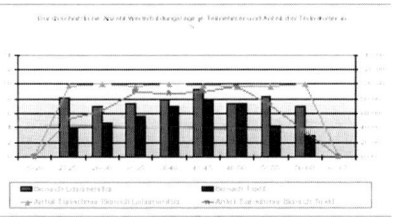

Differenzierung: Variable Weiterbildungsteilnehmer

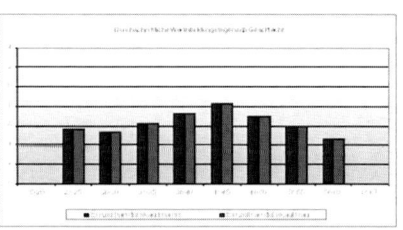

Differenzierung: Variable Arbeitszeit

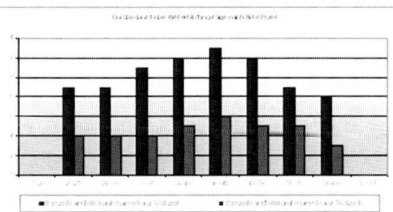

Differenzierung: Variable Geschlecht

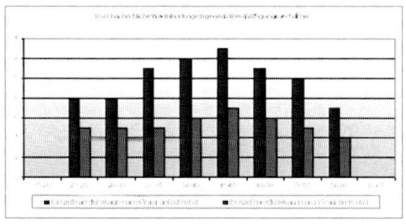

Differenzierung: Variable Beschäftigungsverhältnis

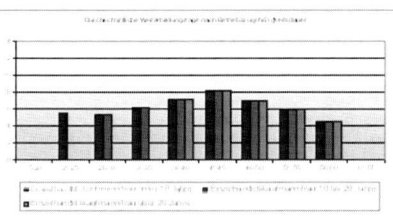

Differenzierung: Variable Betriebszugehörigkeit

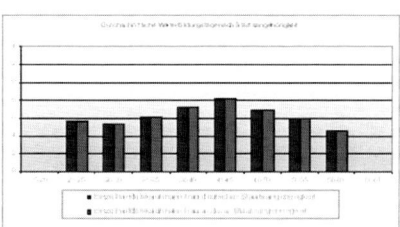

Differenzierung: Variable Staatsangehörigkeit

Mit Hilfe dieser überblicksartigen Betrachtung können Auffälligkeiten herangezogen und differenziert geprüft werden. Im weiteren Verlauf werden alle Funktionsgruppen in Bezug auf die 6 Variablen betrachtet.

4. Schritt: Hypothesenbildung

Es werden nun Hypothesen in Bezug auf Auffälligkeiten formuliert:
In dem schematischen Beispiel wird konstatiert (fiktiv):
30% der Beschäftigten im Unternehmen sind Einzelhandelskaufleute. Davon sind 70% in Teilzeitbeschäftigtenverhältnissen und 80% sind in befristeten Arbeitsverhältnissen angestellt.

60% der Beschäftigten des gesamten Unternehmens sind in Teilzeitbeschäftigungsverhältnissen angestellt.

Die Anzahl der Weiterbildungstage steigt bei den Einzelhandelskaufleuten bis zum 50. Lebensjahr an, um dann abzufallen. Des Weiteren haben Beschäftigte mit Teilzeitbeschäftigungsverhältnissen und befristeten Verträgen eine geringere Anzahl an Weiterbildungstagen vorzuweisen.

Daraus folgt: Ca. ¼ der Belegschaft arbeitet in Teilzeitbeschäftigungsverhältnissen, mit befristeten Arbeitsverträgen und wird nur sehr sporadisch weitergebildet.

Mögliche Hypothesen:

- Dieser Belegschaftsteil wird mit den zur Zeit angebotenen Weiterbildungsprogrammen nicht erreicht.

- Für diesen Belegschaftsteil wird Weiterbildung von der Geschäftsleitung als nicht notwendig erachtet.

5. Schritt: Vertiefung vs. Prognose

entweder	oder
Weitere Differenzierung	Hochrechnung
Die im 4. Schritt angenommene Hypothese kann zum einen z. B. mit Hilfe einer Mitarbeiterbefragung nach gewünschten Weiterbildungsthemen geprüft bzw. hinterfragt werden.	Der heutige Anteil über 50-jähriger Mitarbeiter in befristeten und Teilzeitbeschäftigungsverhältnissen an der Belegschaft beträgt 15% (s. o.).
	Die Prognose der alternden Belegschaft ergibt unter ceteris paribus Bedingungen einen Anteil von 20% (in 5 Jahren) bzw. 40% (in 10 Jahren) der gesamten Belegschaft.
	→ Daraus kann für das Unternehmen Handlungsbedarf vorwiegend in den Bereichen Weiterbildung und Arbeitsgestaltung abgeleitet werden

Welche betrieblichen Aktivitäten müssen initiiert werden, um eine Steigerung der Anzahl der Weiterbildungstage in der Gruppe der älteren Beschäftigten zu erreichen?

Welchen Einfluss hat eine geringe Anzahl von Weiterbildungstagen von älteren Beschäftigten auf das gesamte Unternehmen?

Welchen Einfluss hat eine geringe Anzahl von Weiterbildungstagen von geringqualifizierten Beschäftigten auf das gesamte Unternehmen?

Welchen Einfluss hat eine geringe Anzahl von Weiterbildungstagen von geringqualifizierten Beschäftigten auf das gesamte Unternehmen?

Unterscheiden sich die Erwerbsbiographien der heute Mittelalten und der heute Älteren voneinander? Welche Auswirkungen hat das auf die Prognose?

Gibt es Anforderungen von morgen, die eine Ausweitung des Weiterbildungsumfangs erforderlich machen?

Welche Maßnahmen der Arbeitsorganisation, der Arbeitszeit, der anforderungsgerechten Qualifizierung und des Führungsverhaltens sind zu treffen, um Weiterbildung im Unternehmen besser zu implementieren?

Zusammenfassung:

Es ist nicht einfach die Vorgehensweise der Analyse und Prognose von Altersstrukturdaten zu vermitteln. Jeder Betrieb ist einzigartig. Auch ist das vorliegende Datenmaterial sehr unterschiedlich. Oftmals liegen zur Weiterbildung keine Daten vor oder Job Familien können nicht berufsgruppenorientiert gebildet werden, sondern nur tarifgruppenbezogen, was aus arbeitswissenschaftlicher Sicht nur noch wenig Interpretationsmöglichkeiten bietet. Bei „exotischen" Organisationen wie kirchlichen Einrichtungen oder Polizeibehörden können oftmals noch nicht einmal Fehlzeiten angegeben werden.

Auch behaupten Unternehmen oft, dass sie schon eine Altersstrukturanalyse gemacht haben. Dann sind oftmals das Gesamtunternehmen und die einzelnen Funktionsbereiche nach Alter gruppiert und der jeweilige Altersdurchschnitt ist angegeben. Als einzige Kovariable werden meist die Fehlzeiten nach Alter gruppiert. Die zeigen einen Anstieg mit zunehmendem Alter an und es wird sogleich ein massives Zukunftsproblem diagnostiziert, dem man maßnahmebezogen mit einem Aktionismus betrieblicher Gesundheitsförderung begegnet. Zwei Jahre später wundern sich dann solche Unternehmen, dass ihre Fehlzeiten noch weiter angestiegen sind.

Am Anfang des Umgangs mit Altersstrukturdaten muss erst einmal verstanden werden, um welchen grundsätzlichen Demografietyp es sich bei dem untersuchten Unternehmen handelt. Der Demografietyp wird in erster Linie in seiner Beziehung zum wachsenden Anteil über 50-Jähriger und zum aufkommenden Rekrutierungsbedarfs im nächsten Jahrzehnt bestimmt.

Sobald dies für das Unternehmen zentral erfasst ist, wird eine Differenzierung der Diagnose für einzelne Job Familien und für die Funktionsbereiche vorgenommen. Oft ergeben sich dabei überraschende Unterschiede in den Altersstrukturen.

Neben der „einfachen Fortschreibung" ist es zweckmäßig mit dem Unternehmen gemeinsam im Rahmen einer zukünftigen Personalbestandsprognose, soweit hierfür bereits Annahmen für die nächsten Jahre getroffen werden können, Alternativszenarien aufzustellen. Auch diese Szenarien sollten zuerst für die Gesamtbelegschaft angelegt sein und später dann auf die einzelnen Job Familien und auf die Funktionsbereiche runtergebrochen werden.

Ist dieser Stand erreicht, sollten für die einzelnen betrieblichen Gestaltungsfelder strategische Fragen formuliert werden und hierfür die Altersstrukturdaten genutzt werden, wie es auch am Beispiel der Betriebszugehörigkeitsdauer in diesem Kapitel detailliert beschrieben wurde.

Sehr wichtig ist das Wissen, also die Bewertung vorliegender Altersstrukturen (Funktionsgruppen/Funktionsbereiche) hinsichtlich betrieblicher Handlungsfelder (Gesundheit, Arbeitsgestaltung, Qualifizierung, Führung) vor dem Hintergrund der demografischen Entwicklung. Je mehr Erfahrungswissen hierfür vorliegt, desto größer die Effektivität im Vorgehen.

Alle Unternehmen, die so an die Analyse und Prognose von Altersstrukturdaten herangegangen sind, bestätigen, dass sie zum einen noch nie so fundiert Gegen-

3. Altersstrukturanalyse

wart mit Zukunft verbunden haben, und erkennen den Aufwand an, der notwendig ist, um die „richtigen" Schritte einzuleiten.

In den Kapiteln 4 bis 10 werden die mit der Altersstrukturanalyse gelegten Grundlagen im Rahmen des Demografiemanagements und der betrieblichen Gestaltungsfelder fortgeführt.

Die wichtigsten chronologischen Schritte einer Altersstrukturanalyse im Überblick (Langhoff 2008)

1. Sinn und Zweck einer Altersstrukturanalyse verstehen
2. Festlegung und Definition der Schlüsselvariablen
3. Datenaggregation als Einstieg zum Verständnis der Altersstrukturen der Belegschaft
4. Verstehen des eigenen Demografietyps
5. Darstellung der Demografiewellen „Alterung und Rekrutierungsbedarf" für Job Familien und für die Funktionsbereiche
6. Darstellung der Haupteffekte (alle Schlüsselvariablen nach Alter) für Job Familien und für die Funktionsbereiche
7. Ermittlung der einfachen Fortschreibung für Job Familien und für die Funktionsbereiche
8. Erarbeitung von 2 betriebsspezifisch definierten Alternativszenarios für die Zukunftsprognose (Annahmen zu Austritten und Neueinstellungen)
9. Formulierung strategischer Fragen für einzelne betriebliche Gestaltungsfelder
10. Sammlung wichtiger Kennzahlen zur Informations- und Hypothesengenerierung für die strategischen Fragen
11. Erarbeitung von Ursache-Wirkungszusammenhängen im Kontext der ermittelten Kennzahlen für die Interpretation strategischer Fragen
12. Abgleich sinnvoller Kennzahlen mit dem vorhandenen Datenbestand aus dem Personalinformationssystem und anderer Systeme (z. B. Unfallstatistik u. ä.)
13. Schrittweise Visualisierung und Bewertung der definierten Kennzahlen und Kennzahlenkombinationen (Beobachtung von Auffälligkeiten)
14. Soweit möglich benchmarking mit anderen Unternehmen der Branche sowie Hinzuziehung von Kontextvariablen des Marktes, der Region etc.
15. Abschließend Formulierung von Soll-Konzepten und darauf aufbauend Erarbeitung eines Strategie-Cockpits bzw. eines Monitorings für das Demografiemanagement

3.1 Demografieanalyse des Unternehmensstandorts

Herkömmlich bezeichnet man die Analyse eines Unternehmensstandorts als Standortanalyse. Dabei wird grundlegend unterschieden, ob es sich um einen Unternehmensstandort (Zentrale), einen Fertigungsstandort oder um ein Vertriebsbüro bzw. eine Niederlassung handelt.

Standortanalysen werden i. d. R. dann durchgeführt, wenn ein Unternehmen gegründet oder ein Standort verlagert wird. Dabei können relevante Einflussfaktoren gelistet und gewichtet werden (Nutzwertanalyse).

Einflussfaktoren sind z. B.

- Nähe des Marktes, der Kunden und der Wettbewerber

- Vorhandensein von Rohstoffen, Hilfsstoffen und Energie

- Umweltanforderungen und Entsorgungsmöglichkeiten

- Verfügbarkeit von Arbeitskräften

- Arbeitskosten

- Infrastruktur

- Steuerliche Voraussetzungen

- Expansionspotenziale

Im Unterschied zur herkömmlichen Standortanalyse wird bei der Demografieanalyse des Unternehmensstandorts untersucht, welchen Einfluss die demografische Entwicklung auf den Unternehmensstandort hat. Im Zentrum steht dabei die Entwicklung sozioökonomischer Faktoren wie Bevölkerungsstruktur, Altersstruktur, Bildungsstruktur, Kaufkraft und wirtschaftliche Prosperität, Wanderungsbewegungen jeder Art usw.

Hier können wenig allgemeine Empfehlungen abgegeben werden, so dass bei einem Großteil der Einflussfaktoren die Demografieanalyse des Standorts immer einen Mix von Wechselwirkungen zwischen Unternehmens- und Standortfaktoren darstellt.

So ist bspw. die Prognose des Ersatzbedarfs als Ergebnis der betrieblichen Altersstrukturanalyse (und damit verbundener Rekrutierungs- und Bindungsanforderungen) unmittelbar mit der Prognose der lokalen Bevölkerungs-, Bildungs- und Wettbewerberstruktur verbunden.

Dabei spielen generelle Trends eine Rolle, aus denen sich standortbezogen bestimmte Typen ableiten lassen, die kennzeichnen, ob es sich um einen prosperie-

3. Altersstrukturanalyse

renden, einen stagnierenden oder um einen schrumpfenden Standort handelt (Agglomerationsraum vs. verödete Landschaft). Siehe hierzu auch die Demografieberichte der Bertelsmann-Stiftung (www.wegweiser-kommune.de).

Wie bei der Betrachtung innerbetrieblicher Prozesse empfiehlt es sich ebenfalls bei der Betrachtung des Unternehmensstandorts die „demografische Brille" aufzusetzen, und damit die Kriterien der Standortbewertung zu betrachten.

Bei Standorten von Dienstleistungsunternehmen kommt im Vergleich zu Produktionsunternehmen noch hinzu, dass die Analyse sich zusätzlich auf die Auswirkungen der Entwicklung der Kundenstrukturen und des Kundenverhaltens beziehen.

Von den in Kapitel 1 beschriebenen Trends des demografischen Wandels sind es vor allem die Alterung, die Schrumpfung und die Wanderungsbewegungen, die bei der Demografieanalyse des Unternehmensstandorts bedeutend sind. Dabei gibt es Wechselwirkungen zwischen der wirtschaftlichen Entwicklung einer Kommune bzw. einer Region und der hiesigen Bevölkerungsentwicklung. Abb. 3-1.1 zeigt im Überblick die Auswirkungen demografischer Prozesse im kommunalen Kontext.

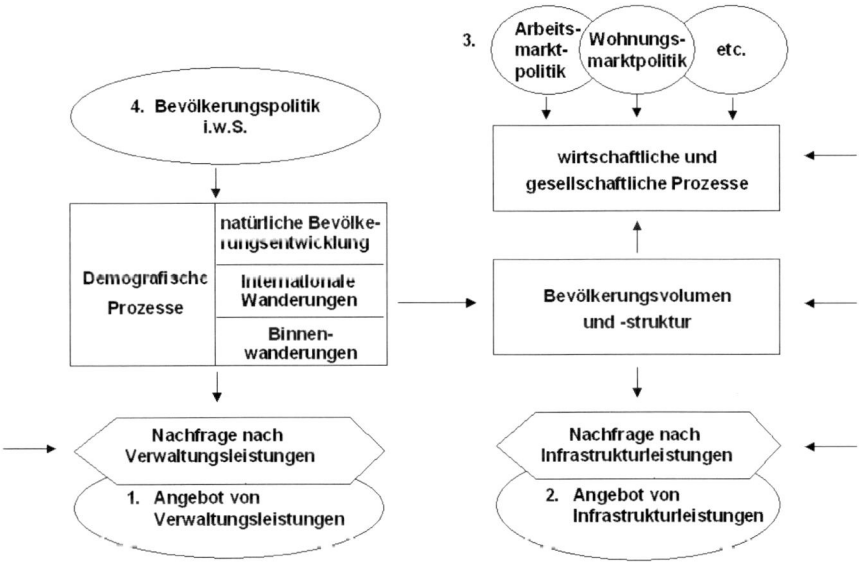

Abb. 3.1-1: Auswirkungen demografischer Prozesse im kommunalen Kontext (Mäding 2006)

Je schlechter die wirtschaftliche Situation eines Standorts, desto höher die Bevölkerungsverluste. Insbesondere jüngere und qualifizierte Kräfte verlassen den Standort, wenn berufliche Perspektiven fehlen. Damit wird eine nur schwer aufzuhaltende Wirkungskette losgetreten: Fachkräftemangel, Abwanderung von Industrie, weniger Existenzgründungen und Unternehmensnachfolgen, sinkende Kaufkraft und damit auch Abwanderung von Einzelhandel und Gastronomie, sinkende Geburtenrate usw.

Der demografische Wandel bewirkt, dass das am Standort vorhandene Arbeitskräftepotenzial zum entscheidenden Standortfaktor für Unternehmen wird. Bisher jedoch ist weder von den Kommunen noch von den Unternehmen verstanden worden, wie wichtig auch die Ausschöpfung allen Potenzials ist, d. h.

- die Nutzung der Arbeitskraft von Frauen, Migranten und Älteren,

- der Wiedereinstieg von Frauen nach der Familienphase,

- verbesserte Angebote zur Kinderbetreuung,

- die Verringerung der Zahl Jugendlicher ohne Schulabschluss und Berufsausbildung,

- die Erhöhung der Bildungsbeteiligung von Migranten (vor allem in größeren Städten),

- die Bindung von Hochschulabsolventen etc. (siehe auch Brandt u. a. 2005; NordLB 2004).

Für den Strukturraum Deutschland werden bis zum Jahr 2050 fünf sogenannte Agglomerationsräume prognostiziert: Hamburg, Rheinschiene (Düsseldorf, Köln); Maingebiet (Frankfurt), Stuttgart und München, ggf. noch Berlin. Diese Räume wachsen. Das bedeutet auf der anderen Seite, dass alle anderen Räume schrumpfen bis hin zu verödeten Landschaften. Diese Wanderungsbewegung, die vordringlich durch Angebot und Nachfrage von qualifizierten Arbeitskräften getrieben wird, ist ein sich selbst verstärkender Prozess, der sich immer mehr beschleunigen wird. Je größer und schneller die Ballungsräume wachsen, desto mehr und schneller schrumpfen alle anderen Räume. International tätige Unternehmen, die um diese Entwicklung wissen, verlegen schon heute ihre Zentralen in diese Ballungsräume, weil nur dort die Rekrutierungs- und Bindungschancen hochqualifizierter Kräfte gegeben sein werden.

Im folgenden Beispiel wird die wachsende Stadt Frankfurt mit der etwa gleich großen, aber schrumpfenden Stadt Dortmund anhand von demografisch relevanten Indikatoren verglichen. Die von der Bertelsmann Stiftung entwickelten Demografietypen beschreiben Frankfurt als prosperierendes Wirtschaftszentrum (G4) und Dortmund als schrumpfende Großstadt im postindustriellen Strukturwandel (G2). Die folgende Abbildung zeigt nur einen Ausschnitt der ermittelten Indikatoren. Es gibt weitere Indikatoren zu den Themen Wohnen, Wirtschaft und Arbeit, Soziale Lage, Integration und Finanzen (siehe hierzu www.wegweiser-kommune.de).

Der Vergleich der Zahlen zeigt hinsichtlich der Bevölkerungsentwicklung zwischen 2000 und 2025 für Frankfurt ein Wachstum und für Dortmund einen Verlust von jeweils ca. 3%. Es zeigt auch, dass die Zuwanderung fremder Staatsbürger-

3. Altersstrukturanalyse

schaften in Deutschland sich überproportional auf die wachsenden Ballungsräume verteilt, siehe Ausländeranteil von 21,1% für Frankfurt.

	Frankfurt am Main	Dortmund
Bevölkerungszahl 2006	652.610	587.624
Demographietyp	Typ G4	Typ G2
Bevölkerungsentwicklung vergangene 7 Jahre (%)	1,4	-0,4
Bevölkerungsentwicklung 2006 bis 2025 (%)	1,5	-2,3
Frauenanteil an den 20- bis 34-Jährigen (%)	51,4	49,4
Fertilitätsindex (%)	-1,7	-0,1
Ausländeranteil (%)	21,1	15,9
Familienwanderung (Einwohner)	-7,6	-1,4
Bildungswanderung (Einwohner)	68,5	40,8
Wanderung zu Beginn der 2. Lebenshälfte (Einwohner)	-10,2	-2,0
Alterswanderung (Einwohner)	-12,6	-4,3
Durchschnittsalter (Jahre)	42,0	43,0
Durchschnittsalter 2025 (Jahre)	43,4	45,4
Median-Alter (Jahre)	40,2	42,0
Median-Alter 2025 (Jahre)	41,7	44,8
Anteil unter 18-Jährige (%)	15,3	16,8
Anteil unter 18-Jährige 2025 (%)	15,9	15,6
Anteil 65- bis 79-Jährige (%)	17,8	15,8
Anteil 65- bis 79-Jährige 2025 (%)	19,2	16,6
Anteil ab 80-Jährige (%)	3,9	4,8
Anteil ab 80-Jährige 2025 (%)	5,8	7,1

Abb. 3.1-2: Vergleich demografierelevanter Indikatoren für Frankfurt am Main und Dortmund 2006 (Quelle: Bertelsmann Stiftung 2008, www.wegweiser-kommune.de)

Das Durchschnittsalter und die Anteile an den Altersstrukturen zeigen den vergleichsweise schnelleren Alterungsprozess für Dortmund. Die Bildungswanderung zeigt das Wanderungssaldo der 18-24 Jährigen pro 1000 Einwohner der betrachteten Altersgruppe. Das heißt für Frankfurt, dass auf 1000 18- bis 24 Jährige 68,5 Zuwanderungen hinzukommen. Dies weist auf eine hohe Attraktivität für Studierende und Auszubildende hin. Umgekehrt zeigen die negativen Werte bei Fertilitätsindex und Familienwanderung, dass Kommune und Unternehmen in Frankfurt die Vereinbarkeit von Beruf und Familie weiter verbessern müssen.

Die folgenden beiden Abb. zeigen für Frankfurt eine differenzierte Sicht auf die Geburtenrate.

Frankfurt a. M.	1985	1995	2000	2007
Zahl lebend Geborener je 1000 Frauen	36,6	40,9	42,5	47,4

Abb. 3.1-3: Entwicklung der Fruchtbarkeit in Frankfurt a.M. (Quelle: Bürgeramt, Statistik und Wahlen 2008)

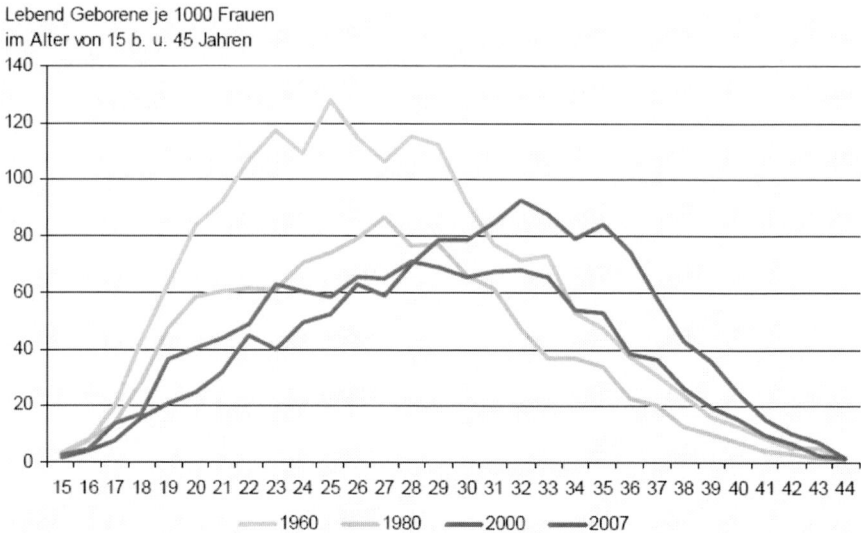

Abb. 3.1-4: Altersspezifische Verteilung der Fruchtbarkeit zu unterschiedlichen Zeitpunkten in Frankfurt a.M. (Quelle: Bürgeramt, Statistik und Wahlen 2008)

Seit 1985 ist wieder ein Anstieg der Geburten zu verzeichnen (vgl. 1965: 62,5). Aus Abb. 3.1-4 ergibt sich, dass es heute vorwiegend Frauen im Alter zwischen 30 und 36 Jahren sind, die den Anstieg des Frankfurter Geburtenniveaus tragen. Aus anderen Statistiken derselben Quelle ergibt sich, dass die Geburten der letzten Jahre weniger als 50% der autochthonen deutschen Bevölkerung zuzuordnen sind.

Die folgende Abb. zeigt den Anteil von Ausländern und Einwohnern mit Migrationshintergrund in Frankfurt a.M.:

Frankfurt a. M.	absolut	%
Einwohner insgesamt	664.200	100%
davon Ausländer	170.800	25,7%
davon Deutsche mit Migrationshintergrund	81.000	12,2%

Abb. 3.1-5: Migrantenanteil in der Frankfurter Bevölkerung 2005 (Quelle: Bürgeramt, Statistik und Wahlen 2008)

Es zeigt sich weiterhin, dass bei den Zuwanderern jährlich mehr als doppelt soviel auf Ausländer fallen. Das gleiche Verhältnis gilt für die Geburtenrate. Daraus ergibt sich, dass die Einwohner in Frankfurt a. M. im nächsten Jahrzehnt zu über 40% aus Migranten anwachsen werden. Im Jahr 2005 betrug der Anteil von Ausländern und Personen mit Migrationshintergrund bereits 37,9%, siehe Abb. 3.1-5.

Im Folgenden werden weitere Ergebnisse einer Demografieanalyse Frankfurts aufgelistet, die vom Autor für ein großes Dienstleistungsunternehmen in Frankfurt erarbeitet und mit den Ergebnissen der Altersstrukturanalyse in Bezug gesetzt wurden. Daraus ergaben sich wichtige Hinweise für zielgruppenspezifische Rekrutierungs- und Bindungsaktivitäten. Gleichzeitig wurde die wachsende Bedeutung des betriebsinternen Arbeitsmarktes und die Vereinbarkeit von Beruf und Familie als zentrale Stellgröße der Zukunft erkannt.

Im Großraum Frankfurt arbeiteten im Jahr 2006 täglich 591.300 Erwerbstätige. Davon waren nur 48.500 (8,2%) in der Industrie beschäftigt (Statistisches Jahrbuch der Stadt Frankfurt a. M. 2007).

87,5% der Beschäftigten arbeiten in Frankfurt im Dienstleistungssektor (www.wegweiser-kommune.de).

Allein in den Branchen Banken, Versicherungen und unternehmensnahe Dienstleistungen sind 97 Großunternehmen ansässig. Im verarbeitenden Gewerbe sind es 47 Großunternehmen (Bürgeramt, Statistik und Wahlen 2008)

Die wirtschaftliche Attraktivität der Rhein-Main-Region lockt alltäglich zahlreiche „Einpendler" in den Bezirk der Frankfurter Arbeitsagentur (neben der kreisfreien Stadt Frankfurt, gehören die Kreise Main-Taunus-Kreis, Hoch-Taunus-Kreis, Teile der Kreise Offenbach, Groß-Gerau und Wetterau zum Bezirk). Von den knapp 706.000 sozialversicherungspflichtigen Beschäftigten im Jahr 2007 haben nur etwas über 370.000 auch ihren Wohnort im Bezirk – dies entspricht knapp 53%. In der Stadt Frankfurt haben von gut 473.000 Beschäftigten fast 34% dort ihren Wohnort. Umgekehrt verlassen 79.657 (11,3%) der erwerbstätigen Einwohner den Frankfurter Arbeitsagenturbezirk, um zu ihrer Arbeitsstelle zu kommen („Auspendler"), (Bundesagentur für Arbeit 2008).

Im Jahr 2006 erwarben rund 18.300 Schülerinnen und Schüler in der Wissensregion ihre Allgemeine Hochschulreife und 8.000 ihre Fachhochschulreife. Dies entspricht im Vergleich zum Jahr 2000 einer Steigerung um zusammengenommen über 3.100 Absolventen oder 13,6%. Dabei verzeichnet die Fachhochschulreife im Zeitraum 2000 bis 2006 mit plus 42% einen höheren Zuwachs als die Allgemeine Hochschulreife (www.frankfurt.de; Zugriff 2008).

Die Gesamtzahl der Studierenden in den Ingenieurwissenschaften in der Wissensregion Frankfurt-Rhein-Main beträgt derzeit rund 26.000, darüber hinaus werden über 4.600 Wirtschaftsingenieure und 11.000 Informatiker ausgebildet. An zahlreichen Hochschulen finden sich weitere Studienangebote mit einer ingenieurwissenschaftlichen Ausrichtung, die jedoch anderen Fächergruppen zugerechnet werden (Planungsverband Ballungsraum Frankfurt/Rhein-Main 2006).

Mit einem hochgerechneten Altenquotienten im Jahr 2020 von 25,0 besitzt Frankfurt den zweitgünstigsten Wert aller Gemeinden > 5000 Einwohner in Deutschland (Das heißt, dass auf 100 Personen im Erwerbsfähigen Alter (20-65) lediglich 25 Ältere (>65) kommen werden). Beispielsweise haben Städte wie Dresden, Essen oder Esslingen Werte größer als 40 (Mäding 2006).

Auch die absolute Zahl der Jungen und der Älteren wird sich bis 2020 nur wenig verändern, so dass auch von der Altersstruktur her keine raschen Veränderungen der Nachfrage nach altersabhängiger Infrastruktur zu erwarten sind. Das ist eine ausgesprochen günstige demographische Konstellation für die Erwerbsfähigkeit eines Wirtschaftsstandorts (Mäding 2006).

Ein weiterer für die Rekrutierung und die wirtschaftliche Prosperität wichtiger Aspekt ist der Erneuerungsquotient einer Stadt. Er misst die Relation der Jungen (20 bis 39 Jahre) zu den Älteren (40 bis 59 Jahre) innerhalb der erwerbsfähigen Bevölkerung. Mit 111,7 liegt Frankfurt an 7. Stelle aller Gemeinden > 5.000 Einwohner in Deutschland, ist also eine Stadt mit junger Bevölkerung im erwerbsfähigen Alter (Mäding 2006).

Verbindung der Altersstrukturanalyse des Unternehmens und der Demografieanalyse des Standorts

Aus der Altersstrukturanalyse des großen Dienstleistungsunternehmens in Frankfurt ergeben sich bis 2012 bei einem durchschnittlichen Renteneintritt von 63 Jahren Rekrutierungsbedarfe von 21 Führungskräften und 36 Facharbeitern.

Weiterhin ergibt sich aus der Belegschaftsstruktur (2007) ein Migrantenanteil von ca. 15%, ein Frauenanteil von 13,7% und ein Teilzeitanteil von 8,9% (bei den Führungskräften lediglich 1,4%), was insgesamt für ein Dienstleistungsunternehmen relativ niedrig ist.

Hieraus ergeben sich zwingend zu nutzende Potenziale für aktive zielgruppenspezifische Bewerbungsstrategien.

Je früher das Unternehmen beginnt, sich aktiv für den demografischen Wandel aufzustellen, desto höher die Pioniergewinne, die in dem prosperierenden Wirtschaftszentrum eingeholt werden können. Dabei ergeben sich folgende Strategiepfade:

- Entwicklung eines Konzepts zur Arbeitgeberattraktivität am Standort zur Bindung von Beschäftigten mit erfolgskritischen Wissen: Hervorhebung immaterieller Attraktivitätsmerkmale, Vergleich mit anderen großen Dienstleistern am Standort

- Nutzung des hohen Akademikerpotenzials vor Ort durch Aufbau und Pflege eines Beziehungs- und Kooperationsmanagements mit den Hochschulen im geografischen Umfeld: frühzeitige Gewinnung von Ingenieuren, Einrichtung dualer Studiengänge

- Nutzung des hohen Migrantenpotenzials vor Ort zur Gewinnung von Nachwuchskräften auf Mitarbeiterebene: zielgruppenspezifische Ansprache und Gewinnung von Azubis und Fachkräften mit Migrationshintergrund, besondere Aktivitäten zur Integration, forcierte Entwicklung einer multikulturellen Unternehmenskultur

3. Altersstrukturanalyse 97

- Entwicklung und Umsetzung eines Work-Life-Balance-Konzeptes zur Nutzung bisher wenig erschlossener Potenziale von Frauen und Teilzeitkräften. Dabei sind insbesondere Altersgruppen zwischen 20 und 40 Jahren (volumenmäßig größter Anteil der Beschäftigungsfähigen am Standort) und Frauen ab 30 Jahre (volumenmäßig größter Anteil für Rückkehr nach Elternzeit) gezielt anzusprechen. Auch sind gezielt Angebote für Pendler zu erarbeiten. Es gilt auch Frauen langfristig zu binden und entsprechende WLB-Konzepte zur Überbrückung der Elternzeit zu erarbeiten (vgl. Abb. 3.1-4). Die Abb. 3.1-6 zeigt, dass die hohen Anteile von 22 bis 23% an Frauen bis 30 Jahre und das Absacken auf 12 bis 13% bis 40 Jahre insgesamt auf ein höheres Niveau zu heben sind.

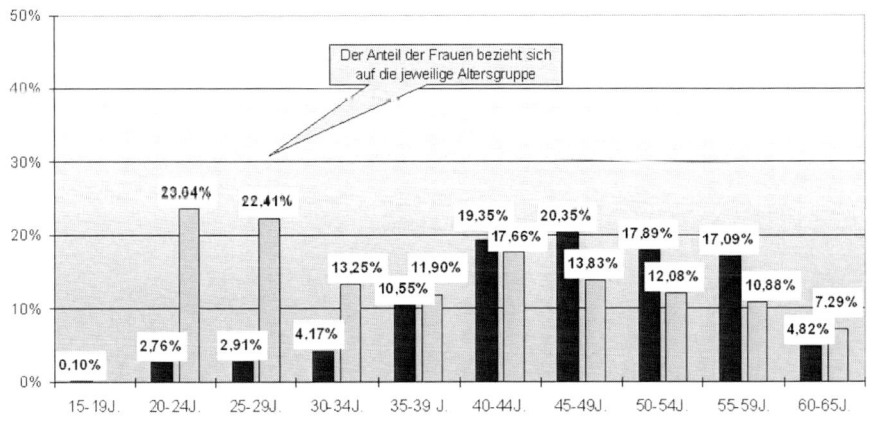

Abb. 3.1-6: Altersstruktur eines großen Dienstleistungsunternehmens in Frankfurt nach Alter und Frauenanteil (anonymisiertes Unternehmensbeispiel 2007; astra®, prospektiv GmbH)

Die o. g. Strategiepfade erscheinen augenscheinlich als konventionell und wenig unternehmensspezifisch. Doch sind hier kommunale Potenziale und unternehmensbezogene Bedarfe konkret abgestimmt auf die Unternehmensstrategie. An anderen Standorten würde ggf. eine konzentrierte Nutzung des Migrantenpotenzials weniger in Frage kommen oder es würden sich bei einem Erneuerungsquotienten <100 gezielte Rekrutierungsstrategien des Erwerbspersonenpotenzials 45+ anbieten. Auch müssen Work-Life-Balance-Konzepte zielgruppenspezifisch ausgelegt sein. Dabei unterscheiden sich die Konzepte je nach Lebensphasenbezug, Alter, Geschlecht, Qualifikation und ob sie vornehmlich zur Gewinnung oder zur Bindung von Arbeitskräften dienen sollen (siehe auch Kapitel 10.1).

In jedem Fall sollte die Demografieanalyse des Unternehmensstandorts immer auch fester Bestandteil betrieblicher Demografieprojekte sein. Das gilt nicht nur für Unternehmen mit direktem Kundenkontakt.

4. Demografiemanagement: Projektmanagement, Auditierung und Strategiecockpit

Wie im vorherigen Kapitel beschrieben, ergibt die Analyse und Bewertung der Alters- und Belegschaftsstrukturen Anforderungen hinsichtlich demografierelevanter Handlungs- und Gestaltungsfelder im Betrieb.

Im nächsten Schritt ist nun im Einzelnen zu prüfen, wie das Unternehmen in Orientierung auf die Anforderungen aufgestellt ist (Erfüllungsgrad) und welcher Informations- und Handlungsbedarf festzustellen ist.

Noch vor Jahren, als die ersten Unternehmen angefangen haben, sich mit der Gestaltung des demografischen Wandels zu beschäftigen, war dies sehr unsystematisch und wenig managementtauglich. Wurde die Geschäftsführung oder der Vorstand eines Unternehmens durch einen Vortrag eines Externen oder meistens des Personalleiters auf die Herausforderungen hingewiesen und überzeugt, hieß es: „OK! Du Paul kümmerst dich ab jetzt um den demografischen Wandel!"

In den Anfängen war den Unternehmen nicht bewusst, dass die Beschäftigung mit dem demografischen Wandel eine integrative Querschnittsaufgabe ist, die jeden betrieblichen Prozess, also sowohl die Managementprozesse wie auch die Wertschöpfungs- und Unterstützungsprozesse, betrifft.

Im Kontext der Beratung des nordrhein-westfälischen Arbeitsministeriums (2001–2003) zu den Eckpunkten einer demografiefesten Arbeits- und Sozialpolitik wurde von Langhoff, Richenhagen, Riepert u. Volkholz 2002 das Bild der demografischen Brille geprägt, welches sich inzwischen in Deutschland weitgehend etabliert hat. Damit soll zum Ausdruck gebracht werden, dass der demografische Wandel nicht als ein eigenständiges Gestaltungsfeld zu sehen ist, sondern eine bestimmte Sichtweise auf sämtliche operativen und strategischen Funktionen des Unternehmens darstellt. Jede betriebliche Funktion ist auf Demografiefestigkeit bzw. Demografietauglichkeit zu prüfen und auf ihre Zukunftsfähigkeit auszurichten (Langhoff 2003).

Das Bewusstsein für die demografische Brille hat sich in den letzten Jahren zwar nach und nach in den Unternehmen entwickelt, hat aber auch auf der operativen Ebene zu weiteren Schwierigkeiten geführt. Hat man erst mal die demografische Brille aufgesetzt und betrachtet man bspw. Funktionsgruppen oder Funktionsbereiche im Unternehmen, wird derart viel Handlungsbedarf identifiziert, dass der Umfang und der Ressourceneinsatz zur Umsetzung geradezu lähmend wirkt. Das hat dazu geführt, dass die Unternehmen sich meist das am leichtesten Bewältigbare oder Maßnahmen mit wenig radikalem Veränderungspotenzial oder geringem Ressourceneinsatz gewählt haben. Beispiele hierfür sind „Entwicklung von Konzepten zur Rekrutierung von Auszubildenden" oder „Einführung von betrieblichen Gesundheitsförderungsmaßnahmen". „Heiße Eisen" wurden nicht angepackt und eine Roadmap mit Handlungsplan für die nächsten 10 Jahre existierte in keinem Unternehmen.

So wurde in den betrieblichen Demografieprojekten 2000–2005 die Gestaltung des demografischen Wandels meist auf einen oder zwei Schwerpunkte gelegt.

Ein weitere Beobachtung ist die fehlende Beurteilungskompetenz der Unternehmen, was sie selbst managen und umsetzen können und wozu sie externes Experten-Know-how brauchen. Es ist nicht damit getan, zu glauben, der demografische Wandel sei eine Managementherausforderung, die es mal eben mittels eines aufgelegten Demografieprojektes und eines Lenkungskreises zu lösen gilt. Oft zeigt sich dies bei der Durchführung der Altersstrukturanalyse. Die meisten Unternehmen selbst glauben zwar eine Altersstrukturanalyse gemacht zu haben und zu wissen, was zu tun ist, unterschätzen aber völlig die Potenzialität und die Differenzierung der Ergebnisse sowie dessen Interpretationsgehalt. Dafür ist es sinnvoll Experten hinzuziehen. Ähnlich verhält es sich mit Gestaltungsbausteinen der Arbeitsgestaltung sowie intelligenter Rekrutierungs- und Bindungskonzepte. Die Unternehmen überschätzen Ihre Kompetenz, Zukunftsherausforderungen zu bewältigen, wofür sie weder geschult sind, noch Erfahrungen von wem auch immer vorliegen. Es ist sorgfältig zu bewerten, für welche Aufgaben im Demografieprojekt externe Expertise eingeholt wird und für welche nicht.

Betriebliches Demografieprojekt

In zahlreichen Betriebsberatungen, in denen Altersstrukturanalysen mit astra® durchgeführt wurden, wurde auch versucht, ein systematisches Managementhandeln zu induzieren. Grundvoraussetzung hierfür ist zunächst die Top down Entscheidung der Unternehmensführung betriebsumfassend, d. h. alle Bereiche und Funktionen einbezogen, vorzugehen und die betriebliche Interessenvertretung zur gemeinsamen Umsetzung zu gewinnen. Sind diese Voraussetzungen nicht gegeben, werden die Aktivitäten nur, wie oben beschrieben, Stückwerk bleiben.

Die folgende Abb. zeigt, welche Bausteine sich nach jahrelanger Erfahrung für ein Demografieprojekt als sinnvoll und notwendig ergeben haben.

4. Demografiemanagement: Projektmanagement, Auditierung und Strategiecockpit 101

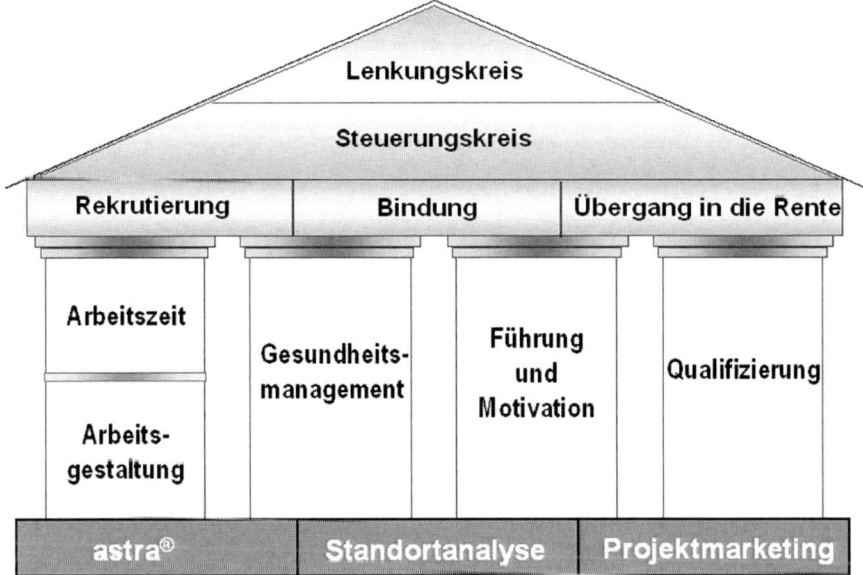

Abb. 4-1: Projektbausteine eines betrieblichen Demografieprojektes

Wie die Abb. 4-1 zeigt, ist die Projektstruktur eines betrieblichen Demografieprojektes als Tempel (Haus) bildlich dargestellt. Das Fundament stellt die Grundlagen und die Voraussetzungen dar, auf denen die Säulen als konkrete operative Handlungsfelder aufsetzen können. Darauf wird der Dachboden als strategische Handlungsfelder mit Blick in die Zukunft gelegt, auf dem dann das Dach als Lenkungs- und Steuerungsgremium gesetzt ist.

Bei den operativen Gestaltungsfeldern ist Arbeitszeit als Teil der Arbeitsgestaltung gesondert angegeben, weil es in nahezu allen Unternehmen als ein eigenständiges Gestaltungsfeld mit besonderen Anforderungen gesehen wird. In Unternehmen, die belastende Tätigkeiten haben, in denen Beschäftigten sehr lange verweilen, ist zu dem Gesundheitsmanagement auch noch das Betriebliche Eingliederungsmanagement gesondert zu betrachten (in Abb. 4-1 nicht gesondert angegeben). Die „Säule" Qualifizierung wurde deshalb so benannt, weil in vielen Unternehmen für die nächsten Jahre die Nutzung des internen Arbeitsmarktes zur Erfüllung der Qualifikationsanforderungen im Vordergrund steht. Selbstverständlich gehören langfristig auch Konzepte der Berufslaufbahnplanung über die Erwerbsbiografie dazu.

Ebenfalls nicht in obiger Abbildung aufgeführt sind besondere Blickwinkel wie Konzepte der Work-Life Balance und des Diversity Managements, die eher Querschnittscharakter aufweisen und nicht als eigenständige operative Gestaltungsfelder zu sehen sind. Sie werden in den Kapiteln 8 und 10 berücksichtigt.

Zentraler Grundstein des Fundaments ist die *Altersstrukturanalyse*, die bereits im gleichnamigen Kapitel ausführlich beschrieben ist. Sie ist notwendig, um die Projektaktivitäten auf eine betriebsempirisch begründete Basis zu stellen und spekulative, vorurteilsbehaftete Meinungen und Gerüchte auszuräumen bzw. gar nicht erst entstehen zu lassen. Des weiteren ist sie auch die Grundlage für die „richtige" Hypothesengenerierung für die strategischen Felder Rekrutierung, Bindung und Übergang in die Rente.

Neben der Altersstrukturanalyse ist als weiterer wichtiger Grundbaustein und Voraussetzung die Standortanalyse zu nennen. Sie wird von den meisten Unternehmen im Rahmen von Demografieprojekten außer acht gelassen – mit fatalen Folgen der Effektivität im Projekt.

Die *Standortanalyse* unterscheidet sich zwischen Dienstleistungsunternehmen und Produktionsunternehmen. Bei Dienstleistungsunternehmen steht im Vordergrund die Erbringung der lokalen/regionalen Dienstleistung. Damit ist die demografische Entwicklung der Kundensegmente, des Kundenverhaltens, der Siedlungs- und Infrastruktur, der sozialen Lage und des hiesigen Arbeitsmarktes im Umfeld des Unternehmens zentraler Betrachtungsgegenstand. Bei Produktionsunternehmen steht neben dem lokalen Arbeitsmarkt insbesondere der Produktionsstandort des Unternehmens im Mittelpunkt. Dabei werden in erster Linie die zukünftigen Einflüsse und Entwicklungen auf die beschaffungs- und absatzbezogene Position des Betriebes untersucht und prognostiziert. Es ist wichtig hierzu eine Projektgruppe im Betrieb einzurichten, um bspw. Rekrutierungs- und Bindungsstrategien mit der Reflektion der Entwicklung des Unternehmensumfelds zu verbinden. Unverzichtbare Quelle hierfür sind die kommunalen Demografieberichte und Indikatoren der Bertelsmannstiftung (www.wegweiser-kommune.de).

Der dritte wichtige Grundbaustein ist ein ausgeprägtes inner- und außerbetriebliches *Marketing* des Demografieprojektes. Dazu zählt in erster Linie die Information und die Aufklärung der gesamten Belegschaft nicht nur zum Auftakt, sondern auch kontinuierlich über die gesamte Projektlaufzeit, welche mit diversen Meilensteinen der Zielerreichung auf mehrere Jahre angesetzt werden sollte. Eine Demografieprojekt dient dazu, heute das zu tun, was morgen akut wird, d. h. sich zukunftsfähig zu machen. Dies ist es auch Wert, nach außen hin zum Kunden, zu den Banken u. a., zu vermarkten und zu zeigen.

Auf dem Fundament setzen die *operativen Handlungsfelder* Arbeitsgestaltung, Gesundheitsmanagement, Qualifizierung und Führung auf, die im weiteren Verlauf des Buches ausführlich beschrieben werden. Deshalb soll inhaltlich hier nicht näher darauf eingegangen werden. Zu erwähnen sei, dass das Handlungsfeld der Arbeitsgestaltung sich bisher als das schwierigste herausgestellt hat, was dazu führt, dass Arbeitsgestaltung im Rahmen von Demografieprojekten selten als eigenständige Projektgruppe etabliert wird. Arbeitsgestaltungsmaßnahmen werden daher meistens im Kontext von verhältnispräventiven Gesundheitsmaßnahmen oder Qualifizierungsmaßnahmen (Aufgabenprofile, Tätigkeitsrotation, Grad der Arbeitsteilung) subsummiert.

Auf den Säulen der operativen Handlungsfelder setzen die *strategischen Handlungsfelder* auf, die hier mit Rekrutierung, Bindung und Übergang in die Rente beschrieben werden. Die strategischen Dimensionen sind im Projektcontrolling anders zu behandeln als die operativen Handlungsfelder, was sich im pdca-Prinzip unterschiedlich niederschlägt. Während bei den konkreten Gestaltungsmaßnahmen

4. Demografiemanagement: Projektmanagement, Auditierung und Strategiecockpit

Ergebnisindikatoren, Zielerreichung und Wirkungskontrolle gemessen werden können, steht bei den strategischen Dimensionen oftmals die Bewertung von Zukunftskonzepten und die betriebliche Ausrichtung darauf im Mittelpunkt. Auch hier können (andere) Indikatoren – quasi als Frühindikatoren – gemessen werden, die eigentlichen Ergebnisindikatoren liegen aber in der Zukunft.

Das Demografieprojekt wird gesteuert in einem *Steuerungsgremium,* was die einzelnen Projektgruppen zu den Bausteinen zeitlich und inhaltlich steuert. Die Projektgruppen setzen sich meist vielfältig aus Vertretern der unterschiedlichen Funktionsbereiche zusammen, um der Integrativität und der Komplexität des demografischen Wandels Rechnung zu tragen. Dies ist ein wichtiger Strukturierungsansatz in Demografieprojekten. Erfahrungen aus Demografieprojekten, deren Projektgruppen sich an den betrieblichen Funktionsbereichen orientiert haben, zeigen, dass diese meist nach einiger Zeit stecken geblieben sind, weil kein funktionsbereichsübergreifender Austausch stattgefunden hat und damit auch kein Verständnis für die Komplexität des Themas.

Dieser Strukturansatz im Projekt ist auf höchster Ebene erst einmal zu verstehen, da Managementteams i. d. R. gewohnt sind, Herausforderungen mit ein oder zwei zentralen Maßnahmen oder Maßnahmepaketen zu bewältigen. Das wird bei der Bewältigung der Herausforderungen des demografischen Wandels aber nicht funktionieren, zum einen weil der demografische Wandel eine umfassende Querschnittsaufgabe und zum anderen eine umfassende Langzeitaufgabe ist, in dessen zeitlichem Verlauf sich Schwerpunkte auch ändern und verlagern. Hinzu kommt, dass viele Maßnahmen, die im Rahmen des Projekts definiert werden, vom Input-Output-Verhältnis, also von der Effizienz her, als sehr beschränkt zu beschreiben sind. Angenommen ein Unternehmen mit 500 Beschäftigten hat lediglich 5 Langzeitkranke und überlegt, ob sie ein systematisches Eingliederungsmanagementsystem einrichten soll oder das Flexibilitätspotenzial der Gesamtbelegschaft liegt bei 5% und das Unternehmen überlegt, ob es sich lohnt für 5% Mischarbeit zu realisieren.

Die Japaner haben uns in den 90er Jahren gezeigt, wie Qualität erzeugt und gemanaged wird. Hoffentlich haben wir daraus gelernt und übertragen dies auf das Management der Komplexität des demografischen Wandels. Für die Projektstruktur ist es wichtig, dass die betrieblichen Funktionen voneinander lernen und Maßnahmen verstehen und befürworten, seien sie vom Output her noch so niedrig anzusetzen. Das Ganze ist immer mehr als die Summe seiner Teile und so ist auch ein Management-Cockpit zur Bewältigung des demografischen Wandels zu sehen.

Bei Schwierigkeiten und zentralen strategischen Entscheidungen und Investitionen wird der *Lenkungskreis* einberufen.

Auditierung und Strategiecockpit

Hat man eine Altersstrukturanalyse und Standortanalyse durchgeführt sowie ein Demografieprojekt ins Leben gerufen, d. h. die Belegschaft informiert und eine Projektstruktur geschaffen, dann gilt es, den Ist-Stand hinsichtlich der operativen und strategischen Handlungsfelder zu erfassen. Hierzu wurden vom Autor Audits entwickelt, die sich an der Exzellenz der Demografietauglichkeit betrieblicher Handlungsfelder orientieren. Somit kann man den Ist-Stand, also die Ausgangssituation im Unternehmen aufnehmen und die Verbesserung des Erfüllungsgrades kontinuierlich messen (Monitoring im Projekt), siehe folgende Abb. 4.2.

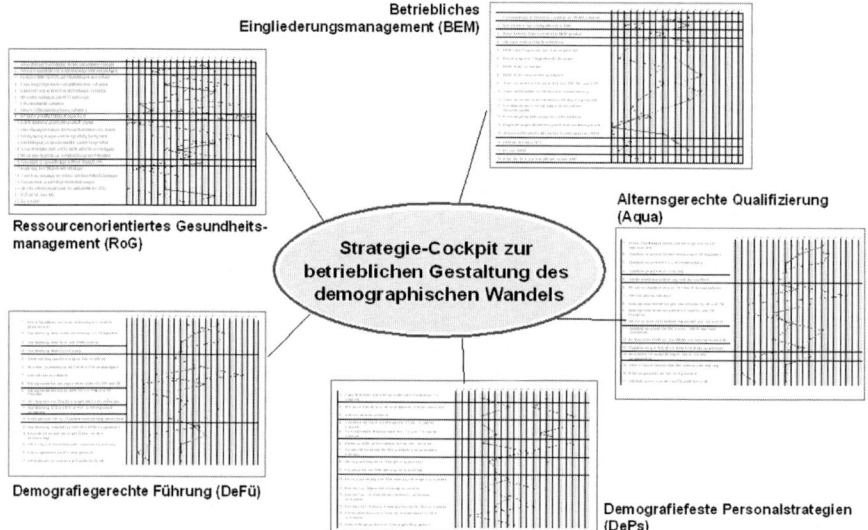

Abb. 4-2: Strategie-Cockpit mit Audits zu den operativen und strategischen Handlungsfeldern

Für jedes Audit wurde ein inhaltliches Modell entwickelt, das sich an guter Managementpraxis (plan-do-check-act) sowie an der Befähiger-Ergebnisstruktur des Exzellenzmodells der European Foundation für Quality Management und an den Ebenen der Balanced Scorecard orientiert.

Im Folgenden werden jeweils die inhaltlichen Modelle der Handlungsfelder sowie die Bewertungs-Items für demografiefeste Exzellenz dargestellt.

Die folgende Abb. zeigt das inhaltliche Modell des Audits zur altersgerechten Qualifizierung/Weiterbildung.

4. Demografiemanagement: Projektmanagement, Auditierung und Strategiecockpit

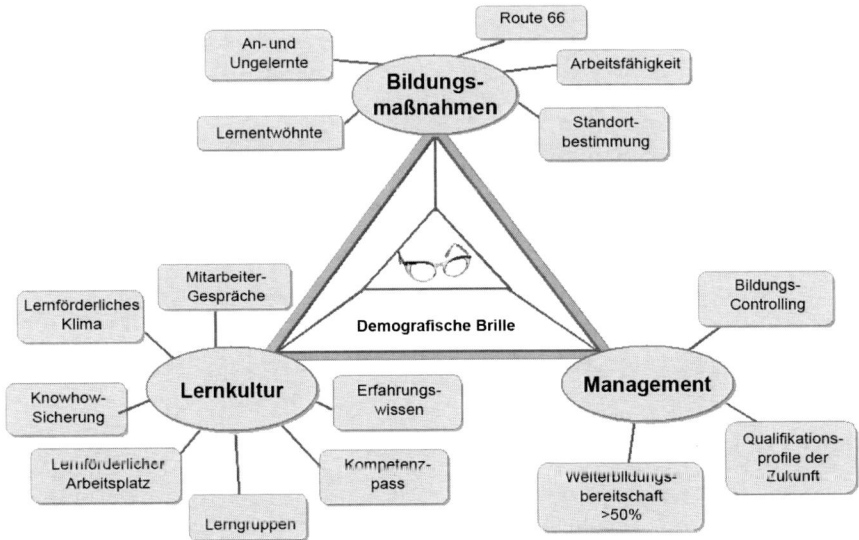

Abb. 4-3: Blick durch die demografische Brille auf das Gestaltungsfeld Weiterbildung

Die Erfassung der Lernkultur stellt quasi den Kontext und die Voraussetzungen für die altersgerechte Qualifizierung dar. Hervorzuheben bei guter Praxis ist insbesondere eine lernförderliche Arbeitsgestaltung sowie die systematische und beteiligungsorientierte Erfassung von Bildungsbedarfen, die auch über 50-Jährige nicht ausschließt (z. B. Zukunftsgespräche). Das Erfahrungswissen und die vorhandenen Kompetenzen jedes einzelnen Mitarbeiters sollten dokumentiert sein (Kompetenzpass)

Demografieste Bildungsmaßnahmen schließen zunächst jede Altersgruppe sowie jedes Qualifikationsniveau ein. Bei An- und Ungelernten hat sich ein Training für langjährig Lernentwöhnte bewährt. Für verrentungsbezogene Austritte sollte eine systematische Nachfolgeplanung vorliegen, die sowohl Know-how sichert (Wissensstandems) wie auch Karrieren umsetzt. Je nach Alter der Beschäftigten haben sich Qualifizierungskonzepte bewährt, die sich an Lebensphasen orientieren. Für über 40-Jährige ist die Standortbestimmung wichtig. Für die über 50-Jährigen wird der Erhalt der Arbeitsfähigkeit zum Schwerpunkt und für die über 60-Jährigen sollte schleichend Nachfolge und der Übergang in die Rente thematisiert werden.

Aus strategischer Sicht ist es wichtig, sich heute mit den Qualifikationsprofilen des nächsten Jahrzehnts zu beschäftigen, um dadurch langfristig Bildungsbedarfe abzuleiten und Personaleinsatzkonzepte zu planen. Im kennzahlenbasierten Managementsystem sollten die wichtigsten Bildungskennzahlen wie Weiterbildungsteilnehmer, Weiterbildungstage, realisierte Bildungsinhalte und Güte der Weiterbildung integriert sein.

Bewertungs-Items für die Exzellenz demografiefester Weiterbildung im Betrieb

Lernkultur
1. Im Unternehmen herrscht ein Betriebsklima, das ein Lernen jenseits der 50 befördert.
2. Im Unternehmen werden in regelmäßigen Abständen mit allen Beschäftigten Mitarbeitergespräche geführt, in denen Qualifizierungsbedarfe und -wünsche aufgenommen werden.
3. Im Unternehmen gibt es ein Verfahren, welches die Sicherung des erfolgskritischen Wissens der Mitarbeiter zum Ziel hat.
4. Die Arbeit sollte so gestaltet sein, dass sie ein lernen am Arbeitsplatz ermöglicht.
5. Je nach Weiterbildungsinhalt wird vorab geprüft, ob altershomogene oder altersheterogene Lerngruppen sinnvoll sind.
6. Bei Weiterbildungsmaßnahmen für Ältere werden das mitgebrachte Erfahrungswissen und die unterschiedlichen Lerntempi berücksichtig.
7. Die Qualifizierungsmaßnahmen im Unternehmen werden den Beschäftigten durch einen Kompetenzpass attestiert.

Bildungsmaßnahmen
8. Qualifizierungsmaßnahmen schließen jede Altersgruppe der Belegschaft ein, auch die Älteren.
9. Qualifizierungsmaßnahmen schließen jede Funktionsgruppe ein, auch die An- und Ungelernten.
10. Im Unternehmen existiert ein Programm zum Training langjährig Lernentwöhnter.
11. Es gibt Schulungen zur Standortbestimmung für die Alterskohorte 40 bis 50 Jahre
12. Es gibt Schulungen zum Erhalt der Arbeitsfähigkeit der Kohorte 50 bis 60 Jahre
13. Es gibt „Route 66-Seminare" für die über 60-Jährigen.
14. Im Unternehmen gibt es Wissenstandems, die das Erfahrungswissen der Älteren weitergeben an die Jungen (ggf. auch umgekehrt).

Management
15. Im Unternehmen werden Qualifikationsprofile der Zukunft erarbeitet und daraus Bildungsbedarfe für heute abgeleitet.
16. Weiterbildungstage, Weiterbildungsteilnehmer sowie Inhalte und Qualität der Weiterbildung sind Bestandteil des betrieblichen Kennzahlensystems.
17. Die Weiterbildungsbereitschaft der Beschäftigten liegt über 50%.

4. Demografiemanagement: Projektmanagement, Auditierung und Strategiecockpit

Die folgende Abbildung zeigt das inhaltliche Modell des Audits zum demografiefesten betrieblichen Gesundheitsmanagement, siehe Abb. 4.4.

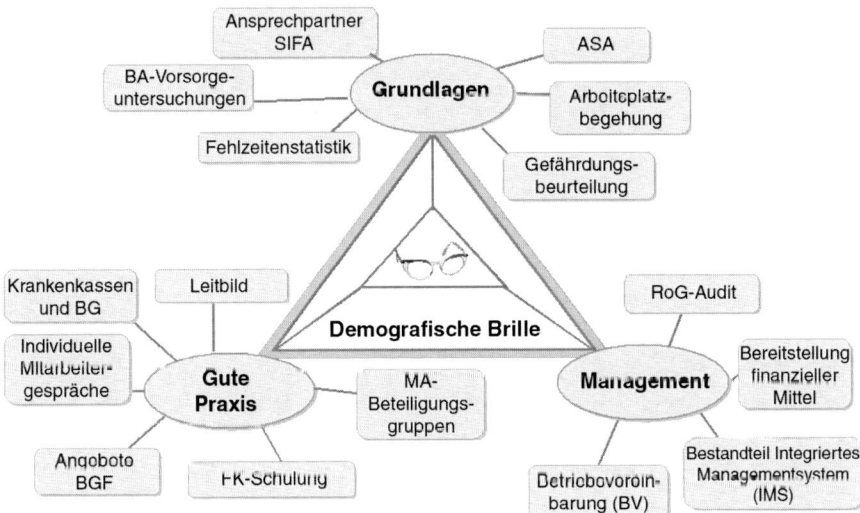

Abb. 4-4: Blick durch die demografische Brille auf das Gestaltungsfeld Betriebliches Gesundheitsmanagement

Um das betriebliche Gesundheitsmanagement demografiefest zu machen, müssen als Voraussetzung die grundlegenden Strukturen nach Arbeitsschutzgesetz und Betriebssicherheitsverordnung gewährleistet sein. Dazu zählen die Einrichtung eines Arbeitsschutzausschusses, die Durchführung der erforderlichen Vorsorgeuntersuchungen (Betriebsarzt), regelmäßige Betriebs- und Arbeitsplatzbegehungen (Sifa) und eine Gefährdungs- und Belastungsbeurteilung, die auf dem aktuellen Stand ist. Gefährdungen und Belastungen sollten auf ihre alterskritische Wirkung geprüft sein. Die Fehlzeitenstatistik sollte Auswertungsmöglichkeiten hinsichtlich verschiedener Schlüsselvariablen erlauben wie Job Familie, Funktionsbereich, Verweildauer in der Tätigkeit, Alter etc.

Da Belastungsfaktoren i. d. R. nur begrenzt vermieden oder vermindert werden können, kommt den Gesundheitsressourcen bei der Arbeit heute und in Zukunft die größte Bedeutung zu. Idealerweise werden sie beteiligungsorientiert in Zirkeln ermittelt und sind auch neben dem betriebsärztlich ermittelten Gesundheitszustand auch Bestandteil regelmäßig geführter Mitarbeitergespräche. Zur guten Praxis zählt auch die Einbindung externer Organe wie Krankenkasse und Berufsgenossenschaft, die gezielte Schulung von Führungskräften und das Angebot verhaltenspräventiver Maßnahmen.

Aus managementbezogener Sicht ist es wichtig, dass das Gesundheitsmanagement integriert ist mit Sicherheits- und Eingliederungsmanagement und jährlich kennzahlen- und maßnahmebasiert auditiert wird (Review).

Bewertungs-Items für die Exzellenz demografiefesten betrieblichen Gesundheitsmanagements

Grundlagen

1. Im Unternehmen gibt es (mindestens) einen festen und verantwortlichen Ansprechpartner für den Gesundheitsschutz.
2. Im Unternehmen existiert eine betriebliche Instanz, in der strategische Entscheidungen zum Gesundheitsmanagement getroffen werden (z. B. Arbeitsschutzausschuss).
3. Im Unternehmen wird eine Fehlzeitenstatistik geführt.
4. Im Unternehmen werden regelmäßig betriebsärztliche Vorsorgeuntersuchungen durchgeführt.
5. Im Unternehmen werden regelmäßig Arbeitsplatzbegehungen durchgeführt.
6. Im Unternehmen sind sämtliche Tätigkeiten hinsichtlich ihrer körperlichen und mentalen Anforderungen an die Beschäftigten beurteilt worden (z. B. Gefährdungsbeurteilung nach ArbSchG) und auf dem aktuellen Stand.

Gute Praxis

7. Gesundheit und somit Wohlbefinden der Mitarbeiter sind zentrales Anliegen im Unternehmen und in den Leitsätzen des Unternehmens verankert.
8. Gesundheitsressourcen bei der Arbeit wie soziale Unterstützung, Wertschätzung, Handlungsspielraum etc. werden gemeinsam mit den MA ermittelt und gezielt gefördert (Beteiligungsgruppen; Gesundheitszirkel).
9. Das Unternehmen nutzt auch externe Unterstützung (z. B. durch Krankenkassen oder die Berufsgenossenschaft).
10. Gesundheitszustand, Qualifikation, Zufriedenheit und Arbeitsbedingungen (= Arbeitsfähigkeit) sind integraler Bestandteil regelmäßiger Mitarbeitergespräche (oder ggf. auch von Belegschaftsbefragungen).
11. Den Mitarbeitern werden verhaltensbezogene Präventionsangebote zu Sucht, gesunde Ernährung und Bewegung, Stressbewältigung etc. unterbreitet.
12. Den Führungskräften werden Schulungen zur gesundheitsgerechten Führung angeboten.

Management

13. Das ressourcenorientierte Gesundheitsmanagement ist Bestandteil eines integrierten Managementsystems von Betriebssicherheit, betriebl. Gesundheitsförderung und betrieblicher Eingliederung. Seine Schnittstellen sind eindeutig.
14. Im Unternehmen existiert ein jährliches Review/Audit zur Beurteilung der Funktionalität des Ressourcenorientierten Gesundheitsmanagements.
15. Für das Ressourcenorientierte Gesundheitsmanagement und für Maßnahmen zum Erhalt der Arbeitsfähigkeit werden ausreichend finanzielle Mittel zur Verfügung gestellt.
16. Das Ressourcenorientierte Gesundheitsmanagement ist betrieblich geregelt im Rahmen einer entsprechenden Betriebsvereinbarung.
17. Angebote zur betrieblichen Gesundheitsförderung werden von mehr als 25% der Belegschaft genutzt.

4. Demografiemanagement: Projektmanagement, Auditierung und Strategiecockpit

Die folgende Abb. zeigt das inhaltliche Modell des Audits zum betrieblichen Eingliederungsmanagements.

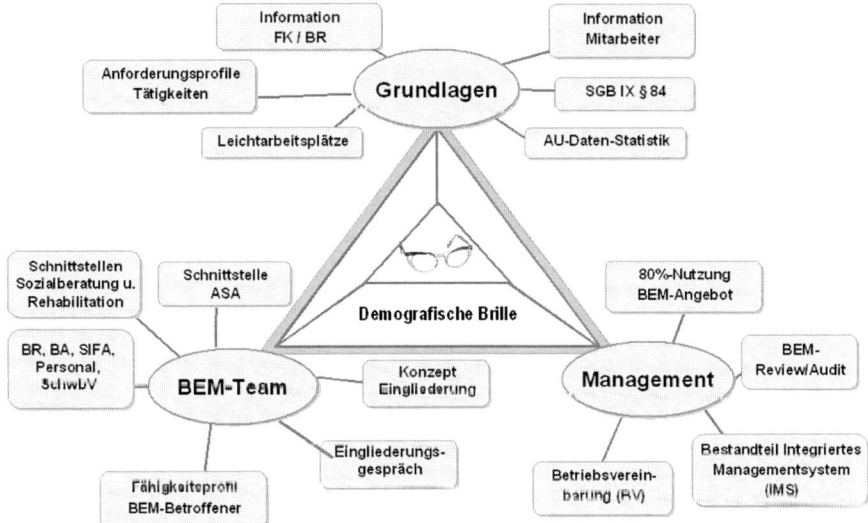

Abb. 4-5: Blick durch die demografische Brille auf das Gestaltungsfeld Betriebliches Eingliederungsmanagement

Alternde Belegschaften gehen einher mit der Zunahme von Chronifizierungen. Daher wird das Betriebliche Eingliederungsmanagement (BEM) nach SGB IX, § 84 weiter an Bedeutung in den Betrieben gewinnen. Wichtig ist, dass das BEM allen Akteuren im Betrieb hinsichtlich Bedeutung, Relevanz und Nutzen bekannt ist. Das BEM greift auf vieles zurück, was auch Bestandteil anderer Managementsysteme bzw. Gestaltungsfelder im Unternehmen ist, so z. B. auf die Fehlzeitenstatistik oder auf Stellen- und Anforderungsprofile, ohne die kein Eingliederungskonzept erstellt werden könnte. Wichtig ist auch die Identifizierung sogenannter Leicht- und Lernarbeitsplätze, die leistungseingeschränkten Mitarbeitern befristet oder u. U. auch unbefristet zugewiesen werden können. Dafür ist es notwendig, den Abgleich von Fähigkeitsprofilen, die kongenial den Anforderungsprofilen der Tätigkeiten entsprechen, vom Betriebsarzt vornehmen zu lassen. Wichtig ist auch, sich im Unternehmen über eine BEM-Vorgehensweise bzw. ein BEM-Konzept zu einigen: Nach wie viel Fehltagen spricht man einen betroffenen Mitarbeiter an? Wie spricht man ihn an? Wie definiert man Leichtarbeitsplätze? Wie kann das Unternehmen solche Arbeitsplätze vorhalten oder einrichten? Jedes Unternehmen findet hier seinen eigenen Weg. In Unternehmen mit einer hohen Zahl an BEM-Fällen, meist Unternehmen mit Mitarbeitern, die eine lange Verweildauer in einseitig belastenden Tätigkeiten aufweisen, spielt das Reinsourcing von ehemals outgesourcten unternehmensnahen Dienstleistungen eine große Rolle, um Leichtarbeitsplätze für potenzielle BEM-Fälle vorzuhalten.

Bewertungs-Items für die Exzellenz eines betrieblichen Eingliederungsmanagements

Grundlagen

1. Das BEM ist allen Führungskräften und Betriebsräten im Unternehmen hinsichtlich seiner Relevanz und seiner gesetzlichen Anforderungen nach dem SGB IX bekannt.
2. Die Beschäftigten sind über die Bedeutung und den persönlichen Nutzen des BEM umfassend informiert.
3. Im Unternehmen werden die vorliegenden AU-Daten regelmäßig gesichtet und bewertet. Die Bewertungen fließen in das betriebliche Frühwarnsystem (zum BEM) ein.
4. Im Unternehmen sind sämtliche Tätigkeiten hinsichtlich ihrer körperlichen und mentalen Anforderungen an die Beschäftigten beurteilt worden (Belastungsanalyse der Arbeitsaufgaben und Identifizierung von Leichtarbeitsplätzen).

BEM-Team

5. Das Unternehmen verfügt über ein qualifiziertes Team, welches mit der Vorbereitung, Entscheidung und Umsetzung wesentlicher Eingliederungsaufgaben betraut ist.
6. Das Team besteht aus jeweils einem Vertreter aus den Bereichen Personal, Schwerbehindertenvertretung, Betriebsrat, Betriebsarzt (bzw. arbeitsmedizinische Betreuung) und sicherheitstechnische Betreuung.
7. Das Team ist verbunden mit der betrieblichen Sozialberatung bzw. der ortsnahen psychosozialen und rehabilitativen Versorgung, indem es mit Leistungsträgern und ihren Beratungsstellen sowie mit Rehabilitationseinrichtungen und den behandelnden Ärzten Kontakt hält.
8. Das Team ist an bestehende betriebliche Strukturen gekoppelt, z. B. Arbeitsschutzausschuss oder AK- Gesundheit.
9. Die Kontaktaufnahme (Eingliederungsgespräch) des Teams zu den Betroffenen erfolgt nach einem festgelegten Modus, z. B. nach 10 Tagen ununterbrochener Arbeitsunfähigkeit oder nach 20 aufsummierten AU-Tagen.
10. In Zusammenarbeit mit den Betroffenen wird nach Diagnose des BA (Fähigkeitsprofil) mit den vorhandenen Anforderungsprofilen der Tätigkeiten ein Eingliederungsplan (z. B. Umsetzung, Qualifizierung) erstellt.

Management

11. BEM ist Bestandteil eines integrierten Managementsystems von Betriebssicherheit, betrieblicher Gesundheitsförderung und betrieblicher Eingliederung. Seine Schnittstellen sind eindeutig.
12. Im Unternehmen existiert ein jährliches Review/Audit zur Beurteilung der Funktionalität und der Rechtssicherheit des BEM.
13. Das BEM ist betrieblich geregelt im Rahmen einer entsprechenden Betriebsvereinbarung.
14. Das Angebot der betrieblichen Eingliederung wird von mehr als 80% der betroffenen Beschäftigten genutzt.

Die folgende Abb. zeigt das inhaltliche Modell des Audits zu demografiefesten Personalstrategien (Rekrutierung, Bindung, Übergang in die Rente).

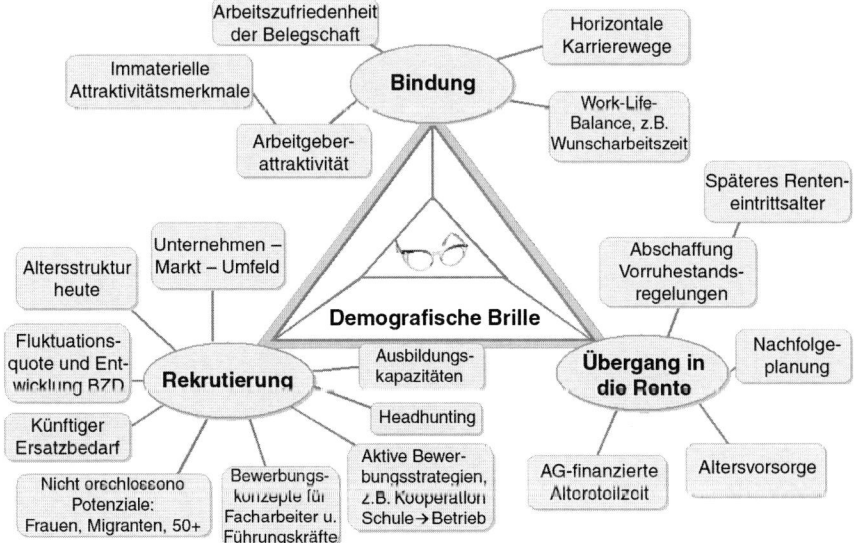

Abb. 4-6: Blick durch die demografische Brille auf das Gestaltungsfeld demografiefeste Personalstrategien

Die drei wesentlichen Säulen demografiefester Personalstrategien sind die Rekrutierung und Bindung von Mitarbeitern und die Gestaltung des Übergangs in die Rente (RRR – Recruitment, Retention, Retirement). Da es sich hier um ein strategisches Handlungsfeld handelt, ist die wichtigste Voraussetzung, relativ gesicherte Daten zur Zukunftsprognose zu haben. Das bedeutet, dass das Unternehmen eine Annahme über die Absatzmärkte, den Standort, die Altersstruktur des eigenen Unternehmens, am Standort und der Kunden kennen sollte. Es sollte der verrentungsbezogene Ersatzbedarf für alle Job Familien der nächsten 15 Jahre bekannt sein, sowie Annahmen über die Entwicklung der Fluktuationsquote und der Betriebszugehörigkeitsdauer existieren. Aufgrund der Verknappung am Arbeitsmarkt sollten zielgruppenspezifische, intelligente Rekrutierungskonzepte erarbeitet werden, die jenseits vergangener Konventionen anzusiedeln sind. Darüber hinaus müssen neue Gruppen erschlossen werden, wie Frauen, Migranten, 50+ etc. Korrespondierend hierzu sind Bindungskonzepte insbesondere für Mitarbeiter mit erfolgskritischem Wissen (Ingenieure, Facharbeiter etc.) zu erarbeiten. Insgesamt sollte die Attraktivität des Unternehmens auf Zukunftsfähigkeit geprüft werden (Employer Branding und Work-Life-Balance). Des Weiteren sollte im Unternehmen nach Abschaffung sämtlicher Vorruhestandsregelungen über neue (andere) Übergangsformen in die Rente nachgedacht werden. Dabei spielt die frühzeitige Nachfolgeplanung zur Sicherung des Erfahrungswissens und zur Einarbeitung Jüngerer eine große Rolle. Auch die Konzeptionierung horizontaler Fachlaufbahnen ist vor dem Hintergrund alternder Führungskräftegruppen zwingend gegeben.

Bewertungs-Items für die Exzellenz demografiefester Personalstrategien

Rekrutierung

1. Das Unternehmen kennt die Auswirkungen des demografischen Wandels auf wichtige Absatzmärkte und das Unternehmensumfeld.
2. Die gegenwärtigen Altersstrukturen aller Funktionsgruppen (Funktionsbereiche) des Unternehmens sind bekannt.
3. Die Fluktuationsquote und die Entwicklung der Betriebszugehörigkeitsdauer sind bekannt.
4. Der Ersatzbedarf für jede Funktionsgruppe ist bei Renteneintrittsalter 65 Jahre für die nächsten 10 Jahre bekannt.
5. Es existieren Konzepte zur Erschließung von neuem Rekrutierungspotenzial, insbesondere für Frauen, Migranten, 50+.
6. Es liegen zielgruppenorientierte Konzepte und Aktivitäten zur Bewerbung von Facharbeitern und Führungskräften vor (z. B. Kombination Ausbildung/Studium).
7. Es existieren aktive Rekrutierungsstrategien, um sich auf dem Arbeitsmarkt als attraktiver Arbeitgeber anzubieten (z. B. Kooperationen mit (Hoch-)Schulen.
8. Es liegen bereits Konzepte zur gezielten Abwerbung von Fachkräften bei Wettbewerbern vor (Headhunting).
9. Die Ausbildungskapazitäten und Ausbilder sind auf den Bedarf der nächsten Jahre eingestellt und ausgerichtet.

Bindung

10. Es existiert ein betriebliches Gesamtkonzept zur Arbeitgeberattraktivität.
11. Es werden gezielt immaterielle Attraktivitätsmerkmale entwickelt und betriebsintern und -extern vermarktet.
12. Es existieren horizontale Fachlaufbahnen zur Bewältigung von Karrierestau.
13. Es existieren qualitative und quantitative Daten zur Arbeitszufriedenheit der Beschäftigten.
14. Vor dem Hintergrund zunehmender Pflege älterer Angehöriger und der geringen Geburtenziffern, hat das Unternehmen insbesondere ein Konzept sowie Maßnahmen zur Verbesserung der Vereinbarkeit von Beruf und Familie entwickelt (Wuncharbeitszeit, Betriebskindergarten etc.).

Übergang in die Rente

15. Das Unternehmen informiert und sensibilisiert seine Beschäftigten für die Abschaffung bestehender Vorruhestandsregelungen.
16. Es existiert ein Konzept zur Nachfolgeplanung, das sowohl das Erfahrungswissen im Betrieb sichert wie auch als Qualifizierung dient.
17. Es existiert ein Konzept zur betrieblichen Altersvorsorge.
18. Das Unternehmen bietet den Beschäftigten neue Übergange in die Rente an, z. B. AG-finanzierte Altersteilzeit.

Die folgende Abb. zeigt das inhaltliche Modell des Audits zur demografiegerechten Führung.

Abb. 4-7: Blick durch die demografische Brille auf das Gestaltungsfeld Demografiegerechte Führung

Das Führungsaudit wird von den meisten Unternehmen unterschätzt oder auch gefürchtet. Oftmals wird deutlich, dass die Bewusstseinslage der Führungskräfte dem demografischen Wandel nicht angemessen ist und dass der Ressourceneinsatz zur Bewältigung der wichtigsten Zukunftsaufgaben völlig unterschätzt wird. Die meisten Führungskräfte sind in den 90er Jahren betriebssozialisiert, d. h. im demografisch goldenen Jahrzehnt (Babyboomer zwischen 30 und 40 Jahre). Den Umgang mit einer Belegschaft, in der jeder 2. Mitarbeiter über 50 Jahre ist, kennen sie nicht und sie haben auch nicht gelernt, damit umzugehen. Zu den wichtigsten Aufgaben zählt die offene Thematisierung der verlängerten Lebensarbeitszeit, die Wertschätzung aller Belegschaftsgruppen, die Bindung von Gruppen mit Schlüsselqualifikationen, die Kenntnis des Gesundheitszustands, der Qualifikation und des Qualifikationsbedarfs sowie die Motivation jedes einzelnen Mitarbeiters (Individualisierung), die Organisation der Beteiligung aller Mitarbeiter, sowie das regelmäßige Gespräch mit jedem Mitarbeiter, das auch eine Führungskraftbewertung einschließt. All dies verlangt Kompetenzen und vor allem den Einsatz personeller und zeitlicher Ressourcen, vor denen die Unternehmen noch größtenteils zurückschrecken. Auch das Bewusstsein, dass alle Führungskräfte im Rahmen ihrer Funktion einen Beitrag leisten, der erst von allen gemeinsam erbracht seine Wirkung zeigt, ist eine schwer zu nehmende Hürde, die i. d. R. nicht aus sich selbst heraus entsteht, sondern top down vorgegeben und organisiert werden muss. Hierfür soll das Strategiecockpit als Bestandsaudit, gemessen an Exzellenz und als regelmäßiges Monitoring dienen.

Bewertungs-Items zur Exzellenz demografiegerechter Führung
Bewusstseinslage
1. Die Führungskräfte haben erkannt, dass mit dem demografischen Wandel eine Aufgabe auf sie zukommt, die es vorher noch nie gegeben hat.
2. Die Führungskräfte haben erkannt, dass die Organisationsleistung zukünftig im Wesentlichen von Älteren erbracht wird.
3. Die Führungskräfte haben erkannt, dass sie sich um die Persönlichkeit und die individuelle Leistungsfähigkeit jedes einzelnen Beschäftigten kümmern müssen.
4. Die Führungskräfte haben ein Leitbild erarbeitet, das mit den Anforderungen des demografischen Wandels kompatibel ist.

Mitarbeiterorientierung
5. Zukünftiges Renteneintrittsalter und Leistungseinschränkungen der Beschäftigten werden im Unternehmen offen thematisiert.
6. Im Kontext alternder Belegschaften ist es zunehmend wichtig, Jung und Alt gleichermaßen wertzuschätzen.
7. Die Mitarbeiterbindung wird vor dem Hintergrund sich verknappender Arbeitsmärkte zu einer wichtigen Führungsaufgabe.
8. Gesundheitszustand, Qualifikation und Motivation jedes einzelnen Beschäftigten werden erfasst und im Rahmen der Berufslaufbahnplanung berücksichtigt.
9. Die Anforderungen, die sich aus zunehmender Arbeitszeitflexibilisierung ergeben, werden von den Führungskräften beherrscht.
10. Die Führungskräfte werden in regelmäßigen Abständen von der Belegschaft bewertet (z. B. Belegschaftsbefragung).

Management
11. Führungskräfte und betriebliche Interessensvertretung haben ein konsensorientiertes Verständnis von den Anforderungen des demografischen Wandels, die auf das Unternehmen zukommen.
12. Die Führungskräfte haben dafür zu sorgen, dass im Unternehmen eine solide Datenlage existiert, die demografiegeeignete Prognosen ermöglicht.
13. Die Führungskräfte pflegen ein Kennzahlensystem, das alle Schlüsselvariablen altersbezogen beinhaltet.
14. Das Unternehmen wird geführt mit einem demografietauglichen Strategiecockpit (age^2).

Erfahrungen mit dem Strategiecockpit

Von wenigen Vorreiterunternehmen abgesehen, sträuben sich die meisten Unternehmen, sich an Exzellenzkriterien zu bewerten. Intuitiv wissen sie, dass sie weit davon entfernt sind, gut aufgestellt zu sein, oder weil sie die Bedeutung des demografischen Wandels einfach völlig falsch einschätzen. Bei Letzterem wird der demografische Wandel in die Ecke eines Modethemas gerückt, das sich in wenigen Jahren in nichts auflöst und bei dem sich schon alles irgendwie regeln lässt ohne heute eine überzogene Dramatik an den Tag zu legen. Solche Unternehmen schätzen Erfüllungsgrad und Handlungsbedarf im Rahmen der Auditierung oft „falsch" ein. Daher ist es ratsam, die Selbstauditierung in einem betrieblichen Workshop mit Führungskräften und Betriebsräten im Diskurs gemeinsam vorzunehmen und immer auch einen externen Demografieexperten zu hören.

Im Folgenden ist ein betriebliches Auditbeispiel zur Bewertung „Demografiefester Personalstrategien" dargestellt. Es zeigt den Bewertungsstand in einem laufenden Demografieprojekt.

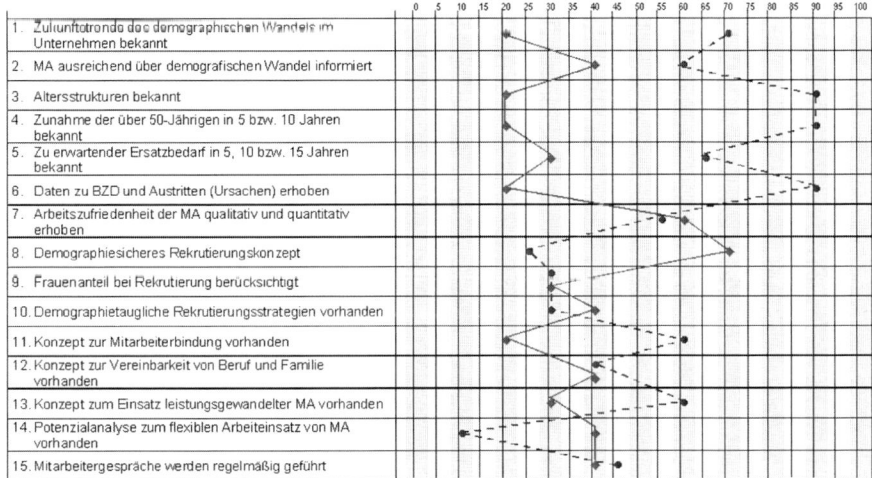

Abb. 4-8: Betriebliche Selbstauditierung zur Exzellenz „Demografiefester Personalstrategien" (Dienstleistungsbetrieb) [1]

Die Exzellenz-Items 1 bis 6 zeigen hohe Erfüllungsgrade bei niedrigen Handlungsbedarfen. Das liegt daran, dass zu Beginn des Demografieprojekts eine astra®, eine Standortanalyse und entsprechende Projektmarketingmaßnahmen wie eine umfassende Mitarbeiterinformation und ein Führungskräftebriefing stattge-

---

[1] Die Exzellenz-Items des gezeigten Betriebsbeispiels stimmen nicht überein mit den vorher beschriebenen Items im Kapitel. Das liegt daran, dass die Audits mit zunehmendem Einsatz in verschiedenen Betrieben und Branchen vom Autor immer weiter entwickelt wurden und werden. Das Beispiel ist aus dem Jahre 2006.

funden haben. Das Unternehmen macht zwar eine jährliche Mitarbeiterzufriedenheitsbefragung, sieht aber noch Ergänzungsbedarf in Bezug auf weitere demografierelevante Informationen, insbesondere qualitativer Art (Item 7). Item 8 und 10 zeigen, dass das Unternehmen verstanden hat, dass sie sich völlig neu aufstellen müssen hinsichtlich der Rekrutierung notwendiger Nachwuchskräfte, und hat dies für sich als eine Projektaufgabe hoher Priorität formuliert. Item 9 ist typisch für Unternehmen mit traditionell männerdominierten Tätigkeiten und zeigt, dass die Entwicklung des Arbeitsmarktes nicht realistisch genug eingeschätzt wird. Neue Rekrutierungsgruppen wie Frauen und Ältere werden bislang nicht beachtet. Das gilt auch für Item 11. Das Unternehmen glaubt, auch angesichts guter Zufriedenheitswerte in den jährlichen Befragungen, gut aufgestellt zu sein und genügend Bindungspotenzial zu besitzen. Dabei wird insbesondere der Bedarf hoch qualifizierter Fachkräfte für die nächsten Jahre wettbewerbsbezogen falsch eingeschätzt. Es ist damit zu rechnen, dass dem Unternehmen mit finanziell besseren und lukrativeren Abgeboten wichtige Wissensträger von überlegenen Wettbewerbern abgeworben werden.

Im nächsten Beispiel wurde ebenfalls zur Auditierung „Demografiefester Personalstrategien" eine andere Visualisierungsform des Strategiecockpits gewählt, die sich weitgehend durchgesetzt hat, weil hierbei strukturimmanente Stärken und Schwächen bei Rahmenbedingungen, operativen Kernprozessen und Managementexzellenz visuell unmittelbar erkennbar sind.

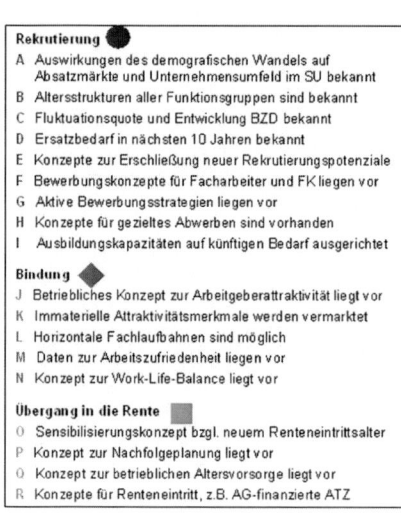
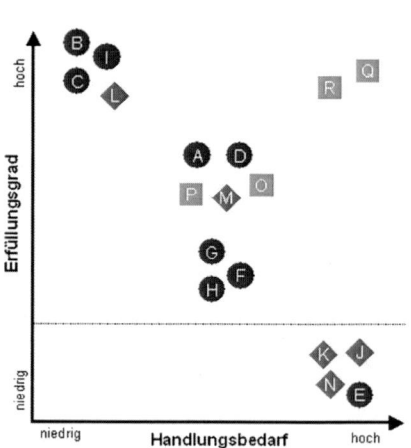

Abb. 4-9: Betriebliche Selbstauditierung zur Exzellenz „Demografiefester Personalstrategien" (Produktionsbetrieb)"

Es zeigt sich unmittelbar, dass das Feld „Rekrutierung" geprägt ist von sowohl stark streuenden Erfüllungsgraden wie auch Handlungsbedarfen, die eine differenzierte Sicht notwendig machen. Das Feld „Bindung" ist bislang kaum bearbeitet und im Feld „Übergangsformen in die Rente" ist man zwar proaktiv aufgestellt, sieht aber nach wie vor hohen Verbesserungsbedarf.

Das nächste Praxisbeispiel ist typisch sowohl für Produktions- wie auch Dienstleistungsbetriebe. Es zeigt sich, dass das hier auditierte Unternehmen zwar ein Weiterbildungsmanagement betreibt, die notwendigen Grundlagen einer alternsgerechten Lernkultur aber völlig fehlen. Auch die Ausrichtung der Weiterbildung auf ein lebensphasenorientiertes Konzept ist nicht vorhanden. Hier herrscht hoher Handlungsbedarf. Daher wird die Güte des Managements vorsichtig im mittleren Bereich angesiedelt, weil die Managementstrukturen zwar vorhanden sind, die inhaltlich demografiefeste Ausrichtung aber erst noch geschaffen werden muss. Im Vergleich zu den Audits anderer Handlungsfelder ist die Thematik der alternsgerechten Qualifizierung und damit verbundener praxistauglicher Konzepte in den Unternehmen wenig umgesetzt.

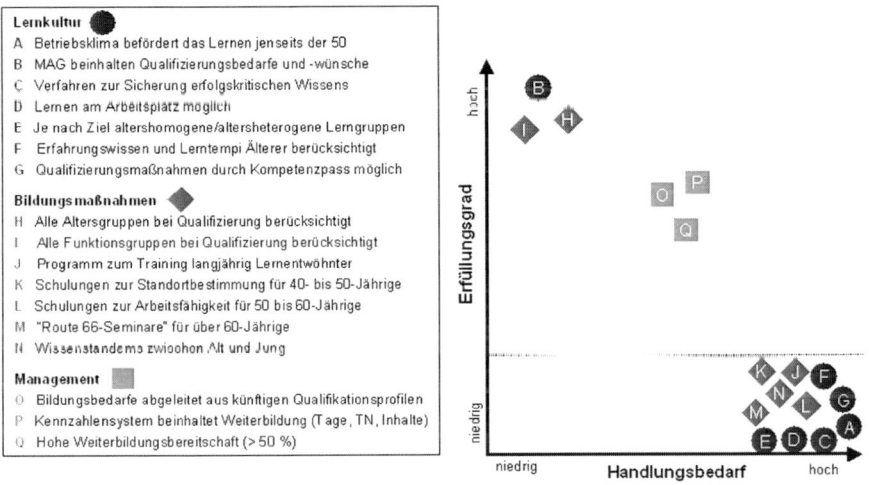

Abb. 4-10: Betriebliche Selbstauditierung zur Exzellenz „Alternsgerechte Qualifizierung" (Produktionsbetrieb)"

Will man die Entwicklungen der letzten Jahre im Hinblick auf die Selbsteinschätzungen der Unternehmen zusammenfassen, so zeigen sich die auch im ersten Betriebsbeispiel bereits angedeuteten Fehleinschätzungen relativ häufig. Dies bezieht sich auf Gender-Aspekte und vor allem auf Aspekte der Arbeitsgestaltung wie Notwendigkeit von Anforderungs- und Fähigkeitsprofilen, Leichtarbeitsplätzen, Kompetenzpässen, flexiblen Personaleinsatzkonzepten, alternsgerechten Weiterbildungskonzepten etc. Vielfach unterschätzt werden auch die Rekrutierungsanforderungen und die Führungsanforderungen.

Die völlige Unkenntnis in Bezug auf die Gestaltung konkreter Arbeitsbedingungen (Arbeitsgestaltung) ist auch ein Grund dafür, weshalb ein eigenständiges Audit hierfür aus Sicht des Autors wenig Sinn macht. Es existiert in keinem Unternehmen eine Organisationseinheit Arbeitsgestaltung mit entsprechenden Strukturen und Akteuren. Die notwendigen Aufgaben hierfür sind meist im Personalmanagement und im Gesundheitsmanagement angesiedelt. Daher sind die wesentlichen Aspekte der Arbeitsgestaltung in Form von Exzellenz-Items in die anderen Audits eingeflossen.

Insgesamt haben sich die Audits und die Verwendung im Rahmen eines umfassenden Strategiecockpits bewährt. Es lässt sich zum einen als Monitoringkonzept für ein Demografieprojekt nutzen, aber auch um eine Roadmap mit Maßnahmeplan und zeitlichen Priorisierungen aufzustellen. Für das Unternehmen ist es wichtig, kein operatives und strategisches Handlungsfeld „zu vergessen", da nicht alles zu gleicher Zeit angegangen und umgesetzt werden kann und so ein ständiger Überblick (Cockpit) über den Stand der Erfüllungsgrade und Handlungsbedarfe vorliegt. Über die Jahre hat sich auch herausgestellt, dass einzelne Punkte heute anders bewertet werden, als noch vor zwei oder drei Jahren, nicht wegen falscher Einschätzung damals oder neuem Wissen heute, sondern weil sich die Anforderungen für das jeweilige Unternehmen mit der sich wandelnden Demografie auch für die jeweiligen Unternehmen gewandelt haben.

5. Arbeitsgestaltung

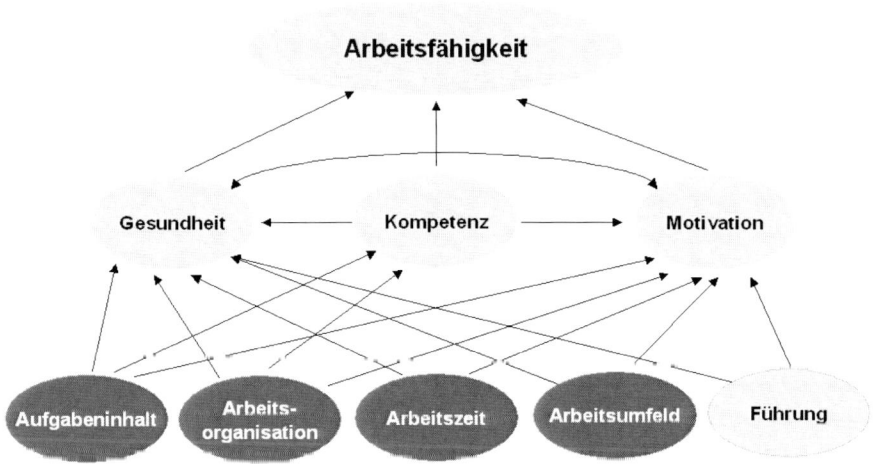

Abb. 5-1: Ursache-Wirkungsketten nach Ilmarinen (Quelle: Langhoff 2008)

Wie die obige Abb. zeigt, bezieht sich die Arbeitsgestaltung im engeren Sinne auf

- den Zuschnitt von Aufgabeninhalten bzw. Tätigkeitsprofilen
- die Arbeitsorganisation (Grad der Arbeitsteilung; Einzel- oder Teamarbeit)
- die Arbeitszeit (Vollzeit, Teilzeit, Schichtarbeit etc.) und die
- Gestaltung des Arbeitsumfelds (Ergonomie; Gefährdungen, Arbeitsstätte).

Das bedeutet, dass mit der Gestaltung von Arbeit die Bedingungen im Unternehmen geschaffen werden, auf dessen Basis die Beschäftigten arbeiten. Das heißt aber auch, dass die Qualität dieser Bedingungen einen großen Einfluss auf den Gesundheitszustand, die Vorhaltung und Abforderung der Qualifikation und die Motivation der Beschäftigten hat. Insbesondere der Gesundheitszustand und das Engagement der Beschäftigten wird durch alle Arbeitsgestaltungsfaktoren unmittelbar beeinflusst (siehe auch Kapitel 6 und 9).

Bei der Arbeitsgestaltung steht die Gestaltung der Arbeitsaufgabe(n) im Mittelpunkt. Man spricht auch vom Primat der Arbeitsaufgabe. Es gilt sowohl für einzelne Personen wie auch für Teams und Berufsgruppen (Job Families) den jeweiligen Aufgabenzuschnitt, den Grad der Teilung der Arbeitsaufgaben (Arbeitsorganisation) und die zeitliche Ausübung der Arbeitsaufgaben zu bestimmen sowie das Umfeld, in dem die Aufgaben ausgeführt werden. Eine Systematik der Einflussfaktoren zeigt die folgende Abb.

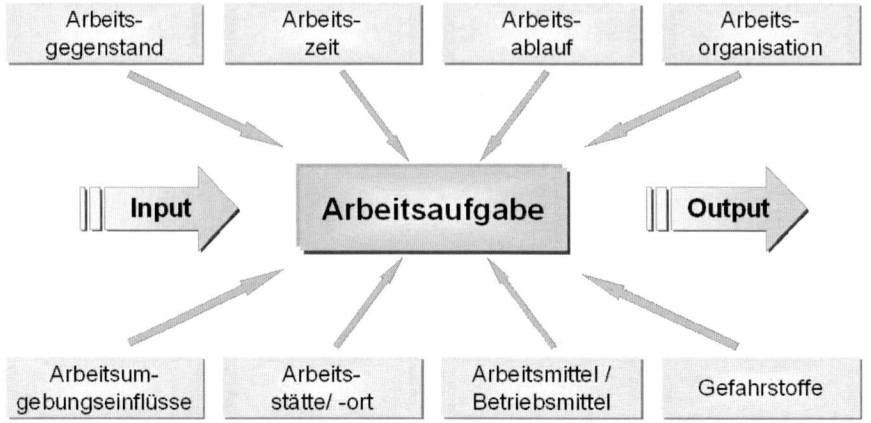

Abb. 5-2: Systematik zur Arbeitsgestaltung (Quelle: Langhoff 2007)

Vor dem Hintergrund des demografischen Wandels wird die Arbeitsgestaltung beeinflusst durch

- die Alterung der Belegschaft,

- den längeren Verbleib in Tätigkeiten im Unternehmen,

- den Wandel von Beschäftigungsverhältnissen (z. B. Leiharbeit, geringfügig Beschäftigte),

- technische Entwicklungen (z. B. RFID (Radio Frequency Identification)),

- veränderte Aufgabenanforderungen (z. B. Servicequalität, alternde Kunden)

- zunehmende psychische Belastungen durch Arbeitsverdichtung, Angst vor Arbeitsplatzverlust etc.

- veränderte Anforderungen an das Arbeitszeitregime sowohl aus mitarbeiterorientierter Sicht (z. B. Work-Life-Balance) wie auch aus unternehmerischer Sicht (z.B. Kundenfrequenz; flexibler Einsatz auf Abruf).

All diese demografisch bestimmten Einflüsse wirken sich auf die Gestaltungen von Arbeitsaufgaben und deren Organisation im Unternehmen aus.

Betrachten wir zunächst einige Daten aus der Wirtschaft, die mit der Gestaltung von *Arbeits- und Beschäftigungsverhältnissen* zusammenhängen.

5. Arbeitsgestaltung

	Anzahl Beschäftigungsverhältnisse 1999	Anzahl Beschäftigungsverhältnisse 2004
Gesamtwirtschaft davon in:	31.140.796	31.326.848
Vollzeit	76,4%	70,9%
Teilzeit	11,8%	13,8%
Minijobs*	11,7%	15,3%
Einzelhandel davon in:	2.724.077	2.716.665
Vollzeit	55,2%	49,0%
Teilzeit	23,1%	24,7%
Minijobs**	21,7%	26,3%

* von Personen, die ausschließlich in einem Minijob arbeiten. Hinzu kommen 1.662.779 Personen, die einem Minijob in Nebentätigkeit nachgingen.

** von Personen, die ausschließlich in einem Minijob arbeiten. Hinzu kommen 154.917 Personen, die im Einzelhandel einem Minijob in Nebentätigkeit nachgingen.

Abb. 5-3: Struktur der abhängigen Beschäftigung in der Gesamtwirtschaft und im Einzelhandel, 1999 und 2004 (Quelle: Voss-Dahm, IAT-Jahrbuch 2005, Gelsenkirchen)

Diese Abb. zeigt das Voranschreiten einer Flexibilisierung der Arbeitszeit durch die Abnahme von Vollzeit zu mehr Teilzeit und noch mehr Minijobs. Man spricht auch von der Wandlung der Stammbelegschaften in Randbelegschaften. Dieser Prozess ist, wie die Abbildung zeigt, besonders stark im Einzelhandel zu beobachten (aber auch im Hotel- und Gaststättengewerbe und bei Reinigungstätigkeiten). Andere Branchen ziehen langsam nach.

Es zeigt sich, dass die Arbeitsanforderungen, die sich aus den Arbeitsaufgaben ergeben, mit der benötigten Qualifikation korrespondieren (siehe folgende Abbildung). In den Branchen, in denen die Anteile an An- und Ungelernten höher sind (d. h. weniger qualifizierte Fachkräfte benötigt werden), ist auch die Affinität zu mehr geringfügiger Beschäftigung gegeben. Dies ist einer der dynamischen Faktoren, die ein *Auseinanderklaffen der Qualifikationsschere in Deutschland* beeinflussen. Diese Beobachtung ist massiv im Dienstleistungssektor und auch zunehmend im produzierenden Gewerbe festzustellen.

Bei allen „eher als geringqualifiziert eingestuften Tätigkeiten"[1], stellen sich personalkosten-getriebene Arbeitgeber die Frage, ob diese Tätigkeiten nicht Po-

---

[1] Damit ist die Bewertung aus gesellschaftlicher Sicht und aus der Sicht des ökonomischen Outputs gemeint. Aus arbeitswissenschaftlicher Sicht wäre beispielsweise die Bewertung der Qualifikation einer Fleischfachverkäuferin nicht geringer anzusehen als die Qualifikation eines Walzgerüstbedieners, allein deshalb, weil das Aufgabenspektrum, die Anforderungen, die sich daraus ergeben und das Belastungsspektrum völlig unterschiedlich sind. In der Bevölkerung würde die Verkäuferin immer als die geringer Qualifizierte angesehen.

tenziale geringfügiger Beschäftigung bieten. Diese ökonomische Auditierung der Tätigkeiten macht auch vor Tätigkeiten mit Berufsausbildung nicht halt. So stellen sich Arbeitgeber im Einzelhandel bspw. die Frage, ob die Menge an Einzelhandelskauffrauen/männer (Ausbildungsdauer 3 Jahre) nicht durch deutlich mehr Verkäufer/innen ersetzt werden kann (Ausbildungsdauer 2 Jahre) – „Für die Arbeit brauchen wir nicht drei Ausbildungsjahre!". Umgekehrt bescheinigen die gleichen Manager, dass die Anforderungen an Servicequalität im Dienstleistungsbereich weiter steigen werden.

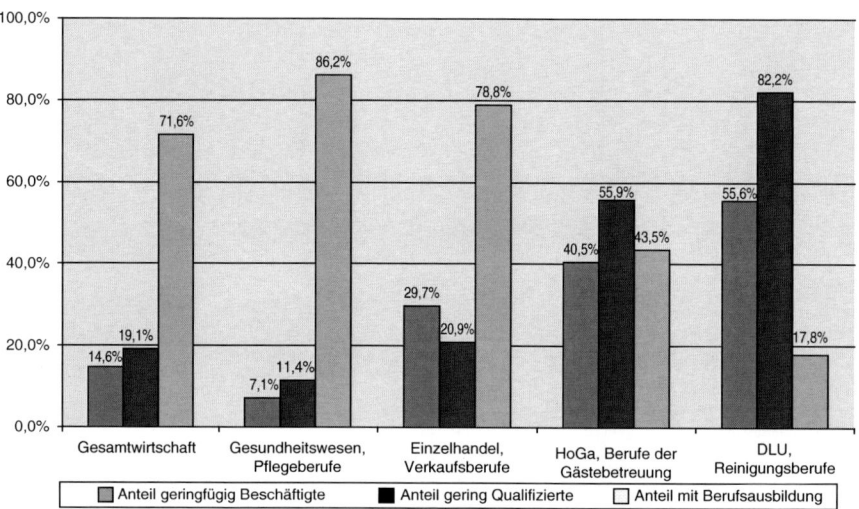

Abb. 5-4: Qualifikationsstruktur und Anteil geringfügig Beschäftigter nach Branchen, Westdeutschland 2002 (Quelle: Kalina u. Voss-Dahm, IAT-Report, Gelsenkirchen 2005)

In der Branche des Personenverkehrs ist Ähnliches aus einer anderen Perspektive zu beobachten. Hier versuchen Arbeitswissenschaftler, Berufspädagogen und Branchenmultiplikatoren Anlerntätigkeiten im Fahrbetrieb (5 Monate Anlernzeit), in den Servicebereichen und in den Werkstätten durch eine Professionalisierung im Sinne der Beruflichkeit mit entsprechenden qualifizierten Ausbildungen zu ersetzen und zu ergänzen (z. B. Fachkraft im Fahrbetrieb – 3 Jahre Ausbildungsdauer). Diese qualifizierte Ausbildung ermöglicht neben dem Fahrbetrieb auch Service- und Disponententätigkeiten auszuführen. Damit werden Spielräume für Mischarbeit mit organisiertem Belastungswechsel geschaffen, die das ausschließliche Fahren als Tätigkeit mit begrenzter Ausführungsdauer so anreichert, dass insgesamt ein Arbeiten von der Jugend bis zum Renteneintritt (mit 67 Jahren) möglich gemacht wird. Allerdings ist es bisher nicht gelungen, betriebliche Entscheidungsträger für diese zukunftsweisende Qualifikationsentwicklung branchenweit zu überzeugen, obwohl die hohen Fehlzeiten im Fahrdienst und die hohe Funktionstrennung der Tätigkeiten der Verkehrsbranche dies als notwendig erscheinen lassen. Die 3-jährige Ausbildungszeit der Fachkraft im Fahrbetrieb schreckt nach wie vor die meisten Personalmanager in den Verkehrsunternehmen ab. Damit wird das Auseinanderklaffen der Qualifikationsschere in Deutschland aus unterschiedlichen Perspektiven weiter vorangetrieben und die aktive betriebliche Gestaltung des demografischen Wandels vertan.

Betrachtet man die Altersstrukturen bei den geringfügig Beschäftigten, so zeigt sich beispielsweise im Handel, dass bei den Frauen mit einer Streubreite zwischen 15 und 25% alle Altersgruppen vertreten sind (siehe folgende Abb.). Bei den Männern fällt der Anteil der jungen geringfügig Beschäftigten mit über 60% besonders hoch aus.

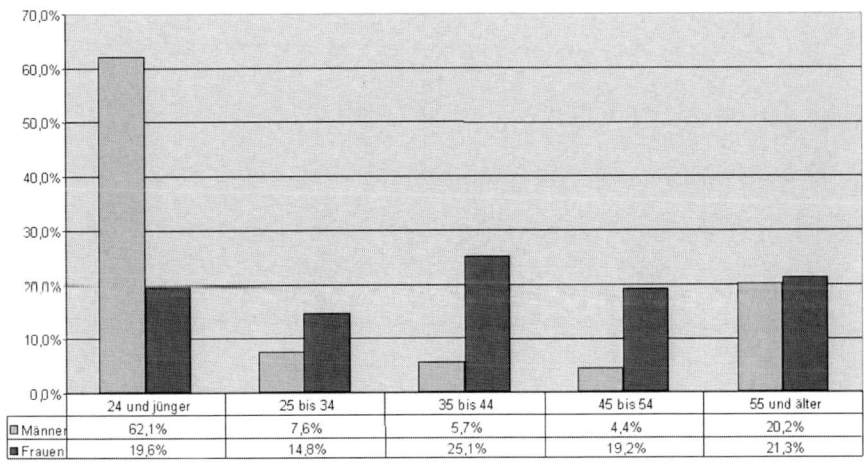

Abb. 5-5: Altersverteilung geringfügig beschäftigter Verkäufer/innen im Handel; Durchschnittswert 1999–2002 in Westdeutschland (Quelle: Kalina u. Voss-Dahm, Gelsenkirchen 2005)

Ähnliche Entwicklungen sind bei der Leiharbeit zu beobachten. Obwohl aktuell noch leicht zunehmend hochqualifizierte Aufgaben wie Finanzbuchhaltung, Konstruktions- oder Ingenieurdienstleistungen an Zeitarbeitsfirmen übertragen werden, ist kein deutlicher Anstieg in diesen Segmenten zu erkennen. Es ist vielmehr ein Anstieg der Zeitarbeit im Tätigkeitsfeld „Hilfsarbeiter" zu erkennen (siehe folgende Abb. 5-6).

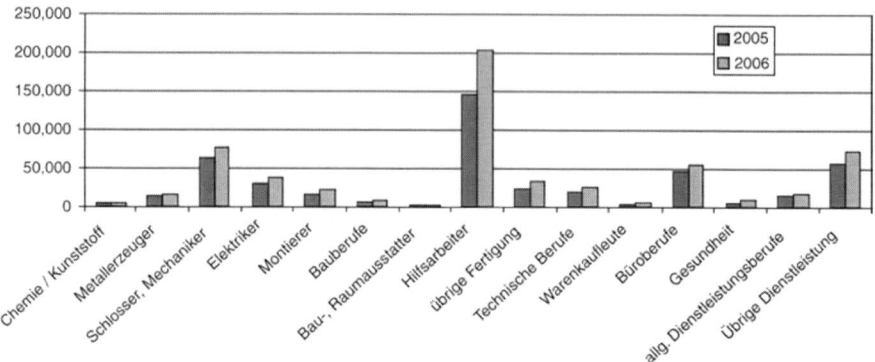

Abb. 5-6: Bestand an Zeitarbeitern 2005 und 2006, Stichtage 30.06.2005 – 30.06.2006 (Quelle: TZZ – TrainingsZentrumZeitarbeit, 2006)

Quintessenzen der Zeitarbeit
Der Anteil der Älteren (> 45 J.) nimmt stetig zu (1984 = 8,3%, 2003 = 15,1%).

Der Anteil der Jüngeren (< 24 J.) nimmt stetig ab (1984 = 39,9%; 2003 = 28%).

80% Männer, 20% Frauen sind aktuell in der Zeitarbeit beschäftigt.

Heute ist die Qualifikationsstruktur der Zeitarbeitskräfte etwa gleich verteilt (gewerbliche Berufe, Dienstleistungen, Hilfstätigkeiten).

Die Hilfsarbeiten weisen dabei das größte Wachstum auf.

In den Jahren 2003 bis 2008 ist die Zahl der Leiharbeitnehmer von 300.000 auf 700.000 angestiegen.

Die Zeitarbeit beinhaltet Bündel kombinierter Belastungen der Beschäftigten, die mit keiner anderen Arbeitsform vergleichbar sind.

Sind bei der Zeitarbeit die häufig wechselnden Tätigkeiten eher von geringerem Qualifikationsniveau und eher durch körperliche Anforderungen geprägt, dann sind wesentlich höhere Umfallraten und körperliche Beschwerden festzustellen. Dies äußert sich allerdings nicht in den Fehlzeiten der Zeitarbeitskräfte, da hier eher von einem Präsentismus auszugehen ist.

Im Urteil der Erwerbstätigen zum Index Gute Arbeit liegt die Bewertung der Zeitarbeit durch die Zeitarbeitskräfte mit 10 Punkten unterhalb des Durchschnitts aller Erwerbsverhältnisse (48 zu 58).

5. Arbeitsgestaltung

Die Alterstrukturen der Zeitarbeit sind schon heute vom demografischen Wandel beeinflusst. Demografischer Wandel in Deutschland bedeutet, dass bei den Erwerbstätigen insgesamt die Gruppe der Jüngeren ab und die der Älteren zunimmt. In der Zeitarbeit geschieht dies allerdings in einem viel geringeren Ausmaß als in der Erwerbsarbeit insgesamt. So liegt z. B. die Gruppe der Älteren in vielen Produktions- aber auch in machen Dienstleistungsunternehmen heute schon bei nahezu 45%. Der Einfluss des demografischen Wandels auf die Zeitarbeit macht sich aktuell erst zögerlich bemerkbar, wird aber in den nächsten Jahren auffällig zunehmen werden.

Warum die Frauenquote bei der Zeitarbeit im Vergleich zur Männerquote so viel niedriger ausfällt ist unklar, evtl. liegt es an mangelnder Work-Life-Balance und/oder am Image der Zeitarbeit.

In einer Studie zur Entwicklung der Zeitarbeit (Birg 2008) wurden in der Variation verschiedener Einflussparameter vier verschiedene Szenarien gebildet. Alle Szenarien kommen zu dem Ergebnis, dass die Beschäftigtenzahl im Sektor Leiharbeit weiter zunimmt, aber nicht in einer Weise Zuwachsraten hat, wie sie bei dem hypergeometrischen Wachstum zwischen 2005 und 2007 beobachtet werden konnten. Der Prognosekorridor liegt bis 2020 zwischen 900 Tsd. und 1,4 Mio. Als zentraler reduzierender „Dämpfer" einer weiter expandierenden Zuwachsrate wird die demografische Alterung, die Bevölkerungsschrumpfung und die damit verbundenen negativen Auswirkungen auf das Wirtschaftswachstum angesehen. Durch das umlagefinanzierte deutsche Sozialversicherungssystem bestimmt die demografische Alterung die Produktpreise und die internationale Wettbewerbsfähigkeit der deutschen Volkswirtschaft. Je höher die Beitragssätze in der Renten-, Kranken- und Pflegeversicherung, desto höher wirken die von den Unternehmen getragenen Kosten, als Kostenbestandteile in die Kalkulation der Produktpreise mit ein. Der demografisch bedingte Kostendruck kann sich dementsprechend als unternehmerische Kompensationsstrategie auf die Expansion in den Zeitarbeitssektor auswirken. Als ein weiterer Faktor zur Zunahme der Zeitarbeit wird die stark wachsende Altersarmut angesehen, die – so wird prognostiziert – bis 2020 etwa zu einer Verdopplung der über 50-Jährigen führen wird. Insgesamt gesehen wird also bis 2020 mit einem Anstieg der Zeitarbeit auf 4% des erwarteten Erwerbspersonenpotenzials gerechnet.

In einer Studie der prospektiv GmbH kommen Nölle und Langhoff (2008) zu dem Schluss, dass in den nächsten 10 Jahren insbesondere Hilfstätigkeiten und geringqualifizierte Dienstleistungen weiter zunehmen werden, während demografisch bedingt wissensintensive Dienstleistungen und Facharbeit aufgrund der Nachfrage am Arbeitsmarkt und der Bindungsaktivitäten der Unternehmen eher stagnieren bis abnehmen werden. Es wird vermutet, dass die Zahl der Zeitarbeitskräfte weiterhin steigen wird. Allerdings nicht in dem Ausmaß wie in 2003 bis 2006 (Verdopplung). Das Potenzial ergibt sich vor allem aus dem Bereich der gering qualifizierten sozialversicherungspflichtigen Voll- und Teilzeitarbeitskräfte. Noch unklar ist, in wie fern sich die aktuelle Domäne der körperlich belastenden

Zeitarbeit, die bislang überwiegend von Männern ausgeführt wird, auf Dienstleistungstätigkeiten, die heute überwiegend von Frauen ausgeübt werden, erweitert.

Berücksichtigt man den demografischen Wandel lassen sich folgende Trends beobachten:

- zunehmende Alterung der Belegschaften

- Verknappung der jüngeren Altersgruppen

- Schwierigkeiten bei der Rekrutierung qualifizierter Fachkräfte auf dem Arbeitsmarkt sowie im Ansatz beobachtbar gezieltes Abwerben von Fachkräften aus festen Arbeitsverhältnissen.

- Vermehrte Anstrengungen im Gesundheitsmanagement zum Erhalt der Arbeitsfähigkeit bis zum verlängerten Renteneintrittsalter

Aus den obigen angegeben Punkten ergibt sich darüber hinaus, dass

- Unternehmen sich vermehrt um die Bindung der Beschäftigten bemühen (Employer Branding) und

- die Vereinbarkeit von Beruf und Privatleben verstärkt berücksichtigt wird (Familie, Pflege Angehöriger, ...).

Bezieht man die o. g. Trends, die sich aus dem demografischen Wandel ergeben, auf die Zeitarbeit, können folgende Hypothesen abgeleitet werden:

- Die Zahl der älteren Zeitarbeitskräfte wird zunehmen.

- Die Zahl der jüngeren Zeitarbeitskräfte wird, wenn überhaupt, nur in der Gruppe der gering Qualifizierten zunehmen (Hilfstätigkeiten).

- Hinsichtlich der Verteilung der Tätigkeiten werden Hilfstätigkeiten und gering qualifizierte Dienstleistungen zunehmen, wissensintensive Dienstleistungen und Facharbeit werden abnehmen.

- Aus der Reflektion der bisher formulierten Trends kann davon ausgegangen werden, dass insgesamt die negativen Beanspruchungsfolgen stark zunehmen werden (Arbeitsbedingte Beschwerden, Chronifizierung von Krankheiten physischer sowie psychischer Art, Unfallgefährdungen, ...). Der bisherig festzustellende Präsentismus wird sich nicht länger halten können.

Als zentrale Forschungsfrage ergibt sich:
Wie kann der Erhalt der Arbeitsfähigkeit alternder Zeitarbeitskräfte sichergestellt werden, insbesondere bei Tätigkeiten mit kombinierten hohen körperlichen und psychischen Belastungen?

5. Arbeitsgestaltung

Dis bisherigen Ausführungen zu Entwicklungen der Arbeits- und Beschäftigungsverhältnisse zeigen, dass die Gestaltung und Organisation qualifizierter Arbeit dort nicht unterstützt wird, wo sie bisher nicht mehrheitlich ausgeprägt ist. Dort, wo sie bisher deutlich ausgeprägt ist, wie bei wissensintensiven Dienstleistungen oder Facharbeit in der Fertigung, stellt man angesichts der Anforderungen des demografischen Wandels fest, dass grundlegender Handlungsbedarf besteht.

Seit der Rezession Anfang der 90er Jahre, die verbunden war mit massiver Personalausdünnung, Reduzierung der Ausbildungsquoten, Umsetzung von effizienzbasierten Managementkonzepten wie Lean Management und Business Reengineering, ist die Datenlage zur detaillierten Erfassung von Job Families und damit verbundener Dokumentation von Anforderungsprofilen langsam und schleichend in Vergessenheit geraten.

Untersuchungen aus Europa zeigen, dass bei der Gestaltung und Organisation der Arbeit in Deutschland im Vergleich zu anderen EU-Ländern eine Ressourcen- und Mitarbeiterorientierung nur gering ausgeprägt ist. Das betrifft den Handlungsspielraum bei der Arbeit, also die Freiheit Pausen einzulegen, die Möglichkeiten die Reihenfolge der Arbeitsaufgaben weitgehend selbst zu bestimmen, die Arbeitsmethoden frei zu wählen und auch einen gewissen Einfluss auf das Arbeitstempo nehmen zu können. Hierbei steht Deutschland an letzter Stelle! (alte EU 15). Der mitarbeiterangepasste Handlungsspielraum ist ein wesentliches Merkmal belastungsoptimaler Gestaltung (Vermeidung von Fehlbeanspruchungen) und hat zweifellos einen großen Einfluss auf den nachhaltigen Erhalt der Arbeitsfähigkeit (siehe auch Abb. 5-7).

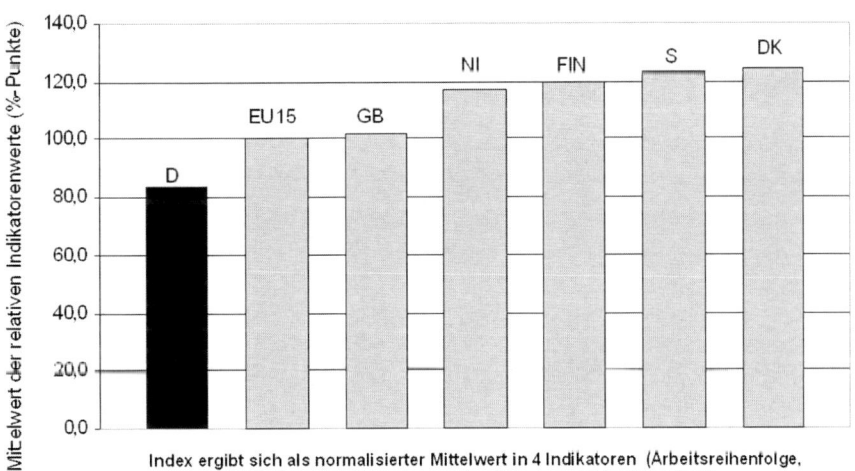

Abb. 5-7: Handlungsspielraum im europäischen Vergleich (die kleinste Summe = beste Möglichkeit, die eigene Arbeit zu regulieren) (zitiert nach Richenhagen 2007)

Die Situation beim Handlungsspielraum korrespondiert mit der Möglichkeit, bei der Arbeitsgestaltung einbezogen und beteiligt zu werden. Auch Partizipation ist in Deutschland eher schwach ausgeprägt (siehe Abb. 5-8).

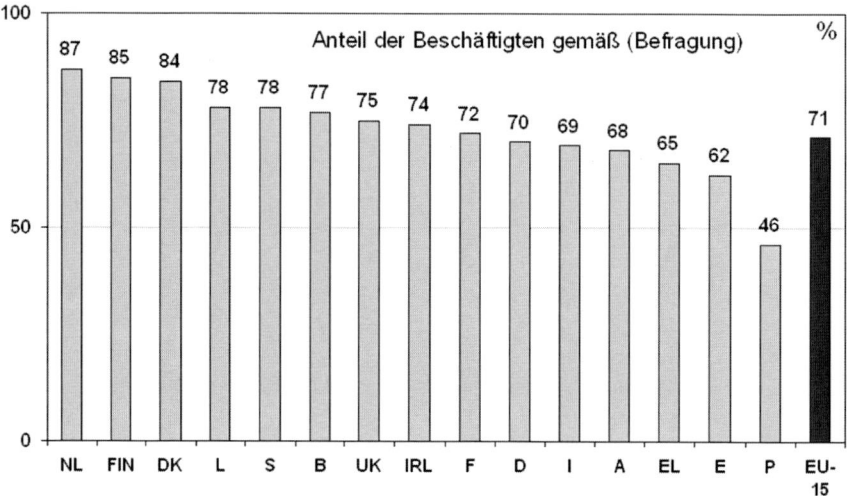

Abb. 5-8: Beteiligung bei organisatorischen Veränderungen (im europäischen Vergleich), (zitiert nach Richenhagen 205)

Ebenso verhält es sich mit der sozialen Unterstützung bei der Arbeit. Sie gilt als ein weiteres wichtiges Merkmal ressourcenorientierter Arbeitsgestaltung und trägt dazu bei, dass für das Stresserleben ein ausreichendes Bewältigungsvermögen vorgehalten wird, welches mit zunehmendem Alter wichtiger wird (Karazek).

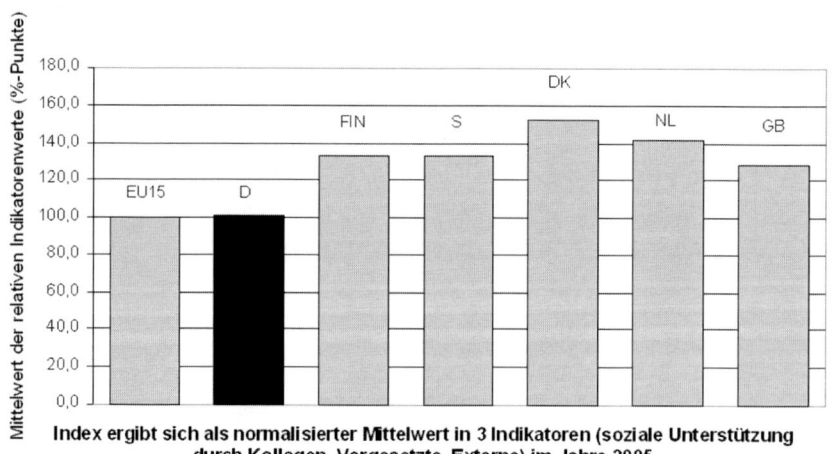

Abb. 5-9: Soziale Unterstützung bei der Arbeit im europäischen Vergleich (zitiert nach Richenhagen 2007)

5. Arbeitsgestaltung

Interessant ist, dass die Länder, in denen Arbeitsgestaltungsmerkmale, die für den Erhalt der Arbeitsfähigkeit wichtig sind, stärker ausgeprägt sind, auch zugleich die Länder sind, die höherer Erwerbsquoten Älterer ausweisen (siehe Kapitel 1).

Inzwischen gibt es bei einigen Unternehmen, die die Herausforderungen des demografischen Wandels „richtig" einschätzen, ein Revival der Arbeits- und Aufgabenanalyse. Der demografische Wandel verlangt, dass man im Unternehmen hinsichtlich der Aufgabenverteilung, der Art der Arbeitsorganisation und natürlich auch hinsichtlich der Arbeitszeit (z. B. unterschiedliche Schichtmodelle) genauestens unterrichtet ist. Es ist notwendig, sich jederzeit Daten unterschiedlicher Aufgabenprofile im Hinblick auf Alter, Fehlzeiten, Qualifizierungsteilnahme, Fluktuation usw. anzuschauen, zu interpretieren und Maßnahmen in Gang zu setzen. Insgesamt gilt, dass bis auf den einzelnen Beschäftigten runtergebrochen, eine gute Datenlage für Personaleinsatz, Prävention und Berufslaufbahn zur Verfügung stehen muss. Dies macht vor allem die Streuung der Leistungsfähigkeit im Alter notwendig (siehe hierzu an anderer Stelle die sogenannte BALTES-Kurve beschrieben).

Aus der Aufgabenanalyse lassen sich tätigkeitsbezogene Anforderungsprofile erstellen, die dann in entsprechende *Stellenbeschreibungen* integriert werden können. Die folgende Abb. zeigt den Aufbau einer den Anforderungen des demografischen Wandels genügenden Stellenbeschreibung (siehe Abb. 5-10).

Stellenbeschreibung:	Anforderungsprofil:
• Funktionsbezeichnung	• Fachliche Anforderungen
• Ziel	• Sozialkommunikative Anforderungen
• Hauptaufgaben/zusätzliche Aufgaben	• Personale Anforderungen
• Angaben zur Organisationsstruktur	• Anforderungen hinsichtlich Arbeitsorganisation und Arbeitszeit
• Einstellungsvoraussetzungen / Voraussetzungen zur Ausübung der Tätigkeit	• Anforderungen hinsichtlich des Arbeitsumfelds und des Gebrauchs von Arbeitsmitteln
	• Psychophysisches Anforderungsprofil (direkt vergleichbar mit psycho-physischen Fähigkeitsprofilen von Beschäftigten)

Abb. 5-10: Aufbau einer zukunftsorientierten Stellenbeschreibung mit integriertem Anforderungsprofil

Die folgende Abb. 5-11 zeigt das übereinandergelegte psychophysische Anforderungsprofil einer Tätigkeit mit einem individuellen psychophysischen Fähigkeitsprofil eines Beschäftigten, der bisher die Tätigkeit ausgeführt hat und durch ein Halswirbel-Schultersyndrom jetzt nicht mehr dazu fähig ist (siehe insbesondere die Überforderungen im Bereich Zwangshaltungen und bei Kopf,- Hals- und Armbewegungen).

Psychophysisches Fähigkeitsprofil:	++	+	–	—	Anforderung
Körperhaltung					
Stehen		O		X	Unterfordert
Sitzen	X	O			Leicht überfordert
Knien/Hocken			O	X	Leicht unterfordert
Liegen	O			X	Unterfordert
Geneigt/Gebückt			O	X	Leicht unterfordert
Arme in Zwangshaltung	X			O	Überfordert
Körperfortbewegung					
Gehen/Steigen	O			X	Unterfordert
Klettern	O			X	Unterfordert
Kriechen/Rutschen			O	X	Leicht unterfordert
Körperteilbewegung					
Kopf-/Halsbewegung	X		O		Überfordert
Rumpfbeugung	O	X			Leicht unterfordert
Armbewegung	X		O		Überfordert
Hand-/Fingerbewegung	O	X			Leicht unterfordert
Bein-/Fußbewegung	O	X			Leicht unterfordert
Sinnes- und Informationsverarbeitung					
Sehen	X / O				Anforderungsgerecht
Hören	O	X			Leicht unterfordert
Sprechen	O	X			Leicht unterfordert
Tasten/Fühlen	O			X	Unterfordert
Gestik/Mimik	O		X		Unterfordert
Riechen/Schmecken	O			X	Unterfordert
Aufmerksamkeit	X	O			Leicht überfordert
Reaktionsvermögen	X	O			Leicht überfordert
Mentale Belastbarkeit/Ausdauer	X	O			Leicht überfordert
Komplexe Merkmale					
Heben und Tragen			O	X	Leicht unterfordert
Schieben/Ziehen			O	X	Leicht unterfordert
Physische Belastbarkeit/Ausdauer		X / O			Anforderungsgerecht
Gleichgewicht	O		X		Unterfordert

X → Psychophysisches Anforderungsprofil   O → Psychophysisches Fähigkeitsprofil

Abb. 5-11: Abgleich Anforderungsprofil mit Fähigkeitsprofil (abgewandelt nach IMBA), (Quelle: Langhoff 2007)

5. Arbeitsgestaltung

Die Erstellung der Anforderungsprofile für die Tätigkeiten wurde im Betrieb von einem Team zusammen mit einem Betriebsarzt erstellt; die Bewertung des Fähigkeitsprofils wurde ausschließlich vom Betriebsarzt erstellt.

Gibt es im Unternehmen für alle Tätigkeiten Anforderungsprofile und liegen von den leistungseingeschränkten Beschäftigten Fähigkeitsprofile vor, so können für diese Personen entsprechende ausführbare Tätigkeiten gefunden werden (ggf. mittels Qualifizierung). Man könnte auch bei Neueinstellungen Fähigkeitsprofile erstellen und im Laufe der Verweildauer bei einer Tätigkeit gegebenenfalls Veränderungen mit Hilfe dieser Form der Dokumentation feststellen.

Oftmals ist es sinnvoll für den Abgleich von Anforderungen und Fähigkeiten unternehmens-spezifische Profilabgleiche zu erstellen, die die wesentlichen Anforderungen erfassen. Das folgende Beispiel ist einem Stahlunternehmen entnommen (siehe Abb. 5-12).

Individuelle Fähigkeiten							Arbeitsplatzanforderungen						
Profilabgleich	0	1	2	3	4	5	Profilabgleich	0	1	2	3	4	5
Heben und Tragen	x						Heben und Tragen					o	
Arbeiten im Knien		x					Arbeiten im Knien					o	
Laufwege				x			Laufwege					o	
Klettern, Treppen und Leitern steigen				x			Klettern, Treppen und Leitern steigen		o				
Hand- / Fingerbewegungen					x		Hand- / Fingerbewegungen					o	
Bein- / Fußbewegungen					x		Bein- / Fußbewegungen					o	

⟶ Abgleich Anforderungen und Fähigkeiten ⟵

Abb. 5-12: Abgleich von Anforderungen und Fähigkeiten am Beispiel eines Stahlunternehmens, anonymisiertes Beispiel

Unternehmen werden demnach vor die Aufgabe gestellt, sich einen umfassenden Überblick über aktuell sowie in naher Zukunft zur Verfügung stehende Einsatzmöglichkeiten für leistungsgewandelte Beschäftigte zu verschaffen. Dies setzt voraus, dass das zur Personaleinsatzplanung verwendete System allen Anforderungen eines idealtypischen Personalinformationssystems gerecht wird. Sämtliche Stellen müssen beschrieben und mit Anforderungsprofilen versehen sein. Vom Betriebsarzt erstellte Fähigkeitsprofile leistungseingeschränkter Mitarbeiter müssen mit Anforderungsprofilen derart abgeglichen werden, dass ein adäquater Personaleinsatz möglich gemacht wird. In der folgenden Abb. wird die systemtechnische Konzeption der Personalinformationen schematisch dargestellt.

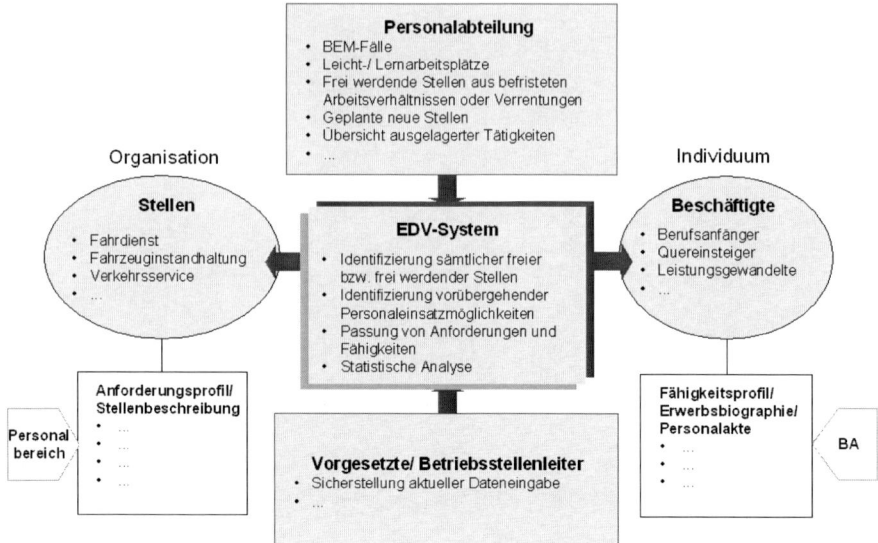

Abb. 5-13: Systemtechnische Konzeption zum Abgleich von Anforderungen und Fähigkeiten (Quelle: Beutler, Langhoff, Marino u. Weber-Wernz 2007)

Die aufwendige Erstellung ist insbesondere für Unternehmenstypen geeignet, die

- Tätigkeiten mit hohen körperlichen bzw. psychischen Belastungen,
- Tätigkeiten mit begrenzter Ausführungsdauer,
- Langzeitkranke,
- Leistungsgewandelte,
- hohe Fehlzeiten und/oder
- hohe Fallzahlen für ein betriebliches Eingliederungsmanagement haben (siehe auch Kapitel 6.1 Betriebliches Eingliederungsmanagement – BEM).

Bis vor Kurzem wurden insbesondere ältere Beschäftigte, die in dem oben beschriebenen Unternehmenstypus gearbeitet haben, über Vorruhestandsregelungen (58er Regel), Frühverrentungen wegen Erwerbsminderung und Altersteilzeit (90% Blockmodell) freigesetzt. Diese Möglichkeiten sind inzwischen nicht mehr möglich (staatlich geförderte Alterteilzeit lief 2008 aus). Die Unternehmen sind aufgefordert, Arbeitstätigkeiten für (potenziell) leistungseingeschränkte Beschäftigte vorzuhalten, sogenannte Leicht- und Lerntätigkeiten. Krankheitsbedingte Kündigungen sind nur sehr schwer möglich.

5. Arbeitsgestaltung

Die i. d. R. größeren Unternehmen, die Möglichkeiten zur Vorhaltung von Leicht- und Lerntätigkeiten besitzen, haben längst begonnen, diese systematisch zu identifizieren. Dabei bemühen sich insbesondere die Unternehmen, die in den 90er Jahren gemäß der Vorgabe „Reduktion auf die Kernkompetenz" sämtliche unternehmensnahen Dienstleistungen ausgegliedert haben (Outsourcing), diese wieder einzugliedern (Reinsourcing). Dazu zählen Sicherheitsdienst, Gärtnerei, Reinigung, Catering usw. Dabei sind der Kreativität keine Grenzen gesetzt. Es gibt sogar Unternehmen, die sich für ihre Leistungsgewandelten neue Geschäftsmodelle überlegen. Die folgende Abb. zeigt eine gelungene Definition eines Großunternehmens.

Leicht- bzw. Lerntätigkeiten stellen Tätigkeiten dar, die von Beschäftigten in Anspruch genommen werden können, welche durch die Folgen arbeitsbedingter Belastungen oder aufgrund eines Arbeitsunfalls nicht mehr an ihren bisherigen Arbeitsplätzen einsetzbar sind. Eine „Leicht- bzw. Lerntätigkeit" zeichnet sich dadurch aus, dass

- die Tätigkeit für den/die jeweilige(n) leistungsgewandelte(n) Beschäftigte(n) in körperlicher und/oder mentaler Hinsicht „leichter" auszuüben ist, als die bisherige Tätigkeit, da sie mit entsprechend geringeren Belastungen einhergeht und/oder

- die Anpassungsqualifizierung, die dem/der Beschäftigten zur Ausübung der jeweiligen Ersatztätigkeit abverlangt wird, innerhalb eines relativ kurzen Zeitraums (ca. 4 Monate) erfolgen kann.

Leistungsgewandelte können zum einen kurz- bzw. mittelfristig mit einer Leicht- und Lerntätigkeit betraut werden, um Phasen eingeschränkter Leistungsfähigkeit bis zur Genesung zu überbrücken, zum anderen hat die unbefristete Versorgung langfristig leistungsgewandelter Beschäftigter mit einer Leicht- bzw. Lerntätigkeit zum Ziel, ihre Beschäftigungsfähigkeit bis zum Ende ihres Erwerbslebens zu erhalten.

Abb. 5-14: Beispiel einer betrieblichen Definition von Leicht- und Lerntätigkeiten

Wie schon erwähnt, ist die Durchführung von Arbeits- und Aufgabenanalysen, die damit verbundene Anpassung von Stellenbeschreibungen, die Erstellung von Anforderungsprofilen zum Abgleich mit individuellen Fähigkeitsprofilen, die Identifizierung von Leicht- und Lerntätigkeiten sowie die Einlastung in das betriebliche Personalinformationssystem mit hohem Aufwand verbunden. Dies schreckt immer noch viele Unternehmen ab, sich damit zu beschäftigen, auch, weil oft die arbeitswissenschaftliche Expertise fehlt. Vor dem Hintergrund alternder Belegschaften und der Verlängerung der Lebensarbeitszeit auf 67 Jahre scheint dies jedoch für die oben beschriebenen Unternehmenstypen unumgänglich zu sein.

Die folgenden acht handlungsinstruktiven Regeln sollen Unternehmen den Einstieg erleichtern und den Blick auf das Wesentliche richten:

1. Identifizierung von Stellen mit geringen Belastungen als potenzielle Leicht- bzw. Lernarbeitsplätze.

2. Identifizierung von Stellen, auf denen heute Leistungsgewandelte arbeiten, zur Identifizierung zukünftig frei werdender Leicht- bzw. Lernarbeitsplätze.

3. Etablierung eines Verfahrens zum rollierenden Einsatz von Beschäftigten auf Leicht- bzw. Lernarbeitsplätze. Dieses sollte ermöglichen, sowohl Beschäftigte ohne Leistungseinschränkungen als auch Leistungsgewandelte auf einen Leicht- bzw. Lernarbeitsplatz einzusetzen. Die Rotation kann dann bedarfsorientiert vorgenommen werden.

4. Identifizierung von Teiltätigkeiten mit geringen Belastungen, die in unterschiedlichen Stellen vorhanden sind, zur Schaffung neuer Stellen mit Leicht- bzw. Lernarbeitsplatzprofilen.

5. Identifizierung von Stellen, aus denen häufig leistungsgewandelte Beschäftigte vorhergehen, um Möglichkeiten eines organisierten Belastungswechsels zu sondieren.

6. Identifizierung von Stellenfamilien, um mit möglichst wenig Aufwand möglichst viele Anforderungsprofile zu erstellen.

7. Berücksichtigung eines organisierten Belastungswechsels bei geplanten Stellen (auch bei Neueinstellungen?) zur Realisierung eines multifunktionalen Einsatzes der Beschäftigten.

8. Identifizierung von geplanten Stellen, für die im Idealfall möglichst unmittelbar Anforderungsprofile erstellt werden.

5. Arbeitsgestaltung

Das folgende Beispiel eines Stahlunternehmens zeigt die Identifizierung von Teiltätigkeiten mit geringen Belastungen, die in unterschiedlichen Stellen vorhanden sind, zur Schaffung neuer Stellen mit Leicht- bzw. Lernarbeitsplatzprofilen (siehe oben, Regel 4.).

- Kontrollarbeiten
- Werkstattarbeiten
- Überwachungsarbeiten
- Arbeiten an Maschinen mit einfacher Bedienung
- Lager- und Magazinarbeiten
- Facility Management, Postservice, Sicherheit, Botendienste
- Unterweisungsfunktion
- ...

Abb. 5-15: Identifizierung von Teiltätigkeiten mit geringen Belastungen, anonymisiertes Beispiel

Widmen wir uns nun der Arbeitsorganisation, d. h. dem Grad der Arbeitsteilung in Orientierung auf Stellen. Aus arbeitswissenschaftlicher Sicht ist es schon erstaunlich, dass kaum ein Unternehmen in der Lage ist, Daten (z. B. Altersstrukturen) im Hinblick auf unterschiedliche Formen der Arbeitsorganisation darzustellen. Fragt man nach der Altersstruktur der Beschäftigten im Hinblick auf den Vergleich von Einstellen- und Mehrstellenarbeit oder den Vergleich von Einzelarbeit und Gruppenarbeit blickt man i. d. R. in fragende Gesichter (siehe Abb. 5-16). Dabei ließen sich daraus wertvolle Erkenntnisse in Bezug auf die zukünftige Arbeitsfähigkeit der Beschäftigten ableiten.

Anzahl der Stellen \ Anzahl der Menschen	ein Mensch (Einzelarbeit)	mehrere Menschen (Gruppenarbeit)
eine Stelle (Einstellenarbeit)	einstellige Einzelarbeit	einstellige Gruppenarbeit
mehrere Stellen (Mehrstellenarbeit)	mehrstellige Einzelarbeit	mehrstellige Gruppenarbeit

Abb. 5-16: Klassifizierung von Typen der Einstellen- und Mehrstellenarbeit nach Einzel- und Gruppenarbeit (REFA, 1991)

Die Stelle ist die kleinste organisatorische Einheit im Betrieb (i. d. R. mit mehreren Teilaufgaben). Jeder einzelnen Stelle sind Aufgaben (und damit verbundene Belastungsgrade), Befugnisse (man könnte auch Kompetenzen sagen) und Verantwortlichkeiten zugeordnet. Das abverlangte Anforderungsniveau steigt von Einstellen- zu Mehrstellenarbeit und von Einzelarbeit zu Gruppenarbeit. Je höher das Anforderungsniveau, desto mehr Tätigkeitswechsel, desto mehr Belastungswechsel, desto höher die Einsatzflexibilität, desto höher die Kompetenz und desto höher die Veränderungsfähigkeit.

Würde man die Beschäftigten mit einer Altersstrukturanalyse nach den Kategorien der obigen Abbildung darstellen, würde dies enormen Interpretationsgehalt für die Anforderungen an die Bewältigung des demografischen Wandels bieten. Leider sind solche arbeitswissenschaftlichen Kriterien in keinem Unternehmen Grundlage der Datenerfassung.[2]

Eine andere Form die Potenziale vorhandener arbeitsorganisatorischer Konzepte zu bewerten, ist der intraindividuelle Tätigkeitswechsel im Rahmen der Betriebszugehörigkeit. Für die Personalentwicklung wäre bspw. die Dauer bis zum Tätigkeitswechsel ein Indikator für eine lernförderliche Arbeitsorganisation. Solche ambitionierten Kennzahlen sind allerdings aus arbeitswissenschaftlicher Sicht lediglich „nice to have", da sie in der betrieblichen Realität nicht erfasst werden.

Fasst man die bisherigen Ausführungen zur Arbeitsgestaltung zusammen, so zeigt sich enormer Handlungsbedarf schon bei der Eruierung geeigneter Daten zu Arbeitsaufgaben und Arbeitsorganisation. Es fehlen bereits die Grundlagen, d. h. die Interpretationsmöglichkeiten für die Bewältigung des demografischen Wandels.

Wenn Daten der Arbeitsgestaltung in den Unternehmen vorliegen, dann zur Arbeitszeit. I. d. R. kann zwischen Voll- und Teilzeit unterschieden werden. Manche Unternehmen können die Teilzeitbeschäftigung weiter differenziert darstellen nach 1–10, 11–20, 21–25, 26–30, über 30 Stunden. Teilzeit, insbesondere flexible

---

[2] Der Autor hat die Erfahrung gemacht, dass es noch nicht einmal möglich ist, in Personalinformationssystemen Mitarbeiter nach Einzel- und Gruppenarbeit auszugeben (Erfahrungen mit astra® in über 60 Unternehmen; Stand Februar 2008).

5. Arbeitsgestaltung

Teilzeit birgt vor dem Hintergrund des demografischen Wandels viele Potenziale – eine verbesserte Work-Life-Balance, höhere Einsatzflexibilität, insgesamt geringere Fehlzeiten (siehe Kap. 6), aber auch einen höheren Verwaltungsaufwand. Teilzeit ist damit eine der wesentlichen Gestaltungsmöglichen bei alternden Belegschaften. Die Erfahrung zeigt, dass Teilzeitangebote insbesondere von der mittelalten Vollzeitbelegschaft nur wenig angenommen werden (siehe folgende Übersicht). Deshalb sollte aktiv bei Neueinstellungen aller Altersgruppen für Teilzeit geworben werden, desgleichen für Altersteilzeit nach Stufenmodell. Obwohl 90% aller Beschäftigten bei Altersteilzeit bisher das Blockmodell[3] gewählt haben, ist das Stufenmodell die für die Zukunft einzig sinnvolle demografietaugliche Gestaltungsform zum Übergang in den Ruhestand. Es mangelt insbesondere an der Vermarktung von Teilzeit.

Aussagen von Führungskräften zu hinderlichen Faktoren für Teilzeitarbeit:

- „Mangelnde Flexibilität von Vorgesetzten."
- „Wenn wir Teilzeit anbieten, meldet sich ja keiner."
- „Teilzeit wird nicht attraktiv vermarktet"
- „Teilzeit gilt betriebsintern als Frauenmodell."
- „80% der Interessenten wollen Teilzeit früh."
- „Auf vielen Stellen insbesondere mit Vernetzung zu anderen Organisationseinheiten lässt sich nur in Vollzeit effektiv arbeiten."
- „Führung ist unteilbar."
- „Wenig Akzeptanz, da nicht als vollwertige Mitarbeiter gesehen (von Mitarbeitern wie von Führungskräften)."
- „Beschränktes Stellenangebot für Teilzeitmitarbeiter."
- „Für die Mitarbeiterinnen mit kleinen Kindern bestehen bei den jetzigen Schichtzeiten immer Probleme bei der Kinderbetreuung."

(nach Knauth, 2007, ergänzt um Aussagen von Langhoff)

Auch die uralte Regel „Ducatus individuus est! (Führung ist unteilbar)" bröselt langsam auf. Damit sind nicht die neuerdings auftretenden Doppelspitzen in Wirtschaftsunternehmen gemeint, sondern das Fenster, das es allen, aber besonders Frauen ermöglicht in Führungspositionen aufzustreben. Ob Job Sharing, Verschlankung oder Abbau vom Wasserkopf, die Gründe für Teilzeit können vielseitig sein. Es gibt Unternehmen, die gezielt Führungskräften über 55 Jahre ein Teilzeitangebot machen. Zum einen können es sich Führungskräfte zumindest theoretisch finanziell leisten, zum anderen wünschen sich auch viele ältere Führungskräfte eine verminderte Arbeitszeit. Davon versprechen sich die Unternehmen wiederum ein höheres Engagement und eine höhere Leistungsfähigkeit. Es ist

---

[3] Hat sich eigentlich schon einmal jemand die Frage gestellt, welche Rückschlüsse sich daraus insgesamt auf die Qualität der Arbeit, die Betriebskultur und das persönliche Engagement für die Unternehmen in Deutschland ziehen lassen, wenn alle das Blockmodell wählen?

wichtig, dass Ziele der Beschäftigten (Wunscharbeitszeit) und Ziele des Unternehmens (kosteneffizientes Arbeitszeitregime) weitgehend in Deckung gebracht werden. Dabei können Erfüllungsgrade der Wunscharbeitszeit bis zu 80% realisiert werden können.[4]

Beispiele hierfür sind das Schichtdienstmanagement der Polizei oder die Wunschdienstplangestaltung im kommunalen ÖPNV.

Während Teilzeit und Wunscharbeitszeit den Anforderungen der Beschäftigten an eine vermehrte Work-Life-Balance und den Anforderungen der Arbeitgeber nach mehr Flexibilisierung Rechnung tragen, ist die Frage der *Gestaltung der Schichtarbeit* eine immer noch ungeklärte Frage. Die Frage lautet: Wie kann zukünftig Wechselschicht mit 50% über 50-jährigen Schichtarbeitenden weiterhin realisiert werden? Viele Unternehmen unterschiedlicher Branchen überschreiten zwischen 2010 und 2015 in ihren Schlüsseldienstleistungen oder in der Produktionsarbeit die 50%-Marke des Anteils älterer Beschäftigter. Während früher bzw. bisher ältere Schichtarbeitende nach ca. 30 Jahren Wechselschicht in die Tagschicht gewechselt sind, ist dies schon mengenmäßig zukünftig nicht mehr machbar. Das bedeutet, dass Arbeitsaufgaben, die bisher eher von Jüngeren ausgeführt wurden, zukünftig von Älteren ausgeführt werden müssen. Man spricht von der intergenerativen Umverteilung der Arbeit.

Als Probleme bei der Ausführung von Schichtarbeit mit alternder Belegschaften kann genannt werden (nach Knauth 2007):

- Verschlechterung der Arbeitsfähigkeit und des Gesundheitszustands

- Mangelnde Berücksichtigung ungünstiger Arbeitszeitbelastungen und gesundheitlicher Beeinträchtigungen

- Zu wenig Zeit für Weiterbildung (lebenslanges lernen) und Erfahrungstransfer

- Mangelnde work-life-balance und lebensphasenorientierte Arbeitszeit

- Mangelnde (Wieder)Einstiegsmöglichkeiten

- Verschlechterung der Arbeitszufriedenheit

Es sind also „dicke Bretter zu bohren", will man betriebliche Ziele, Wünsche der Beschäftigten und arbeitswissenschaftliche Erkenntnisse zusammenbringen und aufeinander abstimmen. So mag es aus Sicht der Organisation und der Beschäftigten O.K. sein, wenn sich bei der Wunschdienstplangestaltung vor allem Jüngere die am höchsten belastenden Schichten aussuchen, um anschließend den längsten Freizeitblock zu erlangen, aus arbeitswissenschaftlicher Sicht wäre dies nachhaltig fatal. Die Verschlechterung der Arbeitsfähigkeit der Altersgruppen, die

---

[4] Die erreichbaren Maxima sind allerdings maßgeblich aufgaben- und arbeitsorganisatorisch bestimmt.

länger arbeiten müssen, ist damit bereits frühzeitig eingeleitet. Ein anderes Beispiel aus dem Stahlbereich, aber auch aus der Automobilmontage ist die (Wieder)Einführung der Dauernachtschicht, mit denen besonders jüngerer Beschäftigte angesprochen werden. Auch hier das gleiche Bild: Angebot und Nachfrage rechnen sich kurz- bis mittelfristig mit dem Preis fehlender nachhaltig gesicherter Arbeitsfähigkeit.

Die folgende Prinzipdarstellung in der (s. Abb. 5-17) zeigt den Bedarf an einer Verkürzung der Arbeitszeit in Abhängigkeit vom Alter und vorliegender Arbeitsfähigkeit (in %).

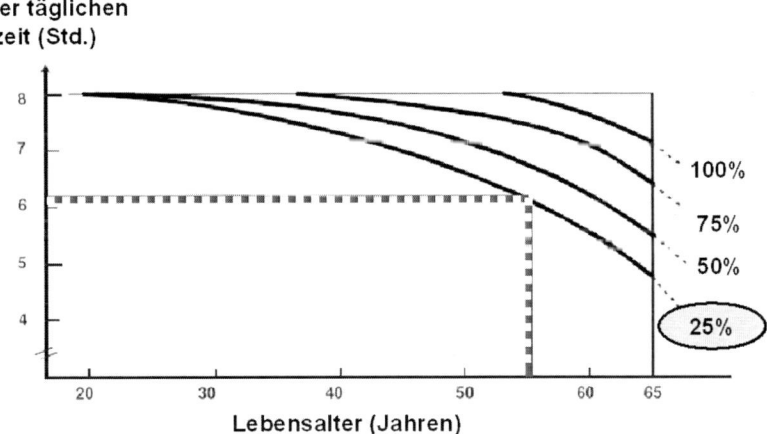

Abb. 5-17: Arbeitszeit in Abhängigkeit von Alter und Arbeitsfähigkeit (Quelle: Ilmarinen, zitiert nach Richenhagen 2007)

Umgekehrt proportional verhält sich der Erholungsbedarf in Abhängigkeit von Alter und Arbeitsbelastungen (siehe folgende Prinzipdarstellung, Abb. 5-18).

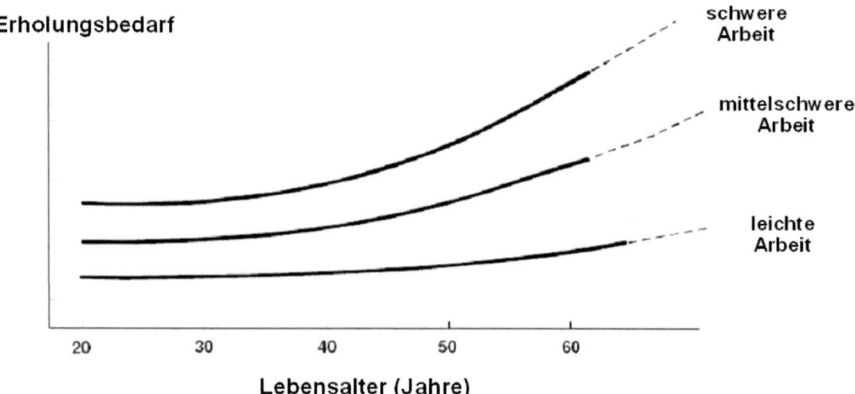

Abb. 5-18: Erholungsbedarf in Abhängigkeit von Alter und Arbeitsbelastungen (Quelle: Ilmarinen, zitiert nach Richenhagen 2007)

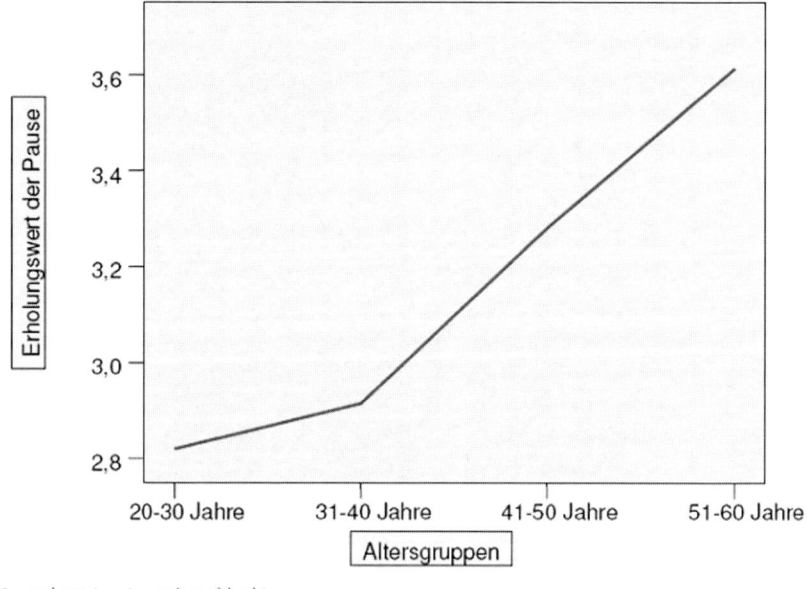

0 = sehr gut, 9 = sehr schlecht

Abb. 5-19: Erholungswert von Pausen nach Alter (Quelle: Knauth 2007)

Wie in der vorhergehenden Abbildung skizziert, hat Knauth (2007) den Erholungswert von Kurzpausen in einem Stahlunternehmen untersucht und konnte einen Anstieg mit zunehmendem Alter ermitteln. Leider liegen keine Daten von über 60jährigen Beschäftigten vor, da diese in den meisten Unternehmen gar nicht vorgekommen sind.

Um eine signifikante Ermüdung bei der Schichtarbeit zu vermeiden bzw. zu kompensieren gilt als arbeitswissenschaftliche Erkenntnis die Gestaltung von kurzzyklischen, vorwärts rotierenden Systemen, die dem Beschäftigten im Vorlauf bekannt sind (Kontrollvermögen). Dabei sind ausreichend Ruhezeiten zwischen zwei Schichten einzuhalten (> 11 Std.), lange Tagschichten sind zu vermeiden und die Frühschicht sollte nicht zu früh beginnen.

Die folgende Abb. 5-20 zeigt den Unterschied in der Arbeitsfähigkeit zwischen einem rückwärts rotierenden langzyklischen und einem vorwärts rotierenden kurzzyklischen Arbeitszeitregime. Das kurzzyklische vorwärts rotierende System zeigt eindeutig die besserer Arbeitsfähigkeit der Schichtarbeiter.

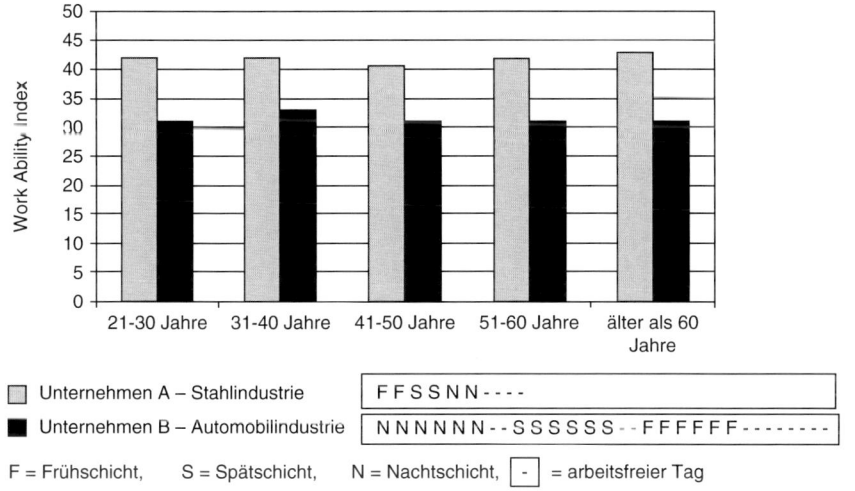

Abb. 5-20: Arbeitsfähigkeit von Schichtarbeitern unterschiedlicher Schichtsysteme (Quelle: Knauth 2007)

In den letzten Jahren überlegen sich einige Unternehmen die jeweiligen Schichtanfänge nach hinten zu verschieben, also bei der Frühschicht von 6.00 auf 8.00 Uhr usw. Damit soll angesichts alternder Belegschaften eine Annäherung an den circadianen, biologischen Wach-Schlaf-Rhythmus vorgenommen werden. Dem widersprechen allerdings Erkenntnisse über ältere Mitarbeiter, dass sie zum einen kürzer schlafen und zum anderen mehr Akzeptanz für den frühen Beginn zeigen. Eine arbeitswissenschaftliche Untersuchung von Folkard und Barton (1993) zeigt, dass der 8.00 Uhr Beginn der Frühschicht, die ausgeschlafensten Mitarbeiter hervorbringt – unabhängig vom Alter (siehe Abb. 5-21).

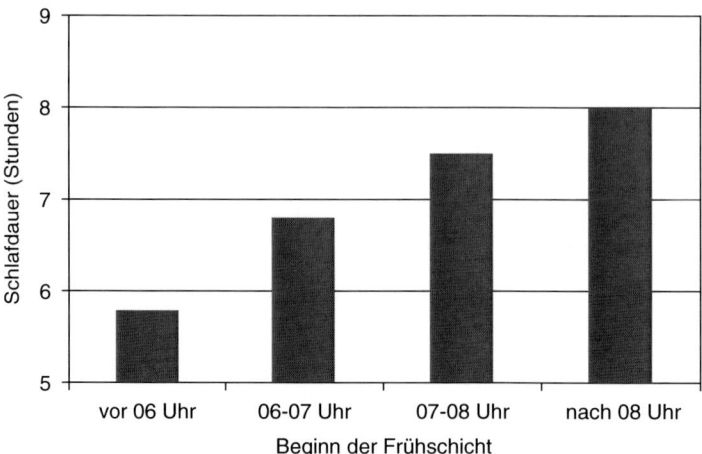

Abb. 5-21: Abhängigkeit der Schlafdauer von der Uhrzeit des Frühschichtbeginns (Quelle: Folkard u. Barton 1993, zitiert nach Knauth 2007)

Hier ist nach wie vor Forschungsbedarf zu konstatieren. Es fehlen differenzierte Erkenntnisse über die Lage des Schichtbeginns.

Auch beschreiben Schlafforscher gern die unterschiedlichen Individualtypen von Lerchen (Frühaufstehern) und Eulen (Spätaufstehern), die zwar wissenschaftlich nachgewiesen, aber bisher ohne Übertragungskonzept für die Arbeitszeit sind.

Verbindet man die Gestaltung der Arbeitszeit mit der vorher beschriebenen Arbeitsorganisation, so stellt sich aus arbeitswissenschaftlicher Sicht die Frage, ob nicht Nachtarbeit gänzlich durch neue, andere Formen der Arbeitsorganisation ersetzt werden kann. Solche Fragen bedürfen offensichtlich einer Kreativität und einer radikalen Neuerfindung, die bisher nirgendwo aufgebracht werden konnte.

Eine weitere wichtige Datenquelle zur Arbeitsgestaltung ist die Gefährdungsbeurteilung nach dem Arbeitsschutzgesetz. Diese ist vor dem Hintergrund des demografischen Wandels um alternskritische Belastungen und Gefährdungen zu ergänzen. Denn wie schon erwähnt ist nicht das kalendarische Alter entscheidend, sondern die Verweildauer in belastungsintensiven Tätigkeiten. Alternskritische Belastungen überfordern dauerhaft die Beschäftigten physisch, psychisch, mental und emotional. Diese Belastungen sind im Rahmen einer Gefährdungsbeurteilung zu ermitteln und alternsgerecht umzugestalten.

5. Arbeitsgestaltung

Als alternskritische Gefährdungen und Belastungen gelten:	
Vibrationen und Ganzkörperschwingungen	Überkopfarbeit (statische Haltearbeit)
Hand- und Armschwingungen	Lastenhandhabung (Schweres Heben und Tragen)
Dynamische Muskelarbeit	
Gleichförmige Bewegungen des Finger-Hand-Systems	Zwangshaltungen
	Arbeiten mit hohem Tempo
Gleichförmige Bewegungen des Hand-Arm-Systems	Daueraufmerksamkeit
	Regulationsbehinderungen (Störungen, Zeitdruck)
Gleichförmige Bewegungen des Fuß-Bein-Systems	
	Arbeiten mit hohen Seh- und/oder Hörleistungen
Arbeiten im Sitzen, Stehen oder Gehen	
Arbeiten im Hocken, Knien oder Liegen	Arbeiten mit wechselnden Witterungsbedingungen
Arbeiten in gebeugter oder verdrehter Körperhaltung	
	Überstunden / Mehrarbeit
Arbeiten in gebeugter oder verdrehter Körperhaltung	Arbeiten außerhalb normaler Arbeitszeiten
	Schichtarbeit sowie
	die Kombination o. g. Belastungen

Bei der altersgerechten Arbeitsgestaltung sind neben dem Blick auf die alternskritischen Arbeitsanforderungen insbesondere die mit dem Alter zunehmenden Ressourcen zu berücksichtigen.

Als mit dem Alter zunehmende Ressourcen gelten:
Berufliches Erfahrungswissen
Verantwortung und Pflichtbewusstsein
Loyalität zum Unternehmen
Genauigkeit und Zuverlässigkeit
Qualitätsbewusstsein
Verständnis für Zusammenhänge
Soziale Kompetenz

Oftmals wird behauptet, dass ältere Arbeitnehmer, da sie angeblich geistig und körperlich nicht mehr so fit sind, häufiger an Unfällen beteiligt sind als Jüngere. Das ist ein Mythos. Die Süddeutsche Metallberufsgenossenschaft hat dies einmal untersucht und festgestellt, dass das relative Risiko mit zunehmendem Alter abnimmt bzw. stagniert und bei den Jüngeren am höchsten ist (siehe Abb. 5-22).

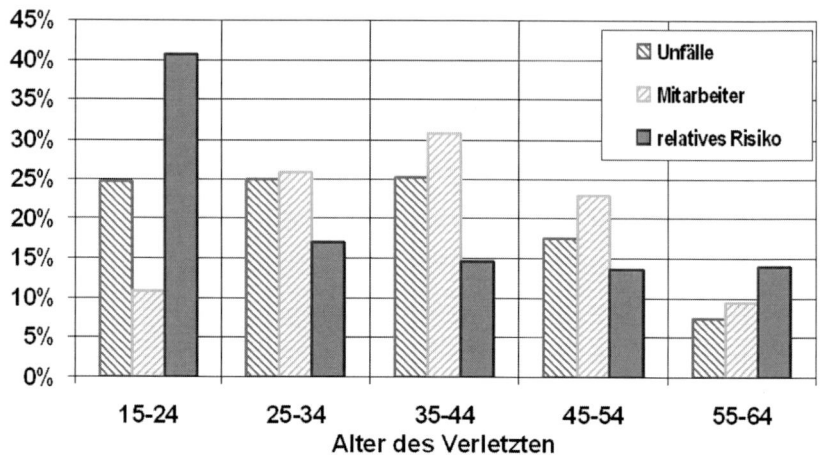

Abb. 5-22: Meldepflichtige Arbeitsunfälle nach Alter bei der SMBG (2001–2002)

Fassen wir nun die Ausführungen zur Arbeitsgestaltung, d. h. zum Aufgabenzuschnitt, zur Arbeitsorganisation, zur Arbeitszeit und zum Arbeitsumfeld für die Generierung wichtiger Kennzahlen zusammen, ergibt sich folgendes Bild (sh. folgende Seite).

Selbstverständlich sind die Kennzahlen wie in Kapitel 3 beschrieben alle nach Alter und Job Familien darzustellen sowie untereinander und mit Kovariablen, wie sie in den anderen Kapiteln dargestellt sind, zu korrelieren. Eine solide Datengrundlage ergibt die Evidenz für die Formulierung betriebsbezogener Hypothesen und Prognosen.

Abschließend werden auf der übernächsten Seite noch einmal die wichtigsten strategischen Fragen, die vor dem Hintergrund des demografischen Wandels mit der Arbeitsgestaltung verbunden sind, genannt.

5. Arbeitsgestaltung

Kennzahlen zur Erfassung von Daten zur Arbeitsgestaltung

- Verteilung der Aufgaben pro Job Familie
- Physischer und psychischer Belastungsgrad der Aufgaben oder Anteil alternskritische Belastungen an Job Familie
- Matching Anforderungsprofile pro Job Familie mit Fähigkeitsprofilen
- Anteil vorhandener Leicht- und Lernarbeitsplätze
- Anteil vorhandener einstelliger und mehrstelliger Einzel- und Gruppenarbeit
- Grad des Entscheidungsspielraums (Verantwortung/Befugnisse) pro Job Familie
- Aufgabenbezogene Einsatzflexibilität (Job Familie/Belegschaft gesamt)
- Anteil Tätigkeitswechsel bezogen auf Job Familien
- WAI (Workability-Index) oder adäquater Indikator zur Messung der Arbeitsfähigkeit
- Vollzeit, Teilzeit (ggf. nach 1–10, 11–20, 21–30, über 30 Std.) nach Alter bezogen auf Job Familien und Funktionsbereiche, Geschlecht, Staatsangehörigkeit, Beschäftigungsverhältnis
- Betriebszugehörigkeitsdauer
- Vollzeit, Teilzeit (ggf. nach 1–10, 11–20, 21–30, über 30 Std.) nach Alter bezogen auf Arbeitsunfähigkeitstage, Weiterbildungstage, Weiterbildungsteilnehmer, Neueinstellungen, Austritte
- Anteil Geringfügiger Beschäftigung und Leiharbeit
- Erfüllungsgrad Wunscharbeitszeit
- Verteilung der Mitarbeiter (oder der Job Familien) auf unterschiedliche Schichtmodelle

Strategische Fragen:

- Welche Aufgaben- und Anforderungsprofile liegen vor und wie werden sie sich im nächsten Jahrzehnt entwickeln?
- Welche Annahmen sind hinsichtlich der Entwicklung der Arbeitsfähigkeit alternder Beschäftigter zu treffen? Was wird passieren, wenn keine Maßnahmen getroffen werden?
- Gibt es einen (alternskritischen) Belastungs- bzw. Gefährdungsindex für Tätigkeiten?
- Gibt es „Tätigkeiten mit begrenzter Ausführungsdauer" und wie geht man mit ihnen um?
- Kann die Verteilung der Aufgaben- und Anforderungsprofile nach Job Families, Alter und anderen Schlüsselvariablen dargestellt werden?
- Gibt es individualisierte Personalinstrumente (z. B. strukturierte Mitarbeitergespräche), die Anforderungen mit Fähigkeiten (Einschränkungen) abgleichen können?
- Wie kann der Zuschnitt von Leicht- und Lernarbeitsaufgaben bestimmt werden (Definition)
- Wie können Leicht- und Lerntätigkeiten identifiziert oder ggf. völlig neu gebildet werden?
- Können aus leichten Teiltätigkeiten verschiedener Stellen neue Leichtarbeitsplätze geschaffen werden?
- Welche Bedeutung wird Geringfügige Beschäftigung und Leiharbeit einnehmen?
- Liefert das Personalinformationssystem außer zur Arbeitszeit noch weitere Kennzahlen der Arbeitsgestaltung? Wenn nicht, welche Schlüsselvariablen sollten wie und in welcher Reihenfolge entwickelt und erfasst werden?5
- Wird die intraindividuelle Entwicklung von Beschäftigten so erfasst, dass sie als Kennzahl genutzt werden kann (z. B. Tätigkeitswechsel?
- Welche Qualifikationsmuster werden zukünftig in welchem Verhältnis benötigt? Wie wird sich dabei das Verhältnis von hoch qualifizierter und gering qualifizierter Arbeit entwickeln? Welche Auswirkungen hat ein Auseinanderklaffen der Qualifikationsschere im Unternehmen (Kommunikation, Kooperation, Wertschätzung, Produktivität, Lohnkosten usw.)?
- Sind die Teilzeitpotenziale ausgeschöpft? Wird Teilzeit massiv und zielgruppenspezifisch (Frauen, 50+ etc.) beworben für Neueinstellungen?
- Welche Arbeitszeit wünschen sich die Beschäftigten? Wie kann durch Arbeitszeitgestaltung eine optimale Work-Life-Balance realisiert werden?
- Ist Schichtarbeit nach den gegenwärtigen arbeitswissenschaftlichen Erkenntnissen (alternsgerecht) gestaltet?
- Welche Anforderungen an die Gestaltung der Beschäftigungsverhältnisse werden sich zukünftig stellen?
- Wie wird sich Kern- und wie wird sich Randbelegschaft konstituieren?
- Wird der Vorrat an Leicht- und Lerntätigkeiten reichen für das zukünftige Ausmaß an Einschränkungen der Arbeitsfähigkeit?

---

[5] „Mach es gleich richtig!" Japanisches Sprichwort

6. Gesundheitsmanagement

Zunächst sollte die Funktion des Gesundheitszustands der Beschäftigten im UrsacheWirkungsgefüge der Arbeitsfähigkeit geklärt werden. Die Verwendung des Begriffs Arbeitsunfähigkeit als Gleichsetzung mit Krankheit oder Verletzung lässt die Vermutung zu, dass im Gegenteil die Arbeitsfähigkeit gleichzusetzen sei mit Gesundheit. Dem ist nicht so. Daher sollte dies geklärt werden.

Um den Unterschied zwischen Gesundheit und Arbeitsfähigkeit zu verdeutlichen, kann man beispielsweise im Rahmen eines Betriebsworkshops von den Workshopteilnehmern folgende Einflussfaktoren auf die Arbeitsfähigkeit bewerten lassen. Die folgende Abb. zeigt beispielhaft ein solches Workshopergebnis.

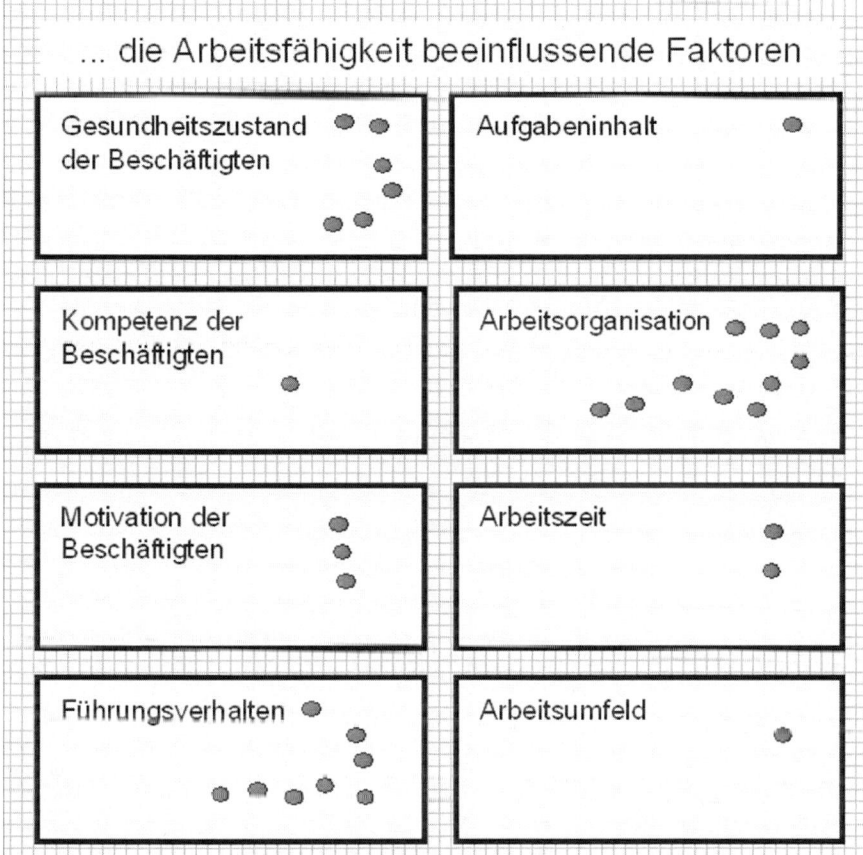

Abb. 6-1: Bewertung von Workshopteilnehmern hinsichtlich der Einflussfaktoren auf die Arbeitsfähigkeit (anonymisiertes Unternehmensbeispiel)

Bei der Einschätzung der Wichtigkeit der Einflussfaktoren auf die Arbeitsfähigkeit wurden von den Workshopteilnehmern signifikant drei Kriterien genannt: Arbeitsorganisation, Führungsverhalten und Gesundheitszustand. Die beiden erstgenannten Kriterien mit der höchsten Einschätzung sind Kriterien der betrieblichen Bedingungen, liegen also außerhalb der Beschäftigten selber und sind vom Unternehmen direkt gestaltbar.

Weiterhin kann verdeutlicht werden, dass Gesundheit nur *ein* wichtiger Einflussfaktor auf die Arbeitsfähigkeit der Beschäftigten im Unternehmen ist, neben anderen wichtigen Einflussfaktoren. Und es kann gemeinsam darüber diskutiert werden, welche Ursache-Wirkungs-Beziehungen zwischen den Einflussfaktoren auf die Arbeitsfähigkeit im Unternehmen bekannt sind.

Die folgende Abb. zeigt die Ursache-Wirkungsketten, wie sie von den gleichen Workshopteilnehmern genannt werden, die auch die Bewertung im vorangegangen Beispiel abgegeben haben. Die Haupteinflussrichtungen sind hier noch mal hervorgehoben.

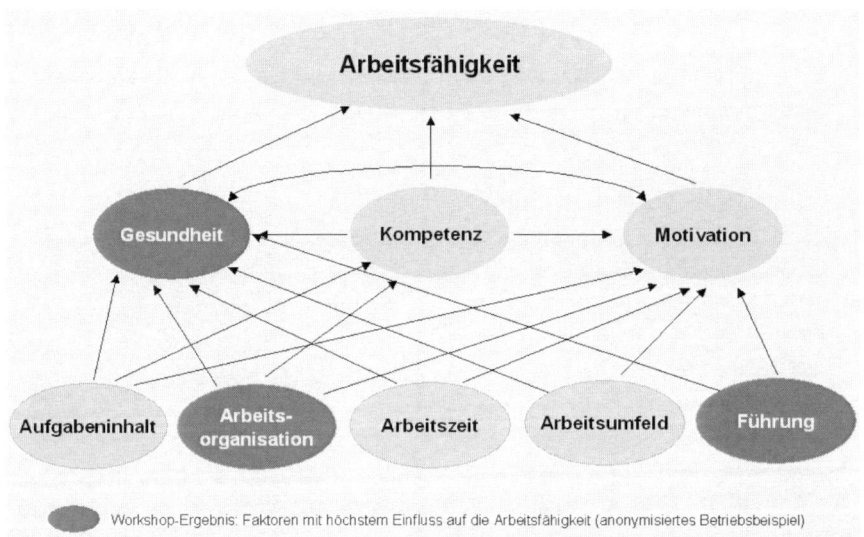

Abb. 6-2: Ursache-Wirkungs-Kette der Arbeitsfähigkeit (Ergebnis eines betrieblichen Workshops)

Es zeigt sich, dass die Workshopteilnehmer Gesundheit als eine finale Wirkung aller anderen sieben Einflussfaktoren bewerten, und dass Gesundheit lediglich kausale Wirkung auf Motivation und (demnach als Moderatorvariable) auf die Arbeitsfähigkeit hat. Gesundheit wird also als moderierender Spätindikator anderer Einflussfaktoren gesehen.

Das ist bedeutsam für die Redefinition von Gesundheitsmanagement im Unternehmen. Es stellt sich die Frage, welchen Stellenwert und welchen Einfluss beispielsweise Gesundheitsförderungsmaßnahmen wie Pausengymnastik oder Ernährungsberatung im Vergleich zu arbeitsgestalterischen Maßnahmen oder

6. Gesundheitsmanagement

Führungsverhalten haben, und ob und inwieweit sie obengenannten Kausalfaktoren der Gesundheit zuzuordnen sind?

Werfen wir zunächst einen Blick auf die arbeitswissenschaftlichen Erkenntnisse zum Gesundheitsmanagement in Deutschland und Europa. Diese ergeben sich meistenteils aus den statistischen Kennzahlen Zahl und Dauer der Arbeitsunfähigkeitstage (Fehlzeiten) sowie Zahl, Dauer und Art der Arbeitsunfähigkeitsfälle. Daten über Aktivitäten und Maßnahmen des Gesundheitsmanagements sind selten. Folglich liegen auch nur wenig verlässliche Aussagen über deren Evaluation vor. In den meisten Unternehmen liegen lediglich Zahl der AU-Tage und eventuell Teilnahme an Maßnahmen der Betrieblichen Gesundheitsförderung (BGF) vor.

Die folgende Abbildung zeigt die unterschiedlichen AU-Tage pro Kopf pro Jahr in unterschiedlichen Branchen. Es zeigt sich, dass man nicht generell zwischen Produktion, Dienstleistung und Handel unterscheiden kann, sondern dass die spezifischen Branchen sich unterschiedlich verteilen.

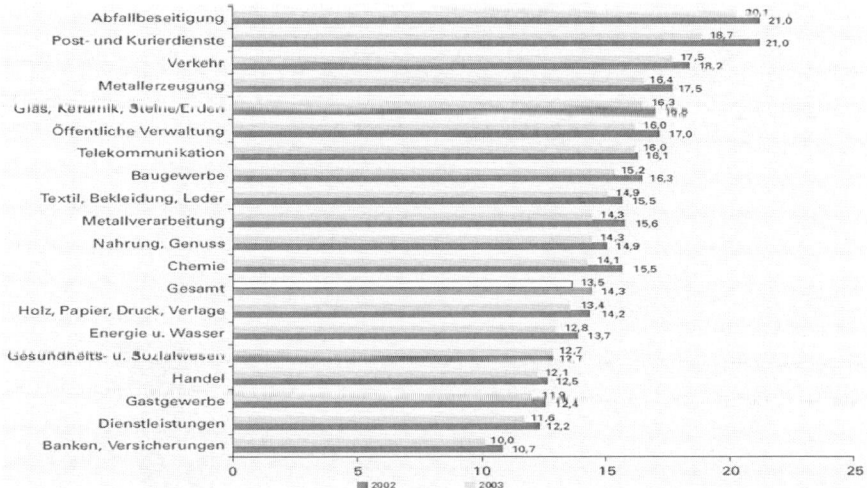

Abb. 6-3: Arbeitsunfähigkeitstage nach Branchen 2002 und 2003 (Quelle: BKK-Gesundheitsbericht 2004, zitiert nach Richenhagen)

Die nächste Abb. zeigt den Zusammenhang zwischen Arbeitsunfähigkeitstagen und Alter in verschiedenen Berufsgruppen. Durch die Differenzierung wird deutlich, dass je nach ausgeübter Tätigkeit eine Zunahme von Verschleiß bzw. eine Chronifizierung von Pathogenesen beobachtet werden kann oder nicht. Arbeitsbedingungen der Bauwirtschaft unterscheiden sich nun mal völlig von Arbeitsbedingungen bei wissensintensiven Dienstleistungen.

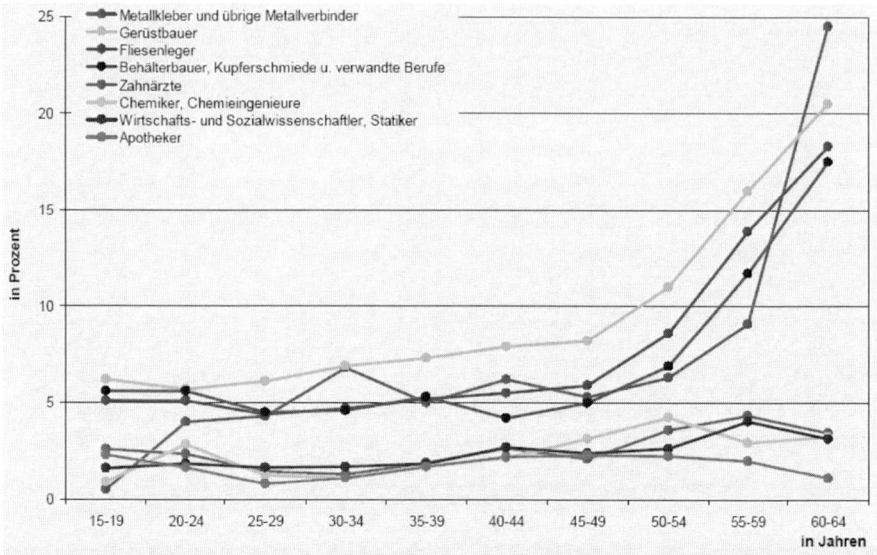

Abb. 6-4: Krankenstand nach Alter in ausgewählten Berufen (Quelle: Wissenschaftliches Institut der AOK 2003, zitiert nach Richenhagen 2005)

Als pauschale Faustregel zur Fehlzeitengesamtstatistik gilt: Die Gruppe der 50- bis 65-Jährigen zählt doppelt soviel AU-Tage wie die Gruppe der 15- bis 50-Jährigen. Die Zahl der Fälle nimmt mit zunehmendem Alter zwar ab, dafür steigt die Dauer pro Fall aber stark an (siehe folgende Abb.). Letztere Aussage gilt über alle Branchen hinweg.

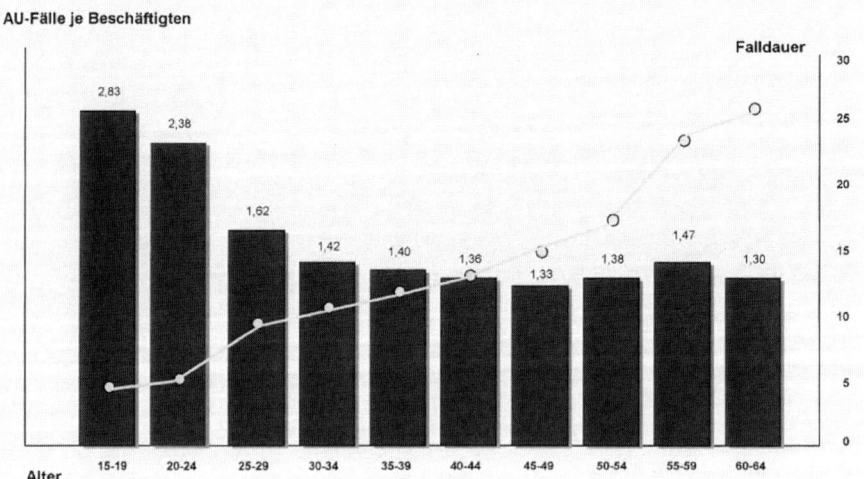

Abb. 6-5: Zusammenhang zwischen AU-Fällen, Falldauer und Alter (Quelle: B. Marschall 2005, zitiert nach Lehmann 2005)

6. Gesundheitsmanagement

Zur geschlechtsbezogenen Verteilung der AU-Tage gibt es durchweg heterogenes Material. Je nach Krankenkasse zeigt sich ein unterschiedliches Bild. Manchmal sind Frauen über alle Altersgruppen hinweg etwas häufiger krank sind als Männer, manchmal ist es umgekehrt. Krankenkassendaten sind jedoch Durchschnittswerte, die sich nicht in jeder Branche und schon gar nicht in jedem Unternehmen bestätigen lassen. Insbesondere die Auflösung bislang männerdominanter Berufe, die Zunahme von Frauen in Führungspositionen, die Auswirkungen familiensozialisierter Kontexte u. Ä. verfälschen das Bild und geben keinen Aufschluss über den Zusammenhang von Tätigkeiten/Arbeitsbedingungen und Fehlzeiten der Geschlechter. Die folgende Abb. zeigt Daten der DAK. Bei der BKK wäre das Geschlechtsverhältnis bspw. umgekehrt gewesen.

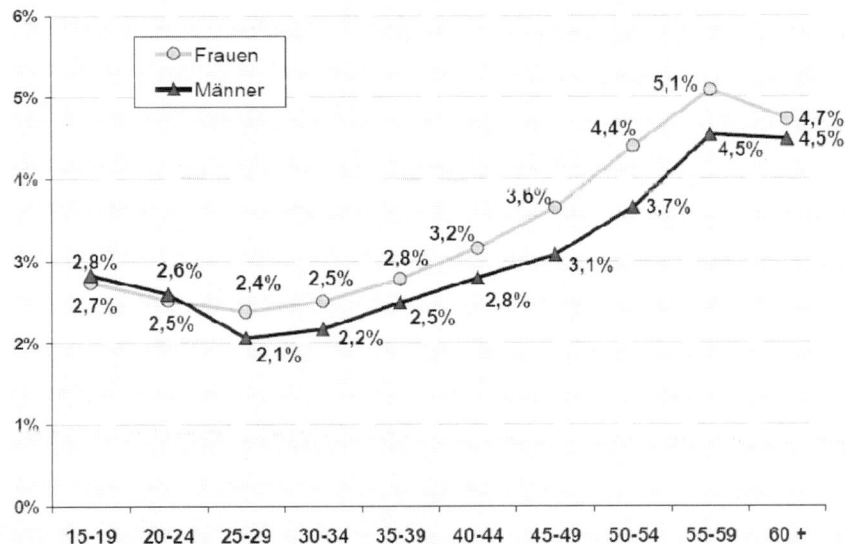

Abb. 6-6: Krankenstand nach Alter und Geschlecht bei Versicherten der DAK 2006 (Quelle: DAK-Gesundheitsreport 2007, zitiert nach Richenhagen 2007)

Die langfristigen Auswirkungen der Arbeitsbedingungen und der Verweildauer in einer Berufstätigkeit zeigen sich auch in der Zahl der Rentenzugänge wegen verminderter Erwerbsfähigkeit im Vergleich zu altersbedingten Rentenzugängen (s. folgende Abb.).

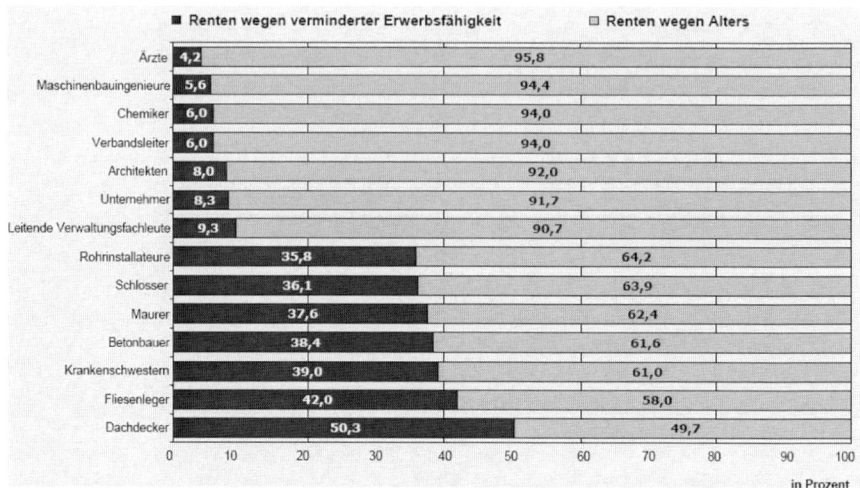

Abb. 6-7: Art der Rentenzugänge nach ausgewählten Berufen (Quelle: VDR, Stand 2003, eigene Berechnungen; zitiert nach Richenhagen 2005)

Daraus ergeben sich für die deutsche Wirtschaft enorme volkswirtschaftliche Kosten. Die folgende Abb. zeigt die geschätzte Minderung der Bruttowertschöpfung durch krankheitsbedingte Fehltage in Milliarden Euro bezogen auf verschiedene Erkrankungsarten.

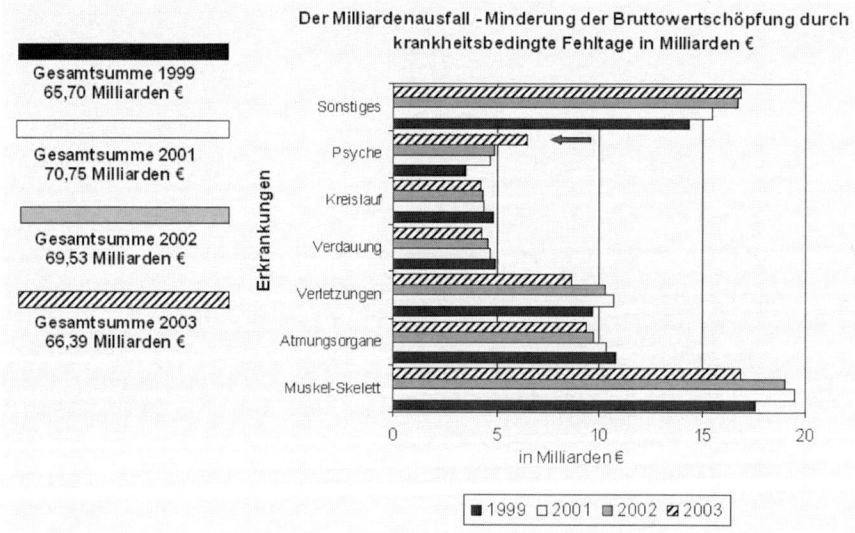

Abb. 6-8: Milliardenausfall der deutschen Wirtschaft durch krankheitsbedingte Fehltage (Quelle: Schätzung der Bundesanstalt für Arbeitsschutz, zitiert nach Knülle 2005)

Die Abb. 6-8 zeigt, dass der Hauptbestandteil nach wie vor bei den Muskel-Skelett-Erkrankungen (MSE) liegt (hier: Rückenbeschwerden; s. Abb. 6-10). Das

6. Gesundheitsmanagement 153

gilt sowohl für die Zahl der AU-Fälle wie auch für die Zahl der AU-Tage (s. folgende Abb.). Beides macht bezogen auf MSE ca. ein Viertel aus.

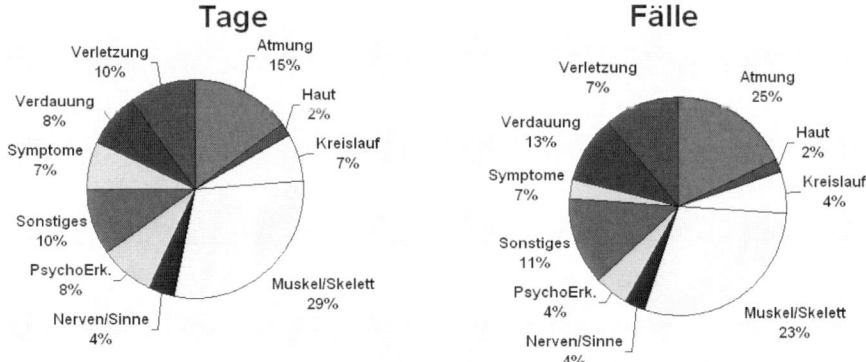

Abb. 6-9: AU-Tage und AU-Fälle anteilig in % 2004 (Quelle: Knülle 2005)

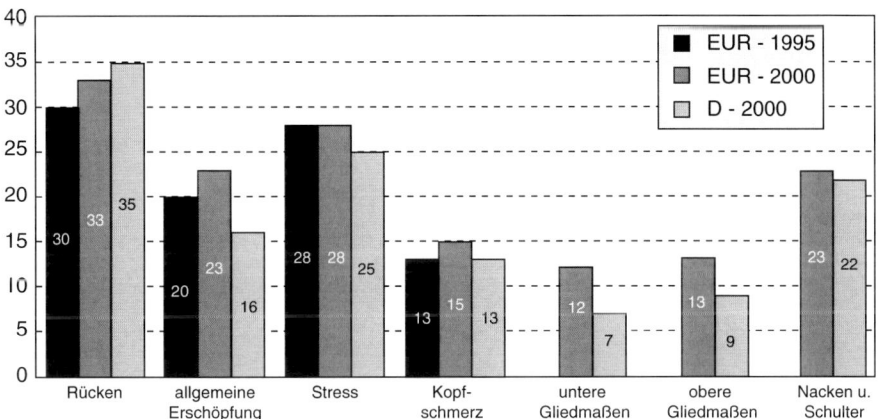

Abb. 6-10: Arbeitsbedingte Gesundheitsprobleme im Urteil der Beschäftigten (EU und D) (Quelle: Europäische Stiftung/Bericht der Bundesregierung, zitiert nach Richenhagen 2005)

In Abb. 6-8 wurde auch der Anstieg psychischer Erkrankungen von 1999 bis 2003 deutlich, während die klassischen Krankheitsarten geringfügig abnahmen bzw. nahezu konstant blieben. Dies ist eindeutig mit der Zunahme psychischer Belastungen in der Arbeitswelt zu erklären, wie die nächsten Abb. zeigen, die Daten aus NRW-Befragungen repräsentieren. Es wird die Entwicklung psychischer und physischer Belastungen über einen Zeitraum von 10 Jahren gezeigt (s. Abb. 6-11) sowie die unterschiedliche Ausprägung in den Wirtschaftssektoren (s. Abb. 6-12).

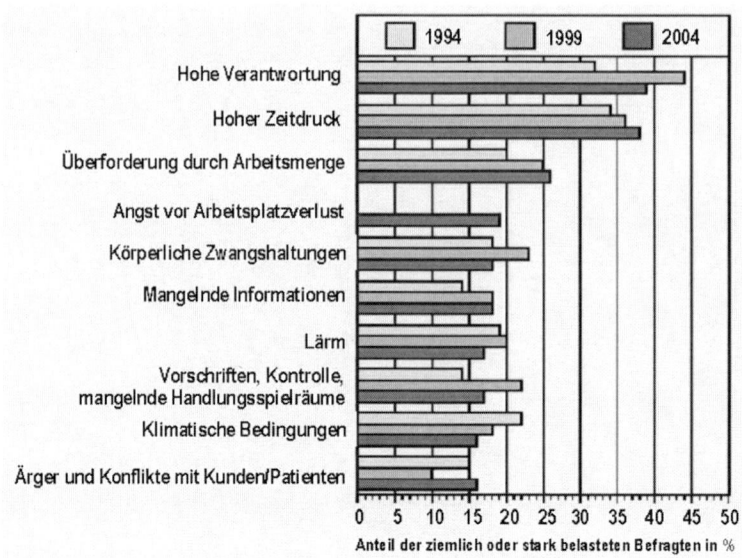

Abb. 6-11: Wandel des Belastungsspektrums in NRW (1994–2004) (Quelle: Arbeitswelt 2004, Emnid-Befragung des MAGS und der ASV NRW, zitiert nach Richenhagen 2005)

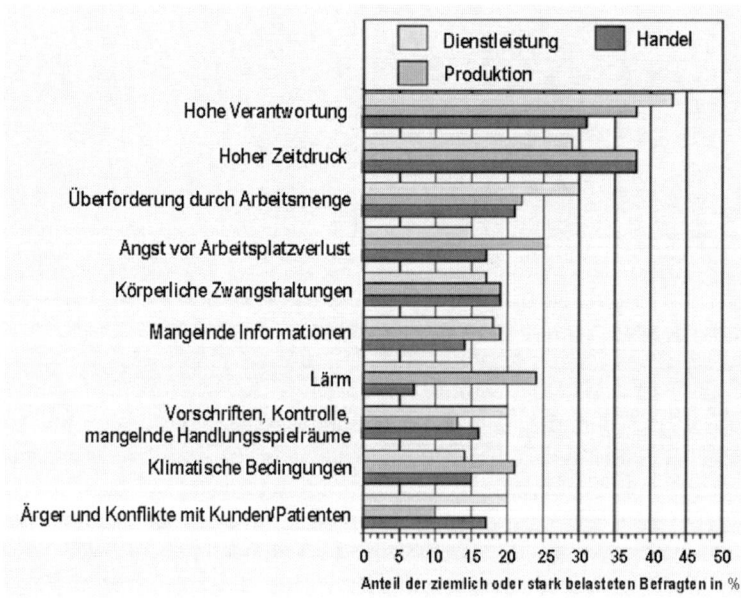

Abb. 6-12: Belastungsunterschiede nach Branchen in NRW 2004 (Quelle: Arbeitswelt 2004; Emnid-Befragung des MAGS und der ASV NRW, zitiert nach Richenhagen 2005)

Die vorhergehenden Abb. zeigen (nach Richenhagen 2005), dass sich

6. Gesundheitsmanagement

- Art und Umfang der Belastungen, die auf die Beschäftigten bei der Arbeit wirken, sich verändern (Belastungswandel)

- Berufe und Arbeitsverhältnisse einem starken Wandel unterworfen sind (Beschäftigungswandel) und dies vor dem Hintergrund

- einer sich verändernden Altersstruktur in der Erwerbsbevölkerung und in den Unternehmen (demografischer Wandel).

Insbesondere die fortschreitende Arbeitsverdichtung führt zu Überforderungen durch hohe Verantwortung, hohes Arbeitstempo und hohe Arbeitsmenge. Hinzu kommt in diesem Jahrtausend die Angst, den Arbeitsplatz zu verlieren – eine Belastungsdimension psychischer Art, die in den 90er Jahren als eigenständiger Typus so noch gar nicht existierte. Der Belastungswandel führt zunehmend zu psychischen und psychophysischen Effekten bei den betroffenen Beschäftigten; insbesondere psychosomatisch bedingte Rückenbeschwerden und negativ erlebter Stress (s. folgende Abb.).

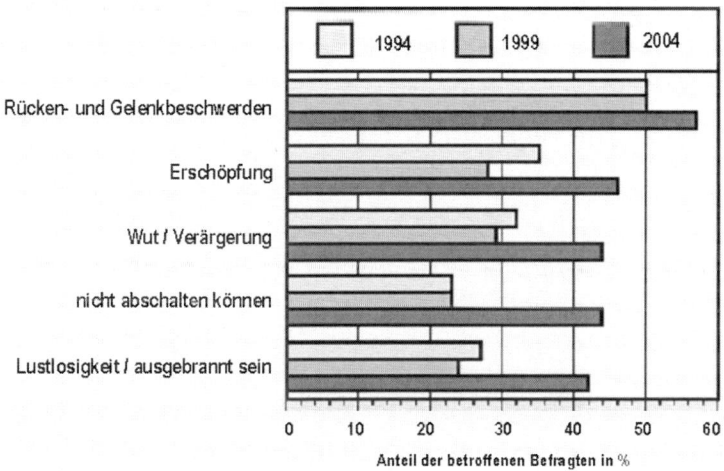

Abb. 6-13: Veränderung der Auswirkungen arbeitsbedingter Belastungen in NRW im Urteil der Beschäftigten (Quelle: Arbeitswelt 2004, Emnid-Befragung des MAGS und der ASV NRW, zitiert nach Richenhagen, 2005)

Die Zunahme psychischer Belastungen in der Arbeitswelt macht sich auch in der Diagnose psychischer Erkrankungen bemerkbar. Die folgende Abb. zeigt, dass sowohl Krankheitstage wie auch Krankheitsfälle allein zwischen 1997 und 2004 um 70% angestiegen sind.

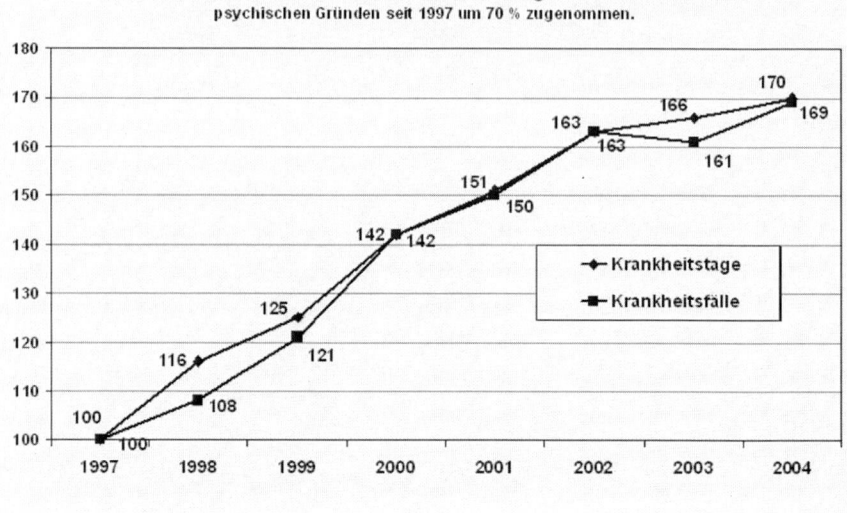

Abb. 6-14: Zunahme psychischer Erkrankungen 1997–2004 (Quelle: Deutsches Ärzteblatt Heft 16/2005, zitiert nach Knülle, 2005)

Welche arbeitsinduzierten Risiken die Wahrscheinlichkeit erhöhen, Herz-Kreislauf-Erkrankungen zu bekommen, haben Sigrist und Dagrano (2008) beschrieben. Allein extensive Mehrarbeit, die bei einem konjunkturellen Aufschwung vor allem im Maschinenbau, in der Metall- und Stahlbranche, im Bereich der Logistik flächendeckend zu verzeichnen ist, bewirkt eine relative Risikoerhöhung um das dreifache. Langjährige Bewegungsarmut, die anzutreffen ist bei überwachenden Tätigkeiten, z. B. Leitstandtätigkeiten in der Chemiebranche oder jede Art von Bildschirmtätigkeit in Verwaltungsbereichen u. a. zeigen einen Risikowert von 1,9 zum Durchschnitt. Dramatische Spannweiten des Risikowertes zeigen sich, wenn hohe Verausgabung und geringe Belohnung zusammenkommen. Man spricht hier vom Modell beruflicher Gratifikationskrisen (siehe Abb. 6-15).

6. Gesundheitsmanagement

Arbeitsbedingungen	Risikowert*
Langjährige (> 10 J.) Bewegungsarmut am Arbeitsplatz, nicht durch regelmäßige Bewegung außerhalb kompensiert.	1,9
Langjährige Schichtarbeit (6 – 20 Jahre)	1,3 - 1,8
Extensive Mehrarbeit (täglich mehr als 11 Std. über einen längeren Zeitraum)	3
Hohe Anforderungen in Kombination mit geringem Handlungsspielraum (Anforderungs-Kontroll-Modell)	1,4 - 1,9
Hohe Verausgabung und geringe Belohnung (Modell beruflicher Gratifikationskrisen)	1,3 - 4,5
Benachteiligung ohne Rechtfertigung (Modell der Organisationsgerechtigkeit)	1,4 - 1,6

Quelle: Eigene Zusammenstellung nach Sigrist/Dragano   * Odds ratio

Abb. 6-15: Zusammenhang zwischen Arbeitsbedingungen und dem Entstehungsrisiko von Herz-Kreislauf-Erkrankungen (zitiert nach Richenhagen 2008; Quelle: Sigrist u. Dragano 2008)

Bödecker u. a. leiten aus ihren Untersuchungen ab, welche arbeitsbedingten Anteile an den Fehlzeiten beobachtet werden können. Auch hier wurde der große Einfluss von geringem Handlungsspielraum (14%) und Arbeitsschwere (23%) festgestellt (s. Abb. 6-16).

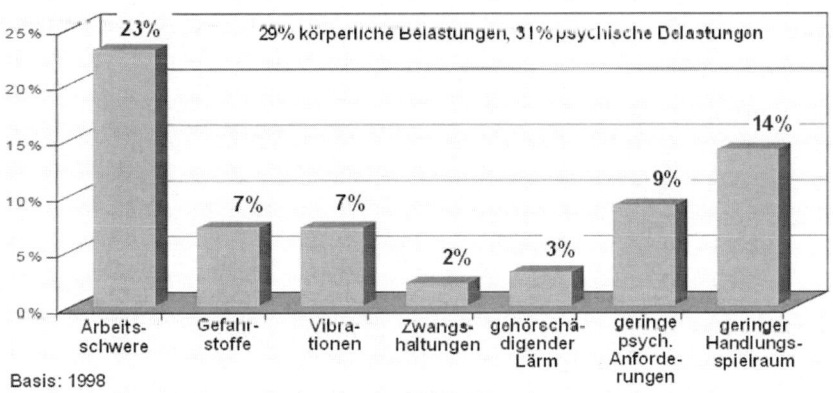

Abb. 6-16: Arbeitsbedingte Verursachung von Fehlzeiten (zitiert nach Richenhagen 2008; Quelle: Bödecker u. a.)

Die Risiken in Bezug auf das Arbeitsunfähigkeitsgeschehen werden sich mit dem demografischen Wandel durch die alternden Belegschaften erhöhen. Es wird zu erhöhten Krankenständen kommen, zu mehr Langzeiterkrankungen bzw. zu einer Erhöhung der chronischen Erkrankungen. In der Folge davon wird es zwangsläufig in den Betrieben zu Einbußen bei der Leistungsfähigkeit von Beschäftigten kommen, zu höherem Aufwand für die betriebliche Wiedereingliederung und letztlich zu höheren Sozialabgaben (vgl. Richenhagen 2008).

Verlieren Beschäftigte einmal ihren Arbeitsplatz und werden arbeitslos, so wirken sich Leistungseinschränkungen auch negativ auf die Dauer der Arbeitslosigkeit aus. Dies wird negativ verstärkt mit zunehmendem Alter und fehlender Qualifikation (s. folgende Abb.). Das heißt: Eine schlechte Arbeitsfähigkeit führt auch zu einer schlechteren Beschäftigungsfähigkeit.

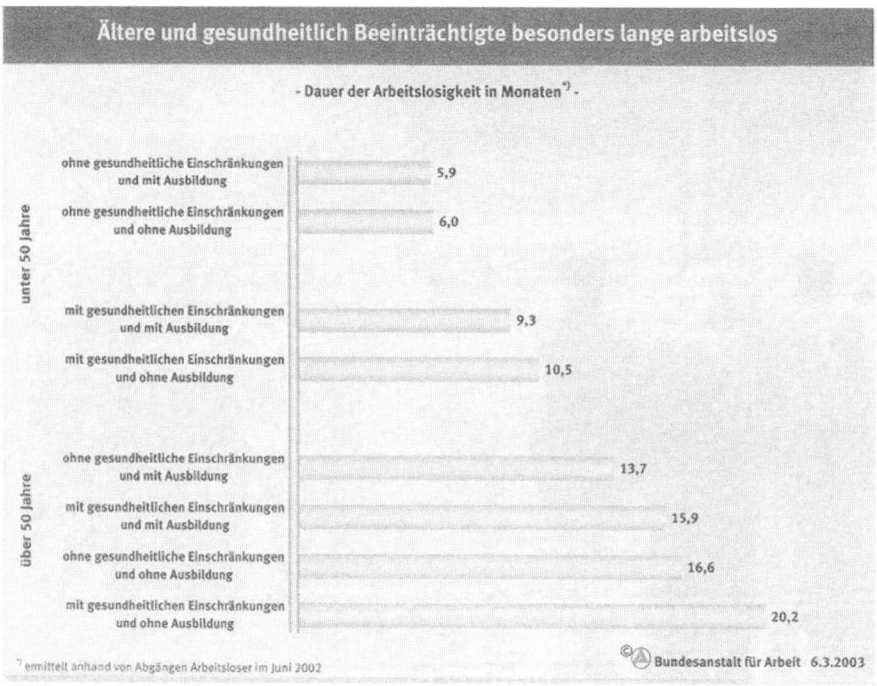

Abb. 6-17: Dauer der Arbeitslosigkeit nach Alter, Gesundheitszustand und Qualifikation (Quelle: Knülle 2005)

Quintessenzen arbeitswissenschaftlicher Erkenntnisse zur Gesundheit der Erwerbstätigen:

Gesundheitliche Einschränkungen bei Beschäftigten zeigen sich je nach Tätigkeit in ihrem Ausmaß unterschiedlich, d. h. sie sind bei Tätigkeiten mit körperlichem Verschleiß und/oder hohen psychischen Belastungen durchschnittlich höher und nehmen mit dem Alter grundsätzlich zu. In der Arbeitswissenschaft spricht man im Extremfall von Tätigkeiten mit begrenzter Ausführungsdauer, wenn innerhalb der Arbeit keine Tätigkeitswechsel stattfinden, z. B. Busfahrer, Gerüstbauer und Dachdecker, Stehberufe im Einzelhandel, ausgebrannte Lehrer/innen etc. Die psychischen Belastungen zeigen sich im Wesentlichen bei Überforderung durch konsequente Arbeitsverdichtung, erlebter Stress und Angst vor dem Arbeitsplatzverlust.

- Über alle Branchen hinweg sinkt mit dem Alter die Zahl der AU-Fälle, während die AU-Dauer stetig steigt.
- Zum geschlechtsbezogenen Ausmaß ist zu sagen, dass je nach Krankenkassendaten entweder Frauen oder Männer über alle Altersgruppen hinweg etwas häufiger krank sind als die jeweils andere Gruppe. Dies sind jedoch Durchschnittswerte, die sich nicht in jeder Branche und schon gar nicht in jedem Unternehmen bestätigen lassen.
- Von den krankheitsbedingten Fehlzeiten machen Muskel-Skelett-Erkrankungen (MSE) den größten Teil aus, gefolgt von Erkrankungen der Atmungsorgane.
- Zur Entstehung von Herz-Kreislauf-Erkrankungen tragen Arbeitsbedingungen wie Bewegungsarmut, Schichtarbeit, extensive Mehrarbeit und geringer Handlungsspielraum jeweils mit einem erhöhtem Risiko von 1,5 bis 3 bei.
- Die Zahl der psychischen Erkrankungen ist in den letzten 10 Jahren um fast 100% gestiegen. Dies korrespondiert mit der starken Zunahme erlebter psychischer Belastungen der Beschäftigten.
- Die psychischen Belastungen zeigen sich im Wesentlichen bei Überforderung durch konsequente Arbeitsbedingung, erlebter Stress und Angst vor dem Arbeitsplatzverlust.
- Dies äußert sich neben psychischen Erkrankungen auch im Bereich der MSE (Rückenbeschwerden). Zahlreiche Beschäftigte sind weder Zwangshaltungen, noch schwerem Heben und Tragen ausgesetzt, zeigen aber psychosomatische Effekte im Rückenbereich. Europäische Studien zeigen auch einen Zusammenhang zwischen MSE und befristeter Beschäftigung und geringfügiger Beschäftigung (s. European Agency for Safety and Health at Work 2006).
- Gesundheitliche Einschränkungen wirken sich negativ auf die Dauer einer möglichen Arbeitslosigkeit (Beschäftigungsfähigkeit) sowie auf die Art des Rentenzugangs und damit verbundener Rentenhöhe aus.

Wie bereits eingangs erwähnt konzentrieren sich Aussagen zur Gesundheit der Beschäftigten größtenteils rund um die Erfassung von AU-Tagen. Nur wenige Studien berücksichtigen dabei qualitative Urteile der Erwerbstätigen wie z. B. in der BIBB/IAB-Datenerhebung oder in den Erhebungen der Europäischen Stiftung zur Verbesserung der Lebens- und Arbeitsbedingungen.

Noch dürftiger sieht es bei der Erfassung und Bewertung von Maßnahmen des Gesundheitsmanagements oder der Gesundheitsförderung aus.

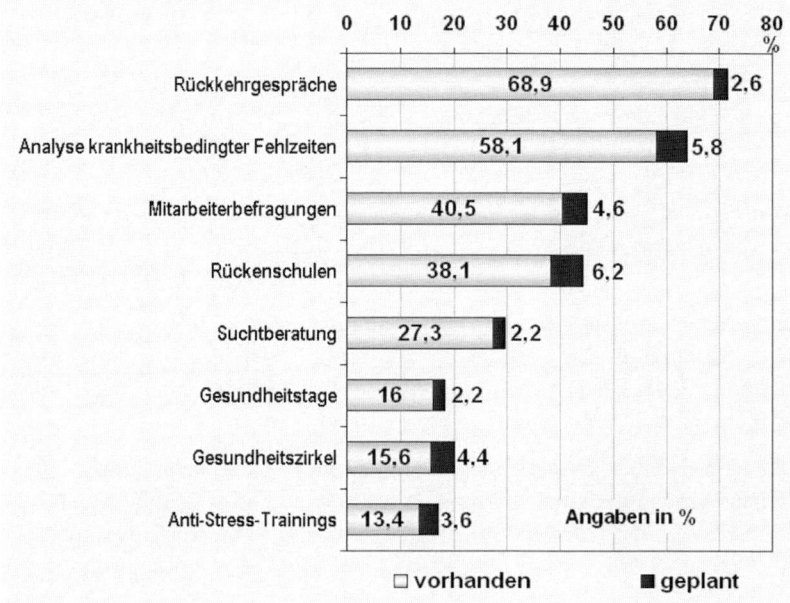

Abb. 6-18: Stand der Umsetzung im Bereich der BGF: Vorhandene und geplante Maßnahmen (n = 501) (Quelle: www.uni-bielefeld.de/gesund/fakultaet 2003)

Die Abb. zeigt, dass in Deutschland unter Gesundheitsförderungsmaßnahmen größtenteils sogenannte verhaltenspräventive Maßnahmen verstanden werden. In der obigen Abb. fehlen noch die typische Ernährungsberatung und vom Betrieb kofinanzierte Fitnessangebote in „Muckibuden" oder „Wellnesscentern". Letztere Angebote erfreuen sich gegenwärtig großer Beliebtheit.

Solche Maßnahmen sind im Rahmen ganzheitlicher Wirkung sicherlich sinnvoll, tragen aber nur einen Bruchteil zum Erhalt der Arbeitsfähigkeit bei. Mit dem Einflussgefüge auf die Arbeitsfähigkeit haben diese Maßnahmen nur sehr bedingt zu tun. I. d. R. gilt die Tatsache, dass solche betrieblichen Gesundheitsangebote die erreichen, die sowieso was für ihre Gesundheit tun aber die nicht erreichen, die es nötig hätten.

6. Gesundheitsmanagement

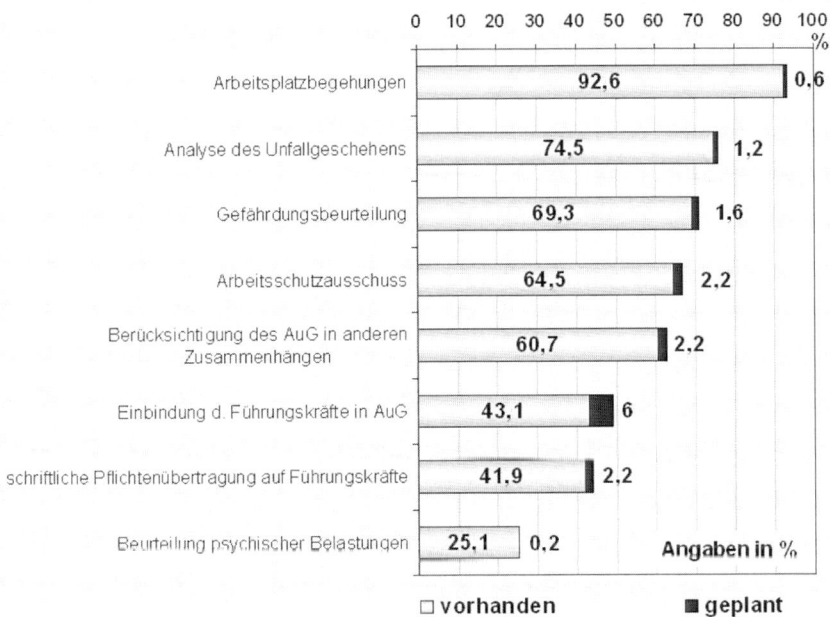

Abb. 6-19: Stand der Umsetzung gesetzlicher AuG-Vorschriften: Vorhandene und geplante Maßnahmen (n = 501) (Quelle: www.uni-bielefeld.de/gesund/fakultaet 2003)

Die obige Abb. zeigt den Stand der Umsetzung des Betrieblichen Gesundheitsschutzes aufgrund gesetzlicher AuG-Vorschriften. Es wird deutlich, dass die meisten Unternehmen weit entfernt sind von einem modernen Gesundheitsschutzmanagement, dass seine Rolle im Ursache-Wirkungsgefüge der Arbeitsfähigkeit definiert. Die Gestaltung des betrieblichen Gesundheitsmanagements wird eher traditionell am konventionellen Arbeitsschutz angehängt und im Kontext von Betriebsbegehungen, Gefährdungsanalysen etc. subsumiert.

Das gilt insbesondere für Produktionsunternehmen. Die Beurteilung psychischer Belastungen findet nur in ca. ¼ der Unternehmen statt, obwohl es eindeutig als Bestandteil der Rechtsvorschriften zu sehen ist, wobei noch nichts über die Güte der Beurteilung psychischer Belastungen ausgesagt ist.

Auch in den anderen Ländern der EU ist das Bild hinsichtlich Gesundheitsförderungsmaßnahmen heterogen (s. folgende Abb.). Es gibt einen Unterschied zwischen mediterranen EU-Ländern und mittel- und nordeuropäischen EU-Ländern. Für Deutschland fällt der vergleichsweise geringe Stellenwert der Gesundheitsdiagnostik bei der Einstellung auf.

9 Hauptinstrumente Gesundheitsförderung	Durchschnitt	Deutschland	UK	Frankreich	Italien	Spanien
Durchschnittliche Zahl der angebotenen Instrumente	3,5	3,3	3,2	3,4	3,7	3,8
% der Unternehmen, die Folgendes anbieten:						
Regelmäßige Gesundheitschecks	75	60	40	93	85	95
Medizinisches Check-up bei der Arbeit	74	82	54	86	87	60
Med. Untersuchung vor Einstellung	71	46	54	87	86	84
Gesundheitsberatung/-sprechstunden	51	40	45	40	62	68
Gesunde Verpflegung	23	36	34	13	16	18
Rückenschule	16	24	33	3	3	17
Sporteinrichtungen im Unternehmen	16	23	21	7	12	16
Ernährungsberatung	9	11	11	8	7	10
Entspannungsprogramme	5	9	8	2	1	7

Abb. 6-20: Instrumente betrieblicher Gesundheitsförderung in der EU (Quelle: www.adeccoinstitute.com 2006)

Es mangelt in deutschen Betrieben insbesondere an der Datenlage, wie bereits im Kapitel 3 „Altersstrukturanalyse" anskizziert wurde.

Bei der Erfassung sinnvoller und notwendiger Kennzahlen zur Gesundheit der Beschäftigten wird traditionell von den im Unternehmen vorhandenen Arbeitsunfähigkeitsdaten ausgegangen. Darüber hinaus werden vereinzelt Möglichkeiten des Einbezugs von Daten der Krankenkassen und die quantitative Erfassung rund um Betriebliche Gesundheitsförderungsmaßnahmen wahrgenommen.

Um halbwegs valide Aussagen (Hypothesen) über den Zusammenhang zwischen Gesundheit und Arbeit herstellen zu können, ist es wichtig, AU-Daten mit allen Schlüsselvariablen einfach (Haupteffekte), aber auch mehrfach, d. h. in einer Betrachtung mit zwei, maximal drei weiteren Faktoren zu kombinieren (s. Kapitel 3).

Die folgende Abb. zeigt beispielhaft den Zusammenhang zwischen Betriebszugehörigkeit, Durchschnittsalter und durchschnittlicher AU-Quote eines Dienstleistungsunternehmens.

6. Gesundheitsmanagement

Betriebszugehörigkeit nach Beschäftigungsjahren	AU-Quote %	Durchschnittsalter
bis 3 Jahre	3,61	32
4 - 10 Jahre	6,11	35
11 - 20 Jahre	6,92	42
21 - 30 Jahre	8,06	50
über 30 Jahre	12,19	56

Abb. 6-21: Zusammenhang zwischen Betriebszugehörigkeit, Alter und Krankenstand eines Dienstleistungsunternehmens (anonymisiertes Bsp.; Daten aus 2005)

Es zeigt sich bei diesem Unternehmen, dass mit zunehmender Betriebszugehörigkeit sowohl das Durchschnittsalter wie auch die AU-Quote steigen. Auch die Faustregel „Über 50-Jährige verzeichnen doppelt soviel AU-Tage wie unter 50-Jährige" bestätigt sich in diesem Unternehmen. Jetzt wäre interessant, diese Auffälligkeit weiter zu differenzieren nach Geschlecht, Vollzeit/Teilzeit, Beschäftigungsverhältnis, Schichtzugehörigkeit und Funktionsgruppen, um ein genaueres Bild für die Maßnahmeplanung zu erreichen und der Fehlzeitenverursachung weiter auf die Spur zu kommen.

Die folgende Liste ist das Ergebnis eines Brainstormings in einem großen Dienstleistungsunternehmen gewesen. Jede der angegebenen Kennzahlen wurden begründet, d. h. ihr Interpretationswert wurde angegeben. Dabei handelt es sich lediglich um Haupteffekte. Faktorkombinationen wurden aus Komplexitätsgründen zunächst nicht berücksichtigt. Im nächsten Schritt wurde eruiert, welche der Kennzahlen aus dem betrieblichen Datensystem generierbar waren. Bei den nicht generierbaren Kennzahlen wurde im Einzelnen geprüft, welchen besonderen Wert die Kennzahl für gegenwärtige und insbesondere zukünftige Fragestellungen hat und ob diese Kennzahl demnächst erhoben werden soll.

Mögliche Kennzahlen zur Erfassung von Daten zur Gesundheit der Beschäftigten (Ergebnis eines Brainstormings in einem großen Dienstleistungsunternehmen)

Häufigkeit erfolgreicher Eingliederung für Langzeitkranke nach Alter

Zahl der Langzeitkranken im Verhältnis zum Durchschnittsalter der Gesamtbelegschaft (Nachhaltigkeitsfaktor)

Kurzzeitkranke (3 – 42 Tage) mit Lohnfortzahlung

Kurzzeitkranke nach Alter (weniger als 3Tage) mit Lohnfortzahlung

Arbeitsunfähigkeitstage nach Alter/Gesamtbelegschaft

Arbeitsunfähigkeitstage nach Alter und Funktionsgruppen (Job Families)

Arbeitsunfähigkeitstage nach Alter und Funktionsbereichen

Arbeitsunfähigkeitstage nach Alter und Geschlecht

Arbeitsunfähigkeitstage nach Alter und Arbeitszeit (VZ/TZ)

Arbeitsunfähigkeitstage nach Alter und Teilzeit mit / ohne Mehrfachbeschäftigung

Arbeitsunfähigkeitstage nach Alter und Wochentagen und Monaten

Arbeitsunfähigkeitstage nach Alter und Arbeitszeiterfassung

Arbeitsunfähigkeitstage nach Alter und Staatsangehörigkeit (deutsch/ Migrationshintergrund)

Arbeitsunfähigkeitstage nach Alter und Arbeitsverhältnis (befristet, unbefristet, Aushilfe)

Arbeitsunfähigkeit nach Alter und Häufigkeit der Krankmeldung

Arbeitsunfähigkeitstage nach Alter und Betriebszugehörigkeit

Fehlzeiten nach Alter krankheitsbedingt / unfallbedingt

Fehlzeiten und Zusammenhang mit anderen Items einer Mitarbeiter(zufriedenheits)befragung

Arbeitsunfähigkeitstage nach Alter und Krankheitsart (Daten der BKK/AOK)

Kosten pro Arbeitsunfähigkeitstag nach ausgewählten o. g. Variablen

Häufigkeit der Teilnahme an den verschiedenen BGF-Maßnahmen nach Alter

Abfrage nach Bedürfnissen der Mitarbeiter zu BGF-Maßnahmen

Während man sich zunächst aggregierte Daten zu Fehlzeiten im Betrieb anschaut, wie Fehlzeiten nach Alter und Arbeitszeit, Fehlzeiten nach Alter und Geschlecht usw. bietet es sich in Unternehmen mit durchschnittlich besonders hohen Fehlzeiten an, vertiefende Analysen durchzuführen. Dabei zeigen oftmals die Häufigkeit von einzelnen Fehltagen, die Lage von Fehltagen (z. B. vor/nach Freizeitblock) etc. besondere Auffälligkeiten. Die folgende Abb. skizziert auf humorvolle Weise, was durchaus in einzelnen Betrieben festzustellen ist.

er 4. Sitzung des LA vom 1. November 2011

...rates an der Projektarbeit BGF

...e „Optimierungsmöglichkeiten des

...zepte zur betrieblichen

...uote"

...nine für 2012

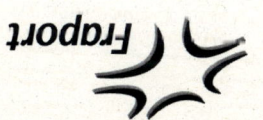

kungsausschuss FGM

e folgenden Sitzungstermine

30 Uhr

30 Uhr

30 Uhr

30 Uhr

30 Uhr

Fraport

6. Gesundheitsmanagement   165

Abb. 6-22: Fehlzeiten nach Alter und Wochentagen (humoristische Skizzierung) (Quelle: unbekannt, zitiert nach Knülle)

Im Folgenden sollen einige betriebliche Ergebnisse zu Gesundheitsdaten dargestellt werden, die für sich genommen nicht pratentiös sind, aber im Unternehmen in dieser Form vorher noch nie erfasst worden sind. In den beiden folgenden Abb. wird die durchschnittliche Arbeitsunfähigkeit nach Alter mit Arbeitszeit (VZ/TZ) und Geschlecht korreliert.

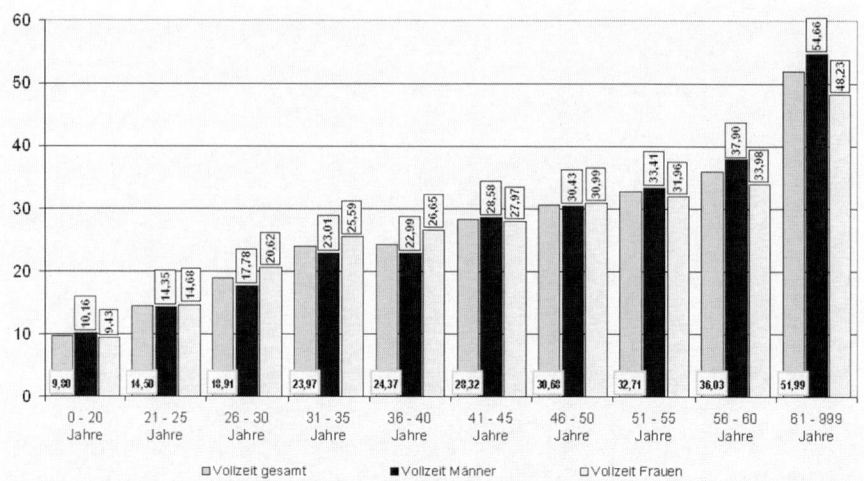

Abb. 6-23: Durchschnittliche Arbeitsunfähigkeit je Mitarbeiter Vollzeit nach Geschlecht (anonymisiertes Unternehmensbeispiel), (Quelle: prospektiv GmbH 2007)

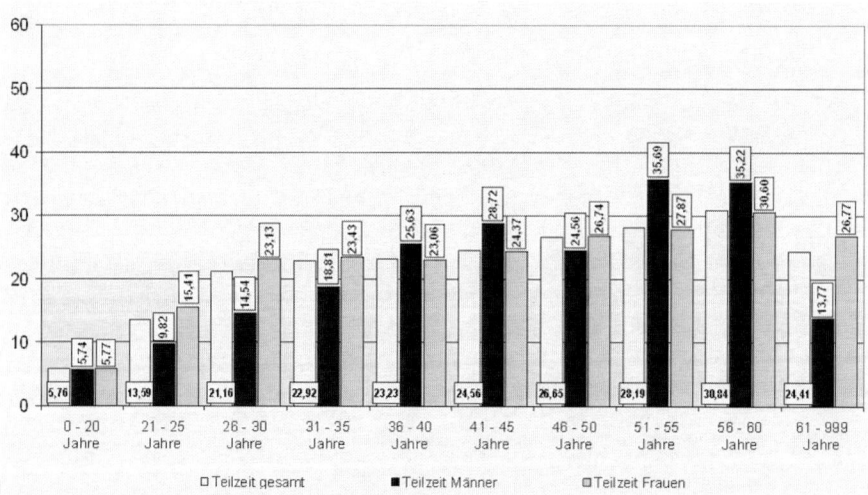

Abb. 6-24: Durchschnittliche Arbeitsunfähigkeit je Mitarbeiter Teilzeit nach Geschlecht (anonymisiertes Betriebsbeispiel), (Quelle: prospektiv GmbH 2007)

Aus den Abb. 6-23 und 6-24 ergibt sich in diesem Unternehmen, dass

- Teilzeitkräfte weniger häufig krank sind als Vollzeitkräfte,
- bis zum 35. Lebensjahr Frauen häufiger krank sind als Männer und
- etwa ab dem 35. Lebensjahr Männer insgesamt geringfügig häufiger krank sind als Frauen.

6. Gesundheitsmanagement

Entscheidend für die Maßnahmeplanung in diesem Unternehmen ist hier weniger das Geschlecht, sondern der deutliche Unterschied zwischen Vollzeit und Teilzeit in der AU nach Alter. Offensichtlich fehlen den Vollzeitmitarbeitern betriebliche Bewältigungsressourcen, die Teilzeitkräfte außerbetrieblich mobilisieren können. Solche Erkenntnisse sind, wenn sie deutlich ausfallen, wichtige Hinweise für zukunftsfähige Personalstrategien. In diesem Unternehmen wären die Potenziale und die Akzeptanz für Teilzeitarbeit zu prüfen. Neben dem besseren Gesundheitszustand ergeben sich hier auch flexible Möglichkeiten des Personaleinsatzes und ggf. auch eine verbesserte Work-Life-Balance für die Beschäftigten.

Die Abb. 6-25 zeigt enorme Geschlechtsunterschiede bei den Arbeitsunfähigkeitstagen in einem Verkehrsunternehmen. Trotz gleicher Arbeitsbedingungen haben Frauen zwischen dem 15. und dem 55. Lebensjahr deutlich höhere Fehlzeiten als Männer. Hier helfen auch keine gesellschaftlichen Plausibilitätserwägungen zur Interpretation, sondern nur noch Beteiligungsgruppen mit gesunden und häufig erkrankten weiblichen und männlichen Beschäftigten, um der Sache auf den Grund zu gehen.

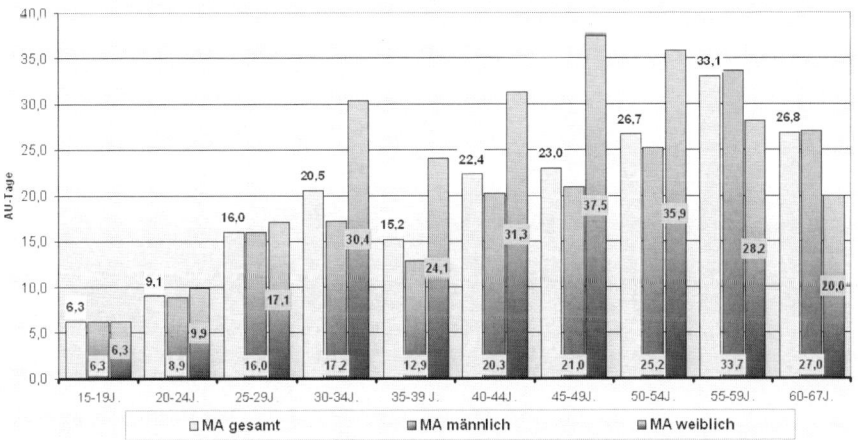

Abb. 6-25: Durchschnittliche AU-Tage nach Alter und Geschlecht in einem Verkehrsunternehmen (anonymisiertes Unternehmensbeispiel), (Quelle: prospektiv GmbH 2007)

In der folgenden Abb. 6-26 sieht man die Dynamik in der Zunahme von Fehlzeiten mit dem Alter bei Mitarbeitern eines Stahlunternehmens. Zwischen dem Alter von 25 und 40 Jahren, also innerhalb von 15 Jahren, nahmen die durchschnittlichen AU-Tage der Beschäftigten um 5 Tage von 10 auf 15 AU-Tage zu.

Die nächste Zunahme von durchschnittlich 5 Tagen (20 AU-Tage) erfolgte bereits innerhalb einer Spanne von 9 Jahren (49 Jahre), wiederum die nächste Zunahme von 5 Tagen (25 Tage) erfolgte schon nach weiteren 2,5 Jahren (51,5 Jahre), diese Zunahmeentwicklung von 5 Tagen innerhalb von 2-3 Jahren hält sich bis zu den einsetzenden Vorruhestandsregelungen mit 58 Jahren.

Danach sinken die AU-Tage aufgrund des Abgangs vieler gesundheitseingeschränkter Beschäftigter, was in vielen Betrieben beobachtet werden kann. Dass die Notwendigkeit, die Arbeitsfähigkeit der Beschäftigten bis zum Alter von 65/67 zu erhalten, für das Unternehmen eine augenscheinlich unmöglich erscheinende Herausforderung darstellt, zeigt dieses Schaubild sehr eindringlich.

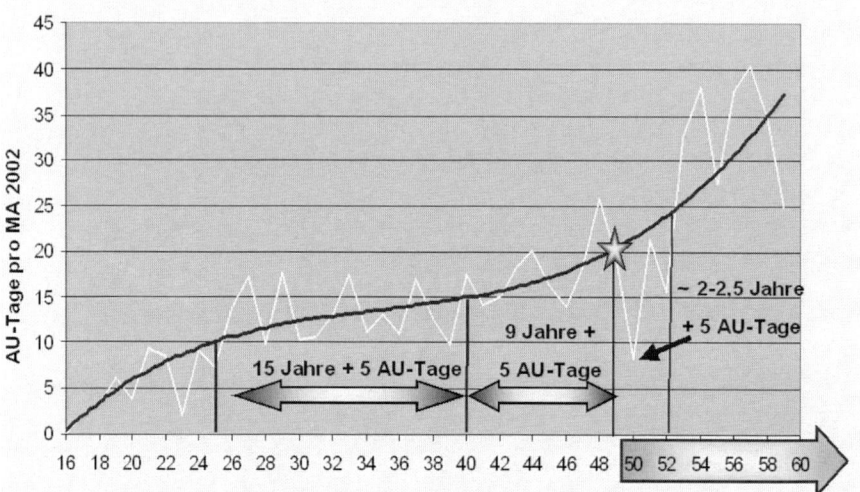

Abb. 6-26: Abnehmende Altersspanne bei Zunahme von durchschnittlich 5 AU-Tagen (Stahlunternehmen, anonymisiertes Beispiel)

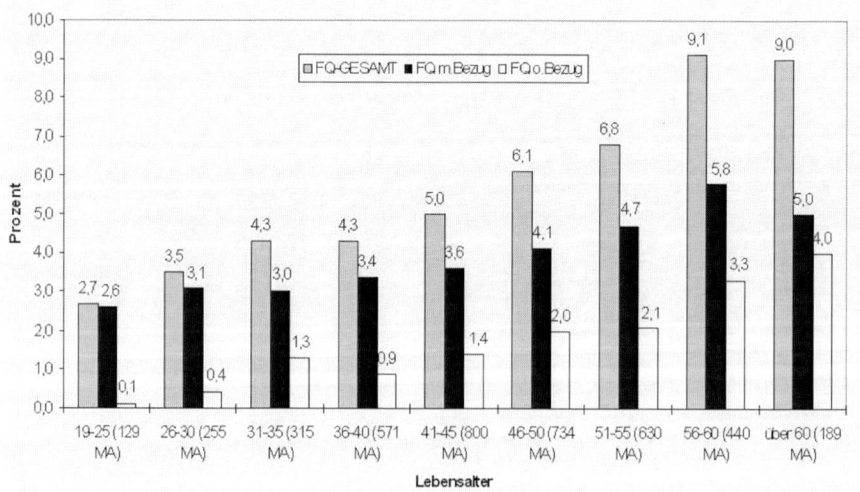

Abb. 6-27: Fehlzeitenquote nach Alter bei Busfahrern (Verkehrsunternehmen, anonymisiertes Beispiel)

6. Gesundheitsmanagement 169

Die Abb. 6-27 zeigt die mit zunehmendem Alter ansteigende Fehlzeitenquote von Busfahrern in einem ÖPNV-Unternehmen. Man könnte zu dem Schluss kommen, dass ältere Busfahrer gleichzusetzen seien mit höheren Fehlzeiten. Dem ist nicht so.

In der nächsten Abb. werden die Fehlzeiten der Busfahrer mit der Betriebszugehörigkeit, d. h. der Verweildauer in der Tätigkeit, korreliert. Es zeigt sich ein sehr differenziertes Bild. Ältere Ü-50-Busfahrer mit einer Betriebszugehörigkeit kleiner 10 Jahren haben sogar niedrigere Fehlzeiten als ihre jüngeren Kollegen. Das bedeutet, dass arbeitsbedingt verursachte Fehlzeiten mit der Verweildauer in der Tätigkeit Busfahren geprägt sind (einseitige Belastung ohne Wechsel, Monotonie, Daueraufmerksamkeit). Nicht das Alter bestimmt die Fehlzeitenhöhe. Dies ist insofern wichtig, da bspw. ÖPNV-Unternehmen davor zurückschrecken 50+ Fahrer einzustellen, da in den Köpfen der Personalmanager davon ausgegangen wird, dass Ältere mit höheren Fehlzeiten verbunden werden. Bei einer Eignungsdiagnostik, die die Berufsbiografie und eine gute Gesundheitsprognose von Bewerbern berücksichtigt, kann dies jedoch weitgehend ausgeschlossen werden, wie die Abb. 6-28 zeigt.

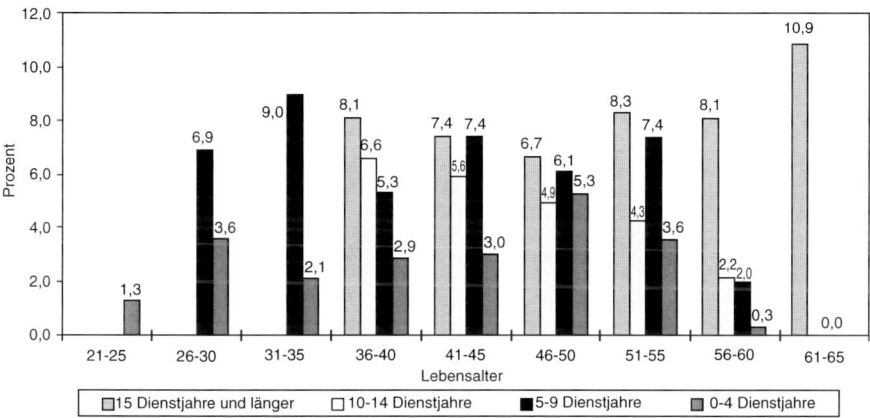

Abb. 6-28: Korrelation der Fehlzeitenquote mit Betriebszugehörigkeit nach Alter bei Busfahrern (anonymisiertes Unternehmensbeispiel)

Die folgende Abb. zeigt die Verteilung von AU-Tagen auf verschiedene Funktionsbereiche eines IT-Unternehmens. Es herrscht vorwiegend Bildschirmarbeit im Umgang mit IuK-Technologien und den damit verbundenen (psychischen) Belastungen vor. Die durchschnittlichen AU-Tage der Mitarbeiter sind in allen Funktionsbereichen grenzwertig niedrig. AU-Tage von Führungskräften werden nicht erfasst. Man kann hier davon ausgehen, dass weder arbeitsbedingte noch motivationale Anteile an den Fehlzeiten vorliegen. Darüber hinaus fällt die auffallend niedrige Zahl von durchschnittlich 2,7 Tagen im Funktionsbereich 2200 auf. Hier arbeiten mehrheitlich junge Mitarbeiter an Zukunftstechnologien. Diese geistig schöpferische, kreative Arbeit senkt offensichtlich noch die an sich schon grenzwertig niedrigen Fehlzeiten. Dieses Beispiel zeigt, wie sich kreative und attraktive Arbeit im Rahmen eines guten Betriebsklimas positiv auf die Fehlzeiten auswirken.

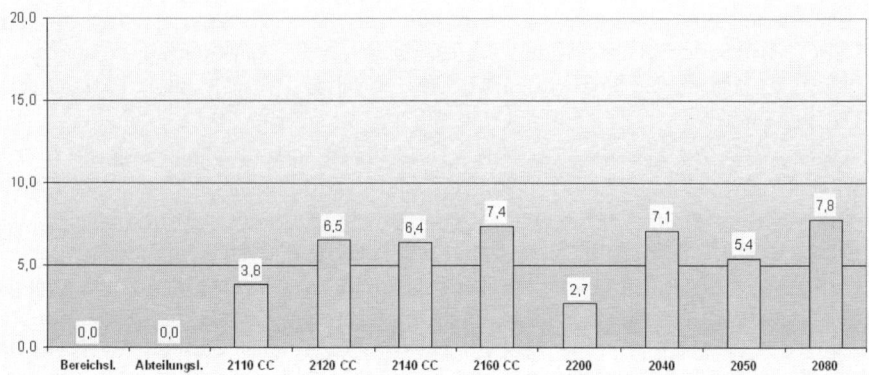

Abb. 6-29: Verteilung von AU-Tagen auf Funktionsbereiche eines IT-Unternehmens (anonymisiertes Unternehmensbeispiel), (Quelle: prospektiv GmbH 2007)

Die folgende Abb. zeigt die eindeutig verschleißbedingte Zunahme von Fehlzeiten bei der Tätigkeit des Busfahrens. Busfahren ist aus arbeitswissenschaftlicher Sicht eine Tätigkeit mit begrenzter Ausführungsdauer, wenn sie nicht mit anderen Tätigkeiten und einem damit verbundenen Belastungswechsel gemischt wird.

Kohorten	< 30	30-39 J.	40 – 49 J.	> 50 J.
Anzahl Mitarbeiter	23	138	245	188
AU-Tage pro Kohorte	371	3269	5491	5968
Ø AU-Tage pro Mitarbeiter	16	24	22	32

Abb. 6-30: Durchschnittliche AU-Tage pro Mitarbeiter in Kohorten im Fahrdienst Bus (Verkehrsunternehmen, anonymisiertes Beispiel)

Die Beispiele zeigen, wie dramatisch Fehlzeiten in einigen Tätigkeiten, Branchen, Unternehmen mit dem Alter zunehmen, in anderen nicht. Oftmals liegen Verschleißprozesse vor, aber auch anzunehmende hohe motivationale Anteile, wenn die Führungskultur und das Betriebsklima schlecht sind.

6. Gesundheitsmanagement

Im Rahmen eines Workshops wurde einmal „spekuliert", wie sich Ursachen für die Zunahme von Fehlzeiten beim Fahrdienst darstellen und welche Maßnahmen möglich sind (s. nachfolgende Abb.).

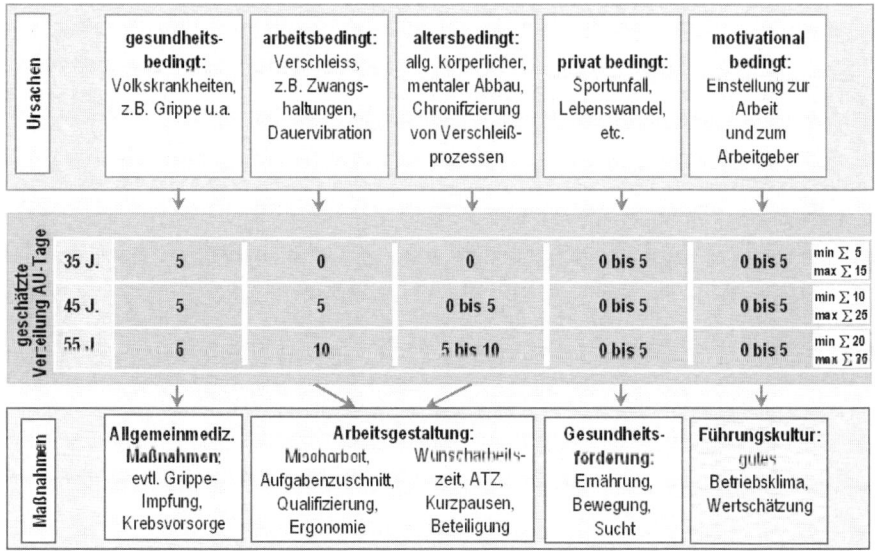

Abb. 6-31: Schematische Skizze zur Verursachung und Maßnahmeergreifung bei Fehlzeiten im Fahrdienst von Verkehrsunternehmen

Die Abb. 6-31 zeigt im oberen Drittel zunächst die Arten unterschiedlicher Verursachung von Fehlzeiten.

Gesundheitsbedingt bedeutet, dass es einen Anteil gibt, der durch normale Volkskrankheiten wie Grippe, Kopfschmerzen, Magenverstimmung o. ä. verursacht ist. Hier wird jeder Mediziner bestätigen, dass 5-6 Tage im Jahr normal sind. D. h. dieser Anteil von Fehlzeiten ist quasi als Grundbestand gesetzt und entspricht der natürlichen Volksgesundheit. Das gilt für alle Tätigkeiten in allen Branchen. Eine Fehlzeitenquote von 2,5 bis 3% ist aus gesundheitlichen Gründen kaum zu unterbieten.

Die *arbeitsbedingten* Ursachen von Fehlzeiten beziehen sich auf physische und psychische Belastungen bei der Arbeit, die meistenteils nicht kurzzeitig, aber bei längerer Verweildauer in der Tätigkeit verschleißbedingte Wirkungen zeigen. Die arbeitsbedingten Anteile korrelieren stark mit dem Altersverlauf, so dass zunehmende Verweildauer in der Belastungsexposition gekoppelt mit zunehmendem Alter oft deutlich zu Chronifizierung und zur Erweiterung und Generalisierung von Beschwerden führt.

Dann gibt es von privater Seite der Beschäftigten die entsprechend *privat bedingten* Anteile der Fehlzeiten, die i. d. R. mit einem der Gesundheit nicht unbedingt zuträglichen Lebenswandel zu tun haben: Bewegungsmangel, gewohnheitsmäßige Alkoholeinnahme, ungesunde Ernährung u. a. Dazu zählen auch insbesondere bei Jüngeren die Selbstüberschätzung beim Sport oder andere leistungsbezogene Aktivitäten (Vermeidung von Schlaf).

Schlussendlich gibt es noch die *motivational bedingten* Anteile von Fehlzeiten, die mit der mangelhaften Einstellung zur Arbeit und/oder zum Arbeitgeber zusammenhängen. Dies geht meistens einher mit einem schlechten Betriebsklima und unangemessenem Führungsverhalten. Motivational bedingte Fehlzeitenverursachung wirkt sich auch negativ auf privat und gesundheitsbedingte Verursachung aus. In Ausnahmefällen können bei einzelnen Beschäftigten die motivationalen Anteile 10 bis 20 AU-Tage pro Jahr ausmachen („Blaumacher").

Bei der Frage, was man an Gesundheitsschutzmaßnahmen ergreifen kann, um der Zunahme an Fehlzeiten bei zunehmendem Alter und Verweildauer in der Fahrtätigkeit begegnen kann, sind zunächst nach Herzberg (1959) die sogenannten Hygienefaktoren zu nennen. Dazu zählen allgemeinmedizinische Maßnahmen wie Grippeimpfung, Krebsvorsorge etc. und Maßnahmen der betrieblichen Gesundheitsförderung wie Ernährungsberatung, Unterstützungen sportlicher Aktivitäten, Suchtberatung etc. Diese Maßnahmebündel können als notwendige, aber nicht hinreichende Maßnahmen eines Gesundheitsmanagements bezeichnet werden. Sie dienen vor allem als Beitrag zu einem guten Betriebsklima und zu einem guten Arbeitgeberimage, haben also eine durchaus wichtige Funktion. Dabei übernimmt das Unternehmen Aufgaben, die eigentlich als gesellschaftspolitische Aufgaben zu bezeichnen sind, und die in die Eigenverantwortung und Mündigkeit der Bevölkerung bzw. der Belegschaft fällt. Wie viel Fehltage pro Mitarbeiter im Jahr dadurch eingespart werden können, ist schwierig einzuschätzen. Meistens erreichen solche Maßnahmen nur die Beschäftigten, die sich sowieso um ihre Gesundheit kümmern und nicht die, die es nötig hätten. Die „Wahrheit" wird vermutlich irgendwo zwischen 0 und im günstigsten Fall bis maximal 5 Tagen pro Mitarbeiter liegen. Positiv beeinflusst werden die Hygienefaktoren insbesondere mit flankierenden Maßnahmen eines mitarbeiterorientierten Führungsstils und Maßnahmen zur Förderung eines guten Betriebsklimas. Dazu zählt insbesondere das Wertschätzungsmanagement. Eine positive Führungskultur ist Katalysator für alle anderen Maßnahmen des Gesundheitsmanagements. Umgekehrt ist eine miserable Führungskultur Verhinderer aller anderen gut gemeinten Gesundheitsschutzmaßnahmen (s. hierzu auch Ilmarinen (1998) an anderer Stelle in diesem Buch).

Den partiell wohl bedeutsamsten Einfluss auf den Gesundheitszustand der Erwerbstätigen hat die Gestaltung gesundheitsstabiler Arbeitssysteme (siehe Kapitel Arbeitsgestaltung). Hier sind bei Zunahme der Verweildauer in Belastungskonstellationen und Zunahme des Alters der Beschäftigten insbesondere Mischarbeit mit organisiertem Belastungswechsel, mitarbeiterorientierte Arbeitszeitformen und Konzepte umfassender Partizipation als Stellhebel hervorzuheben.

Fasst man die „Spekulationen" des Workshops, wie sich Ursachen für die Zunahme von Fehlzeiten beim Fahrdienst darstellen und welche Maßnahmen möglich sind, zusammen, dann ist ein Maßnahmebündel von Arbeitsgestaltung und Förderung der Betriebskultur als zentraler Promotor für die Förderung des Gesundheitszustands zu nennen. Hinsichtlich des Gesundheitszustands von Fah-

6. Gesundheitsmanagement

rer/-innen, die länger als 20 Jahre Verweildauer bezüglich der Tätigkeit und ein Alter größer 50 Jahre aufweisen, ist aber davon auszugehen, dass bei Durchführung aller oben erwähnter Maßnahmen eine niedrigere Fehltagequote von 20 Tagen pro älterem Fahrdienstmitarbeiter im Jahr kaum zu erreichen ist. Das hängt mit der Konzeption eines Verkehrsunternehmens, seiner hohen Funktionstrennung der Tätigkeiten und der Branche zusammen, die bspw. nur ein Mischarbeitspotenzial von ca. 5% für die Fahrtätigkeit möglich macht. In anderen Branchen, wie z. B. des Maschinenbaus oder der Metallverarbeitung, sind wesentlich günstigere Ausgangssituationen vorzufinden. Für den Leser wurde absichtlich ein extremes Beispiel gewählt, um die Ursache-Wirkungsbeziehungen beim Fehlzeitenmanagement, wie es anfangs des Kapitels im Bild des Hauses der Arbeitsfähigkeit veranschaulicht wurde, darzustellen.

Abschließend sollen noch einmal die wichtigsten strategischen Fragen, die vor dem Hintergrund des demografischen Wandels mit dem Gesundheitsmanagement verbunden sind, genannt werden:

Strategische Fragen

- Welches Ausmaß an Einschränkungen/Fehlzeiten sind mit der Zunahme Älterer verbunden?
- Welches Ausmaß an Einschränkungen/Fehlzeiten ist mit der Zunahme der Betriebszugehörigkeitsdauer verbunden? Welche Rolle spielen Tätigkeitswechsel dabei?
- Gibt es Geschlechtsunterschiede hinsichtlich der Fehlzeiten mit zunehmendem Alter? Sind hier Kohorteneffekte zu beobachten?
- Gibt es Unterschiede bei Vollzeit- und Teilzeitbeschäftigten hinsichtlich der Fehlzeiten mit zunehmendem Alter? Gilt die alte arbeitswissenschaftliche Regel von der Reproduktionsfähigkeit in der Freizeit? Werden Mehrfachbeschäftigungen von Teilzeitmitarbeitern erhoben?
- Wie kann insgesamt die Arbeitsfähigkeit bis zum Renteneintrittsalter erhalten werden? (Strategie, Konzepte)
- Gibt es sogenannte „Tätigkeiten mit begrenzter Dauer"?
- Wird von den Beschäftigten auch ein Eigenbeitrag zur Prävention geleistet (verlangt)?
- Wie geht das Unternehmen mit Leistungsgeminderten um?
- Wie kann Mischarbeit mit mentalem und körperlichem Belastungswechsel organisiert werden? Welche Grenzen sind durch die Funktionstrennung gesetzt?
- Können Job Familien, Teiltätigkeiten und deren Belastungsgrade identifiziert werden?
- Können Leichttätigkeiten identifiziert werden?
- Wie wird sich das Ausmaß Langzeitkranker entwickeln?
- Gibt es im Unternehmen eine konsensbezogene Schätzung/Vermutung über die Verursachungsanteile der Fehlzeiten?
- Welche Rolle spielt (betriebliche) Gesundheit im Kontext der workability und der employability der Zukunft?

6.1 Betriebliches Eingliederungsmanagement (BEM)

Ein weiterer wichtiger Baustein betrieblichen Gesundheitsmanagements stellt das betriebliche Eingliederungsmanagement (BEM) dar.

Das betriebliche Eingliederungsmanagement ist im SGB IX geregelt und bisher eher zögerlich von Arbeitgebern und Personalverantwortlichen wahrgenommen worden. Das liegt daran, dass sich das SGB IX mit der Rehabilitation und Teilhabe behinderter Menschen befasst und nicht jedes Unternehmen Menschen mit Behinderungen beschäftigt. Das heißt: Eine Präventionsvorschrift, die für jeden Arbeitgeber gilt, ist in einem Gesetz formuliert, das nicht viele Arbeitgeber kennen.

Für die Rehabilitation gilt generell der Grundsatz des Vorrangs von Prävention: Rehabilitation hat nicht nur die Aufgabe, behinderte Menschen in das gesellschaftliche Leben einzugliedern, sondern auch, eine drohende Arbeitsunfähigkeit oder -einschränkung abzuwenden oder die Entwicklung einer Leistungswandlung präventiv einzugrenzen. Es ist somit darauf hinzuwirken, den Beginn einer Leistungseinschränkung einschließlich einer chronischen Erkrankung zu vermeiden (§ 3 SGB IX). Daraus ergibt sich, dass das SGB IX auch Präventionsvorschriften enthalten kann, die über die Rehabilitation und Teilhabe behinderter Menschen hinausgeht.

Eine solche weit über das SGB IX hinausragende Präventionsvorschrift wird in § 84 (2) geregelt.

> Der § 84 (2) SGB IX verpflichtet alle Arbeitgeber zum Betrieblichen Eingliederungsmanagement, sobald ein Arbeitnehmer innerhalb eines Jahres länger als sechs Wochen ununterbrochen oder wiederholt arbeitsunfähig ist. Diese Vorschrift gilt für jedes Unternehmen, unabhängig von der Betriebsgröße und es bezieht sich auf sämtliche Beschäftigte, nicht nur auf (schwer)behinderte Menschen.

Den Hintergrund dieser neuen Präventionsvorschrift bilden folgende arbeitswissenschaftliche Daten und Erkenntnisse:

- 35,9% der erkrankten Erwerbstätigen sind chronisch oder langzeitkrank (Priester 2005).

- Hohe arbeitsbedingte Mehrfachbelastungen sind wesentliche Risikofaktoren chronischer Erkrankungen und Behinderungen.

- Belastende und gering qualifizierte Tätigkeiten mit geringen Handlungsspielräumen korrelieren mit hohen AU-Zeiten und Erwerbsunfähigkeitszahlen.

- Die Expositionsdauer arbeitsbedingter Belastungen wird von Beschäftigten und auch von Führungskräften und Arbeitsschutzakteuren häufig unterschätzt bzw. verdrängt.

6. Gesundheitsmanagement

- Mehr als zwei Drittel der chronisch Kranken sind zwischen 40 bis 65 Jahre alt (nach dem Verband Deutscher Rentenversicherungsträger (2002) der Personenkreis mit überproportional hohem Rehabilitationsbedarf).

- Die Zahl junger chronisch Kranker hat im Verhältnis zu den 90er Jahren ebenfalls zugenommen.

- Die zunehmende Alterung von Belegschaften (im Kontext der demografischen Entwicklung) hat eine Erhöhung chronischer Erkrankungen zur Folge.

Die genannten Sachverhalte zusammengenommen führen zu einer beschleunigten Entwicklung und erfordern eine präventive Vorgehensweise zum Erhalt der Arbeitsfähigkeit bis zum Renteneintrittsalter: spezifisch beim BEM für Beschäftigte, die durch wiederholte, gesundheitlich bedingte Arbeitsausfälle auffällig werden.

Um diese Aufgabe strukturell und handlungsinstruktiv im Unternehmen umzusetzen, sind betriebliche Akteure oftmals ratlos hinsichtlich der Priorisierung ihrer Aufgaben und der Schaffung geeigneter betrieblicher Strukturen, die durch den Paradigmenwechsel in der 2. Hälfte der 90er Jahre im Gesundheitsmanagement entstanden sind.

Während in den neunziger Jahre noch die Integration von Qualitätsmanagement, Umweltschutzmanagement und Arbeitschutzmanagement proklamiert wurde, wird in diesem Jahrzehnt und zukünftig die Integration von Gesundheitsmanagement, Betrieblichem Eingliederungsmanagement und Betriebssicherheitsmanagement im Mittelpunkt stehen. Dieses Dreieck wiederum ist eng verknüpft mit Strukturen und Aufgaben des Personalmanagements (s. Abb. 6.1-1).

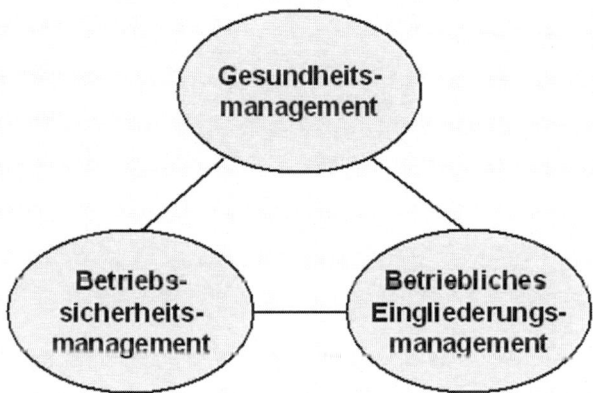

Abb. 6.1-1: Teilbereiche eines integrierten Gesundheitsmanagementsystems

Ein weiteres Defizit, welches branchenübergreifend zu beobachten ist, bezieht sich auf den engen Zusammenhang zwischen Gesundheit und Arbeitsbedingungen wie auch Führungsverhalten. Tätigkeitsanalysen, Tätigkeitsbewertungen, aufgabenbezogene psychophysische Anforderungsprofile finden sich in kaum einem Unternehmen. Diese wären aber notwendig, um bspw. bei alternden Belegschaften eine vorausschauende Personaleinsatzplanung wie auch individuelle Abgleiche von Fähigkeitsprofilen mit Anforderungsprofilen vorzunehmen.

Beim Betrieblichen Eingliederungsmanagement geht darum, Tätigkeiten zu identifizieren und zur Verfügung zu stellen, die vorübergehend oder auch unbefristet von Beschäftigten mit diagnostizierten Leistungseinschränkungen wahrgenommen werden können.

Nachfolgend ist gekennzeichnet, was Betriebliches Eingliederungsmanagement bedeutet, wenn die Raten von Arbeitsunfähigkeitstagen im Unternehmen steigen, meist mit dem Alter bzw. mit Beschäftigten, die eine hohe Verweildauer bei belastender Arbeit aufweisen.

Betriebliches Eingliederungsmanagement heißt, dass systematisch, umfassend und umgehend zu klären ist,

- wie die Arbeitsunfähigkeit entstehen konnte, um ähnliche Genesen bei anderen Beschäftigten zu vermeiden,
- wie die Arbeitsunfähigkeit überwunden werden kann und damit Fehlzeiten verringert werden können,
- mit welchen Unterstützungsleistungen einer erneuten Arbeitsunfähigkeit vorgebeugt werden kann,
- wie der Arbeitsplatz erhalten,
- wie die Arbeitsfähigkeit des Beschäftigten weiter genutzt und
- wie eine erhöhte Einsatzfähigkeit und Produktivität sichergestellt werden können.

Diese Klärung hat der Arbeitgeber zusammen mit der betrieblichen Interessenvertretung und mit Zustimmung und Beteiligung der betroffenen Person gemeinsam vorzunehmen. Soweit es einer fachkundigen Beratung bedarf, sind außerdem Betriebsarzt bzw. Arbeitsmedizinischer Dienst und die Sozialleistungsträger hinzuzuziehen. Ergänzend hat die betriebliche Interessenvertretung nach § 93 SGB IX darüber zu wachen, dass der Arbeitgeber die ihm obliegenden Verpflichtungen erfüllt.

Rechtlich ist derzeit noch unklar, wie damit umzugehen ist, wenn ein Betriebliches Eingliederungsmanagement nicht vorliegt, d. h. wie die Rechtsvorschrift im gesprochenen Richterrecht demnächst ausgelegt werden wird.

Es ist davon auszugehen, dass Kündigungen wegen Krankheit aufgrund nicht vollzogenen Eingliederungsmanagements unwirksam sind.

Weiterhin sind Schadensersatzansprüche seitens des Arbeitnehmers oder der Rehabilitationsträger denkbar, wenn sich z. B. chronische Krankheiten deshalb verstärkt haben, weil der Arbeitgeber das gesetzlich geforderte Betriebliche Eingliederungsmanagement nicht betrieben hat.

6. Gesundheitsmanagement

Jedem Unternehmen ist also auch aus Haftungsgründen dringend zu raten, ein Betriebliches Eingliederungsmanagement zu schaffen (s. auch Abb. 6.1-2).

Konsequenzen gemäß des Kündigungsschutzgesetztes (KSchG)

- Krankheitsbedingte Kündigungen des Arbeitsverhältnisses = Ultimo Ratio.

- Bei fehlenden oder unzureichendem Eingliederungsverfahren: Kündigung sozial ungerechtfertigt (§1 KSchG) ⇒ Nachweispflicht des Arbeitgebers/ der Arbeitgeberin

- Berufung des Arbeitgebers/ der Arbeitgeberin auf Unzumutbarkeit und Ultimo Ratio aussichtslos, wenn der/die Betroffene Alternativen zur Kündigung angeben kann.

- Auch und gerade bei schwerbehinderten Beschäftigten ist eine krankheitsbedingte Kündigung nicht gerechtfertigt.

Abb. 6.1-2: Mögliche Folgen einer Unterlassung von BEM (Quelle: www.igmetall.de/gutearbeit)

Welche Relevanz das BEM vor dem Hintergrund des Allgemeinen Gleichbehandlungsgesetzes (AGG) hinsichtlich Alter und Behinderung hat, ist derzeit noch völlig unklar.

Die folgende Abb. 6.1-3 zeigt die grundlegende Zielstellung des BEM:

Kurzfristige Zielsetzungen	Langfristige Zielsetzungen
■ Überwindung der Arbeitsunfähigkeit	■ Erhalt und Förderung der Gesundheit
■ Vorbeugung erneuter Arbeitsunfähigkeit	■ Vermeidung chronischer Erkrankungen und Behinderungen
■ Vermeidung von krankheitsbedingten Kündigungen	■ Eingrenzung entsprechender Folgen
	■ Dauerhafte Sicherung der Arbeitsfähigkeit
	■ Verzahnung des BEM mit der betrieblichen Gesundheitspolitik

Beschäftigungssicherung durch Prävention und Rehabilitation als Pflichtaufgabe des Arbeitgebers/ der Arbeitgeberin und der Interessenvertretung

Abb. 6.1-3: Grundlagen und Zielstellung des BEM

Verbreitung

Es wurde bereits ausgeführt, dass es sinnvoll ist, für jeden BEM-Fall (> 30 AU-Tage innerhalb von 365 Tagen) in jedem Unternehmen ein Betriebliches Eingliederungsmanagement vorzuhalten. Dennoch ist es ein Unterschied, ob in einem Unternehmen mit 250 Beschäftigten 3 BEM-Fälle vorliegen oder in einem Unternehmen mit 3.000 Beschäftigten 150 BEM-Fälle (und 50 weiteren drohenden durch die Altersentwicklung[1]).

Es ist also dort ein personalgebundenes Managementsystem für BEM aufzubauen, wo Tätigkeitsstrukturen mit hoher Funktionstrennung vorliegen, bei denen Beschäftigte in (meist einseitig) belastenden Tätigkeiten lange verweilen. Ein gutes Beispiel ist ein ÖPNV-Unternehmen. Es strukturiert sich etwa wie folgt: 65% Fahrdienst, 15% Werkstatt, 10% Service, 10% Verwaltung. 65% der Beschäftigten führen demnach als Schlüsseldienstleistung eine einseitig belastende Tätigkeit aus, dessen Potenzial für Belastungswechsel mit Werkstatt- und Servicetätigkeiten gering ist. Wird eine lange Verweildauer in der Fahrtätigkeit erreicht (meistens ab 20 Jahre), dann ist die Wahrscheinlichkeit ein BEM-Fall zu werden sehr hoch.

Neben der Verkehrs- und Logistikbranche sind vorwiegend Branchen, in denen schwere körperliche Tätigkeiten vorkommen, betroffen: Maschinenbau, Metallbearbeitung, Bauwirtschaft aber auch Dienstleistungen wie Polizei, Abfallentsorgung etc. Oft kommen zu der körperlichen Belastung noch Schichtarbeit und Arbeit unter äußeren Witterungsbedingungen hinzu, die in ihrer Belastungskombination über lange Verweildauern in der Tätigkeit zu Verschleißerscheinungen führen, die zu Fehlzeiten mit mehr als 30 AU-Tagen innerhalb eines Jahres führen.

Auch in kleinunternehmerischen Strukturen, insbesondere im Handwerk, kommt es durch den demografischen Wandel vermehrt zu BEM-Fällen. In Kleinunternehmen können jedoch nicht Managementstrukturen aufgebaut werden, die denen von Mittel- und Großunternehmen gleichen. Hier kann nur einzelfallbezogen vorgegangen werden. Meist werden für die leistungseingeschränkten (älteren) Mitarbeiter neue Aufgaben in Vertrieb, Kundenberatung u. Ä. gesucht, in denen sie ihr Erfahrungswissen und ihre sozialen Kompetenzen zeigen können.

Die Einrichtung von betrieblichen Strukturen des BEM steht gegenwärtig noch am Anfang. Dabei sind wie bereits erwähnt, in Abhängigkeit von der Zahl vorliegender BEM-Fälle unterschiedliche Anforderungen an die Personen- und Zeitgebundenheit zu stellen. Auch gibt es keine verlässlichen Prognosen über die Relevanz und die Zunahme von Beschäftigten, die in den nächsten Jahren davon betroffen sein werden. Aufgrund des demografischen Wandels sind Unternehmen ab ca. 200 Beschäftigte, die zu den oben beschriebenen Branchen zählen oder Un-

---

[1] Es kann nicht oft genug betont werden, dass nicht Alter per se die verursachende Variable ist, sondern die lange Verweildauer in einer belastenden Tätigkeit. Letzteres ist einfach nur am häufigsten bei den älteren Beschäftigten zu beobachten.

6. Gesundheitsmanagement

ternehmen, in denen die o. g. Belastungskombinationen vorliegen, gut beraten, ein BEM aufzubauen.

Ausgestaltung und Umsetzung des BEM

Die folgende Abb. zeigt die Ergebnisse eines Audits zum BEM in einem Schmiedebetrieb (Langhoff, Stock 2008).

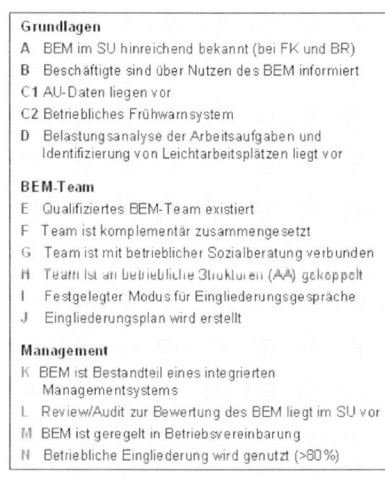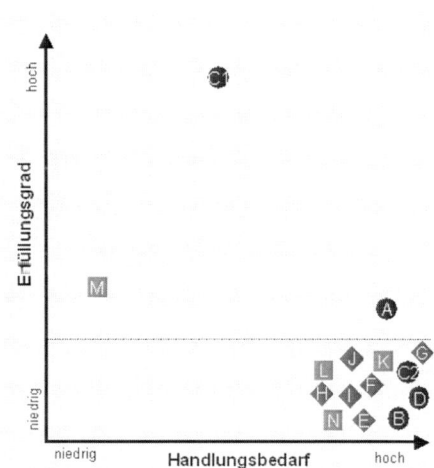

Abb. 6.1-4: Audit zum BEM in einem Schmiedebetrieb

Der niedrige Erfüllungsgrad notwendiger Strukturen, Maßnahmen und des systematischen Managementhandelns kennzeichnet den hohen Handlungsbedarf. Das Beispiel ist typisch für die gegenwärtige Situation vieler Betriebe. Lediglich eine Betriebsvereinbarung wurde bereits vorbereitet, aber bislang noch nicht mit Leben gefüllt.

Im Folgenden soll zunächst die Vorgehensweise bei der Einrichtung und Umsetzung des BEM dargestellt werden. In nachfolgender Abb. sind die wesentlichen Schritte dargestellt (s. auch Langhoff u. a. 2008).

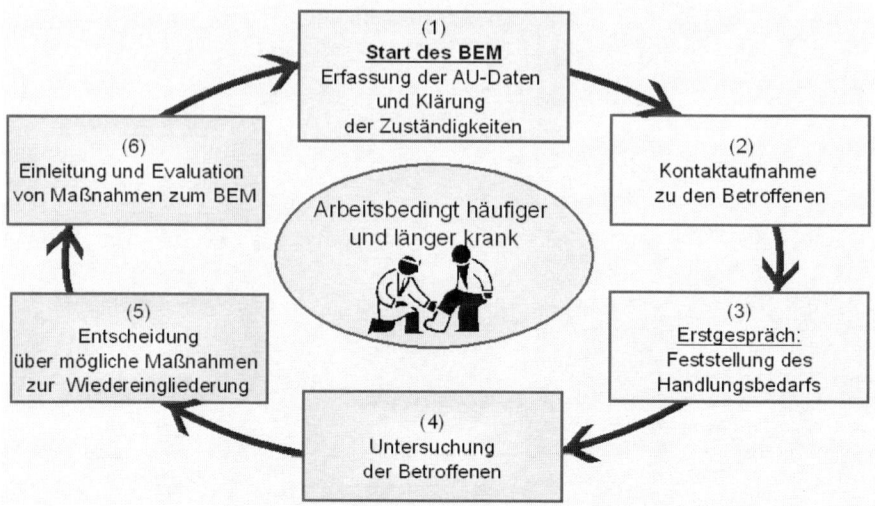

Abb. 6.1-5: Schritte der idealtypischen Umsetzung von BEM

(1) Start des BEM: Erfassung der AU-Daten und Klärung der Zuständigkeiten	
Auf welche Weise durchgeführt?	• Abgabe der AU-Bescheinigung des Beschäftigten an das Unternehmen innerhalb von 3 Tagen
	• Eingabe der in der AU-Bescheinigung aufgeführten Krankheitsdauer in das Personalinformationssystem (PIS) (Krankmeldungen ohne Krankenschein separat aufführen!)
	• Programmierung des PIS: Regelmäßige Anzeige der vom BEM- Betroffenen, z. B. 1x täglich oder wöchentlich (je nach Betriebsgröße und Fallzahl)
	• Bei aufsummierten Krankheitstagen mit AU-Bescheinigung > 3 Wochen: Klärung durch Krankenkasse, ob den AU-Tagen ein oder mehrere Krankheitsbilder zu Grunde liegen
	• Information des BEM-Beauftragten über die vom BEM Betroffenen
Wer ist daran beteiligt?	• Personalabteilung
(2) Kontaktaufnahme zu den Betroffenen	
Auf welche Weise durchgeführt?	• Einladung der vom BEM-Betroffenen zum Eingliederungsgespräch mittels eines Standardeinladungsschreibens.
	• Bei Ablehnung des Gesprächs: Verschickung einer erneuten Einladung bei aufsummierter 6-wöchiger Erkrankung des/der Beschäftigten (mit Verweis auf SGB IX)

6. Gesundheitsmanagement

Wer ist daran beteiligt?	BEM-Beauftragte(r)

(3) Erstgespräch: Festlegung des Handlungsbedarfs

Auf welche Weise durchgeführt?	• Vereinbarung eines Gesprächtermins bei Zustimmung des Beschäftigten innerhalb oder außerhalb der Arbeitszeit (je nach Arbeitstätigkeit und Arbeitsort)
	• Einholen einer Einverständniserklärung des Beschäftigten über die Nutzung personenbezogener Daten
	• Information des Beschäftigten über die Ziele und Vorgehensweise des BEM
	• Klärung, ob Untersuchung des Betroffenen durch den Betriebsarzt erforderlich (z. B. bei Vorliegen ein und desselben Krankheitsbildes) ⇒ Wenn vorhanden: Hinzuziehung der Ergebnisse der jeweiligen Gefährdungsbeurteilung
	• Wenn keine Untersuchung notwendig: Dokumentation der Gesprächsinhalte; Information des Beschäftigten über erneute Einladung bei aufsummierter 6-wöchiger Erkrankung (mit Verweis auf SGB IX)
Wer ist daran beteiligt?	• BEM-Beauftragte(r), Betroffene(r), ggf. BR/ SbV

(4) Untersuchung des/der Betroffenen

Auf welche Weise durchgeführt?	• Bewertung der Arbeitsfähigkeit des/der Beschäftigten, ⇒ Abgleich des Fähigkeitsprofils mit Anforderungsprofilen
	• im Hinblick auf seine/ihre bisherige Tätigkeit sowie
	• hinsichtlich möglicher Ersatztätigkeiten
	• Zusendung der dokumentierten Untersuchungsergebnisse an den BEM-Beauftragten
Wer ist daran beteiligt?	• Betriebsarzt/Betriebsärztin; Beschäftigte(r)

(5) Entscheidung über mögliche Maßnahmen zur Wiedereingliederung

Auf welche Weise durchgeführt?	• Zusammenkunft des BEM-Beauftragten und weiteren relevanten inner- und außerbetrieblichen Akteuren mit dem Ziel: Gemeinschaftliche Bewertung und Entscheidung über im Unternehmen realisierbare Maßnahmen nach dem Stellenbesetzungsplan
Wer ist daran beteiligt?	• BEM-Beauftragte(r); BR; SbV; BA; Betroffene(r) und ggf. Vertreter/in der Krankenkassen bzw. des Integrationsamtes

(6) Einleitung und Evaluation von Maßnahmen zum BEM

Auf welche Weise durchgeführt?	• Prozessbegleitung (Betreuung des Beschäftigten)
	• Qualitätssicherung durch regelmäßige Berichterstattung des Beschäftigten
	• Einleitung kontinuierlicher Verbesserungsprozesse (mit jährlichem Audit)
Wer ist daran beteiligt?	• BEM-Team, Betroffene(r)

Für die Vorgehensweise bei der Einrichtung und Umsetzung des BEM hat der Autor eine Reihe von Instrumenten (BEM-Toolbox) entwickelt, die unter http://www.prospektiv.de/index.php?si=180&li=1&lang=de&css=standard heruntergeladen werden können. Speziell für die Verkehrsbranche sind ebenfalls Instrumente entwickelt worden (nähere Informationen über www.vdv-akademie.de).

Aus gestaltungsorientierter Sicht sind gegenwärtig drei zentrale Problemfelder in Unternehmen zu nennen:

1. Die tätigkeitsorientierte Beurteilung der Eignung und der vorhandenen Entwicklungspotenziale der leistungseingeschränkten und wiedereinzugliedernden Beschäftigten sowie deren Qualifizierung.

2. Die Identifikation, die Beschreibung, die Neuentwicklung und die Vorhaltung von Tätigkeiten, die einzugliedernden Beschäftigten angeboten werden (Leicht-, Lern-, Schon- oder Ersatztätigkeiten bzw. -arbeitsplätze).

3. Die systemtechnische Realisierung der oben genannten Punkte im Personalinformationssystem

Viele Unternehmen beklagen:

„Wir haben keine Leichtarbeitsplätze mehr. Die haben wir vor 10 Jahren alle „outgesourct".

„Die wenigen Ersatzarbeitsplätze sind bereits von anderen besetzt. Angesichts unserer alternden Belegschaft bräuchten wir aber viel mehr!"

„Die vom Arzt formulierten Verwendungseinschränkungen sind für uns unbrauchbar. Damit lässt sich kein geeigneter Personaleinsatz betreiben."

Zur Realisierung einer systemtechnisch eindeutigen Zuordnung von Personal (hier: BEM-Betroffene) auf Planstellen

Das Betriebliche Eingliederungsmanagement verlangt, dass sich Unternehmen um alternativen Einsatz für langzeiterkrankte Beschäftigte kümmern, die aus gesundheitlichen Gründen nicht mehr auf ihrem bisherigen Arbeitsplatz eingesetzt werden können.

Unternehmen werden demnach vor die Aufgabe gestellt, sich einen umfassenden Überblick über aktuell sowie in naher Zukunft zur Verfügung stehende Einsatzmöglichkeiten für leistungsgewandelte Beschäftigte zu verschaffen.

Eine entsprechende Sichtung setzt voraus, dass das zur Personaleinsatzplanung verwendete Datensystem, allen Anforderungen eines idealtypischen Personalinformationssystems gerecht wird. Dies bedeutet unter anderem,

6. Gesundheitsmanagement

- dass die Informationen bezüglich sämtlicher im Unternehmen vorhandener Stellen sowie den damit verbundenen Anforderungen jeweils in aktualisierter Form im Personalinformationssystem hinterlegt sind

- dass – falls verschiedene Datenbanken zur Informationspflege relevanter Personaldaten verwendet werden – diese miteinander vernetzt sind

- dass die im Kontext von BEM relevanten betrieblichen Akteure Zugriffsmöglichkeiten auf die zur Ausübung ihrer Tätigkeiten erforderlichen Daten (z. B. auf Stellenbeschreibungen sowie auf das vom Betriebsarzt erstellte Fähigkeitsprofil des/der Beschäftigten) haben.

Um im Rahmen des BEM für leistungsgewandelte Beschäftigte potenziell zur Verfügung stehende Leicht- bzw. Lernarbeitsplätze identifizieren zu können, wurde in und mit mehreren Unternehmen eine Checkliste zur verbesserten Zuordnung von Personal auf Planstellen entwickelt. Diese dient

- der Identifizierung sämtlicher im Unternehmen freier bzw. frei werdender Stellen

- der Identifizierung vorübergehender Personaleinsatzmöglichkeiten sowie

- dem Abgleich der Anforderungen, welche an einzelne Stellen gekoppelt sind, mit den Fähigkeiten des/der jeweiligen Stelleninhabers/Stelleninhaberin.

Der Einsatz der Checkliste ermöglicht es, konkrete Handlungsbedarfe (z. B. im Hinblick auf die Optimierung der Informationspflege einzelner Fachbereiche) zu ermitteln und notwendige Verbesserungsprozesse anzustoßen.

Checkliste zur Realisierung einer systemtechnisch eindeutigen Zuordnung von Personal auf Planstellen in Personalinformationssystemen		
Soll-Konzept	Check	Handlungsbedarf
Das Personalinformationssystem ist in allen Funktionalitäten den Führungskräften und anderen relevanten betrieblichen Akteuren bekannt!	Bekanntmachung des Personalinformationssystems im Rahmen einer Informationsveranstaltung	
Das Personalinformationssystem spiegelt die aktuelle betriebliche Realität wider!	Wie wird sichergestellt, dass alle notwendigen Informationen verpflichtend eingegeben werden? Wer ist zur Eingabe personalbezogener Informationen berechtigt? Wer ist zur Abfrage personalbezogener Informationen berechtigt? Wird das auch umgesetzt?	

Checkliste zur Realisierung einer systemtechnisch eindeutigen Zuordnung von Personal auf Planstellen in Personalinformationssystemen		
Soll-Konzept	Check	Handlungsbedarf
Das Personalinformationssystem ist qualitätsgesichert!	Wer prüft das Personalinformationssystem (auf Eingabefehler)? Werden von allen Personen, die zur Eingabe verpflichtet sind, jährlich (oder monatlich) schriftliche Bestätigungen der Sorgfaltspflicht eingeholt?	
Das Personalinformationssystem sollte alle mit den Stellen/Tätigkeiten im Unternehmen verbundenen Anforderungsprofile vorhalten.	Existieren für sämtliche Arbeitsplätze Stellenbeschreibungen und Anforderungsprofile z. B. nach IMBA, MELBA etc.?	
Das Personalinformationssystem sollte alle gesondert gekennzeichneten Leicht- bzw. Lernarbeitsplätze ermitteln können.	Definition für Leicht- bzw. Lernarbeitsplätze! Werden Leicht- bzw. Lernarbeitsplätze für leistungsgewandelte Beschäftigte frei- bzw. vorgehalten?	
Das Unternehmen hat alle aktuellen Fremddienstleistungen auf Selbstbearbeitung geprüft!	Liegen Ergebnisse der Prüfung aktueller Fremddienstleistungen auf Selbstbearbeitung vor? Wurden kreative Vorschläge hierzu erarbeitet?	
Das Personalinformationssystem kann auf Abfrage die zukünftig frei werdenden bzw. neu geplanten Stellen ermitteln (Beendung von Befristungen, Verrentungen, Neuplanungen)!	Wie werden neu geplante Stellen in das Personalinformationssystem eingepflegt?	
Das Unternehmen erstellt bei potenziellen Leistungseinschränkungen, bei Neueinstellungen, bei Umsetzungen (und auch bei neu geplanten Stellen) Anforderungsprofile!	Werden die Anforderungsprofile (außer bei Leistungseingeschränkten) auch bei allen anderen Anlässen erstellt?	
Das Personalinformationssystem sollte bei Eingabe individueller Fähigkeitsprofile die vorhandenen passfähigen Anforderungsprofile der Stellen ermitteln können, um eine optimale Zuordnung von Personal auf Planstellen zu ermöglichen.	Wer gibt die Fähigkeitsprofile in das Personalinformationssystem ein?	
Das System enthält alle personenbezogenen Informationen herkömmlicher Personalinformationssysteme inklusive der BEM-Daten!	Werden die im Hinblick auf das BEM relevanten Daten leistungsgewandelter Beschäftigter (gesundheitsbezogene Informationen des Stammblatts) im HR-System hinterlegt? Wer hat Zugriff auf diese Daten?	

Checkliste zur Realisierung einer systemtechnisch eindeutigen Zuordnung von Personal auf Planstellen in Personalinformationssystemen		
Soll-Konzept	Check	Handlungsbedarf
Das Personalinformationssystem kann je nach Abfrage statistisch verdichtete Daten zusammenstellen!	Wie hoch ist die Leichtarbeitsplatzquote? Wie hoch ist die Trefferquote bezüglich des Fähigkeits-/ Anforderungsabgleichs? Wie hoch ist die Anzahl leistungseingeschränkter Beschäftigter? Werden Zeitreihenanalysen vorgenommen?	
Das Personalinformationssystem ist kompatibel/vernetzt mit anderen Systemen (Stellenplan)!		

Quelle: Beutler, Langhoff u. a. 2007

Zur Definition, Erfassung und Priorisierung von Leicht- und Lernarbeitsplätzen

Früher hatte man die zahlenmäßig überschaubare Zahl der leistungsgewandelten Beschäftigten auf sogenannte Schonarbeitsplätze gesetzt. Pförtner, Magazinausgabe, Kauenwärter waren typische Beispiele dafür. Mit der Zunahme alternder Belegschaften durch den demografischen Wandel und damit verbundener Chronifizierungen steigen die Bedarfe so, dass Unternehmen mit wenigen Schonarbeitsplätzen nicht mehr auskommen. Es besteht die Notwendigkeit im Rahmen des Betrieblichen Eingliederungsmanagements sog. Leicht- bzw. Lernarbeitsplätze für leistungsgewandelte Beschäftigte zu organisieren. Damit sehen sich viele Unternehmen (insbesondere KMU) jedoch überfordert.

Dies resultiert aus dem Umstand, dass die Handlungsspielräume der Unternehmen je nach Größe und Branche mehr oder weniger stark eingeschränkt sind und das Angebot an alternativen Einsatzmöglichkeiten für gesundheitlich beeinträchtige Beschäftigte ohnehin entsprechend gering sind. Erschwerend kommt hinzu, dass Unternehmen die wenigen potenziellen Leicht- bzw. Lernarbeitsplätze aus Gründen der Kostenersparnis üblicherweise fremdvergeben haben, wodurch sich die Organisation entsprechender Arbeitsplätze umso schwieriger gestaltet.

Unternehmen, die ein BEM einführen, bemühen sich folglich um das Reinsourcing von ehemals ausgelagerten unternehmensnahen Dienstleistungen wie Sicherheitsdienst, Geländegärtnerei, Wäscherei, Kantine usw. Einige Großunternehmen sind so pfiffig, dass sie mit ihren leistungsgewandelten Beschäftigten sogar neue Geschäftsmodelle entwickelt haben, die sich finanziell selbst tragen können.

In Kapitel 5 „Arbeitsgestaltung" wird eine mit einem Großunternehmen gemeinsam erarbeitete Definition von Leicht- und Lernarbeitsplätzen dargestellt.

Nachdem Unternehmen sich selbst klargemacht haben, was sie unter Leicht- und Lernarbeitsplätzen verstehen, ist die nächste große Herausforderung, diese Tätigkeiten im Unternehmen zu identifizieren bzw. zu schaffen und für Leistungsgewandelte zur Verfügung zu stellen. Die Schwierigkeit dabei ist, sich von gegenwärtigen Zuständen zu lösen und auch kreative Ideen zu entwickeln. Oftmals führen die Ergebnisse zu nicht unerheblichen neuen Formen des Aufgabenzuschnitts und der Arbeitsorganisation.

In Kapitel 5 wird eine auf den Erfahrungen des Autors basierende Liste von Regelsätzen angegeben, die Unternehmen helfen, für sich geeignete Leicht- und Lernarbeitsplätze zu identifizieren und zu schaffen.

Weiterhin ist in Kapitel 5 beschrieben, welche Anforderungen an die Erarbeitung von Stellenbeschreibungen zu stellen sind, insbesondere zur Erstellung von psychophysischen Anforderungsprofilen. Letzteren sollen individuelle psychophysische Fähigkeitsprofile zugeordnet werden können, um Abweichungen (Leistungseinschränkungen bzw. vorhandene Leistungsfähigkeiten) festzustellen und so dem Betroffenen eine angemessene Stelle/Tätigkeit zuweisen zu können. In Kapitel 5 ist ein Beispiel für die Weiterentwicklung nach IMBA (2000) beschrieben.

Abschließend werden auf der folgenden Seite noch einmal alle wesentlichen Herausforderungen, die von den Unternehmen zum Aufbau eines Betrieblichen Eingliederungsmanagements zu meistern sind, zusammengefasst. Dabei werden vor allem „weiche" Faktoren als betriebliche Erfahrungen des Autors genannt, die jenseits der technischen und organisatorischen Herausforderungen bedeutsam sind.

Gegenwärtig helfen die vorhandenen Instrumente und Managementkonzepte noch nicht, Arbeit für alle einzugliedernden Beschäftigten zu schaffen und anzubieten. Hierzu bedarf es nach wie vor praxisgerechter Vorgehensweisen und Beispiele unterschiedlicher Branchen, an denen sich Unternehmen orientieren können. Dabei wird es in Zukunft wichtig sein, von vornherein Arbeit so zu gestalten und zu organisieren, dass ein geplantes Maß an Leichttätigkeiten Bestandteil jeden Aufgabenzuschnitts für Teams und Gruppenarbeit sind, so dass für einen leistungseingeschränkten Mitarbeiter geeignete Einsatzpotenziale strukturell im Arbeitssystem vorhanden sind.

6. Gesundheitsmanagement

Zentrale Herausforderungen des BEM

- Relevanz des Themas muss in den Betrieben ankommen und gelebt werden (Vorbildfunktion der Führungskräfte)
- Führungskräfte sind hinsichtlich ihrer Aufgaben im Rahmen des BEM zu schulen (z. B. zur de-eskalierenden Gesprächsführung)
- Das Thema „Gesundheit" ist zu einem integralen Bestandteil strukturierter Mitarbeitergespräche zu machen (vorausschauendes Handeln!)
- Beschäftigte sind durch den Aufbau einer wertschätzenden Beziehung „mit ins Boot" zu holen (Aspekt der Freiwilligkeit!)
- Beschäftigten ist zu verdeutlichen, dass Verhältnisprävention (Betriebliches Gesundheitsmanagement und Eingliederungsmanagement) und Verhaltensprävention (Selbstverantwortliches Handeln der Beschäftigten) Hand in Hand gehen
- Unternehmen haben sich einen Überblick über die Ursachen und Einflussfaktoren von Fehlzeiten zu verschaffen
- Zur Beurteilung der Einsatzmöglichkeiten leistungsgewandelter Beschäftigter: Anfertigung detailliert ausgearbeiteter Stellenbeschreibungen mit Anforderungsprofilen für Kerntätigkeiten sowie potenzielle Ersatztätigkeiten erforderlich
- Möglichkeit der Erstellung kongenialer Fähigkeitsprofile der Betroffenen im Bedarfsfall
- Potenzielle Ersatztätigkeiten für leistungsgewandelte Beschäftigte sind zu identifizieren, zu priorisieren und bereitzustellen
- Entwicklung von Strategien zur Erhöhung der Bereitschaft der Beschäftigten, im Bedarfsfall auf sog. Leicht- bzw. Lernarbeitsplätze auszuweichen

---

Aus arbeitswissenschaftlicher Sicht sind noch eine Reihe ungeklärter Forschungsfragen zu nennen:

- Wie werden Leichttätigkeiten in Bezug worauf definiert und identifiziert?
  Dienen sie nur für einzugliedernde Beschäftigte oder können sie auch als Bestandteil rotierender Aufgabenmodelle für Normalarbeitsplätze genutzt werden?

- Wie können Teiltätigkeiten mit geringen Belastungen identifiziert werden, die in unterschiedlichen Stellen vorhanden sind?
  Können diese zur Schaffung neuer Stellenprofile zusammengestellt werden?

- Wie können Stellen, aus denen häufig leistungsgewandelte Beschäftigte hervorgehen, so umgestaltet werden, dass ein Belastungswechsel mit geringeren Belastungen ermöglicht wird?

- Wie können Lösungsansätze zu den o. g. Problemfeldern systematisch in ein umfassendes Workabilitymanagement integriert werden?

6.2 Der Work Ability Index (WAI)

In Kapitel 5 wurde schon das Konzept der Arbeitsfähigkeit (Work Ability) nach Prof. Ilmarinen dargestellt (Ilmarinen 1999). Dabei wird die Arbeitsfähigkeit als ein Konstrukt von mehreren Personen- und Situationsvariablen beschrieben. Dies ist insofern wichtig, um zu zeigen, dass die Arbeitsfähigkeit nicht gleichzusetzen ist mit dem Gesundheitszustand der Beschäftigten. Zur Bewertung der Arbeitsfähigkeit gehören neben den individuellen Voraussetzungen auch Kriterien der beruflichen Situation und auch des privaten Umfelds. Ilmarinen definiert die Arbeitsfähigkeit wie folgt (Ilmarinen 1999, zitiert nach BAuA 2007):

„Die Arbeitsfähigkeit beschreibt das Potenzial eines Menschen, eine gegebene Aufgabe zu einem gegebenen Zeitpunkt zu bewältigen. Dabei muss die Entwicklung der individuellen, funktionalen Kapazität ins Verhältnis gesetzt werden zur Arbeitsanforderung. Beide Größen können sich verändern und müssen alterns- und altersadäquat gestaltet werden."

Die Bedeutung der Arbeitsfähigkeit (als zu bewertende Dimension) hat in der Europäischen Union an Bedeutung gewonnen durch die hohe Zahl der Beschäftigten, die vor dem Alter von 65 aus dem Erwerbsleben austreten. Ursachen hierfür sind die jeweiligen unterschiedlichen nationalen Regelungen zum Renteneintritt und zum Vorruhestand und die verminderte Erwerbsfähigkeit insbesondere durch Muskel-Skelett- und Herz-Kreislauf-Erkrankungen. In den letzten Jahren sind auch die psychischen Erkrankungen als Ursache stark angestiegen. Daher hat die EU als eines der beschäftigungspolitischen Ziele in Lissabon die Erhöhung der Erwerbsquote Älterer (55–65 Jahre) auf mindestens 50% bis zum Jahr 2010 ausgerufen (KOM 146, 2004).

In Deutschland haben im Jahr 2004 1,7 Millionen Menschen eine Rente wegen verminderter Erwerbsfähigkeit bzw. Berufsunfähigkeit erhalten und damit das gesetzliche Regelrenteneintrittsalter nicht erreicht (Verband der Rentenversicherungsträger 2005). Zu den Beziehern von Renten wegen verminderter Erwerbsfähigkeit zählen 12% Männer und 8% Frauen. Dies bedeutet einen erheblichen Verlust gesellschaftlicher und produktiver Ressourcen. Für die einzelnen Betroffenen bedeutet es hohe Einkunftsverluste und starke Einschränkungen der Lebensqualität. Durch die demografische Entwicklung ist eine massive Zunahme der Problematik zu erwarten, wenn erst einmal im Jahr 2012 die über 50 Jährigen zur stärksten Alterskohorte der Erwerbstätigen geworden sind. In einzelnen Betrieben diverser Branchen wird im Jahr 2015 jeder 2. Beschäftigte über 50 Jahre sein.

Über die Entwicklung der Leistungsfähigkeit wissen wir (s. Kap. 2), dass mit zunehmendem Alter die Leistungsfähigkeit der Erwerbstätigen immer weiter streut.

6. Gesundheitsmanagement

Individuelles Altern ist geprägt von der Lebens- und Arbeitsbiografie der Individuen. Dafür ist nicht das kalendarische Alter ursächlich verantwortlich, sondern die zahlreichen Einflussfaktoren aus Arbeit und Privatleben, die multikausal wirken. Bei der Beurteilung „reiner" altersbezogener Einschränkungen spricht man vom biologischen bzw. funktionalem Alter.

Baltes u. a. (2006) hat festgestellt, dass die Variabilität der Leistung im Alter größer ist, als zwischen allen Altersgruppen. Zwar gibt es eindeutig nachweisbare Korrelationen von abnehmenden Leistungsfähigkeiten bei langen Verweildauern in bestimmten Tätigkeiten, z. B. Stehberufen im Einzelhandel, Emotionsarbeit, Fahrtätigkeiten, Wach-Wechseldienst bei der Polizei, Arbeiten bei dauernder Wechselschicht usw., es zeigen sich dabei aber immer auch mit zunehmendem Alter die höchsten Streuungen der Leistungsfähigkeit, d. h. es gibt auch die Erwerbstätigen, bei denen sich keine oder nur wenig Leistungseinbußen zeigen.

Es gilt:

- Die intraindividuelle Arbeitsfähigkeit ist keine lineare Funktion des Alters

- Die interindividuelle Arbeitsfähigkeit streut mit zunehmendem Alter und die Streuung ist in der Gruppe der älteren Erwerbstätigen am größten.

- Die intra- und interindividuelle Arbeitsfähigkeit ist insgesamt in der Gruppe der älteren Erwerbstätigen am niedrigsten.

Daraus sind für die arbeitswissenschaftliche Gestaltung die Prinzipien der Individualisierung und Partizipation zwingend abzuleiten. Das bedeutet aber ebenso eine Individualisierung von einzusetzenden arbeitswissenschaftlichen Instrumenten. Die Arbeitsaufgabe mit einem objektiv beschreibbaren Anforderungsprofil ist mit den jeweiligen subjektiven Fähigkeitsprofilen abzugleichen. Das ist nur durch die Einbeziehung der Beschäftigten und mittels einer individuellen Diagnose zu leisten. Ein solches Instrument ist der Work Ability Index.

Wie in der eingangs dargestellten Definition kennzeichnet die Arbeitsfähigkeit, inwieweit ein Beschäftigter in der Lage ist, seine Arbeit auszuführen. Dies wird bestimmt durch die individuellen Ressourcen (körperliche, mentale und soziale Fähigkeiten; Gesundheitszustand, Kompetenz und Werthaltungen) und durch die Arbeitssituation (Arbeitsinhalt, Arbeitsorganisation einschließlich Arbeitszeit, soziales und physikalisches Arbeitsumfeld sowie Führung). Ein jeweils ermittelter Wert des Work Ability Index misst den Grad der Übereinstimmung dieser beiden Komponenten.

Ursprünglich wurde der Work Ability Index als ein volkswirtschaftlich wichtiges Frühwarninstrument zur Vorhersage drohender Erwerbsminderung und vorzeitigen Erwerbsaustritts entwickelt. Dabei ergaben sich Möglichkeiten, das Instrument auch für die betriebsärztliche Praxis einzusetzen, um den individuellen Bedarf präventiver Maßnahmen sowie den Erfolg von Interventionen prüfen

(BAuA 2007). Damit können Ressourcen der betrieblichen Gesundheitsförderung und der Gestaltung von Arbeitsbedingungen zielgerichtet eingesetzt werden.

Der Work Ability Index ist inzwischen aus dem Finnischen in über 25 Sprachen übersetzt und wird vielseitig eingesetzt. In Deutschland ist das Work Ability Index Netzwerk gegründet worden (www.arbeitsfaehigkeit.net 2008), das Unternehmen Unterstützungsangebote, Hinweise und Anwendungsbeispiele liefert.

> Grundsätzlich gilt, dass der Work Ability Index (WAI) nur mit ausdrücklicher Genehmigung des Beschäftigten eingesetzt und die damit erhobenen Daten anonymisiert verwendet werden dürfen.

Anwendungsmöglichkeiten des WAI

Bis heute wird der WAI vornehmlich in Mittel- und Großbetrieben eingesetzt

- bei der betriebsärztlichen Betreuung und in jüngster Zeit auch im Rahmen der Betrieblichen Wiedereingliederung sowie

- in der Betriebsepidemiologie und in der Arbeitsforschung (Quer-, Längsschnitt- und Interventionsstudien).

Der betriebsärztliche Einsatz des WAI unterliegt der ärztlichen Schweigepflicht, so dass die vom Beschäftigten genannten Aussagen geschützt sind. Dies ist Grundvoraussetzung zur Erlangung valider Daten. Im Gespräch mit dem Betriebsarzt steht nicht der WAI-Wert im Vordergrund, sondern die einzelnen angesprochenen Dimensionen. Dabei kann besprochen werden, was der Betriebsarzt bzw. das Unternehmen und der Beschäftigte tun können, um die Arbeitsfähigkeit zu verbessern. Der WAI unterstützt somit ein mitarbeiterorientiertes Arzt-Klienten-Gespräch.

Bei der betriebsärztlichen Verwendung kann der WAI wie folgt genutzt werden (nach www.arbeitsfaehigkeit.net 2008):

- als Checkliste für das betriebsärztliche Gespräch anlässlich von betriebsärztlichen Untersuchungen (WAI als Dialoginstrument),

- als Frühindikator für die künftige Entwicklung der Arbeitsfähigkeit bei einzelnen Beschäftigten wie für Job Familien, Funktionsbereiche oder die Gesamtbelegschaft,

- als Initiator von präventiven Maßnahmen,

6. Gesundheitsmanagement

- als Messinstrument für den Erfolg von Maßnahmen (auf individueller oder gruppenbezogener Ebene),

- als Instrument zur Begleitung von Maßnahmen der betrieblichen Gesundheitsförderung,

- als Informationsquelle bei der betrieblichen Debatte zur Thematik „demografiefeste Personal- und Gesundheitsstrategien".

Hinzu kommt, dass die Verwendung eines Work Ability Index-Wertes für das betriebliche Gesundheitsmanagement im Rahmen von betrieblichen Kennzahlen- und Managementsystemen von Vorteil sein kann, indem

- seinen Forderungen und Argumenten ein höheres Gewicht verliehen wird bzw.

- Arbeitsfähigkeit als wichtiger Indikator überhaupt erst integrierbar gemacht wird.

Der Einsatz des WAI in der Betriebsepidemiologie und in der Arbeitsforschung darf nur mit Zustimmung der betrieblichen Interessenvertretung und des Arbeitgebers durchgeführt werden.

Auf betrieblicher Ebene kann der WAI als ein Indikator der gegenwärtigen und zukünftigen Organisationsperformanz mit herangezogen werden. Er sollte nicht allein, sondern zusammen mit Ergebnissen der ganzheitlichen Gefährdungsbeurteilung und anderen Erhebungen, z. B. einer Altersstrukturanalyse oder einer Qualifizierungsbedarfsanalyse interpretiert werden.

So können bspw. Ansatzpunkte zur Prävention nicht direkt aus dem WAI-Werten abgelesen werden, sondern bedürfen der konkreten Erhebung vorliegender Arbeitsbedingungen.

Der Einsatz des WAI in der Betriebsepidemiologie und in der Arbeitsforschung ermöglicht auch Vergleiche über die Zeit, innerhalb des Betriebes zwischen Funktionsgruppen und Funktionsbereichen, innerhalb einer Branche zwischen Unternehmen, zwischen Branchen, zwischen Altersgruppen sowie zwischen Ländern.

Wiederholte Erhebungen des WAI innerhalb eines Betriebes zeigen, wie sich die Arbeitsfähigkeit entwickelt und können den Erfolg von gesundheitsbezogenen Interventionen messbar machen. Sollte sich das WAI- Netzwerk weiterentwickeln, wären Vergleiche zwischen Betrieben und Branchen (benchmarking) möglich. Bisher sind solche Vergleiche jedoch nur durch geförderte Forschungsprojekte erzielt worden, so dass dies bisher eine Vision geblieben ist.

Das WAI-Instrument

Das Instrument selbst besteht aus 7 WAI-Dimensionen mit insgesamt 10 Fragen und einer Diagnoseliste (s. Abb. 6.2-1). Es ist also zum einen ein Befragungsinstrument, das das Urteil des Beschäftigten erfasst, zum anderen aber auch ein betriebsärztliches Diagnose- und Anamneseinstrument.

		Punkte
WAI 1	**Derzeitige Arbeitsfähigkeit im Vergleich zu der besten, je erreichten Arbeitsfähigkeit** Wenn Sie Ihre beste, je erreichte Arbeitsfähigkeit mit 10 Punkten bewerten: Wie viele Punkte würden Sie dann für Ihre derzeitige Arbeitsfähigkeit geben?	0 bis 10
WAI 2	**Arbeitsfähigkeit in Relation zu den Arbeitsanforderungen** Wie schätzen Sie Ihre derzeitige Arbeitsfähigkeit in Relation zu den körperlichen Arbeitsanforderungen ein? Wie schätzen Sie Ihre derzeitige Arbeitsfähigkeit in Relation zu den psychischen Arbeitsanforderungen ein?	2 bis 10
WAI 3	**Anzahl der aktuellen, vom Arzt diagnostizierten Krankheiten** (Langversion = 50, Kurzversion = 13 Krankheiten / Krankheitsgruppen)	1 bis 7
WAI 4	**Geschätzte Beeinträchtigung der Arbeitsleistung durch die Krankheiten** Behindert Sie derzeit eine Erkrankung oder Verletzung bei der Arbeit?	1 bis 6
WAI 5	**Krankenstand im vergangenen Jahr** (Anzahl Tage)	1 bis 5
WAI 6	**Einschätzung der eigenen Arbeitsfähigkeit in zwei Jahren** Glauben Sie, dass Sie, ausgehend von Ihrem jetzigen Gesundheitszustand, Ihre derzeitige Arbeit auch in den nächsten zwei Jahren ausüben können?	1, 4, 7
WAI	**Psychische Leistungsreserven** Haben Sie in der letzten Zeit Ihre täglichen Aufgaben mit Freude erledigt? Waren Sie in letzter Zeit aktiv und rege? Waren Sie in der letzten Zeit zuversichtlich, was die Zukunft betrifft?	1 bis 4
	Summe:	**7 bis 49**

Abb. 6.2-1: Fragebogen zur Ermittlung des Work Ability Index

„Die Arbeitsfähigkeit eines Arbeitnehmers wird nach dem WAI dann als sehr hoch eingeschätzt, wenn er diese selbst sehr hoch einschätzt, wenn er meint, seine Aufgaben derzeit sehr gut bewältigen zu können und diese nach eigner Einschätzung auch in zwei Jahren noch bewältigen wird, wenn aktuell vom Arzt keine oder kaum Krankheiten diagnostiziert werden konnten, und wenn dementsprechend keine oder nur wenige Krankentage in den letzten zwölf Monaten angefallen sind. Wird die Arbeit darüber hinaus auch noch mit viel Engagement, Zufriedenheit und Erfüllung erledigt, scheinen Arbeitsfähigkeit und Leistungsanforderung in einem günstigen Verhältnis zu stehen." (BAuA 2007)

Der Fragebogen wird im Rahmen einer betriebsärztlichen Untersuchung in Form eines Interviews eingesetzt. Das Interview unterliegt der ärztlichen Schweigepflicht und soll auch nur im Einvernehmen mit dem Beschäftigten durchgeführt werden. Der Fragebogen ist aber nur ein Schritt im Rahmen der betriebsärztlichen Anwendung des WAI. Die folgende Abbildung zeigt die Schritte bzw. Bestandteile des WAI im Überblick (s. Abb. 6.2-2).

→ **Fragebogen**

→ **Persönliches Profil**
enthält z.B. Name des Arbeitnehmers, Geburtsdatum, Ausbildung, Beruf und Arbeitsaufgaben, Datum der Ermittlung

→ **Rückinformation für Arbeitnehmer**
enthält u.a. den aus dem Fragebogen ermittelten Punktwert, den Arbeitsbewältigungsindex und empfohlene Maßnahmen

→ **Realisierung von Empfehlungen**
z.B. Art der Maßnahme, Dringlichkeit, Erfolgskontrolle

→ **Gruppenprofil**

Anmerkung: Außer dem Fragebogen werden die anderen Formulare vom betriebsärztlichen Personal ausgefüllt.

Abb. 6.2-2: Anwendungsschritte bzw. Bestandteile des WAI im Überblick (Quelle: Breutmann u. Adenauer 2007)

Wichtig bei der Anwendung des WAI-Fragebogens sind folgende einzuhaltende Rahmenbedingungen:

- Anwendung nur durch den Betriebsarzt und damit Gültigkeit der ärztlichen Schweigepflicht

- Vorherige schriftliche und erläuternde mündliche Information über Ziel und Zweck des WAI-Einsatzes

- Freiwillige Angabe von Antworten des Beschäftigten im WAI ohne Nachteile bei Ablehnung

- Einwilligung des Beschäftigten zur Aufnahme des Indexwertes und des Befundes in die Gesundheitsakte

- Streng vertraulicher Umgang mit den im WAI-Fragebogen gewonnen Daten seitens des Betriebsarztes

- Verwendung der Daten im Betrieb nur aggregiert und anonymisiert (Zellengröße > 10)

Nach dem Einsatz des Fragebogens werden für die Antworten Punkte vergeben. Je nach Ergebnis ergibt sich ein Punktwert zwischen 7 und 49 Punkten. Der so ermittelte Punktwert zeigt die Einschätzung der Arbeitsfähigkeit im Urteil des Erwerbstätigen. Die Punktwerte sind in die Arbeitsfähigkeitsdimensionen sehr gut bis schlecht kategorisiert und mit entsprechenden Zielableitungen für die Maßnahmeplanung verbunden (s. folgende Abb.).

Punkte	Arbeitsfähigkeit	Ziel von Maßnahmen
7 bis 27	schlecht	Arbeitsfähigkeit wiederherstellen
28 bis 36	mittelmäßig	Arbeitsfähigkeit verbessern
37 bis 43	gut	Arbeitsfähigkeit unterstützen
44 bis 49	sehr gut	Arbeitsfähigkeit erhalten

Abb. 6.2-3: Bewertungs- und Zielkategorien der Punkteskala des WAI (Quelle: BAuA 2007)

Die Bewertungs- und Zielkategorien geben letztlich gewichtete Hinweise über die Schwerpunktsetzungen von Maßnahmen, sowohl betrieblich, abteilungsbezogen, gruppenbezogen wie auch individuell. Durch die im WAI angesprochenen personalen Faktoren und auch situationalen Faktoren werden dadurch sowohl Handlungsaufforderungen an verhaltensbezogene wie auch an verhältnisbezogene Gestaltungsmaßnahmen angeregt. Daraus ergibt sich:

> *Der WAI selbst zeigt also an, dass etwas getan werden muss und wo Schwerpunkte liegen. Er zeigt nicht an, was genau getan werden sollte.*

Die folgende Abb. zeigt den individuellen Ergebniswert einer Mitarbeiterin. Die erreichten Punktwerte werden in % der maximal erreichbaren Punktzahl pro Dimension angegeben. Anschließend wird der erreichte WAI-Wert der Mitarbeiterin altersbezogen und perzentilbezogen eingeordnet.[2] Die Mitarbeiterin ist 30 Jahre und ihr Wert liegt auf der 75% Perzentil-Linie. Das bedeutet, dass von allen Ergebnissen mit einem WAI-Wert von 44 und einem Alter von 30 Jahren, 75% darunter liegen und 25% darüber.

---

[2] Die gewählte Visualisierungsform des WAI ist ausgesprochen benutzerunfreundlich und wenig präsentabel in einem Unternehmen. Die ausgewiesenen Prozentwerte könnten zu Missverständnissen führen, wenn man nicht genau liest und hinschaut. Beispiel: Die fünfte Dimension kennzeichnet die „Krankheitsbedingten Ausfalltage während der letzten 12 Monate". Die Angabe 75% könnte zu der irrigen Meinung verleiten, dass in den letzten 12 Monaten nur 75% der Soll-Arbeitstage gearbeitet wurde. Auch die anschließende Einordnung in Perzentile mag eine gängige Information für Statistiker sein, aber für betriebliche Akteure nicht unmittelbar zu verstehen.

6. Gesundheitsmanagement

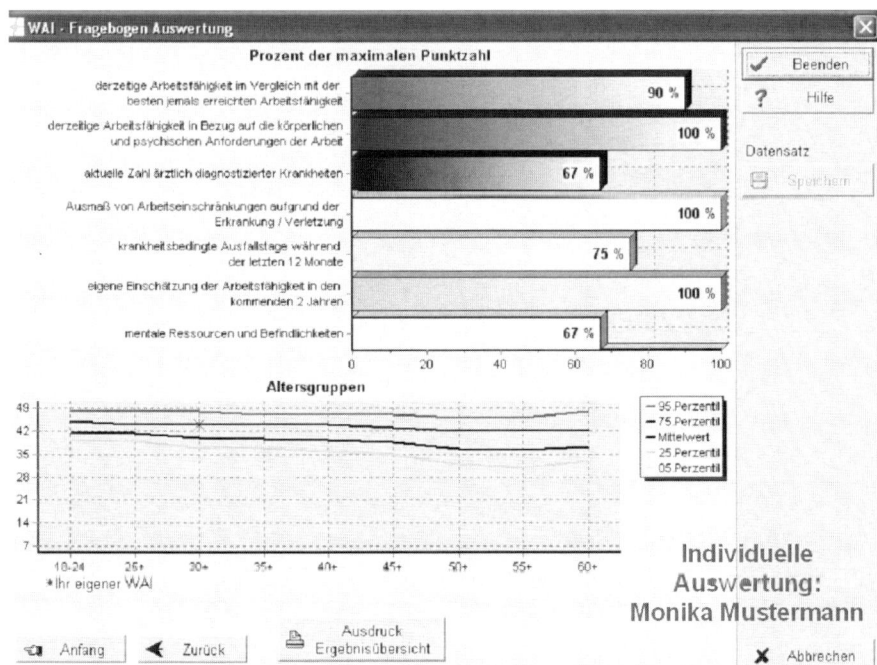

Abb. 6.2-4: Ergebnisdarstellung des WAI-Fragebogens einer Mitarbeiterin (Quelle: Hasselhorn 2006)

Die hier dargestellte Arbeitsfähigkeit ist sehr gut (WAI = 44 Punkte). Allerdings gibt die Mitarbeiterin an, nur noch 90% ihrer besten jemals erreichten Arbeitsfähigkeit zu besitzen. So können im subjektiven Urteil der Beschäftigten frühzeitig erste defizitäre Entwicklungen beobachtet werden. Solche Daten sind vor dem Hintergrund alternder Belegschaften für die Unternehmen wichtige Daten gesundheitsbezogener Früherkennung.

Wird die Arbeitsfähigkeit aller Beschäftigten eines Unternehmens oder einer Abteilung bewertet, können Mittelwerte angegeben werden, die Hinweise für Handlungsbedarfe aufzeigen. Die folgende Abb. 6.2-5 zeigt die Gruppenauswertung einer Buchhaltungsabteilung (% der durchschnittlichen Punktzahl).

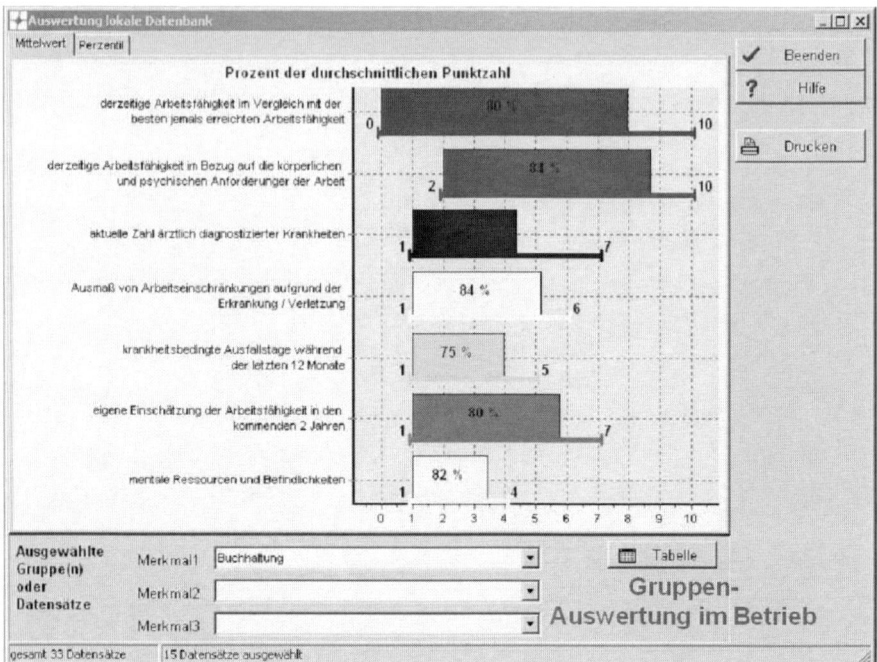

Abb. 6.2-5: Gruppenauswertung einer betrieblichen Abteilung (% der durchschnittlichen Punktzahl); (Quelle: Hasselhorn 2006)

Einzel- und Gruppenauswertungen können über die Zeit betrachtet werden (abhängige Messungen). Dadurch können intraindividuelle und gruppenbezogene Entwicklungen beobachtet werden. Die folgende Abb. zeigt die Entwicklung von WAI-Mittelwerten aus drei Abteilungen eines Krankenhauses über 4 Jahre. Deutliche Verbesserungen weist Abteilung 1 auf. Auf diese Weise ist der Erfolg bestimmter betrieblicher Gesundheitsförderungsmaßnahmen erkennbar, nachweisbar und darstellbar.

6. Gesundheitsmanagement

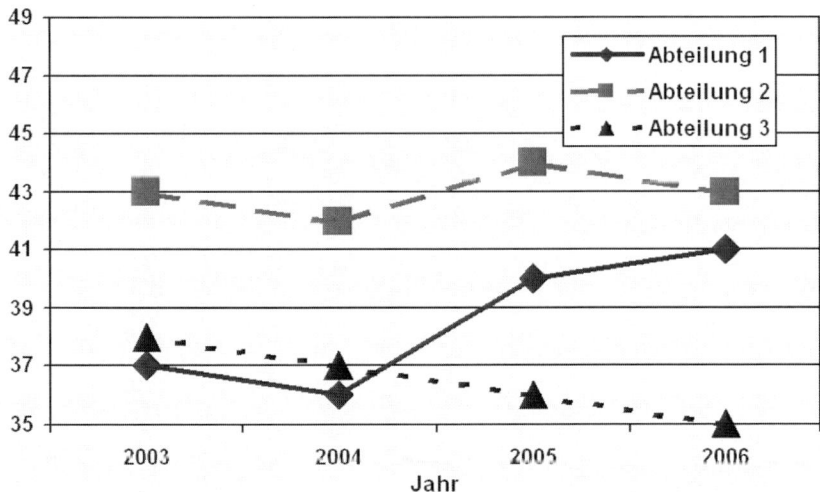

Abb. 6.2-6: Gruppenauswertung dreier betrieblicher Abteilungen über 4 Jahre (% der durchschnittlichen Punktzahl); (Quelle: Hasselhorn 2006)

Im Rahmen der europäischen Studie NEXT (nurses´ early exit study) konnte auch der transnationale Nutzen des WAI bezogen auf Pflegepersonal untersucht und dargestellt werden (vgl. auch Hasselhorn u. a. 2005). Hintergrund ist der häufig vorzeitige Ausstieg aus dem Pflegeberuf und die damit verbundene Annahme, es würde sich aufgrund einseitiger Belastungskonstellationen um eine Tätigkeit mit begrenzter Ausführungsdauer handeln. Es zeigte sich, dass das Pflegepersonal in Norwegen und in den Niederlanden die höchsten Arbeitsfähigkeiten beim Pflegepersonal aufweisen, was eine gezielte Betrachtung der Arbeitsbedingungen und des Gesundheitsmanagements in diesen Ländern nach sich ziehen sollte („Von den Besten lernen!", s. Abb. 6.2-7).

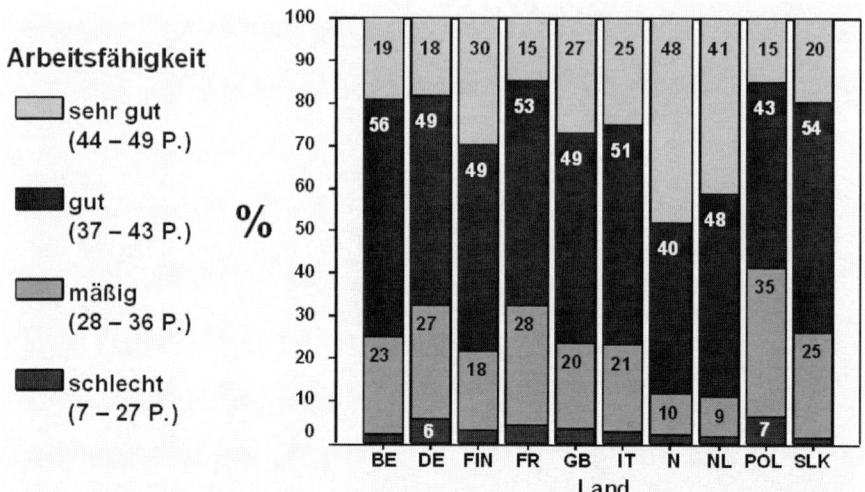

Abb. 6.2-7: Ländervergleich von WAI-Werten des Pflegepersonals (% der durchschnittlichen Punktzahl); (Quelle: Hasselhorn 2006)

Es wurde bereits konstatiert, dass der WAI allein lediglich anzeigt, ob Handlungsbedarf besteht und wo Ansatzpunkte liegen könnten. Zu den Ansatzpunkten beschreibt Ilmarinen vier Interventionsfelder, die sich auf die Bewertungs- und Zielkategorien des WAI beziehen (s. Abb. 6.2-8).

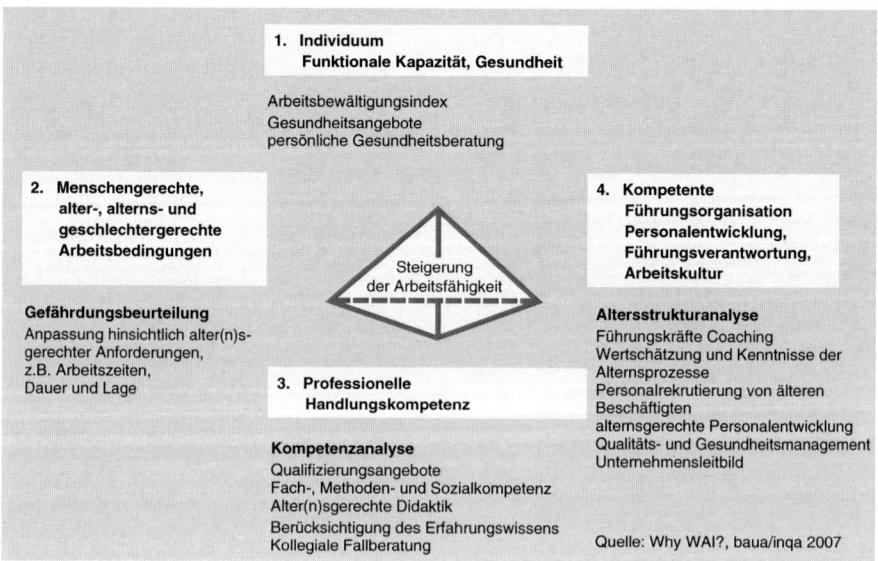

Abb. 6.2-8: Interventionsfelder zur Förderung und Erhaltung der Arbeitsfähigkeit (Quelle: Ilmarinen, 1999)

6. Gesundheitsmanagement

Wichtig ist, dass bezogen auf die betrieblichen Interventionsfelder, der WAI um weitere wichtige Analysen ergänzt wird, zu denen entsprechend andere Instrumente einzusetzen sind. So haben sich zum Einsatz des WAI inzwischen andere sinnvollen Ergänzungen ergeben: Altersstrukturanalyse zum Interventionsfeld „Führung und Organisation", ganzheitliche Gefährdungsbeurteilung und Kurzfragebogen zur Arbeitsanalyse (KFZA) zum Interventionsfeld „Arbeitsbedingungen" sowie Qualifizierungsbedarfsanalyse zum Interventionsfeld „Professionelle Handlungskompetenz".

Arbeitsbedingungen	Chance* auf Verbesserung der Arbeitsfähigkeit erhöht um Faktor ...
Repetitive, monotone Bewegungen - nicht vermindert - vermindert	1 2,1 im Mittel, bis zu 3,4 maximal
Zufriedenheit mit dem Verhalten des Vorgesetzten - nicht erhöht - erhöht	1 3,6 im Mittel, bis zu 7,2 maximal
Anstrengendes, körperliches Training in der Freizeit - nicht vermehrt - vermehrt	1 1,8 im Mittel, bis zu 3,5 maximal

Beobachtungszeitraum 12 Jahre   Verbesserung WAI um mind. 3 Punkte   * = Odds ratio

Abb. 6.2-9: Handlungsmöglichkeiten zur Förderung der Arbeitsfähigkeit (Quelle: Tuomi et al. 1997, Ilmarinen 1999)

Untersuchungen von Tuomi u. a. (1997) und Ilmarinen (1999) zur Förderung der Arbeitsfähigkeit konnten erhebliche Verbesserungen der WAI-Werte hinsichtlich verschiedener Interventionsfelder nachweisen, s. Abb. 6.2-9). Dabei wurde deutlich, dass das Verhalten des direkten Vorgesetzten das höchste Verbesserungspotenzial beinhaltet (s. auch Kap. 9).

Zum Interventionsfeld „Individuum" ist das interessante Konzept des Arbeitsbewältigungscoachings entwickelt worden, das einen Beitrag zum Empowerment und zur Selbstregulation leisten kann (s. Abb. 6.2-10; Geißler-Gruber 2007). Dabei wird der Gesundheitsdialog als systematische Methode eingesetzt. Der WAI wird bspw. in jährlichen Intervallen eingesetzt und gemeinsam dem Beschäftigten von einem Präventionsberater/Arbeitswissenschaftler erläutert („Biopsychosoziales Feedback"). So kann der Beschäftigte seine Fähigkeit zur Arbeitsbewältigung mit seiner eigenen Betroffenheit besser zusammenbringen. Aus der Einstufung der Arbeitsfähigkeit werden zusammen mit dem Beschäftigten persönliche Entwicklungs- und Verbesserungsmöglichkeiten bezogen auf die vier Interventionsfelder nach Ilmarinen formuliert. Für jedes Interventionsfeld wird gefragt: Was kannst du selbst tun? Was kann der Betrieb für dich tun? Besonders das Interventionsfeld „Individuum" bietet die Chance Maßnahmen in Eigeninitiative und unter

Selbstbeobachtung zu organisieren. Hinsichtlich der anderen im betrieblichen Kontext anzusiedelnden Interventionsfelder kann der Beschäftigte zumindest Verbesserungen einfordern bzw. Wünsche artikulieren, z. B. im Rahmen von Mitarbeitergesprächen u. a.

„Arbeitsbewältigungs-Coaching" (AB-C)

Individuelle Selbstbeobachtung & Selbstregulation	→ Frühhinweise für die Person selbst → vertrauliche Kurzberatung zum Erhalt bzw. zur Verbesserung der Arbeitsbewältigungs-fähigkeit
betriebliche Steuerung zur Stärkung der Arbeitsfähigkeit der Beschäftigten	→ Frühhinweise für den Betrieb (anonymisierter ⌀ Arbeitsbewältigungsstatus der Belegschaft und Förderbedarfe) → Moderation zur Ableitung/Umsetzung betrieblicher Fördermaßnahmen
überbetriebliche Steuerung zur Stärkung der Arbeitsfähigkeit der Arbeitskräfte und der Zukunftsfähigkeit der Betriebe	→ Frühhinweise für die Region / Branche o. ä. (anonymisierter ⌀ Arbeitsbewältigungsstatus der beteiligten Betriebe (Branchen) und Förderbedarfe) → Moderation zur Ableitung/Umsetzung überbetrieblicher Fördermaßnahmen

Abb. 6.2-10: Beratungs-Werkzeug (Quelle: Geißler-Gruber 2007)

Die folgende Abb. zeigt individuell geäußerte Verbesserungspotenziale bezogen auf die vier Interventionsfelder (Geißler-Gruber 2007).

	Förderfelder			
	Betriebliche Gesundheitsangebote	**Zukunftsfähige Gestaltung der Arbeitsbedingungen**	**Alternssensible Führungsorganisation und Arbeitsorganisation**	**Lebensbegleitende Weiterbildung und berufliche Entwicklung**
1	Ernährungsberatung	Patenschaften zwischen Kollegen	Team-Reflexion	Weiterbildungsplanung
2		Neues Leistungsangebot „Demenz"	Transparente Lohnstruktur	
3	Erleichterungen in der Dienstplanung	Dienstplan-Modell – zusätzliche Anstellung von 2 Teilzeitkräften	Zusammenarbeit zwischen Vorstand, Geschäftsleitung, MAV	
4	Rückenschule; Ernährung BGW-Kurse	Supervision; Alter und gesundheitliche Beeinträchtigungen bei der Tourenplanung	Zusammenlegung von Einsatzorten klären	PC-Weiterbildung – altersgerechter Didaktik

Abb. 6.2-11: Betriebliche ab-c-Fördermaßnahmen (Quelle: Geißler-Gruber 2007)

6. Gesundheitsmanagement

Die Arbeitsbewältigungscoachings sind erfolgreich getestet und bieten eine kongeniale Anschlussfähigkeit an den WAI-Einsatz auf individueller Ebene. Es bedarf allerdings sowohl einer professionellen Coaching- wie auch einer fachlichen Präventions-Expertise. Aus arbeitswissenschaftlicher Sicht bildet die theorie- und empiriegeleitete Messung und Bewertung der Arbeitsfähigkeit verbunden mit der moderierten, subjektiven Interpretation und Reflektion des Beschäftigten den Kern. Damit wird eine wissenschaftlich fundierte, direkt Betroffenheit erzeugende Selbstbeobachtung ermöglicht, die eher zu persönlichen Maßnahmen führt als dies sonst im Alltag der Fall wäre.

Zusammenfassend kann festgestellt werden, dass der Work Ability Index ein sinnvolles Instrument darstellt, mit dem sowohl die aktuelle wie auch die zukünftige Arbeitsfähigkeit von Beschäftigten bzw. Belegschaften erfasst und bewertet werden kann. Dabei ist die sachgerechte Anwendung von entscheidender Bedeutung. Auch ist der WAI als Standard, gekoppelt mit weiteren Instrumenten und Vorgehensweisen als sinnvolles Instrument zu sehen.

Dennoch wird der WAI von einigen Akteursgruppen und Arbeitswissenschaftlern mit großer Skepsis beurteilt. Ihre Bedenken sind nachfolgend zusammengefasst.

Bedenken zum Einsatz des WAI (nach IG Metall Vorstand 2005; Elsner 2007)

- Der Beschäftigte kennt vielleicht nicht die ärztlichen Diagnosen seines aktuell behandelnden Arztes.

- Der Beschäftigte weiß vielleicht gar nicht, dass er überhaupt krank ist.

- Falsche Angaben aus Absicht oder Unkenntnis verfälschen das Ergebnis des Fragebogens.

- Objektive Arbeitsbedingungen werden nicht berücksichtigt, sondern nur subjektive Einschätzungen.

- Die starke Betonung von (allen jemals diagnostizierten) Krankheiten des WAI manifestiert eher ein Defizitmodell vom Alter als dass ein differenziertes Kompetenzmodell unterstützt wird. Kompetenzen Älterer wie Wissen, Erfahrung, soziale Kompetenzen etc. werden nicht erfasst.

- Es fehlt eine angemessene Ressourcenorientierung.

- Für KMU-Betriebe ist der betriebsärztliche Aufwand zum Einsatz unrealistisch. Damit wird ein bedeutender Betriebstypus ausgeschlossen.

- Der Missbrauch der Daten kann mangels Kontrollinstanzen nicht völlig ausgeschlossen werden.

- Werden ältere Beschäftigte mit dem WAI-Fragebogen befragt, handelt es sich bereits per se um eine positive Auslese, da Erwerbsunfähige und Erwerbsgeminderte meist schon das Unternehmen verlassen haben. Damit wird die betriebliche Verursachung verfälscht im Sinne einer „Schönung" der Ergebnisse. (Im Jahr 2004 haben 1,7 Millionen Menschen eine Rente wegen verminderter Erwerbsfähigkeit bzw. Berufsunfähigkeit erhalten und damit das gesetzliche Regelrenteneintrittsalter nicht erreicht.)

7. Aus- und Weiterbildung

Das Handlungsfeld „Demografiefeste Aus- und Weiterbildung" ist eng verknüpft mit Rekrutierungsstrategien. Neben der betrieblichen Ausbildung geht es dabei um erfolgreiche Wissensdiffusion, Qualifizierung und Kompetenzerwerb jedweder Art (Ältere, An- und Ungelernte), Know-how-Sicherung mittels Wissenstransfer von alt nach jung etc. Letzteres ist wiederum mit Rekrutierungsanforderungen bei der Nachfolgeplanung verbunden.

Die folgende Abb. zeigt die Weiterbildungsstrukturen (Teilnehmerfälle, Teilnehmerstunden, Kosten je Mitarbeiter für Weiterbildung) nach Wirtschaftszweigen.

ausgewählte Branche	Kennziffern			
	Teilnehmerfälle je 100 Beschäftigte	Teilnehmerstunden je Mitarbeiter	Teilnehmerstunden je Teilnehmer	Kosten je Mitarbeiter (in €)
Dienstleistungsgewerbe	131,7	37,7	28,7	1.712,83
Kreditinstitute und Versicherungen	167,8	47,3	28,2	1.391,74
Einzelhandel	85,4	49,8	58,4	995,49
Groß- und Außenhandel	94	12,7	13,6	722,97
Produzierendes Gewerbe	92	15,5	16,9	984,75
Land- und Forstwirtschaft	129	16,5	13,1	505,16
Wirtschaft insgesamt	100	20	20	1128,24

Abb. 7-1: Weiterbildungsstrukturen nach Wirtschaftszweigen (Quelle: www.einzelhandel.de 2007)

Auswirkungen der demografischen Entwicklung in Deutschland und Europa auf die Aus- und Weiterbildung
Insgesamt gesehen hat die Aus- und Weiterbildung bei Managern in Deutschland einen geringen Stellenwert. Wenn es Kosten einzusparen gilt, wird hierbei zuerst gekürzt (s. Abb. 7-2).

Personal als erstes dran
Welche Budgets Manager zuerst kürzen, wenn die Gewinne sinken.

	Deutschland	Großbritannien	Frankreich	Belgien
Personal und Aus- und Weiterbildung	60	39	38	26
Marketing	45	40	35	30
Operatives Geschäft	28	27	21	30
Transport und Logistik	21	23	25	16
Topmanagement	16	26	23	18
Forschung und Entwicklung	16	30	25	14
IT-Systeme	24	23	17	17
Kundendienst	7	6	6	7

Angaben in Prozent, Mehrfachnennungen möglich.

Abb. 7-2: Kürzungsmaßnahmen von Managern bei Gewinnabnahme (Quelle: UPS European Business Monitor, zitiert nach Organisationsentwicklung 1/04)

Die Investitionen in Weiterbildung sind in Deutschland im Vergleich zu Europa niedrig. In der alten EU 15 war Deutschland nahezu Schlusslicht. Daran hat sich den letzten 5 Jahren wenig geändert, was neuere Daten von Eurostat zeigen (siehe folgende Abb.).

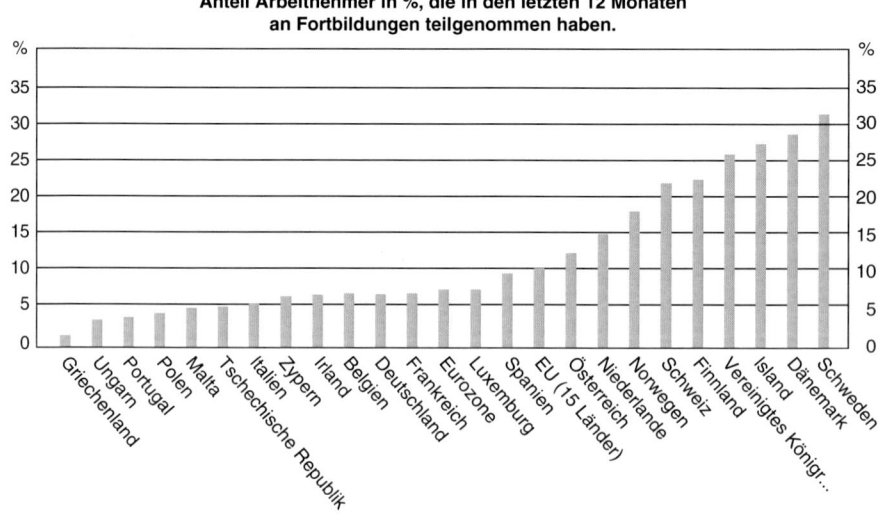

Abb. 7-3: Beteiligung an Aus- und Weiterbildung 2006 in Europa (Quelle: Eurostat 2006)

7. Aus- und Weiterbildung

Die folgende Abb. 7-4 zeigt einen Vergleich ausgewählter Länder der EU hinsichtlich der Weiterbildungsquoten und im Besonderen den Vergleich Älterer zu gesamt. Frankreich und Deutschland sind auf ähnlichem Niveau. Auffällig sind die hohen Weiterbildungsquoten Älterer in den skandinavischen Ländern, die für deutsche Unternehmen als benchmark zu sehen sind, von denen es zu lernen gilt.

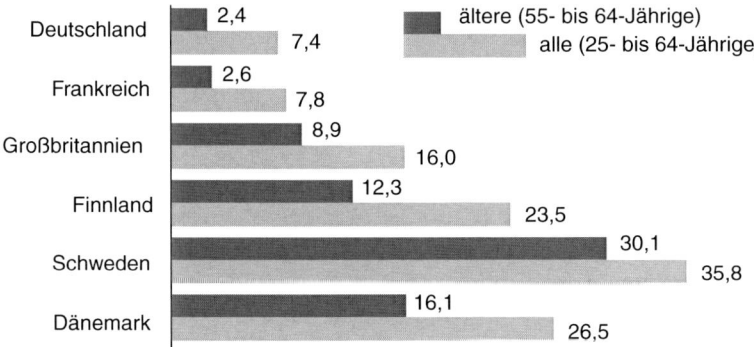

Anmerkung: Weiterbildung umfasst sämtliche Aus- und Erstausbildungen, (ständige) Weiterbildung, betriebliche Ausbildung, Lehre, Ausbildung am Arbeitsplatz, Seminare, Fernunterricht, Abendschule usw. sowie allgemein bildende Kurse.

Abb. 7-4: Weiterbildungsquoten international (Quelle: IAB/Eurostat, zitiert nach Richenhagen 2005)

Setzt man die Weiterbildungsquote Älterer und die Beschäftigungsquote Älterer in Bezug, so zeigt sich ein Zusammenhang. Die Länder in Europa, die in die Weiterbildung Älterer investieren, haben auch eine höhere Beschäftigungsquote Älterer (s. folgende Abb. 7-5).

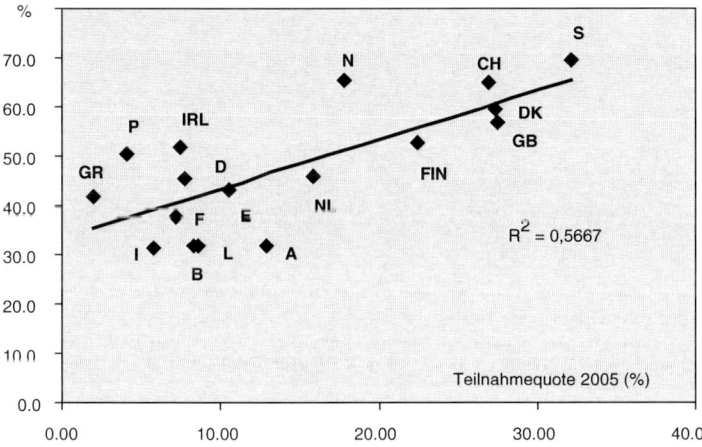

Abb. 7-5: Beschäftigungsquote und Weiterbildungsquote Älterer in Europa (Quelle: Richenhagen 2008)

Hinsichtlich der Weiterbildung ist aus deutscher Sicht zu konstatieren (Quelle Eurostat, zitiert nach Richenhagen):

- Die Teilnahmequote der 25- bis 64-Jährigen an Aus- und Weiterbildungsmaßnahmen ist im europäischen Vergleich (EU-15) erheblich zu gering (Relation in 2004: 6 zu 10).

- Die Teilnahmequote Älterer an Weiterbildungsmaßnahmen ist im europäischen Vergleich (EU-15) erheblich zu gering (Relation in 2000: 1 zu 6).

- Die Teilnahmequote Älterer an Weiterbildungsmaßnahmen ist im Vergleich zu anderen Altersgruppen (z. B. 35 bis 49 Jahre) in Deutschland zu gering (Relation in 2000: 1 zu 2).

Man könnte nun meinen, dass eine hohe Weiterbildungsquote in Deutschland auch deshalb nicht zu verzeichnen ist, weil die duale Ausbildung und auch die Hochschulbildung in Deutschland derart exzellent ist, dass niedrigere Weiterbildungsquoten zu erwarten wären und dass in Deutschland das Lernen bei der Arbeit selbst ausgeprägter ist, so dass eine externe Weiterbildung weniger von Nöten ist. Dem ist auch nicht so, wie die folgende Abbildung zeigt (Befragungen von Erwerbstätigen im Euro-Barometer zur Lernförderlichen Arbeitsgestaltung).

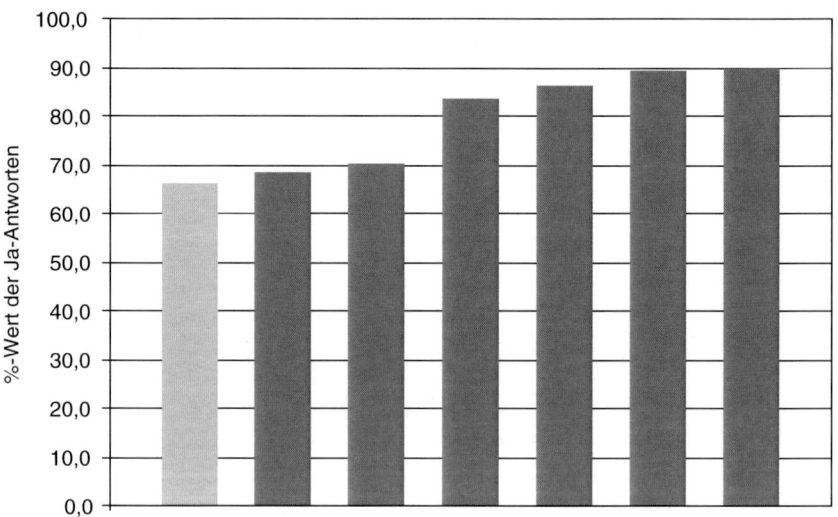

Abb. 7-6: Lernförderliche Arbeitsgestaltung (zitiert nach Richenhagen 2007)

Die Abb. zeigt, dass Deutschland bei der Möglichkeit, während der Arbeit Neues dazuzulernen, unterhalb des Durchschnitts der Länder in der EU liegt.

7. Aus- und Weiterbildung

Innerbetriebliche Qualifizierung nimmt zukünftig einen immer höheren Stellenwert ein. Das hängt u. a. damit zusammen, dass die benötigten Qualifikationen auf dem Arbeitsmarkt immer schwieriger rekrutierbar sind und somit der Blick nach innen immer bedeutender wird („Interner Arbeitsmarkt"; „Binnenrekrutierung").

Letzteres spielt eine große Rolle bei der Laufbahn- und Karriereplanung von High Potentials, deren Potenziale zunehmend aus dem eigenen Pool der Beschäftigten identifiziert und gefördert werden müssen, und das bei gleichzeitigem Karrierestau durch die Alterung und die verlängerte Lebensarbeitszeit von Führungskräften.

Ein weiterer wichtiger Aspekt ist der Wandel hinsichtlich neuer Aufgabenanforderungen, i. d. R. hinsichtlich technischer Art oder qualitativer Art. Hier liegen die Herausforderungen hauptsächlich in der breitenwirksamen Anpassungsfortbildung von Personengruppen (insbesondere gering Qualifizierte), die sonst eher weniger an Weiterbildungen beteiligt sind. Die Kombination „gering qualifiziert und alt" gilt als besonders kritisch. Für diese Gruppe, die es gelernt hat, nicht mehr zu lernen, ist es besonders schwer wieder in den Lern- und Weiterbildungsprozess einzusteigen (Seligmann 1975). Dabei spielen Wertschätzung und positive Führungskultur eine wichtige Rolle.

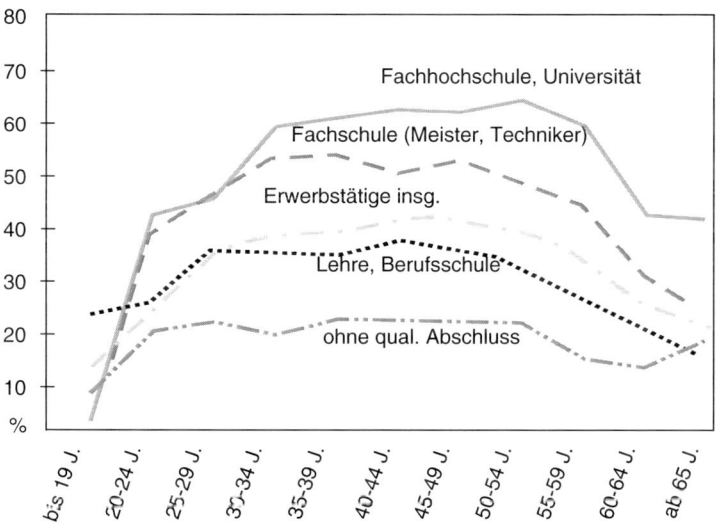

Abb. 7-7: Teilnahme an beruflicher Weiterbildung nach Lebensalter und Qualifikation (Quelle: Marstedt u. Müller 2003, zitiert nach Schat 2005)

Abb. 7-7 zeigt deutlich, je geringer die Qualifikation, desto geringer die Teilnahme an Weiterbildung. Interessant ist das für alle Qualifikationsniveaus gilt: ab 45–50 Jahre sinkt die Teilnahme an Weiterbildung. Eine konstatierte Tatsache, die für die Zukunft kein sinnvolles Konzept mehr darstellt. Die Weiterbildung Älterer wird in großem Umfang zum Dauerzustand für die nächsten 10 bis 15 Jahre.

Wie eklatant die Rückständigkeit und das fehlende Bewusstsein in den Unternehmen in Deutschland ausgeprägt ist, zeigen die Ergebnisse einer Betriebsbefragung des Bundesinstituts für berufliche Bildung 2004 (s. folgende Abb. 7-8).

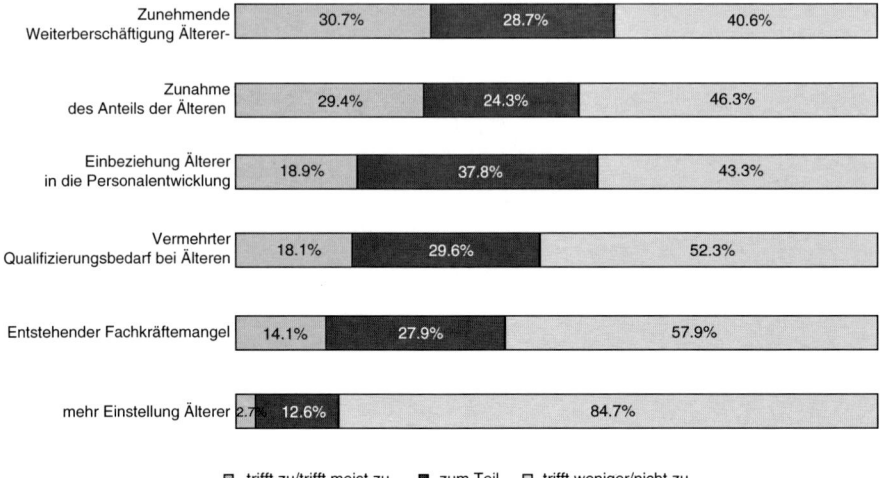

Abb. 7-8: Einschätzungen zu demografischen Entwicklungstrends in den Unternehmen (Quelle: Zimmermann 2007)

Im Durchschnitt bleibt festzuhalten, dass mindestens die Hälfte aller Unternehmen die Bedeutung und die Folgen des demografischen Wandels überhaupt noch nicht verstanden haben, und das für alle in der Befragung genannten Entwicklungstrends. Besonders dramatisch zeigt sich dies in der Erkenntnis in Zukunft auch vermehrt Ältere als lukratives Rekrutierungspotenzial anzusehen, 85% von über 500 befragten Unternehmen sehen dies nicht/wenig als zutreffend.

Hinzu kommen Strukturprobleme, die mit den Akteursgruppen Unternehmen, Beschäftigte und Bildungsträger zusammenhängen, s. folgende Abb. 7-9.

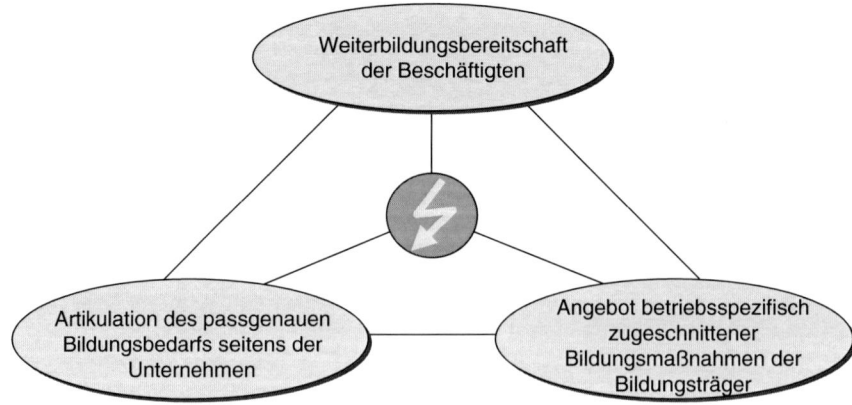

Abb. 7-9: Probleme im Bildungsmatching der beteiligten Akteursgruppen

7. Aus- und Weiterbildung

Oftmals wird von Arbeitgebern die mangelnde Bildungsbereitschaft der Beschäftigten beklagt (lebenslanges Lernen). Es ist sicherlich richtig, dass je geringer die Qualifikation, je einfacher die Tätigkeiten, je geringer die geistigen Anforderungen, desto geringer auch die Weiterbildungsbereitschaft der Beschäftigten. Allerdings bedingen sich hier Ursache und Wirkung gegenseitig. Auch der Arbeitgeber schickt diese Personengruppen am wenigsten in Bildungsmaßnahmen, so dass mit zunehmender Betriebszugehörigkeit (oder sinnvoller formuliert: Verweildauer in einfachen Tätigkeiten) und Alter sich eine sogenannte gelernte Hilflosigkeit ergibt. Es muss erst wieder Lernen gelernt werden und allein die Drohung einer notwendigen Bildungsmaßnahme führt dann schon zu Widerstand.

Auf der anderen Seite ist auf Unternehmensseite auch zu beklagen, dass konkrete Bildungsbedarfe nur schwer artikuliert werden können. Das hängt u. a. mit den bereits erwähnten Defiziten in der Tätigkeitsanalyse und -bewertung zusammen sowie unklaren Vorstellungen über Anforderungsprofile (der Zukunft) von Aufgaben und deren intelligenten Zuschnitt.

Vervollständigt wird das Defizitdreieck der Bildung noch durch hoffnungslos unprofessionelle Bildungsträger, die den Muff der neunziger Jahre noch nicht abgeschüttelt haben und nicht in der Lage sind, in kleinen Losgrößen betriebsspezifische Dienstleistungen vor Ort (also in den realen Arbeitssystemen) anzubieten. Heute „geht der Lehrer zum Schüler" und nicht wie früher „der Schüler zum Lehrer".

Um also Kompetenzen zu entwickeln, ist es vorher notwendig, die vorhandenen Kompetenzen systematisch zu erfassen. Der bekannte Soziologe und Arbeitswissenschaftler Volker Volkholz hat einmal gesagt: „In einem großen Unternehmen ist soviel Wissen vorhanden wie in einer ganzen Universität." Von diesem Wissensumfang ist nur die „Spitze des Eisbergs" bekannt, der größte Teil ist in den Köpfen der Mitarbeiter. Um den genauen Bildungsbedarf zu artikulieren, ist es sinnvoll für jeden einzelnen Mitarbeiter einen Kompetenzpass zu erstellen.

Der Kompetenzpass stellt die Basis dar,

- um jenseits der zertifizierten Qualifikation, die oftmals Jahre bis Jahrzehnte zurückliegt, die im Arbeitsleben erworbenen fachlichen, methodischen und sozialen Kompetenzen (Können und Erfahrungswissen) zu erfassen,

- um bisher nicht bekannte (u. U. private erworbenen Kompetenzen) für das Unternehmen zu nutzen,

- um einen gezielt benötigten Bildungsbedarf zur Kompetenzentwicklung zu artikulieren,

- um die Arbeitsfähigkeit und den Personaleinsatz zu optimieren und

- um letztlich dem Mitarbeiter durch Attestierung der Kompetenzen beim möglichen Austritt aus dem Unternehmen eine verbesserte Beschäftigungsfähigkeit (employability) zu ermöglichen.

Die folgende Abb. zeigt das Beispiel eines Kompetenzpasses für einen angelernten türkischen Gießereiarbeiter (siehe auch DGV 2005).

Personendaten	Name, Vorname	TASYÜREK, DURSUN			
	Geburtsdatum	05.05.1965	Geschlecht		m
	Nationalität	Türkisch	wohnhaft in Deutschland seit		1983
	Betriebszugehörigkeit	Seit 1992			

Aus- und Fortbildung, Berufslaufbahn	Berufsausbildung	Kein anerkannter Berufsabschluss
	Praktika	-
	Mitgebrachte Berufserfahrung	1985 - 1992 Tätigkeit als Hilfskraft in einer KFZ-Werkstatt: Erfahrungen im Umgang mit schwerem Arbeitsgerät (Bandschleifer, Hydraulische Scheren, etc.); Erfahrungen in der Lagerverwaltung
	Betriebslaufbahn	1992 - 1994 Hilfskraft Versand seit 1994 - angelernte Tätigkeiten Putzerei
	Fortbildungen:	1994 Lehrgang „Sicherheit durch persönliche Schutzausrüstung" 1995 Lehrgang „Sicherheit bei der Gussnachbehandlung"
	GUSSTAV-Qualifikation	absolviert momentan Grundmodul
	Eingruppierung (ERA)	

Fachliche Grundbildung							
	Kenntnisse über Aufbau und Organisation des Betriebs	◐	Grundtechniken des Formens, Schmelzens und Gießens	◑	Fügen		◑
	Kenntnisse über Sicherheit und Gesundheitsschutz	●	Planen von Arbeitsabläufen u. Kontrolle der Ergebnisse	◐	Grundtechniken des Brennens und Schweißens		◑
	Kenntnisse im Umweltschutz	◑	Umgang mit Werk- und Hilfsstoffen	◑	Grundlagen Pneumatik und Hydraulik		◓
	Beherrschen der technischen Fachsprache	◑	Handhaben u. Warten von Arbeits- u. Betriebsmitteln	◑	Grundlagen Regel- und Steuertechnik		◓
	Unterscheiden u. Zuordnen von Werk- u. Hilfsstoffen	◐	manuelles Spanen	◑	Grundlagen Produktentwicklung & Simulationstechniken		◓
	Prüfen, Anreißen und Kennzeichnen	◐	maschinelles Spanen	◓	Sonstiges:		
	Ausrichten und Spannen von Werkzeugen und Werkstücken	◑	Trennen, Umformen	●			

○ = Keine Kompetenz   ◓ = Lerner   ◑ = Kenner   ◐ = Könner   ● = Spezialist

7. Aus- und Weiterbildung

	ARBEITSABLAUFPLANUG + ARBEITSPLATZGESTALTUNG				
	Arbeitsschritte festlegen	◐	Halbzeuge, Werkstücke, Spannzeuge, Werkzeuge, Prüf- u. Messzeuge sowie Hilfsmittel bereitstellen	●	
	Arbeitsablauf organisieren	◐	Arbeitsplätze an Werkbänken und Maschinen einrichten	●	
	Prüf- und Messmittel zur Kontrolle der Arbeitsergebnisse festlegen	◐	Kenntnisse der Arbeitsplazergonomie	◐	
Fachkompetenz	**FORMEREI**				
	Umgang mit Formwerkstoffen	◐	Gießereimodelle u. Modellplatten analysieren	◐	Einsetzen von Modelleinrichtungen oder Dauerformen	◐
	manuelle Formfertigung	○	Formstoffprüfung	○	Wiederaufbereitung von Formstoffen	◐
	maschinelle Formfertigung mit Maschinen und Anlagen	◐	Einsetzen v. Formstoffen für Formen	◐	Sonstiges:........................	
	KERNMACHEREI				
	Umgang mit Kernwerkstoffen	◐	Arbeiten mit Kernschalen und Kernlehren	◐	Tauchbecken zum Kerneschlichten planen und herstellen	◐
	manuelle Kernfertigung	◐	Arbeit mit Kernformwerkzeugen (Kernkästen)	◐	Einsetzen von Formstoffen für Kerne	◐
	Umgang mit Kernformwerkzeug	◐	maschinelle Kernfertigung	◐	Anfertigen und Arbeiten mit Kernarmierungen	◐

○ = Keine Kompetenz   ◐ = Lerner   ◐ = Kenner   ◐ = Könner   ● = Spezialist

	SCHMELZBETRIEB				
	Anwenden von Gießsystemen	◐	Abgießen der From mit flüssigem Metall	◐	Gußstücke in Dauerformen herstellen	◐
	Schmelzen und Legieren („Gattieren") des Metalls	◐	Überwachung der automatischen Zuführungssysteme	◐	Gußkontrolle, Fehlererkennung und Fehlervermeidung	◐
	Steuern und Regeln der Schmelzöfen	◐	Warmhalten des Metalls	◐	Sonstiges:........................	
Fachkompetenz	Kontrolle der Schmelze	◐	Herstellen von Gußstücken in Kokillen u. Druckgießmaschinen	○		
	PUTZEREI / GLÜHEREI				
	Trennschleifen von Einguss und Speiser	◐	Entgraten vorwiegend durch Schleifen	◐	Oberflächenbehandlung zum Korrosionsschutz	◐
	Herausnahme des Gussteils aus der Form/Entkernen	◐	Strahlen des Gussteils	◐	Sonstiges:........................	
	Kontrolle auf Gussfehler	◐	Wärmebehandlung	◐		
	MATERIALBESCHAFFUNG				
	Bereitstellen von Material	◐	Überwachung u. Sicherung des Materialflusses	◐		

○ = Keine Kompetenz   ◐ = Lerner   ◐ = Kenner   ◐ = Könner   ● = Spezialist

Fachkompetenz	WARTUNG UND INSTANDHALTUNG						
	Durchführung von Wartungsarbeiten	◐	Störungsbeseitigung	◑	Instandharltung		○
	TECHNISCHE KOMMUNIKATION UND QUALITÄTSKONTROLLE						
	Lesen und Anwenden von technischen Unterlagen	◐	Erstellen von technischen Unterlagen	○	Prüfergebnisse auswerten, interpretieren und dokumentieren	○	Qualitätskontrolle und Endprüfung durchführen	◕

Fachübergreifende Kenntnisse & Berufserfahrung							
Einarbeiten / anlernen neuer Mitarbeiter	◐	Erfahrungen mit Gruppenarbeit	◕	Konfliktvermeidung u. - lösung		○
Durchführung von Projektaufgaben	◐	Erfahrunge mit Firmenpräsentation (z.B Werks besuche		◕	Kostenrechnung	◐
Erfahrungen mit Kundenkontakt	◕	Beteiligung an KVP-Gruppen	◑	Betriebliche EDV	◑
Erfahrungen mit Gruppenmoderation	◕	Qualitätssicherung / Qualitätsmanagement	◕	Mathematische Grundlagen	◕
Arbeits- und Tarifrecht	◕	Ergänzungen	*Engagiert sich in KVP-Gruppen, ist bereits mehrfach Gruppensprecher gewesen. Seit 3 Jahren Betriebsratstätigkeit (nicht freigestellt), seit 2 Jahren Sicherheitsfachkraft*			
Sonstiges						

○ = Keine Kompetenz   ◑ = Lerner   ◐ = Kenner   ◕ = Könner   ● = Spezialist

Privates / Persönliches		
Besondere handwerklich Fähigkeiten	*Erfahrungen mit KFZ-Reparatur*	◕
Besondere planerische Fähigkeiten	*Organisiert Vereinssitzungen, Vereinsaktivitäten, etc. (s.u.)*	◕
Besondere kommunikative Fähigkeiten	*Kann auch vor größeren Gruppen gut sprechen*	◐
Betriebswirtschaftliche Kenntnisse	*Grundlagen der einfachen Kassenführung (Verein)*	◐
EDV-Kenntnisse	*MS-Office Grundlagen*	◕
Hobbys / Neigungen / Interesse	*Computer / Internet*	
Sonstiges	*Ehrenamtliche Tätigkeit: Vorsitzender des Vereins „Deutsch-Türkische-Freunde e.V.", Bochum*	

Interkulturelle Kompetenz					
Herkunfts land: *Türkei*	Familienangehörige im Herkunftsland:	ja ☒	nein ☐	Herkunftsland der Eltern:	*Türkei*
Beherrschung der deutschen Sprache in Wort		◕	Beherrschung der deutschen Sprache in Schrift		◐
Beherrschung der Muttersprache, bzw weiterer Sprachen in Wort Sprache: *Türkisch*		●	Beherrschung der Muttersprache, bzw. weiterer Sprachen in Schrift Sprache: *Türkisch*		◕
Erworbene Qualifikationen im Herkunftsland	*Nicht anerkannte Berufsausbildung zum Mechaniker, 1 Jahr Berufserfahrung in türkischem Kleinbetrieb*				
Einsatzmöglichkeiten für das Unternehmen	• *Eventuell als Übersetzer oder Dolmetscher im Vertrieb* • *Unterweisung türkischer Beschäftigter*				

○ = Keine Kompetnz   ◑ = Lerner   ◐ = Kenner   ◕ = Könner   ● = Spezialist

Abb. 7-10: Kompetenzpass eines angelernten Gießereiarbeiters (Quelle: DGV 2005)

7. Aus- und Weiterbildung

Zunächst wird deutlich, dass die Erfassung des Kompetenzniveaus sehr einfach erfolgen kann (s. Legende), meist durch die gemeinsame Festlegung von direktem Vorgesetzten und Beschäftigten.

Darüber hinaus zeigt dieses Beispiel, welche umfangreiche Fachkompetenz sowie umfangreiche berufsübergreifende Kompetenzen und Erfahrungswissen der Mitarbeiter über die Jahre erworben hat. Dieses Wissen ist meist in keiner Personalakte vermerkt, aber wichtig für die Personaleinsatzplanung. Darüber hinaus kann das Unternehmen völlig unbekannte Kompetenzen des Beschäftigten wie in diesem Beispiel privates, soziales Engagement, Sprachkompetenzen etc. für wichtige Aufgaben im Unternehmen genutzt werden (s. auch folgende Abb. 7-11).

Abb. 7-11: Nutzbare Kompetenzen eines Kompetenzpasses

Der Kompetenzpass ist ein Musterbeispiel für die Individualisierung von Personalinstrumenten, die notwendig ist, um der mit dem Alter zunehmenden Ausdifferenzierung der Leistungsfähigkeit Rechnung zu tragen (vgl. Baltes-Kurve).

Ein weiteres Bespiel für die Berücksichtigung des Prinzips der Individualisierung ist das strukturierte Mitarbeitergespräch (MAG). Das MAG verbindet idealerweise sowohl vorliegende Dokumente wie auch im Gespräch eruierte Informationen zu einem systematischen „Ganzen": Kompetenzpass, Stellen- und Fähigkeitsprofil, Personaleinsatzmatrix, Tätigkeitsanalyse, Fehlzeitenreport, Gefährdungs- und Belastungsanalyse, Anforderungen an Work-Life-Balance, Mitarbeiterbefragung, Zielvereinbarung, Engagement und Zukunftsentwicklung. Im Rahmen eines MAG kann somit das von Ilmarinen entwickelte Konstrukt des „House of Workability" (Gesundheitszustand, Qualifikation, Motivation, Arbeitsbedingungen) optimal integriert werden. Die folgende Abb. stellt die Struktur eines konventionellen MAG der Struktur des Hauses der Arbeitsfähigkeit gegenüber.

konventionelles Mitarbeitergespräch (MAG):	Haus der Arbeitsfähigkeit
- **Arbeitssituation:** Betriebsklima im Arbeitsbereich, Arbeitsbedingungen, Arbeitszufriedenheit, Konflikte/ Highlights - **Führung und Zusammenarbeit:** Aufgaben und Ziele des Arbeitsbereichs, Rolle/Funktion des MA, Informationsfluss, Unterstützung - **Bilanzierung der geleisteten Arbeit:** MA- und Vorgesetztenbeurteilung - **Perspektiven und Zielvereinbarungen:** Qualifizierung, Entwicklungsmöglichkeiten	- **Kompetenz:** Extrafunktionale Kompetenzen, beherrschte Tätigkeiten, Qualifizierungsbedarf, Erfahrungswissen - **Gesundheit:** Krankenstand, Erholungsfähigkeit, Tätigkeiten mit begrenzter Dauer - **Motivation:** Arbeitszufriedenheit, Vorgesetztenverhalten, Betriebsklima, Kundenforderungen, Balancierung von Unternehmenszielen und privaten Zielen, Work-Life-Balance **Arbeitsbedingungen:** - **Aufgabeninhalte:** schwere körperliche Arbeit, geistige Anforderungen - **Arbeitsorganisation:** Aufgabenwechsel, Teamarbeit - **Arbeitszeit:** Rufbereitschaft, Schichtarbeit - **Arbeitsumgebung:** Gefahrstoffe, Lärm, Klima

Abb. 7-12: Gegenüberstellung der Struktur eines konventionellen Mitarbeitergespräches mit der Struktur des Hauses der Arbeitsfähigkeit (Quelle: Langhoff 2005)

Im Zuge der Ausdifferenzierung der Leistungsfähigkeiten mit dem Alter, welche nicht nur arbeits- und altersbedingt, sondern auch durch privates Verhalten und persönliche Einstellungen bestimmt sind, ist es vor dem Hintergrund des demografischen Wandels wichtig, sich zunehmend um jedem einzelnen Mitarbeiter zu kümmern. Hierfür ist das MAG (oder auch Zukunftsgespräch) die geeignete Form. Nicht nur große und mittlere Unternehmen, sondern auch kleine Handwerksunternehmen beginnen vermehrt, dieses Instrument zu nutzen. Es trägt auch zu einer verbesserten Bindung bei, wenn in regelmäßigen Abständen direkter Vorgesetzter und Mitarbeiter die Arbeitssituation, Führung, Zusammenarbeit, Leistung und Perspektiven miteinander besprechen, den Stand bilanzieren und zu Vereinbarungen für die Zukunft kommen.

Lernen im Alter – Stand der Forschung

Über die Entwicklung physischer und kognitiver Leistungsfähigkeit im späten Erwerbsleben wurde bereits ausführlich im Kapitel 2 „Alter und Leistungsfähigkeit" berichtet. Im Kontext des Lernens kommen einige zentrale Aspekte hinzu:

- Die Kopplung von Kognition und Emotion für Motivation und Lernen
- Die Bedeutung von Trinken, Essen und Bewegen für die Lernleistung
- Die fortschreitende Differenzierung von (Lern-)Fähigkeiten mit dem Alter
- Lernen im Kontext von Führung und Arbeitsbedingungen (s. hierzu Kap. 9 „Führung und Motivation")

7. Aus- und Weiterbildung

Die Motivation ist Grundvoraussetzung für jegliche Leistungsfähigkeit und damit auch für die Lernfähigkeit. Bei älteren Erwerbstätigen unterscheidet sich die Motivation jedoch i. d. R. von der Motivation jüngerer Erwerbstätiger („Motivation kommt von innen. Wer Selbstdisziplin braucht, ist noch unmotiviert.")

Beispielsweise fragen Ältere viel mehr nach dem persönlichen Nutzen von Weiterbildung. Der „Return of Invest" muss für sie deutlich sein. Dieser Nutzen besteht auf Dauer nicht allein in Gehaltssteigerungen und Statussymbolen sondern verlangt die Aktivierung intrinsischer Motivation.

Intrinsische Motivation ist jedoch umso schwerer zu aktivieren, je mehr Demotivatoren im Laufe des Erwerbslebens erfahren wurden. Zu diesen Demotivatoren zählen

- häufiger Führungswechsel

- häufige Veränderung betrieblicher Strukturen und damit verbundene Umsetzungen

- keine Berücksichtigung mehr bei Weiterbildungsmaßnahmen (Gefühl nicht mehr gebraucht zu werden)

- „Ich werde nicht mehr gebraucht, also bin ich nichts wert!" Sich selbst erfüllende Prophezeiungen werden zur Wahrheit und führen zur mangelnden Weiterbildungsbereitschaft (negativ besetzter circulus virtuosus).

Es gilt also gezielt Anreize bzw. Verstärker für das späte Erwerbsleben einzusetzen, insbesondere für Beschäftigte, die o. g. Demotivatoren ausgesetzt waren. Dabei ist es wichtig, zunächst das Gefühl „Du bist für das Unternehmen wichtig und wirst gebraucht!" zu vermitteln. Die Wertschätzung kann beim Erfahrungswissen ansetzen, das bei gering Qualifizierten ebenso wie bei hoch Qualifizierten vorhanden ist, z. B. in Form von Patenmodellen, Mentorenkonzepten, Lernpartnerschaften u. a. Damit wird das Selbstvertrauen gestärkt. Weitere positive Anreize sind interessante neue Tätigkeiten, Annehmlichkeiten im Kontext besserer Arbeitsbedingungen, verbesserte Work-Life-Balance, neue Laufbahnkonzepte und höhere Verantwortung.

Dass Älteren, die längerfristig dem Lernprozess entwöhnt waren, die Fähigkeit abhanden gekommen ist, zu lernen, ist falsch. Erkenntnisse der Hirnforschung und auch der Erwachsenenbildung zeigen, dass Menschen bei geeigneten Trainingsmaßnahmen in jedem Alter und bei jeder Lebensbiografie wieder Neues lernen können (vgl. bspw. Hüther 2007). Zu solchen Trainingsmethoden zählen die gegenwärtig in der breiten Öffentlichkeit beliebten wissens- und erfahrungsunabhängigen Lernmethoden wie Gehirnjogging (Sudoku u. a.). Untersuchungen zeigen, dass langjährig Lernentwöhnte (meist Ältere) nach kurzer Zeit des Trainings wieder die gleichen Resultate erzielen wie Personen, die es gewohnt sind, ständig dazuzulernen.

Weiterhin gibt es zahlreiche wissenschaftliche Untersuchungen, die die Bedeutung von Ernährung und Bewegung für unsere Hirnleistungen offengelegt haben. Da ist zunächst das Trinken, die Flüssigkeitszufuhr pro Tag. Die besten kognitiven Leistungen werden von Probanten erzielt, die kontinuierlich ca. 3 Liter auf den Tag verteilt trinken (idealerweise Wasser). Dabei kommt es nicht darauf an, am Tag einer Leistungsabforderung genug getrunken zu haben, sondern bereits in den Wochen zuvor (s. folgende Abb. 7-13).

Abb. 7-13: Stufenkonzept der Leistungserbringung (Quelle: Genz 2007)

Beeindruckend zur Bewegung sind die Untersuchungen von Prof. Liesen und Prof. Hollmann. Sie konnten nachweisen, dass die Lernleistung (hier: Behaltensleistung) sich innerhalb eines Jahres durch tägliche Bewegung um ca. 1/3 verbessert hat, während sich im Vergleich die Lernleistung beim Gehirntraining (s. o.) lediglich um ca. 20% verbessert hat. Dabei handelt es sich erstaunlicherweise um reliable Befunde. (s. folgende Abb. 7-14).

7. Aus- und Weiterbildung

Training der Sinne – aber wie?

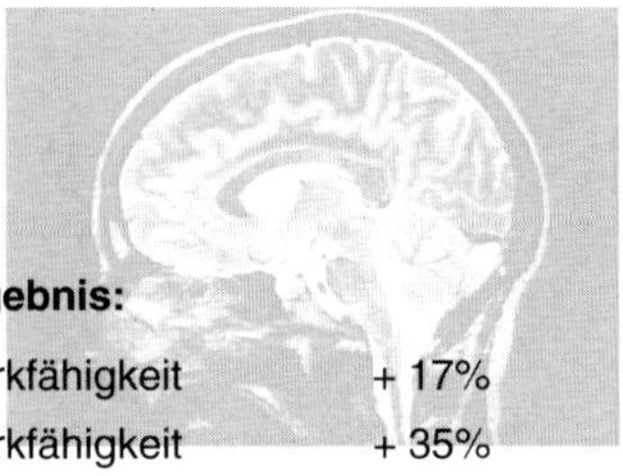

Prof. Dr. Heinz Liesen

Probanten: 120, Alter: 50 + Jahre, Zeitraum: 9 Monate

Forschungsdesign:	Ergebnis:	
Täglich eine Stunde Gedächtnistraining	Merkfähigkeit	+ 17%
Täglich 30 Minuten intensives Walking	Merkfähigkeit	+ 35%
Kontrollgruppe (ohne Aktivitäten)	Merkfähigkeit	+ 2%

Prof. Dr. Wildor Hollmann

Probanten: 180, Alter: 60 Jahre, Zeitraum: 1 Jahr

Forschungsdesign:	Ergebnis:	
Täglich eine Stunde Gedächtnistraining	Merkfähigkeit	+ 21%
Täglich 30 Minuten Spaziergang (stramm)	Merkfähigkeit	+ 37%
Kontrollgruppe (ohne Aktivitäten)	Merkfähigkeit	–4%

Abb. 7-14: Behaltensleistung in Abhängigkeit von Walking und Gehirntraining (Quelle: Batz 2008)

Aus der Psychologie wissen wir, dass Bewegung bzw. das sich vorwärts Bewegen, reflektionsförderlich und entscheidungsförderlich ist. Evolutionsbiologisch ist das dadurch zu erklären, dass wir eine nomadengeprägte Präposition dafür haben, Denken und Handeln in Bewegung zu vollziehen. Dabei spielt der Horizont als sichtbare Grenze quasi das Maß. Wir können uns dem auch heute kaum entziehen. Denken sie nur an den Bahnhofeffekt. Sie sitzen in einem stehenden Zug und sehen aus dem Fenster blickend einen anfahrenden Zug. Sie denken immer, dass sie selbst sich in den fahrenden Zug befinden und dass der andere Zug steht. Sie denken dass sogar immer noch, wenn sie genau wissen, dass sie selbst nicht in dem fahrenden Zug sitzen. Der Mensch hat die Prädisposition immer der sich selbst Bewegende zu sein – „Der Horizont bewegt sich niemals!". Solch eine Prädisposition ist für die betriebliche Aus- und Weiterbildung bisher noch völlig unerschlossen. Das gilt selbstverständlich auch für jedes Managermeeting.

Wenn es gelingt, bei älteren (gering qualifizierten) Beschäftigten, die oftmals eine lange Zeit nicht mehr an Weiterbildungsmaßnahmen teilgenommen haben, mit geeigneten Lernmethoden wiedereinzusteigen, die oben beschriebenen wissenschaftlichen Erkenntnisse zu nutzen und das Lernen mit positiven Emotionen zu koppeln, wird die Weiterbildung älterer Beschäftigter auch erfolgreich sein.

Weiterbildung mit älteren Erwerbstätigen

Der demografische Wandel bewirkt, dass die Weiterbildung Älterer zukünftig zum Standard werden wird, wenn in vielen Betrieben im Jahr 2015 jeder zweite Beschäftigte über 50 Jahre sein wird. Dies ergibt sich allein aus dem quantitativen Bedeutungszuwachs, wenn die Lebensarbeitszeit verlängert wird und Frühverrentungen erschwert werden.

Zu Beginn des Kapitels wurde deutlich beschrieben, dass Weiterbildung Älterer in Deutschland bisher kaum stattfindet, insbesondere je niedriger das Qualifikationsniveau anzusetzen ist. Dies wird sich ändern müssen. Was bedeutet jedoch eine Forcierung der Weiterbildung Älterer?

Gegenwärtig wird viel darüber diskutiert, ob Ältere anders lernen, ob sie einer altersgerechten Lerndidaktik bedürfen und ob sie zusammen oder getrennt mit Jüngeren lernen sollen.

Demgegenüber steht eine betriebliche Realität, in der sich Weiterbildung bisher nicht an Älteren orientiert. Nur jeder 10. Betrieb bietet spezielle Weiterbildungsmaßnahmen für Ältere an (Zimmermann 2006).

Zimmermann unterscheidet 5 verschiedene Weiterbildungskonzepte, die für das späte Erwerbsleben angewendet werden (s. Abb. 7-15):

Bereiche	Personalentwicklung		Weiterbildungsträger		Betrieblicher Arbeitsprozess
Konzepte	Lebensphasenorientierte Personalentwicklung		Altersgerechtes Lernen		Intergenerativer Wissens- und Erfahrungstransfer
Weiterbildungsansätze/ -typen	Standortbestimmungsseminare	Potenzialentwicklungsseminar	Erfahrungsorientierte Workshops / Projekte in den Betrieben	Spez. fachliche Weiterbildungsangebote für Ältere (z. B. EDV-Kurse)	Wissens- und Erfahrungstransfer (Tandems zwischen Alt und Jung)
Lernergebnisse	Erkennen neuer beruflicher Perspektiven, Veränderung der Beziehung zur eigenen Arbeit	Persönliche Weiterentwicklung	Betriebliche Wertschätzung	Neuer Zugang zum Lernen; betriebliche Anpassungsqualifizierung	Erweiterung der Fachkompetenz und des betrieblichen Einsatzspektrums

Abb. 7-15: Weiterbildungskonzepte und -typen für das spätere Erwerbsleben (nach Zimmermann 2008)

Im Kontext der Personalentwicklung gilt (bisher) die Schwelle 35 bis 40+ als Beginn der letzten Phase des Erwerbslebens. Dem zugrunde liegt das lebensphasen- bzw. lebenszyklusorientierte Modell der Personalentwicklung (Graf 2002; Regnet 2004). An dieser Schwelle werden meistens für Führungskräfte sogenannte „Standortbestimmungsseminare" durchgeführt, bei denen die berufliche Situation reflektiert, vorhandene Potenziale identifiziert und Optionen der Neu- und Umorientierung diskutiert werden. In etwas „abgespeckter" Form spricht man bei Beschäftigten von Potenzialentwicklungsseminaren.

Abb. 7-16 zeigt die Lebensphasen, an denen sich auch unterschiedliche Lernphasen orientieren.

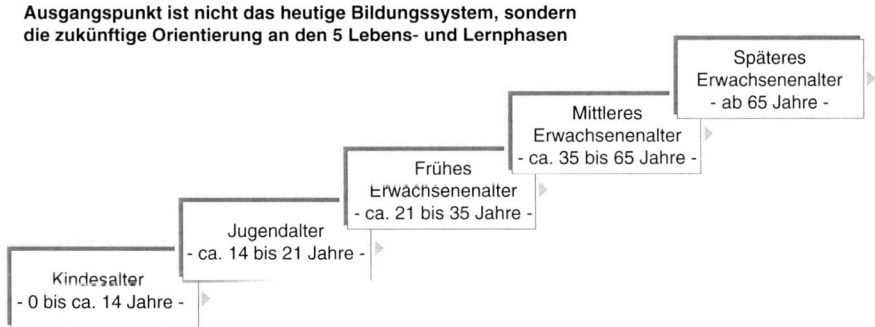

Abb. 7-16: Lebens- und Lernphasenmodell (Prognos, o. J.)

Wie das Lebens- und Lernphasenmodell betrieblich umgesetzt werden kann, zeigt das Betriebsbeispiel ABB. Das Beispiel zeigt die Verbindung von lebensphasenbezogener Kompetenz-, Persönlichkeits- und Karriereentwicklung und demografiefestem Wissensmanagement (Pfaffenholz 2007).

Lebensphasenbezogene Kompetenz-, Persönlichkeits- und Karriereentwicklung und demografiefestes Wissensmanagement bei ABB

- Reflektionsworkshops als offenes Weiterbildungsangebot
  - Kompass-Workshop (Altersgruppe: 40 bis 45 Jahre)

    Berufliche Entwicklung, Ziele und Motivation, Gesundheitsmanagement ...

  - Employability-Workshop (Altersgruppe: 50 bis 55 Jahre)

    Kompetenz- und Ressourcenmanagement, Leistungsfähigkeit, Gesundheitsmanagement ...

  - Route 66 (Altersgruppe: 60 bis 65 Jahre)

    Vorbereitung auf die letzte Berufsphase, Wissensmanagement, Gesundheitsmanagement ...

- Aufnahme des Themas „Führung im demografischen Wandel" in Management-Entwicklungsprogramme

- Jährliches Mitarbeitergespräch verstärkt zur Erhaltung der beruflichen Leistungsfähigkeit (Employability) nutzen)

- Checkliste zur strukturierten Erfassung und Vermittlung von erfolgskritischem Wissen

- Fachliche Qualifizierung von Nachwuchskräften durch Einbindung erfahrener Wissensträger (Senior Experts)
  - Patenschaften für definierte Nachfolgepools

- Projektleitung im Duo für komplexe Projekte

- Bildung von Pools mit erfahrenen Wissensträgern
  - Intensive Nutzung des Know-hows im Rahmen der Wissensvermittlung

Andere Konzepte betonen das alternsgerechte Lernen. Eigentlich unterscheiden sie sich nicht von Konzepten herkömmlicher Erwachsenenbildung. Es wird in der betrieblichen Weiterbildung nur besonders hervorgehoben, dass Lernen an dem vorhandenen beruflichen Erfahrungswissen der Beschäftigten ansetzen soll (s. folgende Abb. 7-17) und dass das Lernen im Prozess der Arbeit stattfinden soll (selbstgesteuertes Lernen).

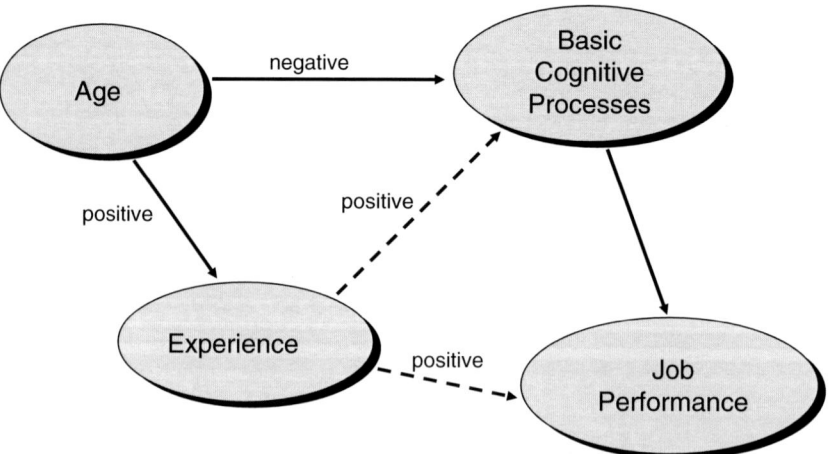

Abb. 7-17: Relationship between age, experience, basic cognitive processes and job performance (Quelle: Salthouse 1997, zitiert nach Ylikoski 2007)

7. Aus- und Weiterbildung

Ein drittes Konzept beschreibt den intergenerativen Wissens- und Erfahrungstransfer, wobei es um die Nutzung der Stärken Älterer, die Sicherung betrieblichen Know-hows und das wechselseitige Lernen von Alt und Jung (meistens Tandems) geht (Sczesny u. a. 2006; Buhl 2008).

Eine Anwendung im Bereich des Wissens- und Erfahrungstransfers ist die Nachfolgeplanung, die sowohl für den vorzeitigen Ruhestand als auch für das Ausscheiden aus dem Betrieb mit 65 genutzt werden. Die folgende Abb. zeigt das Instrument des Nachfolge-Diagramms anhand eines Unternehmensbeispiels.

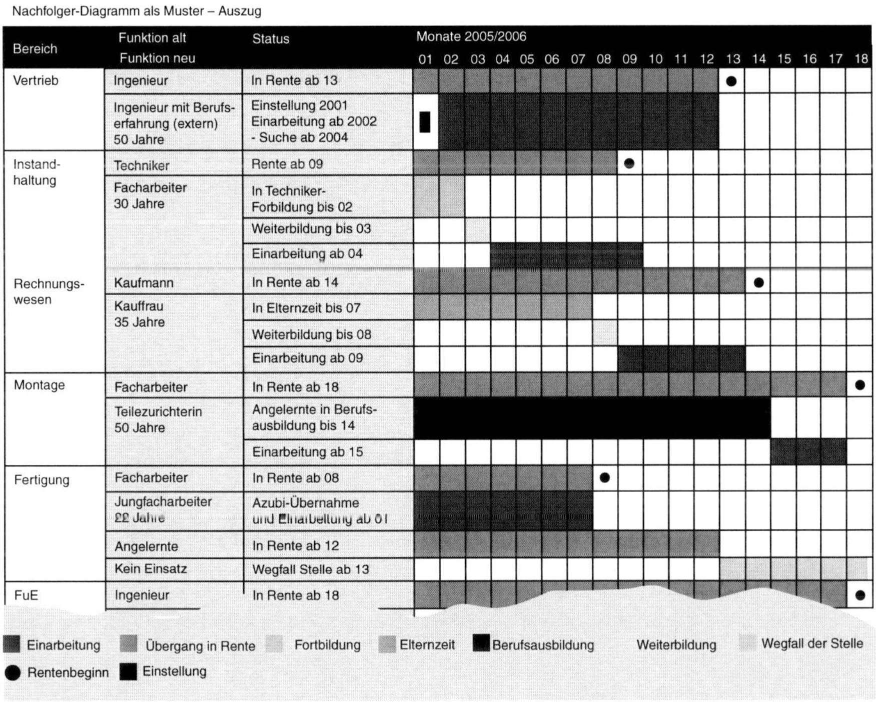

Nachfolger-Diagramm als Muster – Auszug

Bereich	Funktion alt / Funktion neu	Status	Monate 2005/2006
Vertrieb	Ingenieur	In Rente ab 13	
	Ingenieur mit Berufserfahrung (extern) 50 Jahre	Einstellung 2001 Einarbeitung ab 2002 - Suche ab 2004	
Instandhaltung	Techniker	Rente ab 09	
	Facharbeiter 30 Jahre	In Techniker-Forbildung bis 02	
		Weiterbildung bis 03	
		Einarbeitung ab 04	
Rechnungswesen	Kaufmann	In Rente ab 14	
	Kauffrau 35 Jahre	In Elternzeit bis 07	
		Weiterbildung bis 08	
		Einarbeitung ab 09	
Montage	Facharbeiter	In Rente ab 18	
	Teilezurichterin 50 Jahre	Angelernte in Berufsausbildung bis 14	
		Einarbeitung ab 15	
Fertigung	Facharbeiter	In Rente ab 08	
	Jungfacharbeiter 22 Jahre	Azubi-Übernahme und Einarbeitung ab 01	
	Angelernte	In Rente ab 12	
	Kein Einsatz	Wegfall Stelle ab 13	
FuE	Ingenieur	In Rente ab 18	

Legende: Einarbeitung, Übergang in Rente, Fortbildung, Elternzeit, Berufsausbildung, Weiterbildung, Wegfall der Stelle, Rentenbeginn, Einstellung

Abb. 7-18: Instrument zur Nachfolgeplanung (Quelle: Köchling 2005; www.demowerkzeuge.de)

Das Instrument beinhaltet Informationen zum Funktionsbereich, zur Job-Familie bzw. zur Stelle des ausscheidenden Beschäftigten und zur Verwendung der Stelle (Wiederbesetzung, Wegfall, Veränderung). Weiterhin wird der Stand zu planender und bereits durchgeführter Personalmaßnahmen für eine Zeitachse von 18 Monaten dargestellt.

Das Beispiel zeigt verschiedene Nachfolgefälle: Neueinstellungen (aller Altersgruppen), Übernahme von Azubis, Umsetzung, Traineemaßnahmen, Anpassungsfortbildungen, Rückkehrer aus Ruhezeiten etc.

Mit diesem Instrument kann durch die enge Zusammenarbeit zwischen den Personen, die das Unternehmen verlassen und den Nachfolgern das Erfahrungswissen im Betrieb gehalten werden. Gleichzeitig wird eine systematische Personalentwicklung für alle Altersgruppen und Qualifikationsebenen im Unternehmen betrieben.

Die Vorteile des Instruments beschreibt Köchling (2004) wie folgt:

- Durch die initiierten personenbezogenen Qualifikationsentwicklungen werden Lernbereitschaft und -fähigkeit der gesamten Belegschaft angeregt. Das betriebliche Qualifikationsniveau wird erhöht.

- Die zukünftigen Rentner(innen) werden in den letzten Jahren ihres Erwerbslebens gefordert. Von Resignation und „Dienst nach Vorschrift" ist nicht mehr die Rede. Erfahrungsgemäß stehen sie dann häufig Betrieb und Nachfolgern auch nach ihrem Ausscheiden als Auskunftspersonen zur Verfügung - möglicherweise mittels Beraterverträgen.

- Wenn das Erfahrungswissen im Betrieb verbleibt, verlaufen FuE-Projekte, Auftragsabwicklung, logistische Prozesse eher störungs- und reibungsfrei, da die organisatorischen Schwachstellen ebenso wie ihre Behebungsmöglichkeiten bekannt sind und kommuniziert werden können. Die Instandhaltung und Wartung komplexer technischer Systeme kann besser gewährleistet werden, falls Informationen zu den Ursachen von Fehlern und Ausfällen vorliegen.

- Die gegenseitige Wertschätzung zwischen Erfahrungsträgern und jüngeren Nachfolgern nimmt zu. Das hat positive Wirkungen auf das soziale Klima im Arbeitsbereich und im Betrieb insgesamt.

- Die Zusammenarbeit zwischen Geschäftsführung und Betriebs- bzw. Personalrat zu personellen Fragen wird mittels dieser Informationsgrundlage erleichtert.

Ein weiteres demografietaugliches Personalentwicklungsinstrument ist die Personaleinsatzmatrix für den altersgerechten Personaleinsatz.

Die demografietaugliche Personaleinsatzmatrix ist quasi eine konventionelle Personaleinsatzmatrix, die mit der demografischen Brille betrachtet wird, d. h. die zentrale Variable ist das Alter der Beschäftigten. Dieses wird in Korrelation gesetzt zum Aufgabeneinsatz, zum Belastungsgehalt und zum Qualifikationsstand der Beschäftigten.

Das Instrument ist sehr gut mit herkömmlichen Personaleinsatzkonzepten in Unternehmen mittlerer Größe kombinierbar und dient dem Umdenken und der Neugestaltung des Personaleinsatzes. Der Blick wird auf alterskritische Tätigkeiten gelenkt. Bei identifizierten Belastungshäufungen kann über Schulungsmaßnahmen bzw. neue Arbeitseinsatzstrategien nachgedacht und entschieden werden.

Es fällt sofort auf, wenn ältere Beschäftigte besonders belastende Tätigkeiten ausüben, was in herkömmlichen Personaleinsatzkonzepten sonst nicht auffallen würde. Außerdem können Qualifizierungsbedarfe erkannt werden, die zu einer

7. Aus- und Weiterbildung

Entlastung bzw. zu einem neuen Aufgabenzuschnitt mit wechselnden Belastungen führen kann, siehe folgende Abb. 7-19).

Personaleinsatzmatrix

Name	Geburtsjahr	Knick schleifen	Aufhängung schleifen	Richten	Hänge-bahn	manuelles Anstreichen	Kontrolle	Stapler
		3	3	3	2	2	1	1
Schmidt	1951		X			O		S
Müller	1953	O	X	O		O	S	
Meyer	1953	O	X		O		S	
Becker	1954		X			O	S	
Bauer	1955	X	O		O	O		S
Hamann	1957	O	O	O	O	O	X	O
Schildner	1957	O	O	O	X			
Förster	1958	O	O		X			
Kunz	1960	X		O	O	O		
Uhrmacher	1961	X	O	O	O			
Gerber	1962			X		O		
Hintze	1964		X					
Mathieu	1965	X		O		O	O	
Landau	1965	O	X		O			
Johann	1967				S		X	
Littig	1970	O	O	O	O		X	
Ernst	1971		X					
Braun	1973	O		X		O		
Klein	1974	X	O					

Legende: 1 bis 3 = körperlicher Schweregrad der Arbeit: 1 = leicht, 2 = normal, 3 = schwer
X = Stammarbeitsplatz   O = Mehrfachqualifikation   S = Schulungsbedarf
Alle Angaben wurden anonymisiert.

Abb. 7-19: Personalensatzmatrix für den alternsgerechten Personaleinsatz (Quelle: Reindl 2005; www.demowerkzeuge.de)

Die Abb. zeigt einen Arbeitsbereich mit den dort tätigen Mitarbeitern nach Alter gruppiert. Des Weiteren sind die in dem Arbeitsbereich vorkommenden Arbeitsaufgaben eingetragen und nach körperlichem Schweregrad bewertet. Es wird der jeweilige Personaleinsatz abgebildet in Form des Stammarbeitsplatzes, der weiteren „vorgehaltenen" Qualifikation und der Schulungsbedarf. In dem o. g. Betriebsbeispiel wird z. B. deutlich, dass die ältesten Mitarbeiter allesamt die körperlich schwere Arbeit „Aufhängung schleifen" ausüben, während ihnen auf der anderen Seite körperlich leichte Tätigkeiten zum Ausgleich fehlen. Hier ist also Handlungsbedarf in Verzug. Oftmals erscheinen personenbezogene Aufgabenzuschnitte geradezu historisch gewachsen. Es gilt, dies im Rahmen einer Prüfung auf Demografietauglichkeit festzustellen und durch geeignete Schulungsmaßnahmen und Neubestimmungen von belastungsgerechten Aufgabenzuschnitten zu korrigieren.

Die Personalensatzmatrix für den alternsgerechten Personaleinsatz ist sehr einfach aufgebaut und kann für verschiedenste Branchen eingesetzt werden. Eine Erweiterung auf mentale Belastungen (leicht, mittel, schwer) ist ebenfalls möglich; siehe auch Reindl. U. a. 2004 sowie Bertelsmann Stiftung/BDA 2005.

Ältere unterscheiden sich beim Lernen von Jüngeren hauptsächlich in der Lernmotivation und im Lerninteresse. Genaue Nutzenerkenntnis und Freude spielen eine große Rolle. Erschwerend für die Lernsituation ist die mit dem Alter zunehmende Differenzierung von Lernvoraussetzungen, Lernerfahrungen und Lerninteressen, die einen entsprechenden individuellen Handlungsspielraum beim Lernen erfordern.

Im Folgenden sei eine kurze Orientierung in Bezug auf die Strukturierung von Weiterbildungsmaßnahmen für Ältere gegeben (nach Holz 2008):

- Bei sozialen Inhalten der Weiterbildung (z. B. Konfliktmanagement) ist eine Trennung von Jung und Alt nicht notwendig.

- Bei fachlichen Themen muss geprüft werden, ob Ältere wenig Erfahrung zur Thematik mitbringen. Ist dies der Fall, ist eine Trennung von Jung und Alt sinnvoll. Dies gilt auch für komplexe techniklastige Inhalte.

- Altersheterogene Teams sind sinnvoll, wenn es zur Vermittlung von Erfahrungswissen kommt. Wenn nicht, können Unterschiede im Lernen zur Verstärkung von Vorurteilen kommen.

- Altersheterogene Lerngruppen verlangen erfahrene Trainer. Je heterogener desto schwieriger ist das Lerntempo zu gestalten.

- Für ältere Mitarbeiter, die lange Zeit dem Lernprozess fern waren, sind kleine Lerngruppen sinnvoll, in denen eine höhere Individualität bei der Betreuung realisiert werden kann.

- Selbstgesteuertes und selbstorganisiertes Lernen ist generell zu bevorzugen.

- Lerninhalte sollen mit dem vorhandenen Vorwissen der Lernenden gekoppelt werden (Praxisnähe, Verständnis).

- Es ist sinnvoll, den Wissens- und Erfahrungsstand unterschiedlicher Altersgruppen (z. B. jung, mittelalt, alt) der Teilnehmer zu erfassen und altersgerechte Weiterbildung anzubieten.

- Lernförderliche Arbeitsgestaltung und Lernen am Arbeitsplatz sind generell zu fördern (Bereitstellung von Lernzeiten, E-Learning, Blended Learning). Dies ermöglicht den individuellen Handlungsspielraum, der mit zunehmendem Alter notwendig ist, z. B. beim Lernrhythmus. Auch der Transfer von gelernten Inhalten im Berufsalltag kann so besser realisiert werden.

Kennzahlen

Die grundlegende Erfahrung aus der Analyse und Bewertung demografiefester Weiterbildung mittels Kennzahlen ist mehr als bescheiden. Intelligente Kennzahlen wie „Verweildauer in einer Tätigkeit", „Tätigkeitswechsel in Bezug auf Jahre Betriebszugehörigkeit", „Dauer ohne Weiterbildung seit der letzten Maßnahme", „Verteilung von Weiterbildungsmaßnahmen nach Lerninhalten" usw. werden in kaum einem Unternehmen erhoben. Ein demografiefestes, quantitatives und qualitatives Bildungscontrolling existiert nicht in Deutschland, auch nicht in den namhaften Großunternehmen und Konzernen.

Was in der Regel gemacht wird, ist ein Zählen von Weiterbildungstagen, Weiterbildungsteilnehmern und Weiterbildungsmaßnahmen bzw. -fällen sowie deren Kosten. Diese Kennzahlen (mit Ausnahme von Kosten) können i. d. R. nach Business Unit, Job Familie, Alter, Geschlecht und ein paar anderen Schlüsselvariablen gruppiert und dargestellt werden. Meist wird es schon problematisch, wenn man fragt:

- Wie viel Teilnehmer haben jeweils an ein, zwei oder drei Weiterbildungsmaßnahmen teilgenommen?

- Wie viel Weiterbildungsmaßnahmen dauerten jeweils ein, zwei oder drei Tage etc.?

- Welche Job-Familien haben an welchen Weiterbildungen teilgenommen?

Auf diesem Differenzierungsniveau werden i. d. R. keine Daten erfasst.

Hinsichtlich der Kosten kann i. d. R. zwischen Kosten für interne und für externe Weiterbildungsmaßnahmen unterschieden werden. Neben den angefallenen Kosten können ggf. auch Plankosten pro Mitarbeiter für Weiterbildung angegeben werden.

Wenn denn überhaupt qualitative Daten für Weiterbildungsmaßnahmen erhoben werden, sind dies Evaluationsbögen/Bewertungsbögen, die nach Maßnahmen ausgeteilt und von den Teilnehmern ausgefüllt werden (Referent, Inhalt, eingesetzte Lehr-/Lernmethoden, Rahmenbedingungen etc.). Ob Weiterbildungsmaßnahmen tatsächlich einen erfassbaren Nutzen für das Unternehmen bringen, ist meist schwer zu beurteilen.

Basiskennzahlen zur Weiterbildung (Tage, Teilnehmer, Fälle)
Anzahl Weiterbildungstage pro MA nach Belegschaft gesamt
Anzahl Weiterbildungstage pro MA nach Job Familie
Anzahl Weiterbildungstage pro MA nach Geschlecht
Anzahl Weiterbildungstage pro MA nach Alter
Anzahl Weiterbildungstage pro MA nach Betriebszugehörigkeit
Anzahl Weiterbildungstage pro MA nach Weiterbildungsart (externes Seminar, Inhouse-Schulung, cbt/wbt)
Anzahl Weiterbildungstage pro MA nach Weiterbildungsinhalt
Anzahl Weiterbildungstage pro MA nach Beschäftigungsverhältnis (befristet, unbefristet)
Anzahl Weiterbildungstage pro MA nach Arbeitszeit (Vollzeit, Teilzeit)
Anzahl Weiterbildungsteilnehmer an Belegschaft gesamt in Prozent
Anzahl Weiterbildungsteilnehmer an Job Familie
Anzahl Weiterbildungsteilnehmer nach Geschlecht in Prozent
Anzahl Weiterbildungsteilnehmer nach Alter in Prozent
Anzahl Weiterbildungsteilnehmer nach Betriebszugehörigkeit in Prozent
Anzahl Weiterbildungsteilnehmer nach Weiterbildungsart (externes Seminar, Inhouse-Schulung, cbt/wbt) in Prozent
Anzahl Weiterbildungsteilnehmer nach Weiterbildungsinhalt in Prozent
Anzahl Weiterbildungsteilnehmer nach Beschäftigungsverhältnis (befristet, unbefristet) in Prozent
Anzahl Weiterbildungsmaßnahmen[1] pro MA nach Job Familie
Anzahl Weiterbildungsmaßnahmen pro MA nach Geschlecht
Anzahl Weiterbildungsmaßnahmen pro MA nach Alter
Anzahl Weiterbildungsmaßnahmen pro MA nach Betriebszugehörigkeit
Anzahl Weiterbildungsmaßnahmen pro MA nach Weiterbildungsart (externes Seminar, Inhouse-Schulung, cbt/wbt)
Anzahl Weiterbildungsmaßnahmen pro MA nach Weiterbildungsinhalt
Anzahl Weiterbildungsmaßnahmen pro MA nach Beschäftigungsverhältnis (befristet, unbefristet)
Anzahl Weiterbildungsmaßnahmen pro MA nach Arbeitszeit (Vollzeit, Teilzeit)

---

[1] Weiterbildungsmaßnahmen = Weiterbildungsfälle

7. Aus- und Weiterbildung

Interessant wäre bspw. die Erfassung von Weiterbildungsinhalten und deren Umsetzungshäufigkeit, wie das folgende Beispiel aus dem Einzelhandel zeigt.

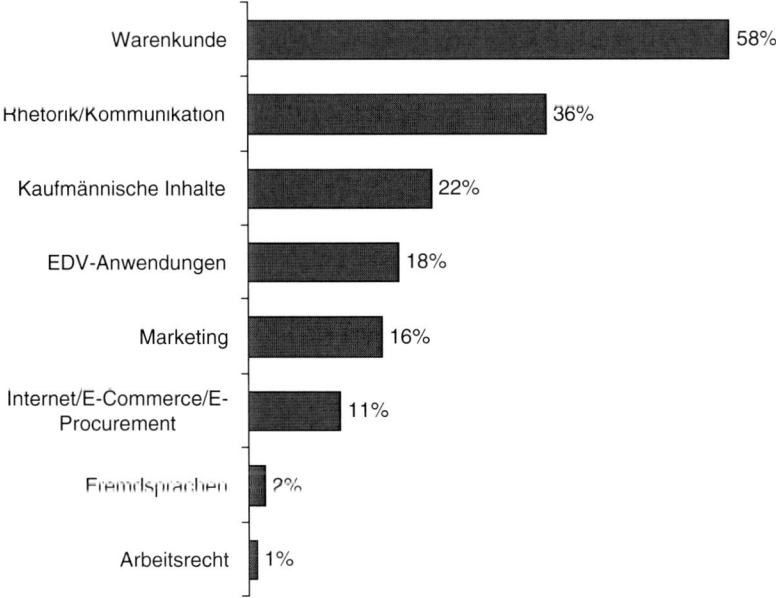

Abb. 7-20: Genutzte Weiterbildungsthemen (Quelle: Umfrage des Handelsjournal (HDE) / BBE Anfang 2004)

Auch eine Befragung der Mitarbeiter nach Wünschen zu Weiterbildungsangeboten ist neben der unternehmensbezogenen Artikulation des Weiterbildungsbedarfs sinnvoll. Es stärkt das intrinsische Interesse und die Bindung der Mitarbeiter an das Unternehmen.

Für eine Demografieorientierung sind insbesondere Daten wichtig,

- die Möglichkeiten des internen Arbeitsmarktes eröffnen (z. B. Qualifizierung erfahrener An- und Ungelernter zu „Quasi"-Facharbeitern),

- die Hinweise auf die Planung und Strukturierung von Lernmethoden geben (Dauer der Bildungsferne, Qualifikationsniveau, Verweildauer in der Tätigkeit),

- die eine Beurteilung der Veränderungsfähigkeit der Mitarbeiter erlauben (Tätigkeitswechsel),

- die eine Beurteilung der Weiterbildungsrendite ermöglichen (Betriebszugehörigkeitsdauer, Aufstieg, Tätigkeitswechsel).

Für die Führungskräfte wäre ein Kompetenzprofil zu erarbeiten, das die klassischen Kernkompetenzen (analytische u. strategische Kompetenz, Leadership, soziale Kompetenz, interkulturelle Kompetenz, Ergebnisorientierung, Markt- und

Kundenorientierung, Veränderungskompetenz) jeweils um eine demografietaugliche Komponente erweitert.

Strategische Fragen
• Wie können die vorhandenen Kompetenzen erfasst werden (fachlich, sozial, methodisch, insbesondere Erfahrungswissen: Kompetenzpass)? • Wie können Kernkompetenzbeurteilungen für alle Beschäftigten erarbeitet werden (Skillprofil)? Wie können Kompetenzen auch durch Selbstaufschreibung (Selbstbeurteilung) erfasst werden? • Finden in regelmäßigen Abständen Mitarbeitergespräche mit jedem einzelnen Beschäftigten statt? • Wie können fehlende Kompetenzen unternehmensintern herangebildet werden? • Erhalten alle Mitarbeiter, unabhängig vom Alter, die gleiche Chance sich zu qualifizieren und ihre Kompetenzen zu erweitern? • Wie können (gering qualifizierte) Ältere mit positiven Verstärkern (Gefühlen) zum Lernen angeregt werden? • Wird gezielt der Wissenstransfer zwischen älteren, erfahrenen Mitarbeitern und dem Nachwuchs gefördert? • Wie kann neues Wissen im Unternehmen verbreitet werden (Kulturwandel in Richtung lernende Organisation)? • Welche Qualifikationen werden in Zukunft gefragt und welche Anforderungen an die Weiterbildung (älterer) Beschäftigter ergeben sich daraus (Weiterbildungsbereitschaft Älterer – Weiterbildungsangebote für Ältere)? • Wie ist die Veränderungs- und Entwicklungsbereitschaft der Beschäftigten heute und in Zukunft zu beurteilen? Welche Einflussfaktoren spielen dabei eine Rolle? • Wie lange üben die Mitarbeiter ihre jetzige Tätigkeit aus? • Wie viele Tätigkeitswechsel haben Mitarbeiter durchlaufen? • Wie können Ältere gezielt als Innovationsträger genutzt werden? • Wie kann ein qualitatives Bildungscontrolling aufgebaut werden?

8. Diversity Management

Der Begriff Diversity wird vielschichtig verwendet, er wird meist übersetzt mit Verschiedenartigkeit oder mit Vielfalt.

Unter Diversity Management versteht man einen Managementansatz, der sich im Kern mit der positiven Berücksichtigung von Unterschieden zwischen Menschen befasst. Dazu gehören nach Stuber (2003)

- bewusstes (An-)Erkennen von Unterschieden,

- umfassendes Wertschätzen von Individualität,

- proaktive Nutzung der Potenziale von Unterschiedlichkeit und

- gezieltes Fördern von Vielfalt und Offenheit.

Bei Diversity geht es aber nicht nur um die Unterschiedlichkeit von Individuen. Diversity Strategien beziehen sich auf betriebliche Gruppen: jüngere, ältere Beschäftigte; Frauen, Männer; Personen mit und ohne Migrationshintergrund; Mitarbeiter/innen mit und ohne Leistungseinschränkungen, Vollzeit- und Teilzeitbeschäftigte, Techniker und Kaufleute, Stammarbeitnehmer und Leiharbeitnehmer usw. Nutzen von Vielfalt heißt dabei nicht einfach unterschiedliche Gruppen zusammenzubringen, sondern genau zu analysieren, wie die Arbeit strukturiert ist und wie die Beschäftigtengruppen miteinander umgehen (Goeudevert 2002).

Nach diesen Ausführungen wird der Diversity Ansatz im Demografiemanagement nicht als ein eigenständiges Gestaltungsfeld, sondern ähnlich dem Work-Life-Balance-Konzept als eine besondere Perspektive bzw. ein Blickwinkel auf die Belegschaft im Kontext des demografischen Wandels gesehen.

Diversity Management ist als ein Ansatz der Unternehmensführung zu verstehen, der darauf reagiert, dass als eine Folge des demographischen Wandels die Gesellschaft und damit das Erwerbspersonenpotenzial weniger, älter und bunter wird, und dass die Unternehmen nach Wegen suchen, die zunehmende Vielfalt in ihren Belegschaften produktiv einzusetzen. Darüber hinaus spielen aber auch qualitative Überlegungen eine Rolle: Eine ausgewogene Heterogenität (nach Herkunft, Geschlecht, Erfahrungshorizont, Alter) wird zunehmend als zentrale Voraussetzung für die Weiterentwicklung von Innovationsfähigkeit und Produktivität erkannt.

Im Folgenden wird der Stellenwert des Diversity Ansatzes für den demografischen Wandel dargestellt:

Stellenwert des Diversity Ansatzes für den demografischen Wandel
Aufgrund sich verknappender Arbeitsmärkte müssen Unternehmen verstärkt bisher nicht oder nur wenig erschlossene Zielgruppen rekrutieren. Dies betrifft insbesondere Ältere, Frauen und Migranten. Weil hochqualifizierte Kräfte immer schwieriger zu rekrutieren sind, muss zunehmend auf internationaler Ebene rekrutiert werden.

Was für die eigenen Belegschaften gilt, gilt auch für diversifizierte Kundengruppen auf zunehmend globalisierten Märkten.

Globalisierung und wachsende internationale Mobilität verschärfen den Wettbewerb und steigern das Innovationstempo. Damit verbunden wächst die Bedeutung von Wissen als Humanressource. Im Zuge alternder Belegschaften ist auch von einer Verschiebung hin zu älteren Innovationsträgern auszugehen, die nach Baltes auch mit einer zunehmenden Individualisierung einhergehen.

Zunehmend bunter werdende Belegschaften sind gekennzeichnet durch unterschiedliche Wertesysteme, die ihrerseits einem Wandel unterliegen: Lebensstile, Erwerbsbiografien, Einstellungen zur Arbeit, Gesundheitsverhalten etc.

Der Umgang mit Vielfalt wird im nächsten Jahrzehnt sicherlich zu einem bedeutenden Thema werden. Schon heute deuten der demografische Wandel und die Globalisierung dessen Stellenwert an, vornehmlich erst in international tätigen Großbetrieben (Global Players). Großbetriebe sind es auch, die bisher, wenn überhaupt, von einem Diversity Management sprechen, also dem bewussten Einsatz und der Koordination von personeller Vielfalt.

Im Internet können Unternehmen aller Größen und Branchen ihren Umgang mit einer vielfältigen Belegschaft, also Ihr Diversity-Management mit dem Tool "Online-Diversity"[1] kostenlos testen.

Aus betriebswirtschaftlicher Sicht werden in der Regel fünf Argumente genannt, die den Nutzen von Diversity-Konzepten für Unternehmen charakterisieren (Quelle: www.online-diversity.de):

- *Personalmarketing:* Mit Diversity Management lassen sich Angehörige von Minderheiten auf dem Arbeitsmarkt besser rekrutieren. Dies wird immer wichtiger, weil die bisher im Berufsleben dominante Gruppe (meist weiße, inländische, gut qualifizierte Männer fortgeschrittenen Alters) tendenziell kleiner wird.

---

[1] Das Tool „Online-Diversity" wurde im Auftrag der Bundesanstalt für Arbeitsschutz und Arbeitsmedizin von Dr. Edelgard Kutzner und Gerhard Röhrl entwickelt.

8. Diversity Management

- *Kreativität bei Problemlösungen:* Gemischt zusammengesetzte Teams können zu innovativeren und kreativeren Problemlösungen als homogene Gruppen (die allerdings schneller entscheiden können) kommen.

- *Flexibilität:* Homogene Entscheidungsgremien reagieren wegen des hohen Konformitätsdrucks weniger flexibel als heterogene Gruppen auf Umweltveränderungen. Heterogenität kann zudem Betriebsblindheit reduzieren helfen.

- *Marketing:* Eine vielfältig zusammengesetzte Belegschaft kann sich besser auf die Wünsche und Bedürfnisse einer heterogenen Kundschaft einstellen.

- *Kostensenkung:* Durch eine gute Integration aller Mitarbeiter/innen werden Reibungsverluste und Diskriminierung minimiert, wodurch Motivation und Zufriedenheit der Minderheiten gesteigert werden, was letztlich kostensenkend wirkt.

Eine Studie der Europäischen Kommission (2005) zum Geschäftsnutzen von Vielfalt ergab, dass nicht die rechtliche Sicherheit in den befragten Unternehmen zur Einführung eines Diversity Ansatzes geführt hat. 83% der Unternehmen gaben an, dass die Bemühungen zur Förderung der personalen Vielfalt zur Verbesserung ihres Geschäftsergebnisses geführt habe.

Allerdings gibt es international und auch innerhalb Europas erhebliche Unterschiede bei der Umsetzung des Diversity Ansatzes (s. Abb. 8-1).

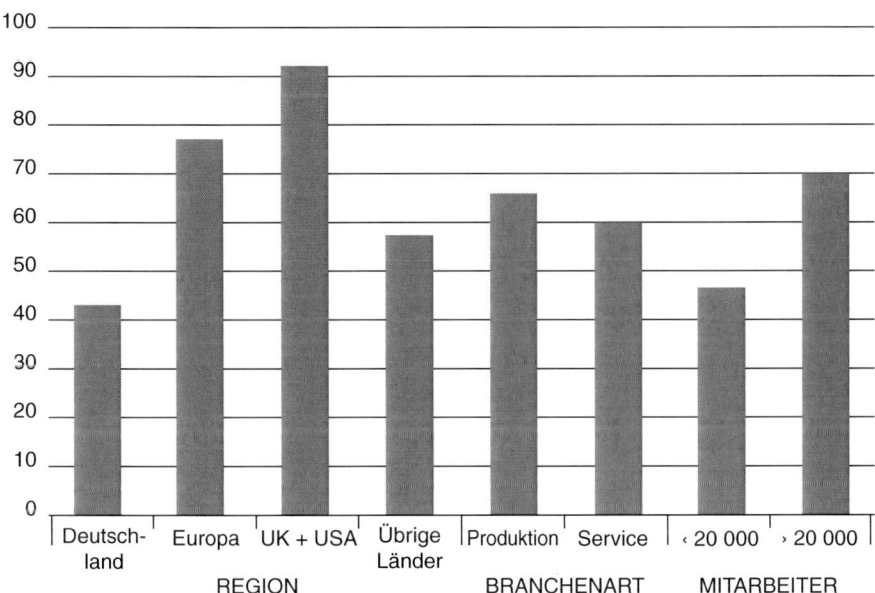

Abb. 8-1: Verbreitung von Diversity Management (Köppel u. a. 2007)

Die Verbreitung des Diversity Ansatzes in den USA und Großbritannien liegt aufgrund einer längeren Tradition der rechtlich verankerten Antidiskriminierung bei über 90%, der EU-Durchschnitt inzwischen bei 75%, während Deutschland mit 44% der befragten Unternehmen noch deutlich hinterherhinkt. In Deutschland fehlt es noch weitgehend an der notwendigen Werteorientierung und Haltung des Managements und der Beschäftigten zur Vielfalt in der Belegschaft und auch an den Organisationsstrukturen.

Unter www.diversity-online.de heißt es: „Es bedarf einer unterstützenden Struktur und eines unterstützenden Klimas, welches Intoleranz reduziert und Offenheit fördert. Der Weg zu einem solchen Verständnis führt über Prozesse des Bewusstwerdens, einer intensiven Kommunikation und einer dementsprechenden Umsetzung. Diversity-Management beinhaltet das Erkennen, Verstehen und Wertschätzen von Vielfalt, um die Nutzeneffekte durch ein strukturiertes und durchdachtes, aktives Management der Vielfalt zu erschließen. Es handelt sich dabei um ein anspruchsvolles Vorhaben, welches sich nicht von heute auf morgen realisieren lässt. Es handelt sich um einen längeren Veränderungsprozess."

Die Ausführungen machen deutlich, dass mit Diversity Management hochsensible, differenzierte, arbeitsorganisatorische Lösungen verbunden sind, die die Unternehmenskultur betreffen und damit keine „Schnellbesohlung" darstellen, sondern einen dauerhaft angelegten Prozess der Organisationsentwicklung betreffen.

Flankierend zu den bisher dargestellten Nutzenpotenzialen des Diversity Ansatzes ist auch zu konstatieren, dass Unternehmen und Organisationen gefordert sind, rechtlich mit der intern gewachsenen Vielfalt umzugehen. Das heißt, dass den Chancen durch Vielfalt auch der Schutz vor Diskriminierung an die Seite zu stellen ist. Hierzu ist in Deutschland das Allgemeine Gleichbehandlungsgesetz (AGG) am 18. August 2006 als Gesetz zur Umsetzung europäischer Richtlinien zur Verwirklichung des Grundsatzes der Gleichbehandlung in Kraft getreten.

Mit dem AGG werden vier europäische Gleichbehandlungsrichtlinien in Deutsches Recht umgesetzt: die Antirassismusrichtlinie 200/43/EG, die Rahmenrichtlinie 2000/78/EG sowie die beiden Gender-Richtlinien 2002/73/EG und 2004/113/EG. Die Haupterrungenschaft des AGG ist es, Artikel 3 des Grundgesetzes, der Diskriminierungen allein dem Staat, nicht dagegen Privaten verbietet, umsetzt und nunmehr auch im Arbeitsleben und bei zivilrechtlichen Verträgen Diskriminierungen verboten sind.

In der Abb. 8-2 werden die konventionellen Dimensionen von Diversity Management vorgestellt, wie sie in den USA mit dem Civil Rights Act gehandhabt werden. Diese Dimensionen sind weitgehend von der EU und letztlich auch vom AGG übernommen worden.

8. Diversity Management 233

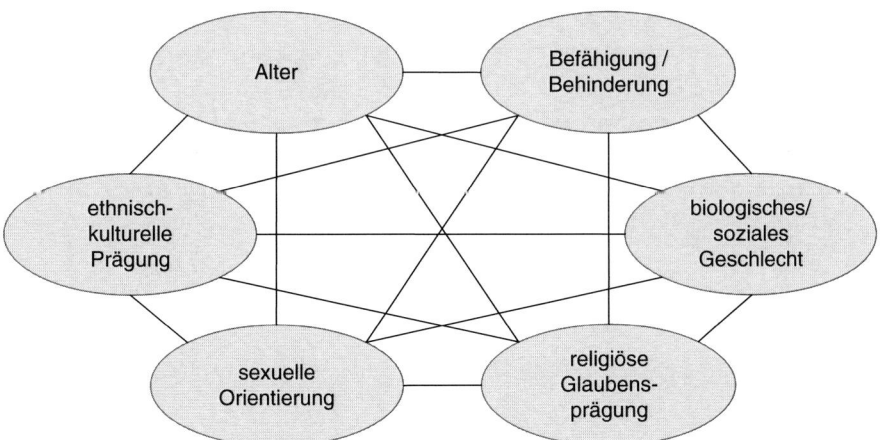

➔ Schützenswert nach Art. 13 EU-Vertrag (Amsterdamer Vertrag) sowie nach Antidiskriminierungsrichtlinien EU (2600/43/EG; 2000/78/EG)

Abb. 8-2. Kerndimensionen von Diversity Management nach Antidiskriminierungsrichtlinien EU und AGG (Quelle: Langhoff 2006)

Mit der Einführung des AGG sind Arbeitgeber gefordert, ein Arbeitsumfeld zu schaffen, das frei von Diskriminierung der Beschäftigten ist. Die internen personalbezogenen Prozesse sowie die kundenorientierten Prozesse sind so zu gestalten, dass keine Benachteiligungen oder Belästigungen aufgrund von Alter, Geschlecht, Behinderung, Migrationshintergrund, Religion und sexueller Orientierung gegeben sind.

In § 12 des AGG heißt es:

„Der Arbeitgeber ist verpflichtet, die erforderlichen Maßnahmen zum Schutz vor Benachteiligungen wegen eines in § 1 genannten Grundes zu treffen. Dieser Schutz umfasst auch vorbeugende Maßnahmen. Der Arbeitgeber soll in geeigneter Art und Weise, insbesondere im Rahmen der beruflichen Aus- und Fortbildung, auf die Unzulässigkeit solcher Benachteiligungen hinweisen und darauf hinwirken, dass diese unterbleiben."

Daraus ergibt sich eine aktiv zu gestaltende, vorbeugende Schutzfunktion des Arbeitgebers, die nur durch eine regelmäßige Überprüfung der personenbezogenen Unternehmensprozesse und der Unternehmenskultur sowie damit verbundener Bewertungen und Maßnahmen sichergestellt werden kann.

Sowohl die Schutzfunktion des AGG wie auch die Chancennutzung des Diversity-Ansatzes lassen sich idealerweise im Rahmen eines betrieblichen Demografieprojektes realisieren. Wie in Kapitel 4 Demografiemanagement die systematische Sicht durch die demografische Brille auf alle Unternehmensprozesse beschrieben wird, so ist diese Sicht um die Diversity-Brille zu ergänzen. Die Strukturen des Projektmanagements sind gleich und damit synergetisch zu nutzen. So gilt es Stellenprofile, Arbeitsbedingungen, Gesundheitsförderungsmaßnahmen,

Führungsverhalten, Rekrutierungsmaßnahmen, Aus- und Weiterbildung, Berufslaufbahnkonzepte, Freisetzungsmaßnahmen, Work-Life-Balance-Angebote bis hin zur betrieblichen Entgeltpolitik demografiefest und diversitytauglich zu machen. Damit wird insgesamt auch ein Beitrag zur Arbeitgeberattraktivität geleistet.

Die systematische, durch ein regelmäßiges Reporting geprägte, Vorgehensweise ermöglicht es, nachhaltig den Weg von der bloßen Verhinderung von Benachteiligungen hin zu einer offenen und von Wertschätzung geprägten Unternehmenskultur zu gehen.

Zielgruppenbezogene Diversity-Maßnahmen

Alter ist die entscheidende Variable vor dem Hintergrund des demografischen Wandels. Das Durchschnittsalter der Erwerbstätigen steigt ständig. Dabei gilt es, das Verhältnis von Jungen und Alten neu zu gestalten. Aufgrund der Schrumpfung des Erwerbspersonenpotenzials und damit der Arbeitsmärkte kann und darf auf die älteren Erwerbstätigen nicht verzichtet werden. Älteren ist der Zugang zu Arbeit, zu Weiterbildung und zu Ausbildung nicht zu verwehren und zu erschweren. Unternehmen sollten mehr auf die Kompetenzen und das Erfahrungswissen Älterer setzen.

Auf der anderen Seite werden junge Erwerbstätige zur Minderheit und sind daher auf dem Arbeitsmarkt als Schulabgänger begehrt. Für die Unternehmen ist es wichtig, die notwendigen Fachkräfte selbst auszubilden und an das eigene Unternehmen zu binden. Dabei spielt die Gleichbehandlung der Jungen eine wichtige Rolle. Letztlich sollte es prinzipiell keine Altersgrenzen geben. Auch 30-Jährigen sollte selbstverständlich die Möglichkeit gegeben werden, eine Ausbildung zu machen.

Frauen sind auch im 21. Jahrhundert nach wie vor gegenüber Männern benachteiligt. Vor dem Hintergrund schrumpfender Arbeitsmärkte durch den demografischen Wandel wird sich die Frauenerwerbsquote zwangsläufig erhöhen. Dabei muss vor allem die Zahl von Frauen in Führungspositionen deutlich erhöht werden. Auch die immer noch vorhandene Lohndiskriminierung von Frauen abzuschaffen, ist Herausforderung des Diversity-Ansatzes.

Familien und auch Elternschaft, Schwangerschaft und Kinderwunsch in einer schrumpfenden Gesellschaft zu befördern, ist oberstes Gebot. Junge Menschen sind anders als frühere Generationen gekennzeichnet durch sehr unterschiedliche Lebensentwürfe und damit verbundene Partnerschaften. Dabei soll insbesondere Elternschaft mit Erwerbstätigkeit koppelbar sein. Für attraktive Unternehmen bedeutet dies, Work-Life-Balance Angebote zu unterbreiten.

Schwule, Lesben, bisexuelle und transsexuelle Beschäftigte dürfen aufgrund ihrer sexuellen Identität keine Diskriminierung in den Unternehmen und Organisationen erfahren. Gegenwärtig unterscheiden sich Betriebsklimata wie bspw. in der Bauwirtschaft verglichen mit der Medien- und Unterhaltungsbranche wie zwei

8. Diversity Management

Welten, wenn es um den Respekt und die Wertschätzung vor der unterschiedlichen sexuellen Identität geht.

Nach der letzten Erhebung des Statistischen Bundesamtes aus dem Jahr 2005 (www.destatis.de) gibt es in Deutschland 8,6 Millionen *Menschen mit amtlich anerkannter Behinderung*. Das sind 10% der Bevölkerung. Von den 8,6 Millionen bestreiten 19% der Menschen mit Behinderungen ihren Lebensunterhalt durch Erwerbstätigkeit. Es ist nicht nur eine gesellschaftliche Aufgabe, Menschen mit Behinderungen einen verbesserten Zugang zu Ausbildung und Beschäftigung zu verschaffen. Dabei müssen die Unternehmen vor allem für die Gewährleistung einer möglichst umfassenden Barrierefreiheit sorgen. Dass dies möglich ist, zeigt bspw. die METRO Group, die im Jahr 2006 ca. 4400 qualifizierte Arbeitsplätze für Menschen mit Behinderungen in ihren Vertriebslinien eingerichtet hat, was einer Steigerung in fünf Jahren von ca. 30% ausmacht (Pfister 2006). Damit ist die METRO Group mit ihrer betrieblichen Schwerbehindertenpolitik Vorreiter in der deutschen Unternehmenslandschaft. Die METRO Group hat auch ihre Tore für die Berufsbildungswerke (BBW) als Spezialeinrichtungen zur beruflichen Rehabilitation behinderter Jugendlicher geöffnet und damit das größte Modellprojekt der Initiative „Jobs ohne Barrieren" des Bundesministeriums für Arbeit und Soziales durchgeführt, siehe www.vamp.de.

Rund 20 Prozent der Bevölkerung Deutschlands hat inzwischen einen *Migrationshintergrund* - Tendenz steigend. Ca. die Hälfte davon hat die deutsche Staatsangehörigkeit. Damit verbunden sind verschiedene Sprachen, religiöse Überzeugungen und Lebensstile, die inzwischen alltäglicher Teil unserer Gesellschaft und unserer Arbeitswelt geworden sind. Unternehmen sollten eine Unternehmensstrategie entwickeln, die die kulturelle Vielfalt der Gesellschaft berücksichtigt. Dies führt zu Wettbewerbsvorteilen auf lokalen und globalen Märkten. Kulturelle Besonderheiten können auch gezielt bei Stellenbesetzungsverfahren eingesetzt werden. So kann bspw. in Dienstleistungsunternehmen mit direktem Kundenkontakt die Vielfalt der Kundenstruktur annähernd in der Belegschaft abgedeckt werden. Sprachkenntnisse von Beschäftigten mit Migrationshintergrund kann für den Kundenkontakt aus den Herkunftsländern der Beschäftigten genutzt werden.

In der Studie der Bertelsmann Stiftung zum Thema: „Synergie durch Vielfalt – Praxisbeispiele zu Cultural Diversity in Unternehmen" konnte in den Kategorien „Kundenorientierung und Marktzugang", „Konfliktreduktion und Zufriedenheit" sowie „Zusammenarbeit und internationaler Erfolg" nachhaltig gezeigt werden, dass kulturelle Vielfalt zur Verbesserung des Geschäftserfolgs führt (Köppel und Sandner 2008).

Einige kritische Anmerkungen zum Diversity Ansatz

Arbeitswissenschaftlich gesehen fehlt es dem Diversity-Ansatz an einem inhaltlichen, theoretischen Konstrukt. Auch eine klare Zielsetzung fehlt: Soll personelle Vielfalt gezielt geschaffen und genutzt werden? Soll mit personeller Vielfalt auf eine bestimmte Weise umgegangen werden? Sollen Probleme personeller Vielfalt vermieden werden? Aus dieser Unklarheit ergeben sich zwangsläufig Probleme evidenzbasierten Vorgehens.

Im Grunde gibt es genauso viele Gründe gegen Vielfalt wie für Vielfalt. Es gibt viele Untersuchungen, die nicht die produktive Wirkung von Vielfalt bestätigen. In Kapitel 2 wurde bereits dargestellt, dass der Mythos von der Produktivität altersheterogener Teams lediglich eine Mär ist. Erkenntnisse zur Gruppenforschung besagen, dass Vielfalt nur bei Kreativaufgaben vorteilhaft ist, bei zeitkritischen Routinetätigkeiten erweisen sie sich als nachteilig (Gebert 2004). Daraus ließe sich ableiten, dass Diversity Management auch die gezielte Vermeidung von Nachteilen der Diversity ist. Hierzu findet man jedoch kaum etwas in Forschung und Praxis.

Hinsichtlich der Inhalte ist festzuhalten, dass die aus dem amerikanischen übernommenen Diversitäten nicht deckungsgleich mit den Diversitäten sind, die in Deutschland in den Betrieben Relevanz zeigen.

Der amerikanische Diversity-Ansatz (Civil Rights Act), der nahezu unverändert in EU-Richtlinien und in deutsches Recht (AGG) übertragen wurde, entspricht weder der Bewusstseinslage noch der Interpretation vieler Unternehmen in Deutschland. Diversitäten, die mit Bildungsunterschieden und Sprachkompetenzen verbunden sind, werden im originären Diversity-Ansatz nicht behandelt, sind aber in deutschen Unternehmen von hohem Interesse. In vielen Unternehmen werden Diversitäten zwischen kaufmännischen und technischen Mitarbeitern, zwischen unbefristet und befristet Beschäftigten, zwischen Vollzeit- und Teilzeitbeschäftigten, zwischen Stamm- und Leiharbeitnehmern, zwischen Beschäftigten mit hoher und niedriger Betriebszugehörigkeitsdauer usw. hervorgehoben. Insgesamt gibt es keinen Konsens hinsichtlich konkreter Diversity Inhalte.

Die Gebrauchslosigkeit des amerikanischen Diversity-Ansatzes und damit der im AGG angesprochenen Dimensionen konnte im BMBF Vorhaben „Diversity als Unternehmenskultur" (DIVINKU) gezeigt werden. Die folgende Abb. zeigt ein Betriebsbeispiel, bei dem zum einen Beschäftigtengruppen nach dem AGG dargestellt werden und zum anderen Beschäftigtengruppen, bei denen betrieblicher Handlungsbedarf im Sinne der Wertschätzung erkannt wurde.

8. Diversity Management

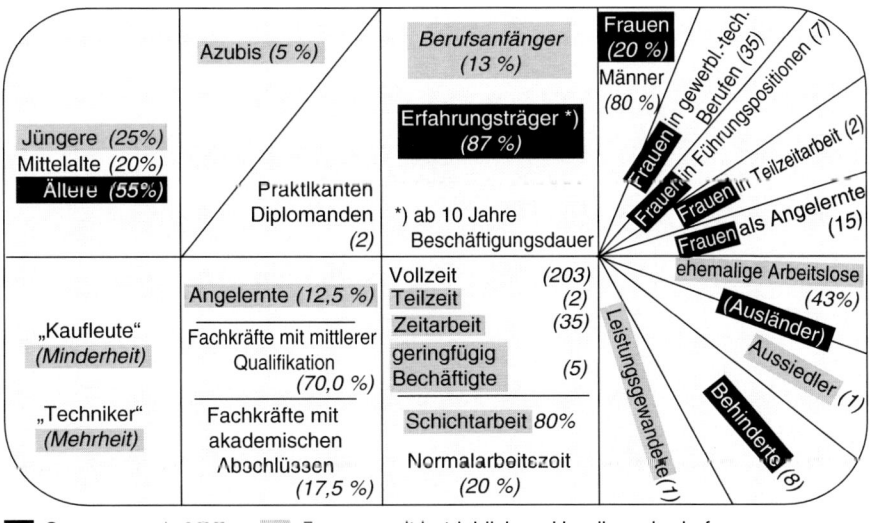

■ Gruppen nach AGG   Gruppen mit betrieblichem Handlungsbedarf

© Köchling/GfAH – BMBF-Vorhaben DIVINKU 2007

Abb. 8-3: Betriebsbeispiel mit Beschäftigtengruppen nach AGG und nach Handlungsbedarf (Quelle: Köchling 2007)

Es wird deutlich, dass die Beschäftigtengruppen nach AGG für das Unternehmen z. T. keine Rolle spielen, weil das Verständnis von Diversität in diesem Unternehmen ein ganz anderes ist. Andere Beschäftigtengruppen, die im AGG überhaupt nicht genannt werden, sind aus Sicht der Gleichbehandlung für das Unternehmen viel wichtiger. Köchling plädiert dafür, vom Konzept der „Bunten Belegschaft" zu sprechen, um statt des für hiesige Verhältnisse wenig brauchbaren, amerikanischen Diversity-Konzepts eine angemessene Form personeller Vielfalt zu formulieren. An der Dimension des Alters wird dies besonders deutlich: Im Unternehmen werden Ältere niemals als eine Gruppe betrachtet. Man unterscheidet ältere Ingenieure, ältere Schichtarbeiter, älter Verwaltungsangestellte usw. für die jeweils ganz unterschiedlicher Handlungsbedarf besteht.

Auch die proklamierten Ziele des Diversity-Ansatzes sind z. T. umstritten (gezielte Förderung von Vielfalt). In den meisten Unternehmen geht es eher um die Vermeidung von Benachteiligungen als um den gezielten Nutzen von Vielfalt. Entsprechend ist die Geisteshaltung zu Diversity in den Unternehmenskulturen.

Viele der bisherigen Ausführungen zur wettbewerbsfähigen, produktiven Dimension von Diversity beziehen sich auf Untersuchungen mit international tätigen Großunternehmen, die eine einigermaßen komplexe Technologie nutzen, oft beratungs- sowie wissensintensive Produkte vertreiben und in aller Regel eine große Zahl hochqualifizierter Arbeitskräfte beschäftigen (Zeiß 2007). Spricht man mit Personalmanagern dieser Global Player, entsteht oftmals der Eindruck, dass Diversity Management in Unternehmen lediglich eine Art Legitimationsfassade darstellt, weil man sich an anderen „Vorreiterunternehmen" orientiert („Das brauchen wir auch!"). Man verspricht sich davon, etwas für das AGG zu tun, weil Aktionäre das wollen oder weil man in Konzern- oder Netzwerkstrukturen steckt. Dies wird auch durch eine Untersuchung über die Gründe zur Einführung von Diversity Management in deutschen Unternehmen bestätigt (Lederle 2007).

Insgesamt kann man sagen, dass der Diversity-Ansatz inhaltlich unpräzise ist. Es fehlt eine klar formulierte Theorie. Maßgeblich wird das Managementkonzept von betrieblichen Akteuren instrumentalisiert, um das AGG einzuhalten und dem Ganzen eine positive Richtung zu verleihen. Bei genauer Betrachtung könnte man aber auch sagen, dass Diversity eigentlich das Gegenteil vom AGG ist: bewusst personelle Unterschiede zu nutzen/managen im Gegensatz zur Gleichbehandlung.

Unter dem Strich bleibt bei den gegenwärtigen Trends der Internationalisierung, des demografischen Wandels und der Erodierung der Beschäftigungsverhältnisse die Bedeutung der Wertschätzung innerhalb bunter Belegschaften (Köchling), der verschiedenen Belegschaftsgruppen und jedes einzelnen Beschäftigten. Wertschöpfung durch Wertschätzung ist das Entscheidende, nicht Diversity Management.

Köchling stellt ein differenziertes Verständnis von gegenseitiger Wertschätzung dar, das sich für verschiedene Beschäftigtengruppen unterschiedlich darstellt (s. Abb. 8-4).

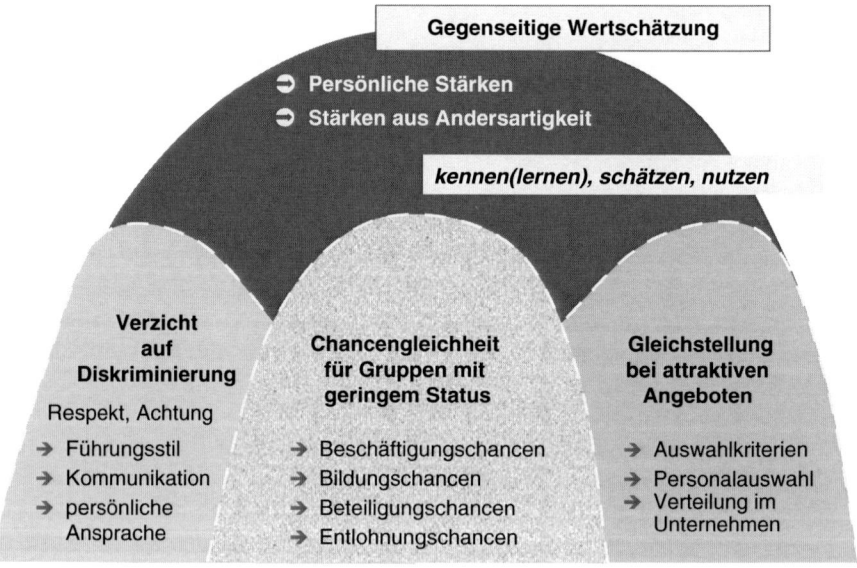

© Köchling/GfAH – BMBF-Vorhaben DIVINKU 2007

Abb. 8-4: Facetten gegenseitiger Wertschätzung im Unternehmen (Quelle: Köchling 2007)

Gegenseitige Wertschätzung im Unternehmen erwächst quasi aus dem Verzicht von Diskriminierung (Gleichbehandlung), der Chancengleichheit für Gruppen mit geringem Status und der Gleichstellung bei attraktiven Angeboten. Zum Unter-

8. Diversity Management

schied von Gleichbehandlung, Gleichstellung und Chancengleichheit s. folgende Abb. 8-5 nach Stuber 2003.

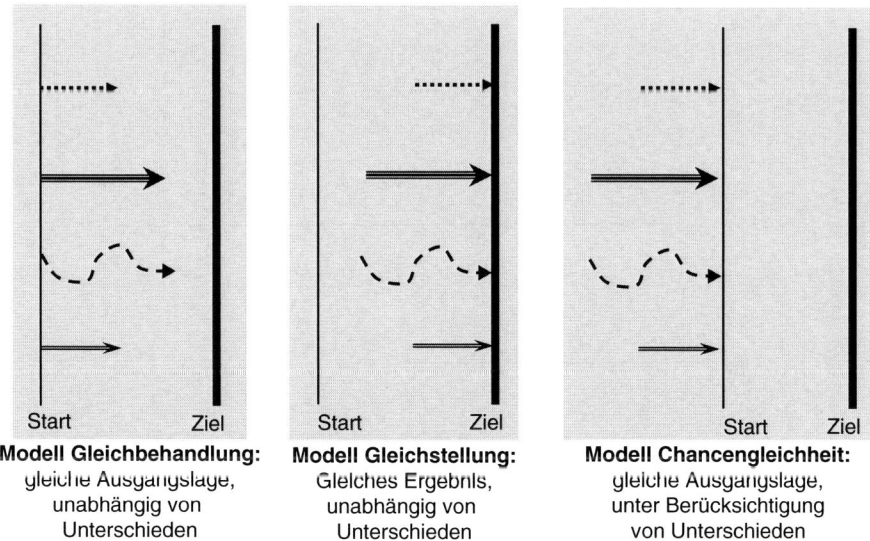

Abb. 8-5: Schematische Darstellung zur Unterscheidung von Gleichbehandlung, Gleichstellung und Chancengleichheit (nach Stuber 2003)

Diskriminierung ist sehr weit verbreitet und betrifft alle Personengruppen, bspw. durch Mobbing. Diskriminierung wirkt kränkend, erzeugt Arbeitsunlust und Fehlzeiten.

Bei Chancengleichheit geht es um Gruppen wie Leiharbeitnehmer, An- und Ungelernte, Schichtarbeiter, Behinderte. Über besondere betriebliche Angebote erhalten sie gleiche oder ähnliche Chancen wie die übrigen Beschäftigten, sich im Unternehmen und im Arbeitsleben behaupten zu können.

Gleichstellung bezieht sich immer auf attraktive Angebote wie Ausstattung mit modernen Arbeitsmitteln, Höhergruppierung u. a. für Beschäftigtengruppen wie Frauen, Ältere, Beschäftigte mit Migrationshintergrund.

Wertschätzung bedeutet, dass alle Beschäftigten, auch Querköpfe oder Beschäftigte aus anderen Kulturkreisen u. a. in ihren besonderen Stärken erkannt, geschätzt und entsprechend eingesetzt werden.

Wertschätzung in Unternehmen entsteht über das Ausbalancieren widersprüchlicher Interessen und Statusänderungen, über das Beheben offener und latenter Spannungen – generell über mehr Respekt und Achtung voreinander (Köchling 2007). Dabei müssen alle Beziehungsebenen und auch alle betrieblichen Ebenen im Unternehmen erreicht werden.

Die folgende Abb. zeigt konkret die Einbindung aller betrieblicher Ebenen im Rahmen einer gegenseitigen Wertschätzungskultur

Unternehmen und Mitarbeiter   Bildungsangebote mit Chancengleichheit – Mitarbeiterbindung, Motivation
Unternehmen und Führungskräfte   Fairer Mittler zwischen Spitze und Basis – und umgekehrt
Führungskräfte und Mitarbeiter   Wertschätzende Führung – Freiräume für Mitarbeiter
Führungskräfte untereinander   Kollegiale bereichsübergreifende Treffen
Mitarbeiter untereinander   Kollegiale bereichs- und hierarchieübergreifende Zusammenarbeit
Selbstachtung des Mitarbeiters   Wissen um eigene Stärken, Selbstbewusstsein – Achtung Anderer

© Köchling/GfAH – BMBF-Vorhaben DIVINKU 2007

Abb. 8-6: Betriebliche Ebenen im Rahmen einer gegenseitigen Wertschätzungskultur (Quelle: Köchling 2007)

Der Ansatz von Köchling, den konventionellen Diversity-Managementkonzepten und betrieblichen AGG-Aktivitäten ein Konzept der Wertschätzungskultur innerhalb bunter Belegschaften entgegenzusetzen, kann aus arbeitswissenschaftlicher Sicht als beachtlich angesehen werden und verdient weiterentwickelt zu werden. Der gezielte und flächendeckende Einsatz von Wertschätzungs-Trainings ist ein erster Schritt hierzu (Köchling 2005).

8. Diversity Management

Strategische Fragen zum konventionellen Diversity Management [2]

- Welche soziodemografische Struktur oder Diversity-Dimensionen besitzt Ihr Kundenstamm (z. B. Alter, Einkommen, Geschlecht, Bildungsniveau, kulturelle Herkunft)?
- Ist die Personalpolitik des Unternehmens auf die kulturelle Vielfalt des Kundenstamms optimal ausgerichtet?
- Wie häufig kommt es zu Konflikten/Auseinandersetzungen zwischen verschiedenen Beschäftigtengruppen im Unternehmen (z. B. Abteilungen, Projektteams)?
- Ist Ihre Außendarstellung und die Wahrnehmung Ihres Unternehmens attraktiv für potenzielle Bewerber von „Minderheiten"?
- Sind alle Mitarbeiter der Auffassung, dass ihre Qualifikationen und ihre Talente ausreichend „belohnt" werden?
- Sprechen alle Beschäftigten ausreichend gut deutsch?
- Welche Bedeutung hat die Integrationsentwicklung (Defizite!) in Deutschland für ihr Unternehmen?
- Datenschutz vs. soziale/personenbezogene Daten im Rahmen von Diversity?
- Wie sieht die Vergütungsstruktur auf gleicher Ebene nach Geschlecht/Alter aus? Welchen Einfluss hat die Betriebszugehörigkeitsdauer auf die Vergütung?
- Inwieweit hilft personelle Vielfalt bei der Entwicklung innovativer Ideen, um das Unternehmen oder die Einrichtung wettbewerbsfähiger zu machen?
- Wie viele und welche Sprachen werden von Ihren Kunden gesprochen?
- Wie viel musste Ihr Unternehmen bisher für Klagen von Mitarbeitern in Diskriminierungsangelegenheiten und wegen sexueller Belästigung bezahlen (sowohl für die Einigung und den Rechtsbeistand)?
  Wie viel Beschwerden sind diesbezüglich beim Betriebsrat eingegangen?
- Gibt es eine besonders hohe Fluktuation zwischen/innerhalb bestimmten/bestimmter Beschäftigtengruppen?
- Verlassen hoch qualifizierte und/oder besonders leistungsfähige Fachkräfte Ihr Unternehmen, weil sie sich aufgrund von Geschlecht, ethnischer Herkunft u. a. benachteiligt fühlen?
- Gibt es in Ihrem Unternehmen eine qualifizierte Karriereplanung für alle Job Familien?
- Braucht das Unternehmen Beschäftigte, die andere Sprachen sprechen?
- In welchen Unternehmensbereichen sind Menschen mit Behinderungen eingesetzt? Wo können Menschen mit welcher Art der Behinderung eingesetzt werden? Welchen Stellenwert hat die Beschäftigung von Menschen mit Behinderungen?
- Welche Arbeitskonzepte werden älteren Beschäftigten angeboten?
- Wie ist die Geschlechterverteilung bei Assessment Centers (Besetzung von Führungspositionen)?
- Was haben die Beschäftigten konkret von einem Diversity-Management?

---

[2] Auf die Darstellung von Kennzahlen zum konventionellen Diversity Management soll verzichtet werden, da einige Dimensionen nicht erhoben werden (sexuelle Identität, religiöse Anschauung) und andere Dimensionen Bestandteil einer Altersstrukturanalyse zum Demografiemanagement sind.

9. Führung und Motivation

Wie schon in Kapitel 4. Demografiemanagement beschrieben, ist das Thema Führung und Motivation ein heikles Thema. Die meisten Unternehmen richten dafür im Rahmen von betrieblichen Demografieprojekten gar keine Projektgruppe ein oder definieren Führung nicht als Gestaltungsfeld. Sie meinen, Führung sei schließlich eine Querschnittsaufgabe und oft soll eine Informationsveranstaltung zur Bedeutung des demografischen Wandels ausreichen, um die Führungskräfte fit zu machen für die Aufgaben der betrieblichen Gestaltung. Das ist jedoch ein Trugschluss, oft mit fatalen Folgen.

Meist wird der Ressourceneinsatz zur Bewältigung der wichtigsten Zukunftsaufgaben völlig unterschätzt. Auch fehlt die Erfahrung in der Führung von mehrheitlich älteren Belegschaften.

Zu den wichtigsten Führungsaufgaben, deren Beherrschung im Strategiecockpit bewertet wird (siehe Kap. 4), zählt die offene Thematisierung der verlängerten Lebensarbeitszeit, die Wertschätzung aller Belegschaftsgruppen, die Bindung von Gruppen mit Schlüsselqualifikationen für das Unternehmen, die Kenntnis des Gesundheitszustands, der Qualifikation und des Qualifikationsbedarfs sowie die Motivation jedes einzelnen Mitarbeiters (Individualisierung), die Pflege von Anforderungs- und Fähigkeitsprofilen, die Organisation der Beteiligung aller Mitarbeiter, sowie das regelmäßige Gespräch mit jedem Mitarbeiter, das auch eine Führungskraftbewertung einschließt. All dies verlangt Kompetenzen und vor allem den Einsatz personeller und zeitlicher Ressourcen, die im Unternehmen meist nicht vorliegen.

Vor der Bereitstellung von Ressourcen und dem Erwerb von Kompetenzen zur demografiegerechten Führung muss zunächst die Akzeptanz, die Bereitschaft und das Verständnis dafür entwickelt werden, denn es ist nicht selbstverständlich, dass das Bewusstsein dafür existiert.

Als Beispiel soll die kognitive Dissonanz zwischen der Leitlinie „Arbeiten bis 67", die in der Öffentlichkeit vermittelt wird, der Führungsaufgabe hierzu und der eigenen Vorstellung, wann man in den Ruhestand gehen will, dienen.

Für viele Beschäftigte aus Produktion und Dienstleistung ist es schlichtweg nicht vorstellbar, dass man unter den gegebenen Arbeitsbedingungen, der persönlichen Arbeitsbiografie (erste physische Abbauprozesse) und der zunehmenden Arbeitsverdichtung überhaupt bis 67 arbeiten kann. Zum anderen sind die Unternehmen in den letzten 15 Jahren durch großzügige Vorruhestandsregelungen verwöhnt worden. Das heißt, dass die Beschäftigten natürlich die Abgänge von Kolleginnen und Kollegen vor Augen haben und schon aus Gerechtigkeitsgründen meinen, dass ihnen selbst ebendies auch zustehe. Die Führungskräfte sind in dieser Situation meist wie gelähmt und sehen es offensichtlich nicht als ihre Aufgabe an, hier eine angemessene Informationspolitik in den Betrieben zu betreiben. Viele sind sogar der gleichen Meinung wie die Beschäftigten und fordern weitere staatliche Hilfen. Ein anderer Grund ist, neben dem Unvermögen mit falschen Erwartungshaltungen umzugehen, auch die eigene Einstellung zum „Arbeiten bis 67". In der folgenden Abb. wird deutlich, dass knapp zwei Drittel aller befragten Führungskräfte (Umfrage der Zeitschrift Personalwirtschaft, 06/2007) nicht länger als 60 Jahre arbeiten wollen. Daraus ergeben sich zwei zentrale Fragen:

- Wie will man Beschäftigten vermitteln, bis 67 zu arbeiten, wenn man als Führungskraft selbst kein Interesse daran hat? Die Einstellung „Ich kann es mir vielleicht leisten, ihr aber nicht!" ist sicherlich nicht zielführend.

- Wie können die Führungskräfte selbst dazu motiviert werden länger zu arbeiten und von wem?

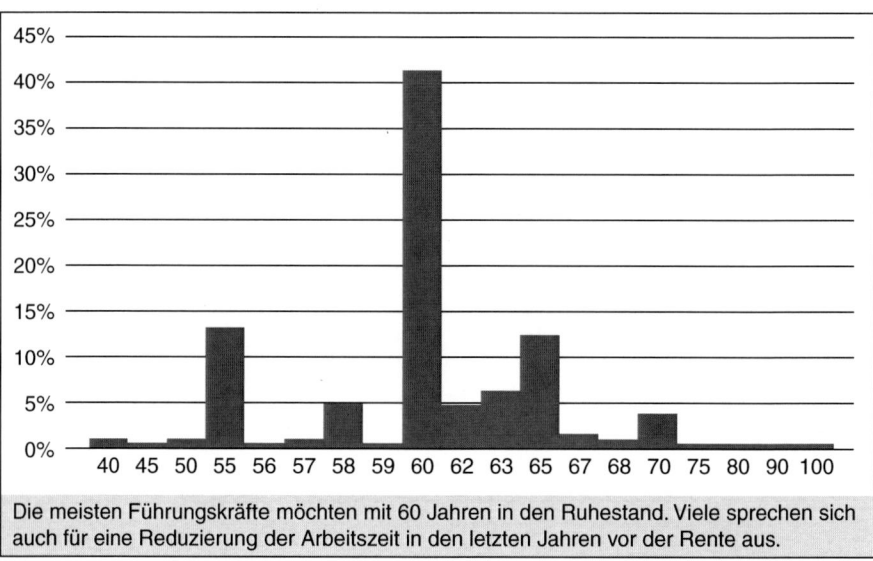

Abb. 9-1: Wunschalter für das Arbeitsende von Führungskräften (ComTeam AG 2007)

Die meisten Führungskräfte heute sind in den 90er Jahren betriebssozialisiert, also aus demografischer Sicht im goldenen Jahrzehnt. In den 90er Jahren war die 30- bis 40-jährige Alterskohorte die stärkste Kohorte (noch voll leistungsfähig und solide berufserfahren). Ausgerechnet in dieser Dekade wurden Beschäftigte und Führungskräfte mit Vorruhestandsregelungen verwöhnt. Für die heutige und vor allem die zukünftige Situation fehlen also nicht nur jegliche Erfahrungswerte, sondern es muss jetzt auch radikal umgelenkt und gehandelt werden. Dies hat dazu geführt, dass wir uns immer noch in den meisten Betrieben in einer Situation befinden, in denen Führungskräfte i. d. R. nicht wissen, was sie tun müssen und wie sie es angehen sollen.

9. Führung und Motivation

Reflektiert man die nach Hauser (2004) definierten Erfolgskriterien Glaubwürdigkeit, Respekt, Fairness, Stolz und Teamorientierung für eine demografiegerechte Führung, so wird deutlich, welche Anforderungen sich vor dem Hintergrund des demografischen Wandels an Führungskräfte stellen. Die Glaubwürdigkeit gerät ins Wanken, wenn man die Beschäftigten nicht ehrlich über die Verlängerung der Lebensarbeitszeit informiert und mit ihnen gemeinsam Ziele und Maßnahmen festlegt, wie dies realisiert werden kann. Respekt und Fairness gebieten, dass eine gerechte Förderung und Fürsorge praktiziert werden, die niemanden ausschließt, z. B. Ältere, die nicht mehr an Weiterbildungsmaßnahmen teilnehmen oder Jüngere, denen vermehrt die am meisten belastenden Tätigkeiten zugeordnet werden. Stolz auf ihre Arbeit sollen nicht nur die qualifizierten Fachkräfte sein, sondern auch die Beschäftigten mit einem geringeren Qualifikationsniveau, insbesondere wenn sie zu den Schlüsselgruppen im Unternehmen gehören (Wach- und Wechseldienst bei der Polizei, Fahrdienst im Personennahverkehr, Verkauf im Einzelhandel etc.). Die Förderung der Teamorientierung wird vor völlig neue Herausforderungen gestellt, angesichts auseinanderklaffender Arbeitsfähigkeiten bei alternden Belegschaften.

Dies sind nur anskizzierte Beispiele, die darstellen sollen, dass der Erfolgsfaktor Führung angesichts des demografischen Wandels zwingend auf den Prüfstand gehört, will man verhindern, dass er zum kritischen Misserfolgsfaktor bei der Gestaltung und Bewältigung des demografischen Wandels wird.

Anforderungen an das Management	
Glaubwürdigkeit	
Offene und uneingeschränkte Kommunikation	Informativ: Hält über wichtige Themen auf dem Laufenden Erreichbar: Erhalte auf Frage angemessene Antwort
Kompetente Führung	Vision: Klare Vorstellungen von Zielen und Zielerreichung Koordination: Gute Aufgabenzuweisung/Koordination
Integrität im Handeln	Zuverlässig: Hält Versprechen ein Ehrlich: Ehrliche/ethische Geschäftspraktiken
Respekt	
Förderung	Angebote beruflicher Weiterbildung und Entwicklung Anerkennung für gute Arbeitsleistungen
Zusammenarbeit	Vorschläge/Ideen ernsthaft suchen und beantworten In Entscheidungen einbeziehen, die die Arbeit und die Arbeitsumgebung betreffen
Fürsorge	Die körperliche Sicherheit am Arbeitsplatz ist gewährleistet. Interesse an MA als Person und nicht nur als Arbeitskraft
Fairness	
Ausgewogenheit	Vollwertiges Mitglied unabhängig von der Position Angemessene Bezahlung für geleistete Arbeit
Neutralität	Beförderung für diejenigen, die es am meisten verdienen Keine Bevorzugung einzelner Mitarbeiter
Gerechtigkeit	Keine Diskriminierung: Faire Behandlung unabhängig von z. B. ethnischer Herkunft/Religion Bei ungerechter Behandlung wird Einspruch Ernst genommen
Anforderungen an Tätigkeit und Unternehmen	
Stolz	
Tätigkeit	Eigene Arbeit wichtiger Beitrag für Unternehmen Besondere Bedeutung der Arbeit für einen selbst
Team	Stolz auf gemeinsame Leistung Mitarbeiter sind bereit, zusätzlichen Einsatz zu leisten
Unternehmen	Stolz, anderen erzählen zu können, hier zu arbeiten Zufriedenheit mit Beitrag des Unternehmens für Gesellschaft
Anforderungen an Verhältnis zu Kollegen	
Teamorientierung	
Vertrautheit	Kann „ich selbst sein" und brauche mich nicht zu verstellen Mitarbeiter kümmern sich umeinander
Freundlichkeit	Freundliche Arbeitsatmosphäre Neue Mitarbeiter fühlen sich willkommen
Zusammengehörigkeit	Wir sind wie eine „Familie" bzw. haben einen guten Teamgeist Alle ziehen an einem Strang

Abb. 9-2: Erfolgsfaktor Führung – Was zeichnet einen guten Arbeitgeber aus? (Hauser 2004)

9. Führung und Motivation

Umgekehrt zeigt die Bewusstseinslage der Beschäftigten ähnliche Defizite; wie die der Führungskräfte. Beide bedingen und beeinflussen sich gegenseitig. Die folgende Abb. zeigt das geschätzte Austrittsalter im Urteil der Beschäftigten eines großen Stahlunternehmens.

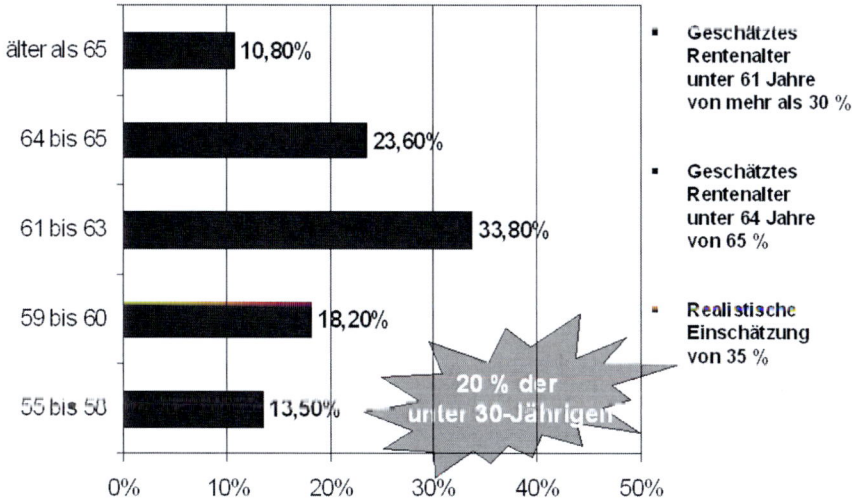

Abb. 9-3: Geschätztes Austrittsalter im Urteil der Beschäftigten (anonymisiert: großes Stahlunternehmen)

Die Umfrage verblüffte die Führung des Unternehmens. Obwohl eine Verlängerung der Lebensarbeitszeit auf 67 Jahre quasi mittels sämtlicher Medien in den letzten Jahren kommuniziert worden ist, ist das geschätzte Austrittsalter mehrheitlich unrealistisch. Lediglich 1/3 der Beschäftigten haben mit einem Austrittsalter von 64 bis 67 eine realistische Einschätzung abgegeben. Ein weiteres Drittel der Beschäftigten nimmt immer noch an, vor dem 60. Lebensjahr das Unternehmen verrentungsbedingt verlassen zu können. Davon sind 20% unter 30-Jährige. Das Ergebnis zeigt, dass hier nicht nur Transparenz und eine ehrliche Informationspolitik gefragt sind, sondern auch eine Führungskompetenz und ein Führungsverhalten, das das Betriebsklima nicht gefährdet. Die Umfrage wurde 2006 durchgeführt und ist kein Einzelfall. Es ist jedem Unternehmen zu raten, sich über die Bewusstseinslage der Beschäftigten im Klaren zu sein und darauf aufbauend die notwendigen Führungskompetenzen und -aktivitäten zu entwickeln.

Ähnlich ernüchternde Ergebnisse zeigen die seit 2001 jährlich veröffentlichten Umfragen der Gallup GmbH zum Engagement Index. Sie belegen, dass die Führungs- und Unternehmenskultur von den deutschen Beschäftigten überwiegend als negativ empfunden wird, was im internationalen Vergleich zu einer sehr geringen emotionalen Bindung an die Unternehmen führt.

Lediglich von 12% der Belegschaft (Umfrage 2004) können die deutschen Unternehmen Spitzenleistungen erwarten. Die nicht nur in dieser Frage offenkundig gewordenen Führungsschwächen sind insbesondere für die Unternehmen ein Problem, deren Erfolg in hohem Maße von Wissen und der Kreativität der Mitarbeiter abhängt. Spitzenleistungen können nicht mit Zwang oder den Mitteln des Arbeitsrechts verordnet werden, sondern entstehen aus Überzeugung und dem eigenen Ansporn etwas Besonderes leisten zu wollen (Knoche 2005). Nicht auszudenken, wie sich das Engagement in den deutschen Unternehmen entwickeln wird, wenn nicht eine aufgeklärte und aktivierende Führungskultur den demografischen Wandel bewältigen kann.

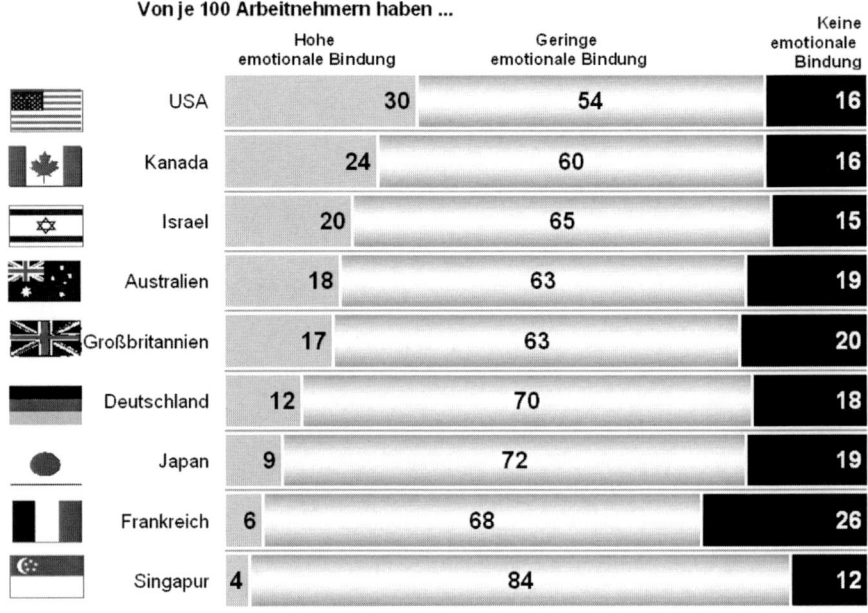

Abb. 9-4: Engagement Index im internationalen Vergleich (Gallup 2004)

I. d. R. wendet man sich dem Thema Führung und Motivation zu, wenn man auf Basis der Altersstruktur- und der Standortanalyse die operativen Gestaltungsfelder Arbeitsgestaltung, Gesundheitsmanagement und Aus- und Weiterbildung diskutiert hat. Daraus ergeben sich zahlreiche Anforderungen an die Führungskompetenz und an die Umsetzung wie auch die Grundlagen zur Entwicklung geeigneter d. h. demografiefester Personalstrategien.

Die folgende Abb. zeigt die Ergebnisse einer Arbeitsgruppe der Polizei NRW, welche Anforderungen auf die Führungskräfte zukommen (Innenministerium NRW 2006).

9. Führung und Motivation

> **Was bedeutet alternsgerechtes Führen?**
> - Erkennen, dass die Leistungsfähigkeit der Organisation nur mit Älteren erbracht werden kann.
> - Erkennen, dass auf sie eine Aufgabe zukommt, die es vorher noch nie gegeben hat.
> - Fähigkeit der Beurteilung der Leistungsfähigkeit (insbesondere Älterer).
> - Beteiligungsorientierte Aufgaben- und Arbeitsgestaltung nach individuellen Einsatzprofilen.
> - Wertschätzung der Leistungen Älterer.
> - Offene Thematisierung von Leistungseinschränkungen.
> - Gezielte Fortbildung zur Erweiterung des Qualifikationsspektrums (bzw. zur Kompensation von Einschränkungen).
> - Früherkennung und Konfliktmanagement.

Abb. 9-5: Alternsgerechtes Führen (Innenministerium NRW 2006)

Die ersten beiden Punkte machen deutlich, welche Verstehensleistung seitens der Führungskräfte zuerst erbracht werden muss. Viele meinen, das Thema des demografischen Wandels würde zu sehr dramatisiert und aufziehende Zukunftskatastrophen seien völlig überzogen. Diese Einstellung ist unter Führungskräften weit verbreitet. Sie verkennen, dass der demografische Wandel nicht ein aktueller Modetrend ist und unterschätzen völlig die Herausforderungen einer alternden Belegschaft und die Entwicklungen auf den Arbeitsmärkten. Sie meinen, dem demografischen Wandel damit zu begegnen, in dem sie ein Projekt auflegen, Ziele formulieren, Maßnahmen umsetzen und damit die Herausforderung bewältigt zu haben. Sie verkennen dabei die Hyperkomplexität und die nachhaltigen Wirkungszusammenhänge des Themas.

Weitere Ergebnisse der Arbeitsgruppe machen den Qualifizierungsbedarf der Führungskräfte im Bereich der demografiefesten Anpassung von Personalinstrumenten deutlich. Es ist verstanden worden, dass es eines neuen bzw. veränderten Methodeneinsatzes bedarf. Auch die Rolle von Individualisierung und Partizipation, d. h. sich zunehmend um jeden einzelnen Mitarbeiter zu kümmern und ihn bei Personaleinsatz und Laufbahnplanung zu beteiligen, ist erkannt worden.

Die folgende Abb. zeigt den Mittelwert des Rollenverständnisses einer Führungskräftegruppe. Moderation und Feedback machen zusammen 2/3 des Selbstverständnisses aus. Diese Führungskräftegruppe hat die Komplexität der Anforderungen und die Wirkungszusammenhänge der betrieblichen Funktionen offensichtlich verstanden und in ihrem Selbstverständnis ausgedrückt

In welcher Rolle sehen sich Führungskräfte selbst bei der demografiegerechten Führung?

- Zuhörer (0,4%)
- Problemlöser (19,7%)
- Schiedsrichter (2,9%)
- Provokateur (1,7%)
- Moderator (27,6%)
- Sich raushalten (0,8%)
- Beobachter (7,5%)
- Feedbackgeber (39,3%)

Abb. 9-6: Ergebnis eines Führungskräfteworkshops im Rahmen eines betrieblichen Demografieprojekts (Konzept übernommen von Bertelsmann-Stiftung 2004, angewandt von Langhoff 2007).

Im Folgenden wird auf den Ursache-Wirkungs-Zusammenhang zwischen Führungsverhalten und der Arbeits- und Beschäftigungsfähigkeit der Beschäftigten als ein zentrales Gestaltungsziel des demografischen Wandels näher eingegangen.

Zu Beginn der Kapitel 5. Arbeitsgestaltung und 6. Gesundheitsmanagement ist bereits auf die Rolle von Führung in der Ursache-Wirkungskette auf die Arbeitsfähigkeit im Modell des „House of Workability" nach Ilmarinen eingegangen worden. Richenhagen hat schon lange bevor die Arbeiten von Ilmarinen in Deutschland näher gewürdigt wurden, das multikausale Wirkungsgeflecht im Haus der Arbeitsfähigkeit im Rahmen einer Prinzipskizze dargestellt (siehe folgende Abb.).

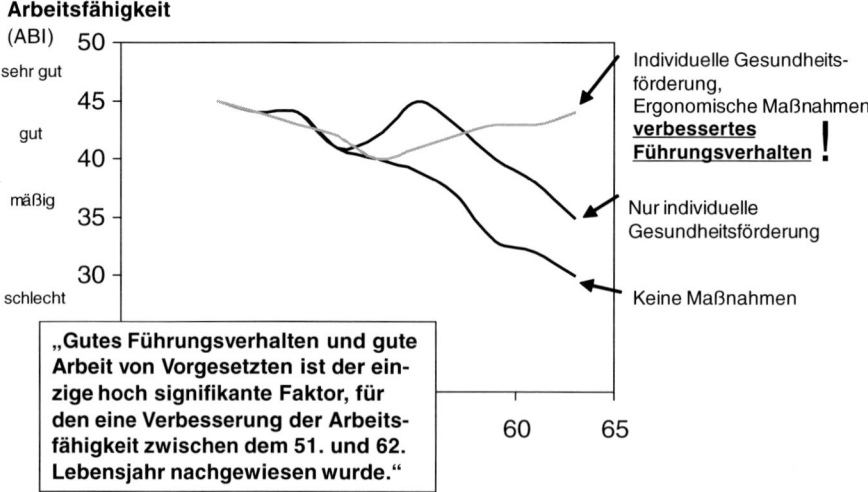

Abb. 9-7: Bedeutung kombinierter Maßnahmen (einschließlich Führung) im Vergleich auf die Arbeitsfähigkeit (Richenhagen 2003, nach Tuomi u. Ilmarinen 1999).

9. Führung und Motivation

Die Prinzipskizze zeigt, dass Gesundheitsförderungsmaßnahmen allein nicht den Erhalt der Arbeitsfähigkeit über das Alter sicherstellen. Es ist vielmehr die gemeinsame Wirkung eines Maßnahmebündels aus Arbeitsgestaltung, Gesundheitsmanagement und Führung. Hierzu stellen Ilmarinen und Tempel fest: „Gutes Führungsverhalten und gute Arbeit von Vorgesetzten ist der einzige hoch signifikante Faktor, für den eine Verbesserung der Arbeitsfähigkeit zwischen dem 51. und 62. Lebensjahr nachgewiesen wurde" (Ilmarinen/Tempel 2002).

Ilmarinen hebt vor dem Hintergrund des demografischen Wandels Führungsqualitäten in folgenden Bereichen hervor:

Einstellungen und Haltungen:
Eine aufgeschlossene, nicht stereotype Einstellung gegenüber dem Alter. Dies beginnt mit der Einstellung zum eigenen Alterungsprozess!

Kooperation:
Praktizieren kooperativer Arbeitsmethoden, Fördern und Fordern. Hierarchische Führungsstile neigen dazu, die Arbeitsfähigkeit zu vermindern.

Organisation der Arbeitsabläufe:
Berücksichtigung der Veränderung von Arbeitsfähigkeit im Erwerbsverlauf.

Kommunikation:
Frühzeitige Information über anstehende Veränderungen

Warum es so schwierig ist, die von Ilmarinen beschriebenen Maßnahmebündel zu schnüren, skizziert Langhoff (2003) an folgendem Dilemma:
Die Handlungsfelder Weiterbildung und Personaleinsatz sind im Unternehmen an das betriebliche Personalmanagement geknüpft, während Gesundheit und Arbeitsgestaltung eher mit dem betrieblichen Arbeits- und Gesundheitsschutz verbunden sind. Beide betrieblichen Funktionen müssten aus Sicht der Führung als ein integriertes Humanressourcenmanagement verstanden werden, welches zudem noch eine demografische Brille aufgesetzt bekommt. Diese notwendigen Transferschritte stellen gegenwärtig die größte Hürde für die betriebliche Führung dar. Das liegt daran, dass traditionell andere betriebliche Funktionen wie Marketing oder Controlling gegenüber Personalmanagement und Gesundheitsschutz einen höheren Stellenwert haben. Ändert sich dies nicht - also kümmert sich die Führung nicht um die Kompetenz und die Gesundheit der Beschäftigten - sind alle in den operativen Gestaltungsfeldern beschriebenen Handlungsoptionen zum Scheitern verurteilt.

Ein Personalvorstand eines großen Dienstleistungsunternehmens beschrieb es einmal wie folgt: „Es sind nicht die Anforderungen und Maßnahmen in den einzelnen Bereichen (gemeint sind Gesundheitsschutz, Arbeitsstrukturierung etc.), die eine Umsetzung so schwierig machen. Es ist die Integration aller Maßnahmen, das Verständnis vom Ganzen."

Im EU-Forschungsprojekt RESPECT (Research action for improving Elderly workers Safety Productivity Efficiency and Competence Towards the new working environment; 2001–2004) wurden speziell für Führungskräfte eintägige "Age Awareness"-Workshops entwickelt. Die Führungskräfte sollten die Fähigkeiten ihrer älteren Mitarbeiter kennen. Sie sollten lernen, die Mitarbeiter entsprechend ihrer Leistung einzusetzen, die Mitarbeiter in permanente Teams oder in Projektteams zu integrieren und den Erfahrungsaustausch und die Kommunikation zwischen den Generationen zu verbessern.

Dabei sollten sie das Innovationspotenzial ihrer älteren Mitarbeiter vollständig nutzen.

Die Vorgesetzten beginnen mit einer Reflexion über ihren eigenen Alterungsprozess und ihren Einstellungen zu älteren Arbeitnehmern. In der darauffolgenden Inputphase werden die Vorgesetzten über die physischen, mentalen und sozialen Charakteristiken und Einstellungen älterer Arbeitnehmer informiert, um sie zu der Erkenntnis zu führen, dass mit dem Altern nicht nur negative, sondern auch positive Veränderungen stattfinden, und um eine realistische Einstellung gegenüber dem Altern zu entwickeln.

Im zweiten Teil des Workshops werden Wege und Mittel zur Verbesserung der Arbeitsbedingungen für ältere Arbeitnehmer vorgeschlagen. Diese Empfehlungen beziehen sich auf die Arbeitsorganisation, die Kommunikation und Kooperation, die fachliche Kompetenz und den Erfahrungsaustausch, die Arbeitsplatzgestaltung und die Gesundheit älterer Arbeitnehmer.

Zum Schluss entwickeln die Manager gemeinsam mit Experten Strategien für ihre eigenen Teams.

In Feedback-Gesprächen mit den Teilnehmern wurde klar, dass der wichtigste Teil des Workshops derjenige war, welcher sich mit der Reflexion und dem Bewusstsein des eigenen Alterns befasste. Dadurch entwickelten die Manager ein persönliches Interesse an den Arbeitsbedingungen der älteren Arbeitnehmer. Die Entwicklung einer Handlungsliste für ihre tägliche Arbeit ist eine weitere wichtige Aktivität (Institut für Industriebetriebslehre und Industrielle Produktion, 2003).

Aus arbeitswissenschaftlicher Sicht ist der Zusammenhang zwischen Führungskompetenz und -verhalten und der Arbeitsfähigkeit der Belegschaft nur schwer nachzuweisen, da keine monokausalen Wirkungsbezüge partialisiert werden können. Dieses Dilemma gilt seit jeher auch für den Nachweis von Maßnahmen des Gesundheitsmanagements auf die Arbeitsfähigkeit (Langhoff 2002). Daher ist es sinnvoll, Ursache-Wirkungs-Geflechte und Ursache-Wirkungs-Ketten zu identifizieren und über ihre Wirkung einen betrieblichen Konsens zu erzeugen.

Die folgende Abb. 9-8 zeigt zunächst eine hohe Fehlzeitenverursachung durch Betriebsklima, Führungsverhalten, Arbeitsbedingungen und Wertschätzung.

9. Führung und Motivation

Fehlzeitenursachen	Privatwirtschaft	Öffentlicher Dienst
Schlechtes Betriebs- und Arbeitsklima	34%	46%
Negative psychische Arbeitsbelastungen	26%	18%
Unzureichendes Führungsverhalten der Vorgesetzten	26%	38%
Keine persönliche Wertschätzung der erbrachten Leistungen durch die Vorgesetzten	13%	26%
Mangelnde berufliche Perspektiven der Arbeitnehmer	6%	11%
Unflexibles oder ablehnendes Verhalten der Vorgesetzten gegenüber Mitarbeiterwünschen und -anregungen	6%	7%
Geistige Über- oder Unterforderung am Arbeitsplatz	5%	6%
Hohe physische Arbeitsbelastungen	7%	5%
Persönliches Versagen und Willkür des Arbeitgebers, Angst vor Arbeitsplatzverlust	5%	2%
Unzureichender Unfall- und Gesundheitsschutz	4%	3%

Impulse 9/2004

Abb. 9-8: Fehlzeitenursachen in Privatwirtschaft und Öffentlicher Dienst (Spilker u. Hollmann 2008)

Es zeigt sich sowohl in Privatwirtschaft wie auch im Öffentlichen Dienst, dass Betriebsklima und Führungsverhalten die Haupteinflussfaktoren auf den Krankenstand sind. Plausible Unterschiede liegen lediglich in der Bedeutung von psychischer Fehlbeanspruchung Privatwirtschaft) und Wertschätzung (Öffentlicher Dienst). Betriebsklima kann quasi als finale Wirkung des Führungsverhaltens angesehen werden. Führungskräfte sind die Macher der Unternehmenskultur, ob sie wollen oder nicht. Als Repräsentanten sanktionieren sie und leben vor, als Multiplikatoren geben sie Orientierung und haben damit eine zentrale Bedeutung bei der Vermittlung, Erhaltung, Weiterführung und Veränderung der Unternehmenskultur.

In den folgenden Untersuchungsergebnissen zeigt Netta (2007) den Zusammenhang zwischen Führung sowie Unternehmenskultur und Krankenquote.

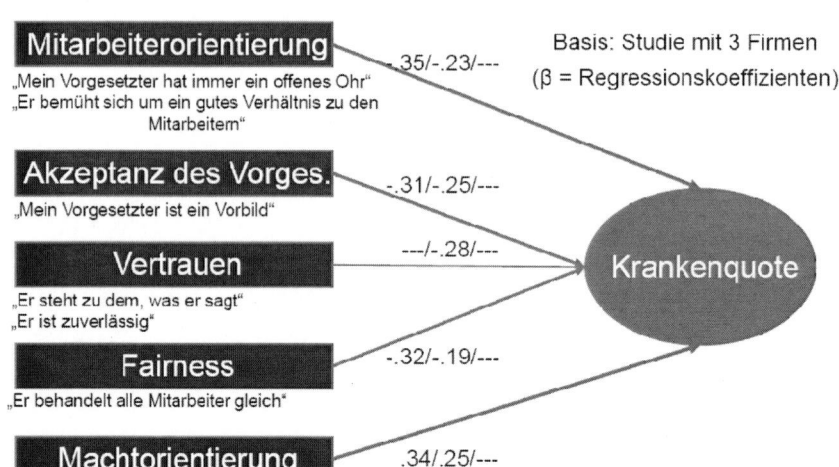

Abb. 9-9: Korrelation (Beta-Gewichte) zwischen Krankenquote und Führungsparametern (Netta 2007)

Die folgende Untersuchung zeigt den signifikanten Zusammenhang zwischen der Identifikation mit dem Unternehmen und den Arbeitsaufgaben auf der einen Seite und der partnerschaftlichen Unternehmenskultur auf der anderen Seite. Die Gruppe mit der höchsten Identifikation und einer partnerschaftlichen Kultur zeigte in dem betrachteten Zeitraum von 3 Jahren eine vergleichsweise niedrigere Krankenquote, die kontinuierlich sank, im Vergleich zu der Gruppe mit der niedrigeren Identifikation und der weniger partnerschaftlichen Unternehmenskultur, dessen Krankenquote höher war und kontinuierlich anstieg.

9. Führung und Motivation

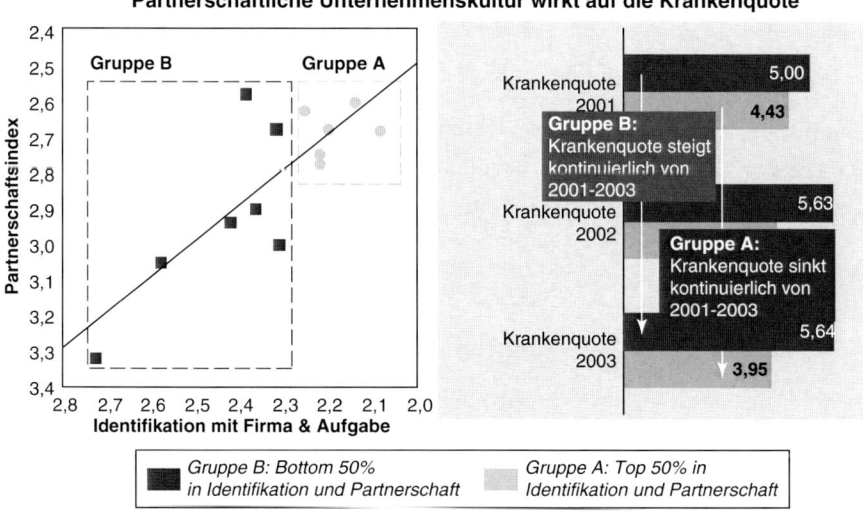

Abb. 9-10. Zusammenhang zwischen partnerschaftlicher Unternehmenskultur und Krankenquote (Netta 2007)

Ein Zusammenhang zwischen Identifikation/partnerschaftlicher Führung zeigt sich auch im Geschäftsergebnis. Hier die Ergebnisse aus 163 Bertelsmann Firmen:

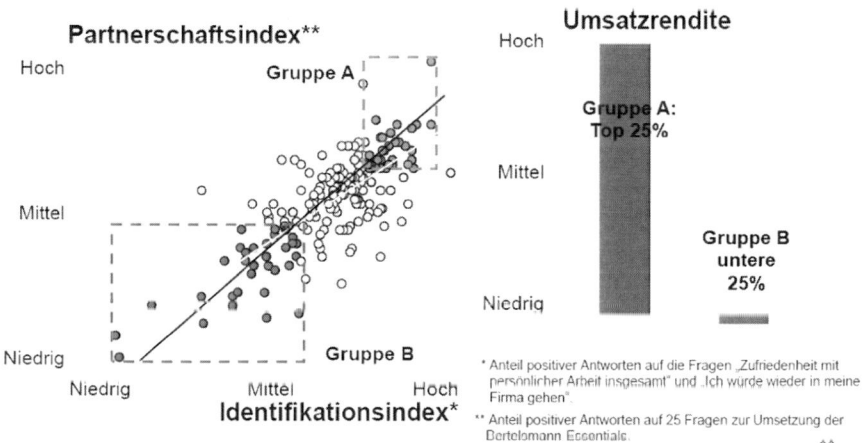

Abb. 9-11: Zusammenhang zwischen Identifikation/partnerschaftlicher Führung und Geschäftsergebnis (Netta 2007)

Fasst man obige Untersuchungsergebnisse zusammen, kann man die Krankenquote als Moderatorvariable zwischen Führung und Geschäftsergebnis bezeichnen, siehe auch Ursache-Wirkungszusammenhang in Abb. 6.2 im Kapitel Gesundheitsmanagement.

Aus Sicht der Beschäftigten haben Arbeitsbedingungen wie selbstbestimmtes Handeln, gute Arbeitszeiten und die Transparenz von Unternehmenszielen und Unternehmensstrategie einen hohen Einfluss auf die eigene Gesundheit und Arbeitsfähigkeit. Das Führungsverhalten hat wiederum einen hohen Einfluss auf die Gestaltung dieser Arbeitsbedingungen (s. folgende Abb.).

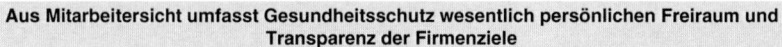

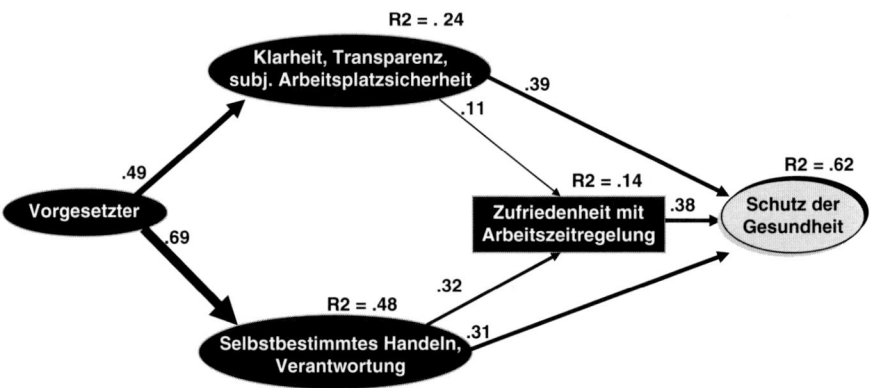

Abb. 9-12: Zusammenhang zwischen Führungsverhalten, Arbeitsbedingungen und Gesundheit (Netta 2007)

Die Untersuchungen von Netta zeigen mit arbeitswissenschaftlichen Methoden den Einfluss von Führung auf die Arbeitsfähigkeit und damit auf das Geschäftsergebnis auf. Im Einzelnen Unternehmen ist es jedoch schwierig, den Führungseinfluss empirisch darzustellen. Auch kann man Führungskulturen nicht von heute auf morgen ändern. Die Entwicklung einer partnerschaftlichen Führungskultur verlangt viele Promotoren.

Die Herausforderungen bei der Gestaltung des demografischen Wandels bieten aber auch die Chance, sich neu an die Entwicklung einer zeitgemäßen und zukunftsfähigen Führungskultur heranzuwagen, da sich viele bisher in dieser Form nicht da gewesene Fragen stellen. Führung sollte in betrieblichen Demografieprojekten zwingend als eigenständiges Gestaltungsfeld betrachtet werden.

Abschließend sollen noch einmal wichtige strategische Fragen zu einer demografiegerechten Führung formuliert werden:

Strategische Fragen zur demografiegerechten Führung

- Ist der Erhalt der Arbeits- und Beschäftigungsfähigkeit der Mitarbeiter als selbständiger Wert in den Unternehmensleitlinien genannt?
- Sind alle Führungskräfte hinsichtlich der Auswirkungen des demografischen Wandels auf Wirtschaft, Gesellschaft und Unternehmen instruiert?
- Liegen Erfahrungen mit mehrheitlich älteren Belegschaften vor, z. B. in größeren Abteilungen, Werken, Standorten und was wird daraus gelernt?
- Ist die Bewusstseinslage der Mitarbeiter hinsichtlich Verlängerung der Lebensarbeitszeit und persönlichem Renteneintritt bekannt?
- Haben die Führungskräfte verstanden, dass die Organisationsleistung zukünftig mehrheitlich von Älteren erbracht werden wird?
- Sind die vorhandenen Personalinstrumente für Personaleinsatz und Personalentwicklung ausreichend und für den demografischen Wandel demografietauglich angepasst?
- Besitzen die Führungskräfte die Fähigkeit, die Leistungsfähigkeit und das Erfahrungswissen (insbesondere Älterer) individuell zu beurteilen und sich um einen optimalen Arbeitseinsatz zu kümmern?
- Haben die Führungskräfte die Bedeutung der Bindung qualifizierter Kräfte verstanden und was tun sie dafür (Work-Life-Balance, Incentives)?
- Führen die Führungskräfte (direkte Vorgesetzte) mit allen Mitarbeitern in regelmäßigen Abständen Zukunfts- bzw. Feedbackgespräche?
- Wird das Führungsverhalten von den Mitarbeitern bewertet im Rahmen kontinuierlich durchgeführter Belegschaftsbefragungen?
- Gibt es ein Konzept zur Entwicklung einer partnerschaftlichen Unternehmenskultur oder zur ständigen Verbesserung der Unternehmenskultur?
- Pflegen die Führungskräfte ein Kennzahlensystem (mit altersbezogenen Schlüsselvariablen) zum Management des demografischen Wandels?

10. Demografiefeste Personalstrategien (Rekrutierung, Bindung, Übergang in die Rente)

Neben der Alterung unserer Gesellschaft ist auch die Schrumpfung unserer Gesellschaft eine zentrale Entwicklung des demografischen Wandels. In Europa wird die Erwerbsbevölkerung, also die 15- bis 65-Jährigen, zwischen 2005 und 2030 um knapp 7% sinken (20,8 Millionen).

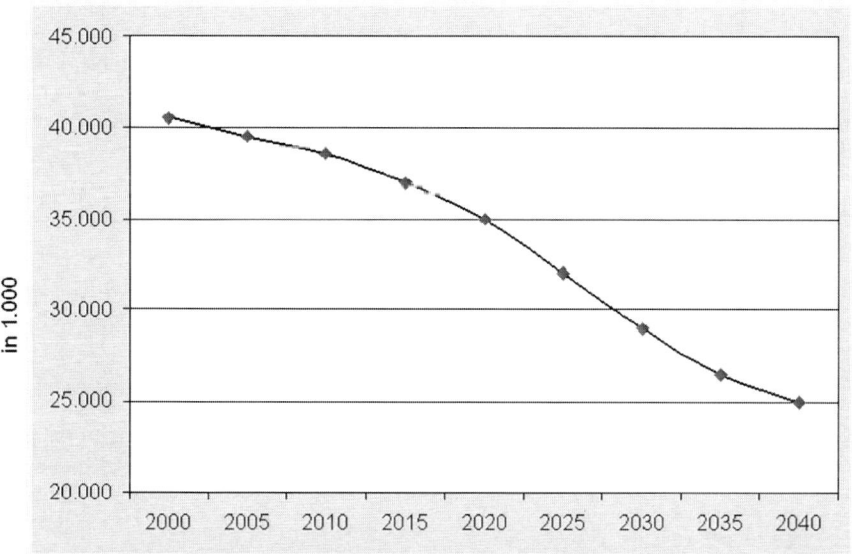

Abb. 10-1: Entwicklung des Erwerbspersonenpotenzials bis 2040 Bundesrepublik Deutschland in Mio.; zitiert nach Bertelsmann Stiftung 2003

Die Entwicklung des Erwerbspersonenpotenzials in Deutschland bis 2040 zeigt, dass es für Unternehmen in Zukunft schwer werden wird neue Mitarbeiter zu rekrutieren. Denn schon innerhalb der nächsten 10 Jahre wird die Zahl der Erwerbspersonen um ca. 10% sinken. Für 2040 wird sogar ein Rückgang von heute 41 Mio. auf dann nur noch 25 Mio. Erwerbspersonen prognostiziert, also insgesamt ein Rückgang von ca. 40%. In Deutschland kommt zum bereits vielfach geäußerten Fachkräftemangel im Rahmen des Schrumpfungstrends noch die zunehmende Bildungsarmut hinzu (Institut der deutschen Wirtschaft, 2006).

Neben der Schrumpfung des Erwerbspersonenpotenzials verschiebt sich auch die Alterszusammensetzung, wobei es einen enormen Anstieg der über 60-jährigen Erwerbspersonen geben wird, die unterschiedlich verursacht wird: zum einen durch die gesetzliche Anhebung des Renteneintrittsalters bei gleichzeitiger

Abschaffung von Vorruhestandslösungen und zum anderen die sich entwickelnde Altersarmut, die dazu führen wird, dass Menschen neben ihrer Rente weiter arbeiten müssen (s. Abb. 10-2).

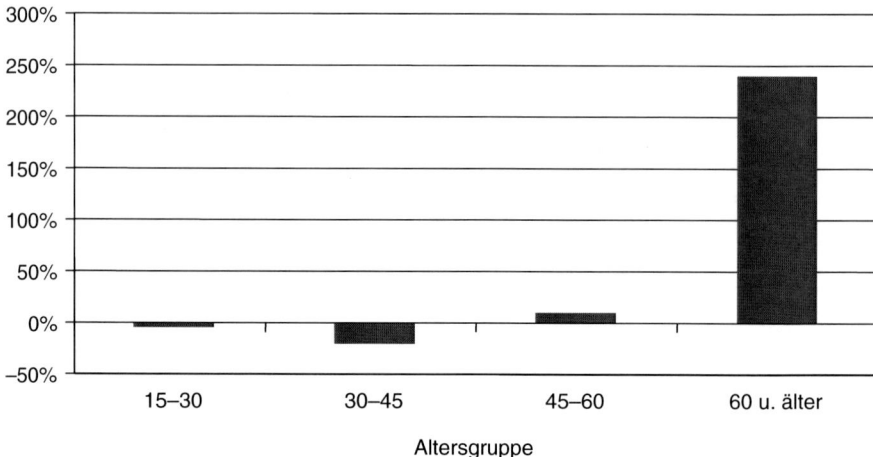

Abb. 10-2: Veränderung der Anteile der Altersgruppen am Erwerbspersonenpotenzial bis 2050; zitiert nach Bertelsmann Stiftung 2003

Es sei an dieser Stelle erwähnt, dass es sowohl in der Arbeitswissenschaft wie auch in der Gerontologie keine klar definierte Untersuchungspraxis der Population der über 60-jährigen Erwerbstätigen gibt. Wenn es sich um die Gruppe der älteren Erwerbstätigen handelt, sind die untersuchten Stichproben fast immer 50+ oder 55+. Im Rahmen dieser Samples sind die 60+ fast immer in der Minderheit.

Da Abbauprozesse mit dem Alter unbestreitbar sind und im Erwerbsleben die Vorruhestandspraxis bisher dazu geführt hat, dass viele der erwerbseingeschränkten Beschäftigten der 60+ die Unternehmen verlassen haben, liegen uns kaum differenzierte Erkenntnisse über die Leistungsfähigkeit von 60+ Erwerbstätigen in Bezug auf verschiedene Tätigkeitsgruppen vor. Hier besteht dringender Forschungsbedarf.

Untersuchungen von Baltes (1998) und Lehr (2007) weisen zwar darauf hin, dass Abbauprozesse eher dem höheren Alter (70+) zuzuordnen sind, aber differenzierte Untersuchungen bei unterschiedlich belastenden Tätigkeiten und Qualifikationsniveaus liegen nicht vor.

Betriebliche Altersstrukturdaten zu Fehlzeiten zeigen fast immer geringere Fehlzeiten der 60+ im Vergleich zu 50- bis 59-Jährigen. Das liegt natürlich daran, dass Leistungseingeschränkte 60+ längst das Unternehmen verlassen haben und nur noch arbeitsfähige Beschäftigte übrig geblieben sind.

Die folgende Abb. zeigt die Abnahme der Absolventen und Abgänger allgemeinbildender Schulen in Deutschland bis 2020. Innerhalb von 15 Jahren ist eine Abnahme von knapp 20% zu erwarten.

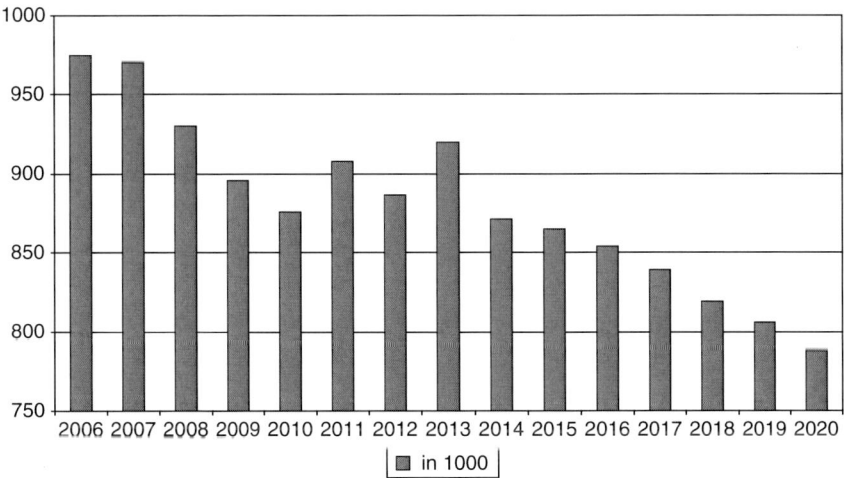

Abb. 10-3: Absolventen und Abgänger 2006 bis 2020 in Deutschland allgemeinbildender Schulen insgesamt (Kultusministerkonferenz 2005)

Aus der Abnahme der Absolventen und Abgänger allgemeinbildender Schulen ergeben sich zwangsläufig geringere Ausbildungsplatznachfragen, wie die folgende Abb. zeigt.

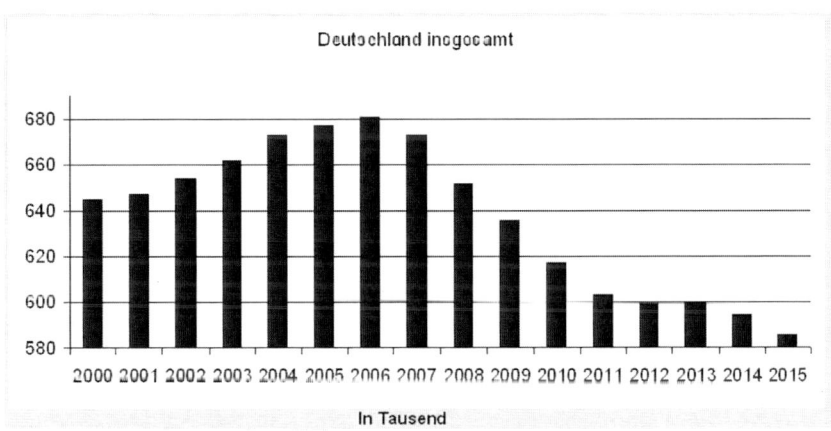

Abb. 10-4: Prognose Ausbildungsplatznachfrage in Deutschland 2000–2015 (Quelle DIDB 2001; zitiert nach www.einzelhandel.de/servlet/PB/menu/1002512/index.html; zugegriffen am 01.02.2007

Die Abb. verdeutlicht, dass neue Rekrutierungspotenziale erschlossen werden müssen. Durch den Rückgang der Ausbildungsplatznachfrage um etwa 100.000

von 2006 bis 2015 (das entspricht ungefähr 15% Abnahme) wird es zu Problemen bei der Besetzung von Ausbildungsplätzen mit geeigneten Bewerbern kommen.

Fachkräftemangel

Derzeit befindet sich Deutschland und die meisten anderen Industrieländer Europas demografisch gesehen noch einige Jahre in einer „Blütezeit", in der die Babyboomer noch (!) allesamt im Erwerbsleben stehen und die zu finanzierende Rentnergeneration durch den 2. Weltkrieg ausgedünnt wurde. Ca. ab dem Jahr 2012 wird sich diese Situation mit extremer Beschleunigung ändern und die Babyboomer werden jährlich in großer Zahl aus den Unternehmen austreten. Diese Phase wird zwischen 2015 und 2025 ihren Höhepunkt erreichen und erst 2030 wieder abnehmen. Abgesehen davon, dass die bisherige Finanzierung unseres Rentensystems etwa ab dem Jahr 2015 in große Schwierigkeiten gerät, wird es zu erheblichem Ersatzbedarf von vornehmlich Fach- und Führungskräften kommen bei gleichzeitig geschrumpften Arbeitsmärkten.

Schreibt man die heutigen Trends fort, dann werden laut Deutschen Institut für Wirtschaftsforschung im Jahr 2015 in Deutschland mindestens 7 Millionen Fach- und Führungskräfte fehlen.

Gegenwärtig ist es noch so, dass sich der Fachkräftemangel auf junge Nachwuchskräfte beschränkt und diese die höchster Mobilität aufweisen. Das zeigt sich dadurch, dass der Fachkräftemangel nur regional realisiert wird.

Neben dem demografischen Wandel wird sich der Fachkräftemangel durch weitere Megatrends wie den Wandel zur Wissensgesellschaft und die fortschreitende Globalisierung flächendeckend und branchenübergreifend auswirken. Der Verband Deutscher Ingenieure (VDI) beziffert den Ingenieursmangel 2007 auf 22.000 vakante Stellen. Das entspricht einem geschätztem Umsatzverlust von 3,7 Mrd. Euro. Die Trendbewertung geht von einer ernsten Gefahr des Forschungs- und Technologiestandorts Deutschland aus. Die Abschwächung des Wachstums in den nächsten Jahren kann eindeutig dem Mangel an qualifiziertem Personal zugeschrieben werden (West LB 2007).

Oftmals wird die Frage gestellt, ob der zunehmende Ersatzbedarf von Nachwuchskräften nicht durch die hohe Zahl der Arbeitslosen in Deutschland aufgefangen werden kann. Hierzu ist es notwendig, näher auf den Mismatch zwischen Arbeitskräftemangel und Arbeitslosigkeit einzugehen. Der Mismatch ergibt sich strukturell durch drei Parameter, die wiederum durch zwei Katalysatoren verschärft werden:

- Regionale Diskrepanz: Oftmals wohnen und leben Arbeitslose dort, wo keine Stellen angeboten werden und besitzen nicht die Mobilität, die Region zu wechseln.

- Qualifikatorische Diskrepanz: Es wird von Bewerbern eine bestimmte Qualifikation abgefordert, die diese nicht besitzen.

- Berufliche Diskrepanz: Es werden von Unternehmen spezifische Berufsbilder gesucht, die der Arbeitsmarkt nicht hergibt.

- Katalysator Langzeitarbeitslosigkeit: Je länger eine Person arbeitslos ist, desto schwieriger ist die Person zu vermitteln. Die Dauer der Arbeitslosigkeit wird zum negativen Selektionskriterium.

- Katalysator Kommunikations- und Informationsdefizit: Die Kenntnis von offenen Stellen und die Suche nach geeigneten Bewerbern stellt sich häufig als schwierig dar. Hier stellen sich erhebliche Ineffizienzen bei der Arbeitsvermittlung und auch bei den Rekrutierungsaktivitäten der Unternehmen dar.

Die Ursache mit größter Wirkung auf den Mismatch stellt das qualifikatorische Defizit dar (s. die beiden folgenden Abb.).

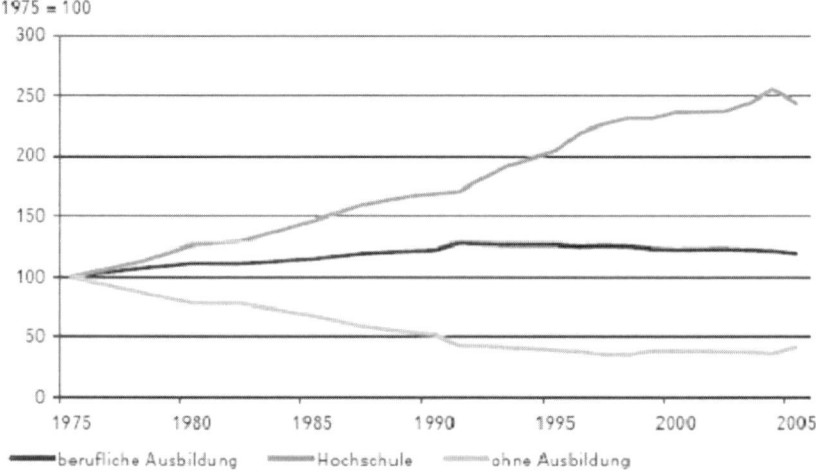

Abb. 10-5: Erwerbstätige nach Qualifikation (Anteil, 1975 = 100); zitiert nach WestLB 2007

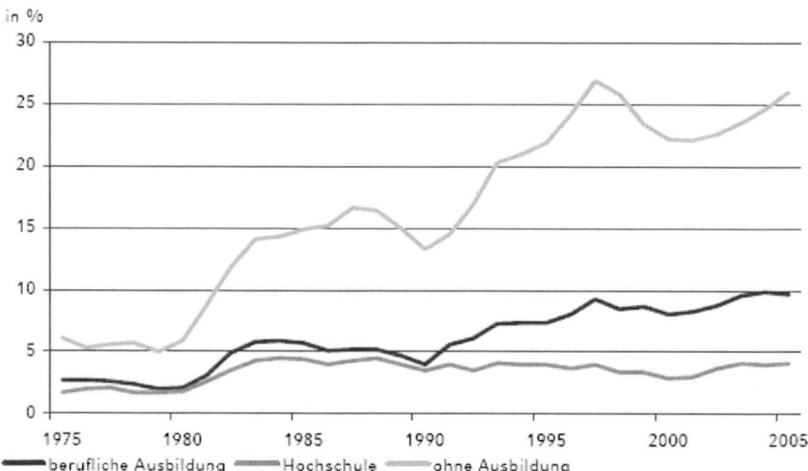

Abb. 10-6: Qualifikationsspezifische Arbeitslosenquote (in %); zitiert nach WestLB 2007

Betrachtet man die Entwicklungen seit 1975, so zeigt sich, dass die Arbeitslosigkeit insbesondere bei Personen ohne Berufsausbildung stark angestiegen ist, während die gleiche Gruppe die einzige ist, deren Anteil an der Erwerbstätigkeit gesunken ist.

Damit wird der Bedarf an höheren Qualifikationen (Akademiker, Facharbeiter) deutlich, aber eben auch die Tatsache, dass Ungelernte immer weniger gefragt sind. Diese Entwicklungen sind von der Politik, den Unternehmen und den Sozialpartnern in den letzten 30 Jahren zu wenig berücksichtigt worden, so dass wir uns heute über fehlende Kindertagesstätten, ein marodes Schul- und Hochschulsystem und fehlende Lernbereitschaft der Arbeitnehmer beklagen und uns gleichzeitig wundern, warum Deutschland im europäischen Vergleich so schlecht dasteht (vgl. Pisa-Studie).

Besonders in der zweiten Hälfte der 90er Jahre war die Wirtschaft geprägt von effizienzbasierten Management- und Restrukturierungskonzepten wie Lean Management und Business Re-engineering, welche zu massivem Personalabbau geführt haben. Dies äußerte sich auch in einer inflationären Nutzung von Vorruhestandsregelungen und in einer kontinuierlichen Abnahme der Ausbildung, die vielfach nur noch als Kostenfaktor betrachtet wurde. Im Zuge dessen wurden auch die Weiterbildungsaktivitäten deutscher Unternehmen reduziert (Reduzierung der Kosten für Weiterbildung pro Mitarbeiter zwischen 1999 und 2005 um 8%: Third Continuing Vocational Training Survey – CVTS3, 2005).

Bildungsarmut

Der Anteil der gering qualifizierten Jugendlichen hat sich seit Anfang der 90er Jahre von 10% auf inzwischen 15% erhöht. Hört man die Klagen von Personal- und Ausbildungsleiter/innen, dann sind etwa ¼ aller Schulabgänger von Haupt- und Realschule nicht ausbildungsreif. In der deutschen Ausbildungspraxis ist gegenwärtig eine Abbrecherquote von 23% (240.000) festzustellen. Im Zehnjahresvergleich entspricht dies einem Anstieg der Berufsabbrecher um 75% (vgl. Pfister 2008).

Die folgende Abb. zeigt die prognostizierten Schülerabgangszahlen bis zum Jahr 2027 für Nordrhein-Westfalen. Es wird deutlich, welche enormen Einbrüche besonders im akademischen Bereich zu erwarten sind.

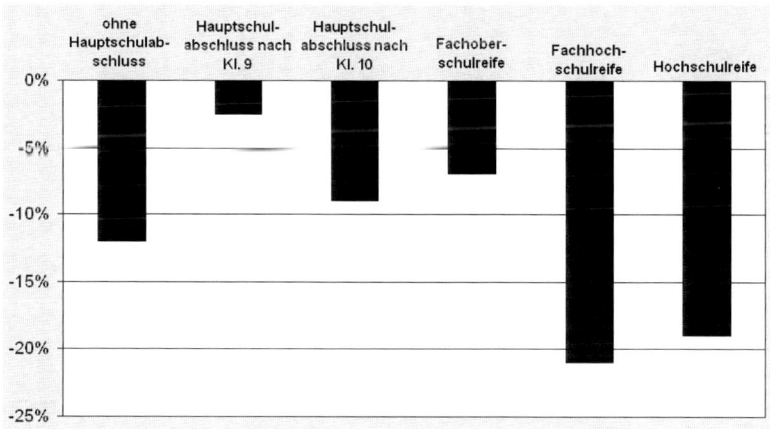

Abb. 10-7: Veränderung der Schülerabgangszahlen in NRW bis 2027, zitiert nach Bertelsmann Stiftung 2003

Aus den vorangegangenen Fakten ergibt sich, dass die Unternehmen ihre Rekrutierungspraxis dringend auf bisher nicht im Fokus stehendes Rekrutierungspotenzial erweitern sollten. Damit sind besonders Frauen, Ältere und Migranten gemeint. Die Abbildung auf der folgenden Seite zeigt die Frauenerwerbsquote im internationalen Vergleich, bei der Deutschland mit ca. 64% im unteren Mittelfeld rangiert.

Berücksichtigt man den steigenden (Ersatz-)Bedarf an Akademikern und Ingenieuren, dann ist ein höherer Anteil von Frauen vor allem eine Option zur Besetzung von Fach- und Führungspositionen, um im Kampf um die Talente alle sich bietenden Möglichkeiten zu nutzen.

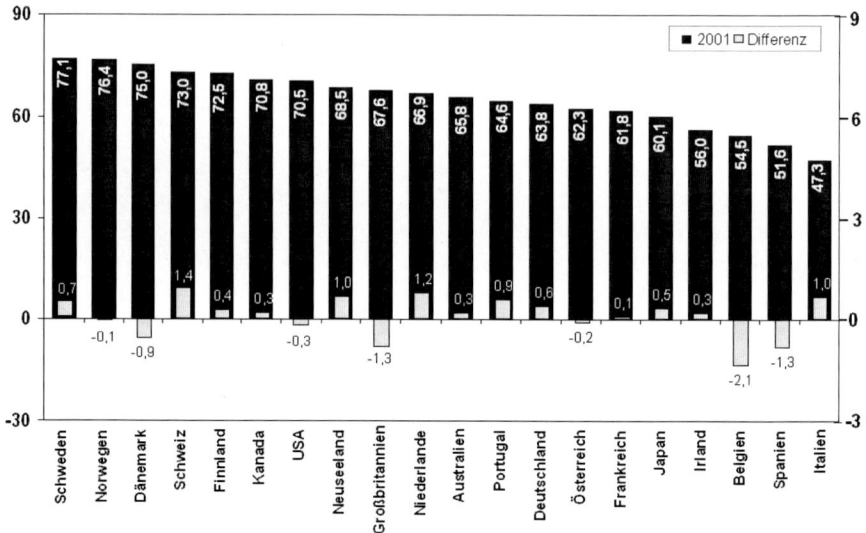

Abb. 10-8: Frauenerwerbsquoten 2001 im internationalen Vergleich, zitiert nach Bertelsmann Stiftung 2003

Die folgende Abb. zeigt, wie groß das ungenutzte Potenzial von Frauen in der gesamten Wirtschaft je nach Führungsebene und Betriebsgröße ist: je größer das Unternehmen und je höher die Führungsebene, desto geringer der Frauenanteil.

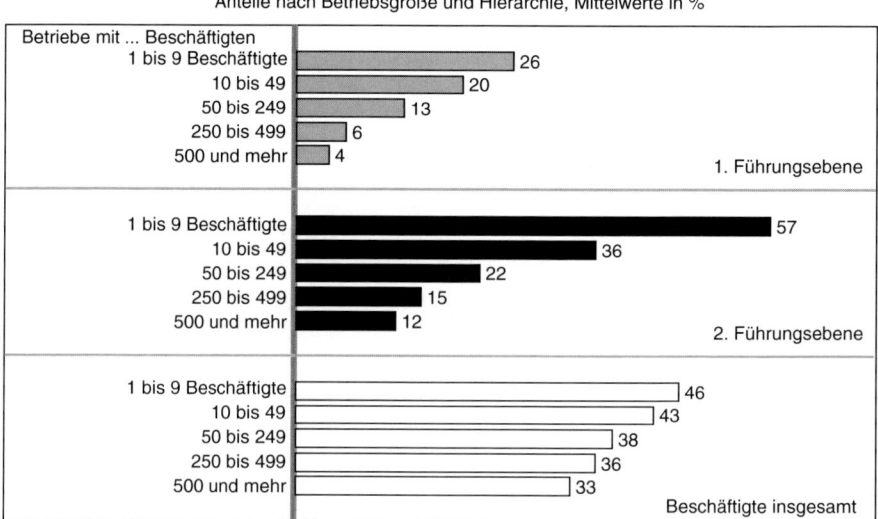

Abb. 10-9: Frauen in deutschen Betrieben der Privatwirtschaft (Brader u. Lewerenz 2006)

Die folgende Abb. zeigt den Anteil von Frauen in Führungspositionen in deutschen Betrieben verglichen mit den Kovariablen Arbeitszeit und mit/ohne Kindern.

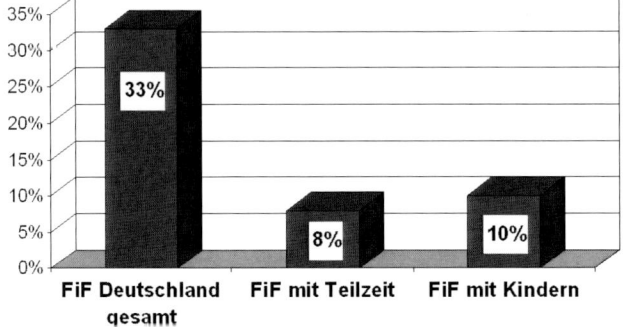

Abb. 10-10: Frauen in Führungspositionen (FiF) (nach Brader u. Lewerenz 2006)

Um aufkommenden Schwierigkeiten bei der Rekrutierung von Frauen in Führungspositionen (FiF) zu begegnen, sollten die Rahmenbedingungen für Frauen verbessert werden. Möglichkeiten zur Vereinbarung von Familie und Beruf sollten ausgebaut werden. Abb. 10-10 zeigt, dass offensichtlich Teilzeit und die Möglichkeit, einem Kinderwunsch nachzukommen einen Einfluss auf die FiF-Quote haben. Die Möglichkeit, eine Führungsposition in Teilzeit auszuüben, ermöglicht – insbesondere Frauen – Arbeitsleben und Privatleben besser in Einklang zu bringen und so auch Familienaufgaben wahrnehmen zu können.

Neben der niedrigen Frauenerwerbsquote ist auch die Erwerbsquote älterer Menschen (55 bis 64 Jahre) in Deutschland vergleichsweise niedrig. Im internationalen Vergleich der OECD Länder ist sie im unteren Drittel angesiedelt (siehe folgende Abb.). Durch die Abschaffung der Vorruhestandsregelungen hat sich Deutschland in den letzten Jahren dem Mittelfeld angenähert; 45,5% im Jahr 2005). Im europäischen Vergleich zeigen die skandinavischen Länder, Großbritannien, Irland und die Schweiz deutlich höhere Erwerbsquoten Älterer als Deutschland.

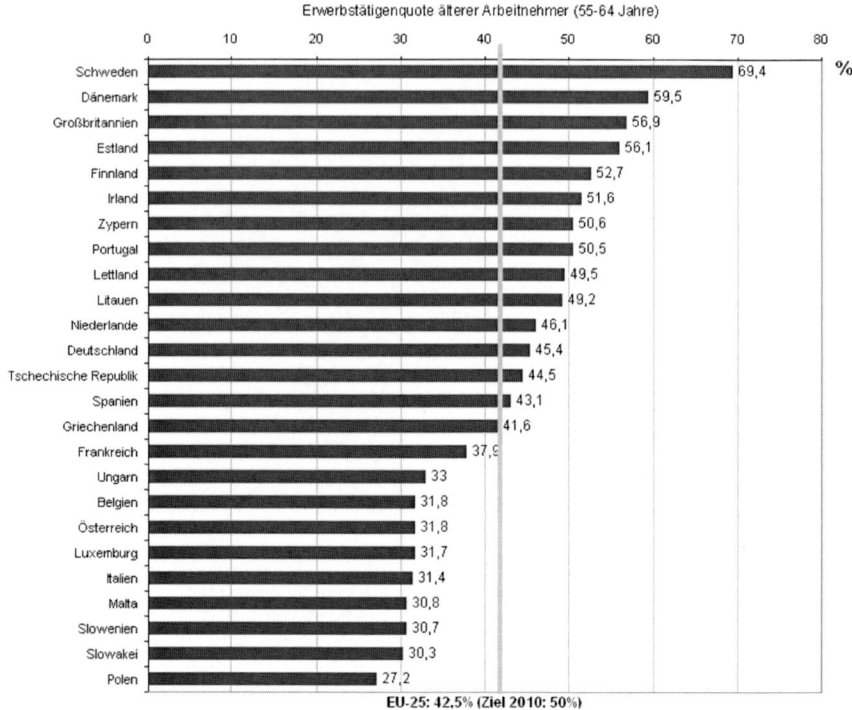

Abb. 10-11: Erwerbsquoten älterer Arbeitnehmer im internationalen Vergleich (Bundesamt für Statistik 2006)

Daraus ergeben sich hohe Anforderungen an die Demografiefestigkeit aktueller und zukünftiger Personalstrategien:

- Erschließung neuer Personengruppen für die Rekrutierung: Frauen, Ältere, Migranten, qualifizierte Kräfte aus dem Ausland

- Forcierung und Verbesserung der Aus- und Weiterbildung: keine kurzfristige Betrachtung von Kosten der Ausbildung, Nachqualifizierung Ungelernter zu Facharbeitern (siehe Kapitel 7 „Aus- und Weiterbildung")

- Sicherung des Know-hows der Baby-Boomer-Kohorte vor der großen Austrittswelle ab 2010

- Schaffung attraktiver Arbeitsbedingungen (Vereinbarkeit von Beruf und Familie) und Entwicklungsperspektiven zur Bindung wertvoller Arbeitskräfte des Unternehmens

- Abschied von der Frühverrentung und Schaffung neuer Übergangsformen in die Rente

- Kostenoptimierung durch Übernahme von Ausbildung, Weiterbildung, Personalentwicklung und Coaching für andere Unternehmen zur Erwirtschaftung von Umsatz und Reduzierung von Kosten unternehmenseigener Personaldienstleistungen

Betriebliche Workshopreihe „Demografiefeste Personalstrategien"

Während es bei den anderen Gestaltungsfeldern wie Gesundheitsmanagement, Arbeitsgestaltung etc. um konkrete betrieblich umzusetzende Maßnahmen geht, handelt es sich bei der Erarbeitung einer demografiefesten Personalstrategie um einen Entwicklungskorridor in die Zukunft. Dabei ist es sinnvoll, ein Szenario bspw. des Jahres 2015 zu entwerfen.

Es werden Annahmen getroffen über die Bedingungen im Jahr 2015 und wie das Unternehmen dann optimal aufgestellt ist. Anschließend wird schrittweise zurückgegangen zur Gegenwart und überlegt, welche Strategien der Rekrutierung (Ersatzbedarfssicherung), der Bindung und der Freisetzung das Unternehmen hätte festlegen müssen, um den Optimalzustand in 2015 zu erreichen. Man spricht von einer retropolativen Vorgehensweise. Dabei werden die betriebsspezifischen astra®-Daten für jeden einzelnen Organisationsbereich (bzw. business unit) vertiefend behandelt.

Zu Beginn wird eine Workshopreihe zu unternehmensstrategischen Fragestellungen (Hypothesen) vor dem Hintergrund des demografischen Wandels durchgeführt. Es wird ein Zukunftsbild der wichtigsten Megatrends und seine Auswirkungen auf das Unternehmen und die Branche geworfen (s. folgende Abb.).

Zukunftsbild „Unternehmen-Markt-Umfeld"	
Trend- Standort-, Branchen-, Markt- und Kundenanalyse	
Absatzmarkt	Produktinnovation
Kapitalmarkt	Kundenverhalten
Beschaffungsmarkt	technologische Entwicklungen
Arbeitsmarkt	gesetzliche Änderungen
Unternehmensstandort	....

Abb. 10-12: Zukunftsbild „Unternehmen-Markt-Umfeld"

Für die Trendanalysen werden soweit möglich solide Daten herangezogen. Dabei sind vor allem Studien der Verbände heranzuziehen. Für die Demografieanalyse des Unternehmensstandorts hat sich der Wegweiser Kommune der Bertelsmannstiftung bewährt (www.wegweiser-kommune.de). Für jede Kommune mit mehr als 5.000 Einwohnern stehen Bevölkerungsprognosedaten bis zum Jahr 2020 sowie mehr als 90 sozioökonomische Indikatoren zur Verfügung. Es werden insbesondere die Dimensionen des Demografischen Wandels, der Finanzsituation, der sozialen Lage und der Integration angesprochen. In der folgenden Abbildung sind Kennzahlen zur Bestimmung und Erläuterung des demografischen Wandels für die Stadt Bochum angegeben. Bochum zählt nach der Prognose zu dem Typus G2 der schrumpfenden Großstädte im postindustriellen Strukturwandel.

Kennzahlen zur Bestimmung und Erläuterung des Demographietyps G2 für Kommune Bochum	
Indikatoren der statistischen Bestimmung des Demographietyps	
Bevölkerungsentwicklung bis 2020 (in %)	-6.1
Median-Alter 2020 (in Jahre)	47.2
Bedeutung als Arbeitsort (Arbeitsplatzzentralität)	1.1
Arbeitsplatzentwicklung der vergangenen 5 Jahre (in %)	-3.0
Arbeitslosenquote (in %)	16.0
Kommunale Steuereinnahmen pro Einwohner (in Euro)	779.8
Anteil Hochqualifizierte am Wohnort (in %)	10.6
Anteil Haushalte mit Kindern (in %)	25.3
Indikatoren zur Erläuterung des Demographietyps	
Bevölkerungsentwicklung der vergangenen 7 Jahre (in %)	-2.8
Fertilitätsindex (Geburten pro Frau im Vergleich zum Bundesdurchschnitt) (in %)	-11.8
Familienwanderung (Wanderungssaldo unter 18-Jährige und 30- bis 49-Jährige) (in Einwohner)	-4.9
Bildungswanderung (Wanderungssaldo der 18- bis 24-Jährigen) (in Einwohner)	40.4
Median-Alter (in Jahre)	41.6
Anteil unter 18-Jährige (in %)	15.8
Anteil unter 18-Jährige 2020 (in %)	13.8
Anteil 60- bis 79-Jährige (in %)	21.6
Anteil 60- bis 79-Jährige 2020 (in %)	23.2
Anteil ab 80-Jährige (in %)	4.5
Anteil ab 80-Jährige 2020 (in %)	8.0

Quelle: Statistische Landesämter, Bundesagentur für Arbeit, GfK AG, Institut für Entwicklungsplanung und Strukturforschung GmbH.

Abb. 10-13: Kennzahlen zur Bestimmung und Erläuterung des Demographietyps G2 für Kommune Bochum (Bertelsmannstiftung 2008; www.wegweiser-kommune.de)

Es ist wichtig, sich zunächst ein Zukunftsbild von Entwicklungen des Unternehmen-Markt-Umfeldes zu machen, bevor man den Blick nach innen, also in das Unternehmen richtet und auf das dafür notwendige Personal schaut. In den hierfür anzusetzenden Workshops sollten möglichst im Konsens Annahmen über die Entwicklungen getroffen werden. Bei manchen sehr kontrovers gesehenen Entwicklungen sollten verschiedene Annahmen und damit auch verschiedenen Zukunftsszenarien berücksichtigt werden.

Sind die Annahmen über das Unternehmen-Markt-Umfeld getroffen und das Zukunftsbild beschrieben, wird in einer weiteren Workshopreihe behandelt, wie das Unternehmen zentrale personalstrategische Fragestellungen ableitet und diskutiert (s. folgende Abb.).

Zentrale personalstrategische Handlungsfelder	
• Rekrutierungspotenzial	• Beschäftigungsformen der Zukunft
• Aktive Bewerbungsstrategien	• Zukünftige Qualifikations- bzw. Berufsgruppenverteilung
• Konzepte zur Mitarbeiterbindung	
• Ggf. kundenangepasste Personalstruktur	• Berufslaufbahnkonzepte und Karrierewege
	• Neue Übergangsformen in die Rente
• Aufgabenanforderungen der Zukunft	• ......

Abb. 10-14: Zentrale personalstrategische Handlungsfelder vor dem Hintergrund des demografischen Wandels

Die Entwicklung demografiefester Personalstrategien bewegt sich immer im Spannungsfeld zwischen zunehmender Überalterung und Ersatzbedarfsermittlung (s. Kapitel 3 „Altersstrukturanalyse"). Die folgende Abb. 10-15 zeigt anhand eines Betriebsbeispiels das Spannungsfeld.

Unternehmensbeispiel: Belegschaft gesamt (2005)			
	Rekrutierungsbedarf pro Jahr, Annahme: Konstanz der Belegschaftsgröße		
	bei Verrentung ab 65 Jahre	bei Verrentung ab 60 Jahre	Anteil über 50-Jähriger bei durchschnittlichem Renteneintrittsalter 62,5 J. *)
2005 – 2009	10 Mitarbeiter	60 Mitarbeiter	39 % > 50 Jahre
2010 – 2014	50 Mitarbeiter	70 Mitarbeiter	46 % > 50 Jahre
2015 – 2019	80 Mitarbeiter	Nicht mehr möglich	weiter steigend (über 50 %)
2020 – 2024	90 Mitarbeiter	Nicht mehr möglich	weiter steigend (über 50 %)
2025 – 2029	70 Mitarbeiter	Nicht mehr möglich	wieder sinkend

*) (derzeit Ø AU Quote > 50-Jähriger von 15 %)

Abb. 10-15: Überblick zu Alterung und Rekrutierungsbedarf anhand eines Unternehmensbeispiels

Nachdem unter den betrieblichen Akteuren die Herausforderungen für das Unternehmen konsensorientiert formuliert worden sind (Erschließung neuer Personengruppen zur Rekrutierung, Beurteilung der Aus- und Weiterbildungskapazitäten usw.), wird jeder einzelne Bereich unter Berücksichtigung der relevanten Schlüsselvariablen untersucht. Die folgende Abb. zeigt dies an dem Beispiel einer Instandhaltungsabteilung.

Organisationsbereich: Wartung, Instandhaltung		⬇
Mitarbeiteranzahl: 150	Teilzeitanteil: 4%	AU-Quote: 12%
Ersatzbedarf in 5 Jahren: 7,5% (5 MA)		Ersatzbedarf in 5-10 Jahren: 27% (18 MA)
Anteil über 50-Jähriger heute: 32% (48 MA)	Anteil über 50-Jähriger in 5 Jahren: 50% (75 MA)	Anteil über 50-Jähriger in 5-10 Jahren: 60% (90 MA)

- In diesem Bereich sind überwiegend Facharbeiter beschäftigt, die sich mit der Instandhaltung und Wartung älterer Technik beschäftigen. Daher ist die Weitergabe des Wissens älterer Beschäftigter an den Nachwuchs als eine zentrale Herausforderung anzusehen.
- Es handelt sich um ein recht heterogenes Aufgabenspektrum, woraus sich verschiedenste Qualifikationserfordernisse ergeben.
- Ebenfalls von Nöten ist eine prospektive Aus- und regelmäßige Weiterbildung junger Fachkräfte. Wie dies investiv und arbeitsorganisatorisch realisiert werden kann, ist unklar.
- Auch zeigen sich heute schon trotz geringen Bedarfs von Nachwuchsfacharbeitern (5 MA in den nächsten 5 Jahren) Schwierigkeiten bei der Rekrutierung. Mit ausschreiben und abwarten ist es nicht mehr getan.
- Es ist beabsichtigt, das bestehende Personal zu halten (ggf. mit punktueller Schrumpfung)

Abb. 10-16: Vertiefende Betrachtung eines Organisationsbereichs

Ein anderes Beispiel zeigt, wie für ein Verkehrsunternehmen das Anforderungsprofil eines Fahrers im Jahr 2015 erarbeitet wurde. Bei der Fahrtätigkeit handelt es sich um eine vergleichsweise einfache Tätigkeit (s. folgende Abb.).

Anforderungen an die Beschäftigten des Bereichs „Fahrdienst"
Flexibilität (bzgl. Arbeitszeit und Arbeitsort)
Das Vorhandensein einer sehr guten Gesundheitsprognose (z. B. im Hinblick auf das Sehvermögen, die Reaktionsfähigkeit, des Muskel-Skelett-Aufbaus etc.)
Sozialkompetenz
Kommunikationsfähigkeit (Beherrschung der deutschen Sprache)
Dem Kunden zugewandt
Gepflegtes Erscheinungsbild
100%ige Zuverlässigkeit und Verantwortungsbewusstsein
Hohe Stressresistenz
Wirtschaftlicher Umgang mit Arbeitsmitteln (z. B. in Bezug auf die Fahrweise)
Aktive Loyalität zum Unternehmen
ca. ½ Jahr Fahrdienstausbildung
Grundlagenkompetenz Englisch

Abb. 10-17: Anforderungsprofil Fahrdienstmitarbeiter 2015

Insgesamt zeigen Erfahrungen der eben beschriebenen Workshopreihe, dass der sich durch den demografischen Wandel ergebende Personalersatz zwischen 2010 und 2020 völlig unterschätzt wird. Wenn erst mal die Babyboomer, d. h. die altersstärksten Kohorten aus den Unternehmen schrittweise austreten, dann kommen Rekrutierungsanforderungen auf die Unternehmen zu, die sie nicht mehr bewältigen können:

- Es kommt zu einem aggressiven Wettbewerb um junge, gesunde qualifizierte Kräfte (War for Talents)

- Ausbildungs- und Unterweisungskapazitäten werden u. U. gesprengt

- Nicht nur benötigte Fachkräfte sind nicht zu bekommen, auch Personal für „einfachere" Tätigkeiten bspw. im Bereich der Dienstleistungen werden schwierig zu rekrutieren

- Stammarbeitskräfte werden mit lukrativen externen Angeboten abgeworben.

Betriebsbeispiel Phoenix Contact GmbH & Co (Olesch 2007)
Frauen in technische Berufe:
Einrichtung von Frauenpower-Tagen, an denen Mädchen und deren Eltern von berufserfahrenen jungen Ingenieurinnen und Facharbeiterinnen Interesse an Technik vermittelt wird. Besuch von Veranstaltungen an Hochschulen und Schulen zum gleichen Thema.
Generation Gold
Entwicklung über 50-jähriger Arbeitsloser in neue Berufe (z.B. Mechatroniker) mit IHK Facharbeiterbrief
Integration von Migranten
Programm zur Einbindung von Hauptschülern in das Unternehmen 1 Jahr vor dem Hauptschulabschluss zur Ausbildungsbefähigung
Duale Ausbildung und Studium
Angebot zur Ausbildung mit parallelem Studium (Facharbeiterbrief und Bachelor-Abschluss). Optimale Integration und Förderung, Vermeidung teurer Fehlbesetzungen, starke Unternehmensbindung des Nachwuchses. Darüber hinaus Finanzierung von Lehrstühlen, Laboratorien sowie Lehrbeauftragten umgebender Hochschulen.
Entwicklung horizontaler Karrierewege
Neben der klassischen Führungslaufbahn werden Fachleiter- und Projektleiter-Laufbahnen entwickelt. Diese Funktionen benötigen ein hohes und differenziertes Fachwissen für komplexe Aufgaben (Richtlinienkompetenz, Verantwortung für Wissenstransfer, keine Personalverantwortung).

Aber auch Unternehmen, die dies erkannt haben, tun sich schwer, heute aktiv zu werden. Wenn bspw. Überbedarf ausgebildet wird, um vorausschauend aktiv zu werden, dann stellt sich die Kostenfrage und auch die Motivationsfrage („Zwischenparken von Beschäftigten"). Um intelligente Rekrutierungs- und Bewerbungskonzepte zu erarbeiten, bedarf es eines erhöhten Personal- und Kompetenzbedarfs: Kooperationen mit (Hoch-)Schulen, unterschiedliche Zielgruppenansprachen, neue arbeitsorganisatorische Konzepte durch gezielte Teilzeitbewerbung etc. Diese personalressourcenverschlingenden Aktivitäten scheuen die Unternehmen.

Ein weiteres Beispiel (Job Präsentation in Schulen) zeigt, wie insbesondere Branchen, die mit einem „schlechten Image" behaftet sind, vorgehen können, um Fachkräfte zu rekrutieren. Das Beispiel macht auch deutlich, dass man aktiv und mit intelligenten Konzepten vorgehen muss, und sich nicht mit bloßen Stellenausschreibungen begnügt (s. Äußerung eines Personalleiters).

> „Wir würden ja auch Frauen einstellen, aber bei uns bewerben sich keine Frauen auf unsere Stellenausschreibungen!"

Einfach nur ausschreiben, ist vor dem Hintergrund des demografischen Wandels kein zukunftstaugliches Konzept. Branchen, die heute schon Schwierigkeiten haben, Fachkräfte zu rekrutieren, können sich somit durch intelligente Konzepte einen Vorsprung verschaffen, gegenüber den Unternehmen, die bislang „aus dem Vollen" schöpfen konnten und sich über ambitioniertes Recruitment keine Gedanken zu machen brauchten. Das wird sich massiv ändern werden im nächsten Jahrzehnt.

Job Präsentation in Schulen

Branchen mit schlechtem Image sehen sich folgendem Dilemma ausgesetzt: Einerseits bestehen ihre Belegschaften aus einem zunehmenden Anteil älterer Beschäftigter, die kurz- bis mittelfristig aus dem Erwerbsleben ausscheiden. Anderseits fehlt es trotz steigender Arbeitslosigkeit an einer hinreichenden Anzahl junger Menschen, die sich für eine Ausbildung oder Tätigkeit in diesen Branchen interessieren und sich auf entsprechende Stellen bewerben.

Die Folgen dieser Situation sind hinlänglich bekannt: Verlust des Erfahrungswissens älterer Beschäftigter, sinkende Bewerbungsquoten und geringere Eingangsqualifikationen von Bewerber/innen, Fachkräfte- und Nachwuchsmangel, Schrumpfung der Belegschaft, u. v. a.

Neben den demografischen Fakten kommen weitere Faktoren hinzu, die eine Nachwuchsgewinnung junger Nachwuchskräfte erschweren. Personalleiter/innen berichten von zunehmend schlechteren bis katastrophalen Ausbildungsvoraussetzungen, die sich in den Bewerbungsunterlagen (schulische Leistungen, Schreibfehler) und Bewerbungsgesprächen (z. B. sprachliche Artikulation) widerspiegeln. In Branchen mit schlechtem Image, zeigen sich offensichtlich Auswirkungen besonders deutlich, die auch schon durch die PISA-Studie erkennbar wurden. Hinzu kommen auch Informationsdefizite über die Arbeit in Gießereien, Schmieden, Stahlwerken u. a. produzierenden Branchen, die sowohl in Schulen (Lehrer/innen und Schüler/innen) wie auch bspw. in den Agenturen für Arbeit (Arbeitsvermittler) festzustellen ist. Vorurteile gegenüber der Arbeit in solchen Branchen lauten: dreckige und harte Arbeit, geringe Bezahlung, wenig zukunftsorientiert.

Um den dargestellten Sachverhalten entgegenzutreten und den Nachwuchs kontinuierlich zu sichern, bedarf es eines intelligenten Konzeptes, das hier „Job Präsentation in Schulen" genannt wird (s. DGV 2005). Dabei ist es wichtig, aktiv auf Schulen (bzw. andere geeignete Präsentationsstellen) zuzugehen und Betrieb, Arbeit, Ausbildung und Entwicklungsmöglichkeiten zu präsentieren.

Ziel bei Präsentationen in Schulen ist es

- Praktikanten und Auszubildende zur mittelfristigen Personalplanung zu gewinnen,

- höhere Bewerber-Zahlen bei steigender Bewerber-Qualität zu erreichen,

- eine Imageverbesserung und Abbau von Vorurteilen gegenüber dem Unternehmen und der Branche zu erreichen,

- Längerfristige Kooperationen mit Schulen aufzubauen sowie

- als attraktiver Arbeitgeber in der Region wahrgenommen zu werden.

Um das Job-Präsentation-Konzept betriebsspezifisch zu erarbeiten und umzusetzen, sollten idealerweise Betriebsleitung bzw. Personalverantwortliche, Betriebsrat, ein erfahrener Mitarbeiter (Meister, Ausbilder) und (mindestens ein) Auszubildender eine Projektgruppe bilden.

Zum Verhältnis von Betriebsrat und Betriebsleitung sei gesagt, dass die gemeinsame Entwicklung und Umsetzung einer Aktivität zur Nachwuchsgewinnung mittels des hier beschriebenen Vorgehens betriebspolitisch frei von potenziellen Konflikten ist und eine Möglichkeit bietet, einen positiven Beitrag zum Betriebsklima und zum kooperativen Umgang miteinander zu leisten. Die Gewinnung qualifizierten Nachwuchses ist sowohl ein Ziel von Unternehmensführung wie auch von betrieblicher Interessenvertretung und sollte genutzt werden „an einem Seil zu ziehen".

Ergibt die Altersstrukturanalyse einen Ausbildungsbedarf, erarbeitet die Projektgruppe ein zielgruppenbezogenes Konzept (s. folgende Abb.)

Die letzte Frage deutet schon darauf hin, dass die Präsentation idealerweise mit einem Tandem von einem berufserfahrenen Mitarbeiter und einem Auszubildenden oder einem ehemaligen Auszubildenden realisiert wird, um entsprechend auf Akzeptanz bei den Jugendlichen zu stoßen.

Auch sollten zur Beantwortung o. g. Leitfragen für das Präsentationskonzept moderne Multimediatechniken eingesetzt werden, die Eindrücke aus dem Betrieb vermitteln können, z. B. Videosequenzen oder Bilder, die über Laptop und Beamer animiert werden.

Zeitgleich sind geeignete Schulen aus der Region zu identifizieren, die für die Nachwuchsgewinnung in Frage kommen. Die ausgewählten Schulen sind anzuschreiben und zu kontaktieren.

Leitfragen zum Präsentationskonzept:
- In welcher Branche sind wir tätig?
- Wie wird die Zukunft der Branche gesehen?
- Wer sind wir?
- Wen brauchen wir?
- Ist ein Praktikum möglich?
- Wie sehen die beruflichen Entwicklungsmöglichkeiten aus?
- Welche Arbeitsbedingungen und Arbeitsorganisationsformen gibt es?
- Welche Arbeitsinhalte gibt es und welche Tätigkeiten werden ausgeführt?
- Wie hoch ist die Mitarbeiter-Zufriedenheit?
- Was kann jemand berichten, der gerade seine Ausbildung abgeschlossen hat?

Abb. 10-18: Grundlegende Informationen einer Job Präsentation in Schulen

Betriebsbeispiel Job Präsentation in Schulen der Georg Röth Eisengießerei GmbH & Co

Das Unternehmen Georg Röth Eisengießerei GmbH & Co. in Mosbach fertigt Gussteile (GG) für die Antriebstechnik sowie für den Maschinenbau (Getriebe- und Elektromotorengehäuse) und beschäftigt 140 Mitarbeiter/innen (2002). Das Unternehmen bildet 5 Auszubildende in den Berufen Modellbaumechaniker/in, Gießereimechaniker/in und Teilezurichter/in Gießerei aus. In den letzten Jahren waren die Bewerberzahlen für Ausbildungsstellen stark rückläufig. Aufgrund dieser Situation entschloss sich die Fa. Röth mit der prospektiv GmbH ein Konzept für Job Präsentation in Schulen zu entwickeln und umzusetzen. Folgende Abb. zeigt die Vorgehensweise.

10. Demografiefeste Personalstrategien

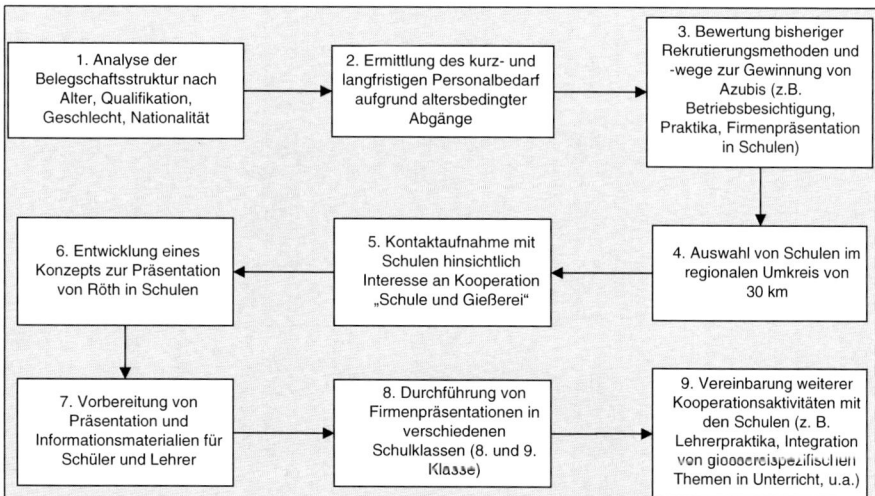

Abb. 10-19: Vorgehensweise zur Umsetzung des Konzepts Job Präsentation in Schulen bei der Fa. Röth

Wichtige Erkenntnisse aus der astra® in 2002 waren (siehe auch folgende Abb.):

- Das Durchschnittsalter der Beschäftigten von 44 Jahren wird bei unveränderter Personalpolitik innerhalb der nächsten 5 Jahre auf 47 Jahre ansteigen.

- Im gewerblich-technischen Bereich liegt der Facharbeiter/innen-Anteil bei rd. 24%, der Anteil ausländischer Beschäftigter bei 34,5%.

- 12 Facharbeiter/innen (= 45%) und 25 an- und ungelernte Mitarbeiter/innen (= 30%) sind aktuell über 50 Jahre alt und müssen innerhalb der nächsten 5 bis 10 Jahre ersetzt werden.

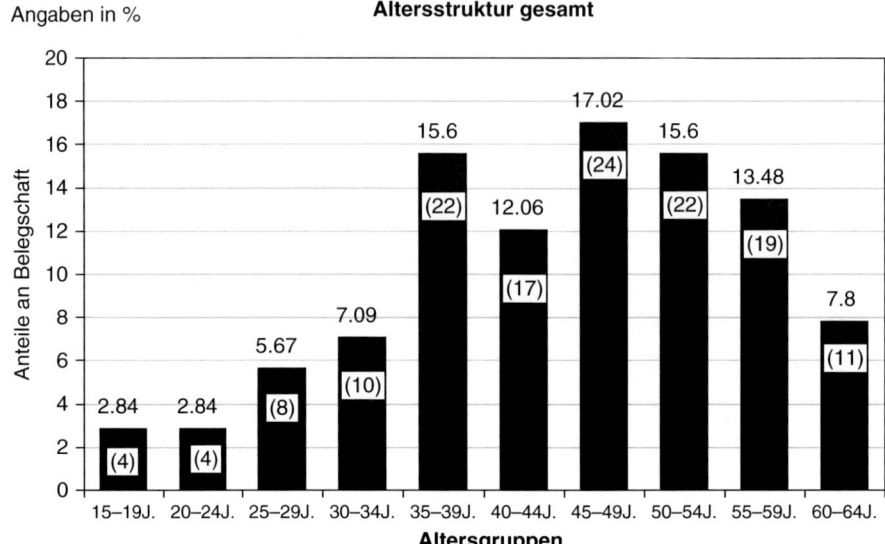

Abb. 10-20: astra® der Georg Röth Eisengießerei GmbH, 2002

Vor diesem Hintergrund setzte sich die Fa. Röth das Ziel, ihre Ausbildung deutlich zu erweitern. Mehrere Real-, Haupt- und Förderschulen im Umkreis von 30 km wurden kontaktiert, um deren Interessen an einer längerfristigen Kooperation auszuloten. Die Resonanz der Schulen war überwiegend positiv und es wurden Präsentationen in Schulklassen vereinbart, um die Schülerinnen und Schüler über die Firma und deren Ausbildungsangebote zu informieren und zu interessieren. Hierzu wurde ein zielgruppengerechtes Konzept mit folgenden Merkmalen entwickelt:

- Präsentation durch einem erfahrenen Mitarbeiter (Techniker) und einem jüngeren Mitarbeiter (ehemaliger Azubi).

- Einsatz moderner Multimediatechniken (Laptop, Beamer, Animation)

- Hinreichend Zeit für Rückfragen (Gesamtdauer: 90 Min.)

- Präsentationsinhalte: Unternehmensdaten, Branche & Produkte, Ausbildungsberufe und Praktika, Verdienstmöglichkeiten, berufliche Einstiegs- und Entwicklungschancen, Arbeitsbedingungen und Tätigkeiten, Erfahrungen des ehemaligen Auszubildenden

Röth hat sich daraufhin in neun Schulen präsentiert und ist auf großes Interesse bei den Schülern/-innen und Lehrern/-innen gestoßen. Einen Aha-Effekt löste z. B. folgendes Bild aus:

10. Demografiefeste Personalstrategien

Ohne Gussteile würden viele andere Produkte nicht hergestellt werden können. Wie würde zum Beispiel ein Auto funktionieren, wenn folgende Teile fehlen würden?

kein Motorblock

keine Felgen

keine Bremsscheiben

Abb. 10-21: Ohne Gussteile kein funktionsfähiges Automobil

Auch die guten Verdienstmöglichkeiten eines Gießereimechanikers war den Schülern allesamt unbekannt. Hierzu wurde für das Präsentationskonzept ein Vergleich zum Kfz-Mechaniker erarbeitet (s. folgende Abb.).

Orientierungspunkte für die Verdienstmöglichkeiten von **Kraftfahrzeugmechanikern**		Orientierungspunkte für die Verdienstmöglichkeiten von **Gießereimechanikern** (Beispiel: Röth-Schichtarbeiter)
2.216,- €	Facharbeiter	ca. 2.550,- €
541,- €	Azubi 4. Lehrjahr	748,- €
499,- €	Azubi 3. Lehrjahr	703,- €
451,- €	Azubi 2. Lehrjahr	651,- €
411,- €	Azubi 1. Lehrjahr	614,- €

Abb. 10-22: Verdienstmöglichkeiten von Kraftfahrzeugmechanikern/-innen und Gießereimechanikern/-innen (bei Röth 2002)

Das Wissen über die Gießereiindustrie und die Berufsbilder war allerdings auch bei den Lehrerinnen und Lehrern stark lückenhaft und teilweise von Vorurteilen geprägt, was auf die Bedeutung einer Information der Lehrerinnen und Lehrer im Vorfeld hindeutet. Bisher haben sich 19 Schülerinnen und Schüler für einen Ausbildungsplatz und 7 für ein Praktikum bei Röth beworben – ein deutlicher Anstieg gegenüber den Vorjahren. Die Firma Röth fühlt sich in ihren Aktivitäten positiv bestärkt und hat weitere Kooperationen mit den Schulen – wie z. B. die Integration von betrieblichen Sachverhalten in den Unterricht – vereinbart.

Insgesamt lassen sich folgende Erfahrungen und Erkenntnisse zum Einsatz von Job Präsentationen in Schulen festhalten:

Der strukturelle Organisationsaufwand im Betrieb beschränkt sich auf die Einrichtung einer befristeten Projektgruppe, in dem ein(e) Personalverantwortliche(r) oder die Betriebsleitung, der Betriebsrat, ein(e) erfahrene(r) Mitarbeiter(in) und 1 Auszubildende(r) teilnehmen.

Es sind für die Entwicklung und Vorbereitung des Präsentationskonzepts und der Kontaktierung der Schulen etwa 6-8 Personentage zu veranschlagen. Ein Schulbesuch ist mit ca. 90 Minuten anzusetzen, um auch genügend Zeit für Fragen zu ermöglichen. Die Präsentation sollte im Tandem (ein/-e erfahrener/-e Mitarbeiter/-in und ein/-e Auszubildende(r)), unter Umständen auch zu dritt erfolgen. Es empfiehlt sich vor der Präsentation ein Gespräch mit den Lehrern und Lehrerinnen zu suchen, da sich erfahrungsgemäß die Haltung von anfänglicher Ablehnung bis zu späterem Interesse an der Arbeit wendet.

Im Rahmen der Kontaktaufnahme mit den Schulen ist vorab zu prüfen, ob in der Umgebung des Betriebes bereits Schule-Betrieb-Kooperationsnetzwerke existieren. Hierüber ist zu erfahren, bei welchen Schulen Präsentationen sinnvoll sind. Auch werden oftmals Präsentationen zusammen mit mehreren Firmen durchgeführt. Für den einzelnen Betrieb kann das vorteilhaft, aber auch nachteilig sein. Es ist im Einzelnen zu prüfen, ob sich für das Unternehmen eine Wettbewerbssituation in der Nachwuchsgewinnung ergibt und Alleinstellungsmerkmale verloren gehen.

Inhaltlich sollte die Präsentation stark zielgruppenorientiert aufgebaut sein, d. h. nur relevante Informationen verwenden, die auch zu Aha-Effekten bei den Schülerinnen und Schülern führen.

Nebenbei stellt die Arbeit in der Projektgruppe auch eine interne Qualifizierung und eine interessante Kooperation im Betrieb dar. Betriebsleitung und Betriebsrat haben die Chance in konsensorientierter Zielverfolgung einen positiven Beitrag zum Betriebsklima zu leisten.

Für die Präsentation ist modernste Technik einzusetzen, d. h. Laptop, Beamer, Folienanimation und Informationsmaterial für Schüler/innen und für Lehrer/innen.

Das Konzept „Job Präsentation" kann selbstverständlich auch für andere Möglichkeiten genutzt werden, wie z. B. Informationsbroschüren oder für die Internetpräsentation des Betriebes.

Insgesamt stellt das Konzept „Job Präsentationen in Schulen" einen guten Einstieg in die kontinuierliche Kooperation mit ausgewählten Schulen dar. Diese kann zur Vertiefung bis hin zu kooperativer Arbeit mit einzelnen Fachlehrern/-innen (Mathematik, Chemie, Physik) führen.

Nachwuchsgewinnung von weiblichen Auszubildenden in bisher eher männerdominanten Berufen

Da das Matching zwischen den Nachwuchsbedarfen seitens der Unternehmen und den Angeboten auf dem Arbeitsmarkt zunehmend schwieriger wird, sind die Unternehmen gefordert, neue Beschäftigtengruppen, wie z. B. Frauen, zu erschließen, die bisher nicht berücksichtigt wurden. Branchen, wie die metallverarbeitende Industrie, das Handwerk und der Maschinenbau haben bereits gezeigt, dass die Gewinnung weiblicher Nachwuchskräfte für die Unternehmen Vorteile bringt. Auch in der ehemaligen DDR zeigt die Statistik, dass insgesamt mit geschlechtergemischten Belegschaften in der Stahlerzeugung und -verarbeitung gearbeitet wurde. Diese beschriebenen Erfahrungen machen deutlich, dass Argumente wie schwere körperliche Arbeit, fehlende sanitäre Anlagen, Integrationsprobleme u. Ä. kaum haltbar sind.

Ein häufig vorgebrachtes Argument, Frauen könnten den Belastungen und körperlichen Anforderungen nicht nachkommen, ist durch die Automatisierungsprozesse und ergonomische Technik- und Arbeitsgestaltung in den letzten 15 Jahren entkräftet worden. Wenn man die Leistungs- und Arbeitsfähigkeit der alternden Belegschaften bis zum Renteneintrittsalter erhalten möchte, wird diese Entwicklung für die Zukunft weiter fortgesetzt werden müssen. Diese kontinuierliche Entwicklung erhöht nochmals die Chancen für die Beschäftigung weiblicher Arbeitskräfte.

Ein weiteres Argument für die Gewinnung weiblicher Nachwuchskräfte bezieht sich auf die vorhandenen Kompetenzen der Schulabgänger/innen. Hier zeigen weibliche Schulabgänger insgesamt bessere Abschlussnoten als männliche Schulabgänger.

Es gibt also mehrere Gründe für Unternehmen von bislang männerdominierten Branchen Frauen als neue Beschäftigtengruppe jetzt und zukünftig zu erschließen. Dies ist gegenwärtig noch sehr schwierig. Beispielsweise kamen im Jahr 2003 auf 457 abgeschlossene Ausbildungsverträge zum (zur) Gießereimechaniker(in) nur 6 weibliche Auszubildende. Vorurteile, Image und Selbstverständnis der Branche stehen einer Gewinnung weiblicher Nachwuchskräfte immer noch entgegen, aber schon jetzt steht fest, dass die Unternehmen, die sich „heute" um die Erschließung der Frauen als neue Beschäftigtengruppe kümmern, „morgen" schon Wettbewerbsvorteile haben werden.

Möchten Unternehmen bspw. mit dem Konzept „Job Präsentation in Schulen" auch gezielt Frauen ansprechen und erste weibliche Auszubildende gewinnen und ausbilden, gibt es eine Reihe von Aspekten zu berücksichtigen. Dabei reicht es nicht, einfach nur die Entscheidung zu treffen, weiblichen Nachwuchs zu gewinnen. Es beginnt schon mit der gezielten Anwerbung von Frauen (z. B. gezielte Ansprache, eine für Frauen motivierenden Darstellung der Berufsbilder etc.). Das Unternehmen muss entsprechend gestaltet sein (geschlechtspezifische Aspekte sind zu berücksichtigen beim Einsatz von Gefahrstoffen, Heben und Tragen etc.), bei Ausbilderinnen und Ausbildern müssen entsprechende Kompetenzen vorhanden sein, um eine Ausbildung zu ermöglichen, in der Jungen und Mädchen einen größtmöglichen Lernerfolg erzielen. Begleitend müssen neben den Promotoren auch sämtliche Führungskräfte und die Belegschaft entsprechend sensibilisiert werden. Das gilt selbstverständlich auch für die externen Akteure wie Lehrerinnen und Lehrer, Arbeitsvermittlerinnen und Arbeitsvermittler etc.

Sensibilisierung fängt schon bei der Sprache an. „Nicht mitgesprochen heißt nicht mitgedacht und nicht mitgemeint". In der Sprache wird nicht nur Diskriminierung ausgedrückt, sondern sie wird mitgeschaffen. Demnach ist es wichtig, dass dies von allen Akteuren und auch bei allen verwendeten Text- und Bilddokumenten berücksichtigt wird.

In den präsentierten Inhalten muss darauf geachtet werden, dass Frauen- und Männerbelange angemessen berücksichtigt werden. Das setzt Kenntnisse über Betroffenheit, Interessen und Bedürfnisse beider Geschlechter voraus (z. B. unterschiedliche Bedürfnisse hinsichtlich Anwendungsbezug, kooperative Arbeit in Lerngruppen etc.).

In der Gestaltung von Job Präsentation und letztlich auch im gesamten Ausbildungskonzept sollten die Rahmenbedingungen, die Strukturen und die Prozesse so angelegt sein, dass sowohl Männer wie auch Frauen die gleichen Chancen haben, zu lernen und sich zu entfalten. In der Darstellung nach außen muss explizit deutlich werden, dass gezielt Jungen und Mädchen angesprochen werden.

Bei der Erstellung eines betriebsspezifischen Konzepts „Job Präsentation", also beim Einsatz der hier beschriebenen Handlungshilfen, bei der Konstituierung der Projektgruppe, bei Präsentationen in Schulen, bei den dort verwendeten Materialien etc. müssen beide Geschlechter berücksichtigt werden.

Beispielsweise sollte bei der Besetzung der Projektgruppe darauf geachtet werden, auch die weibliche Perspektive zu berücksichtigen. Kann dies nicht durch „paritätische" Besetzung erreicht werden, sollte gezielt eine Gender-Beratung eingeholt werden. Die Präsentationsmaterialien sollten sowohl Jungen wie auch Mädchen ansprechen, d. h. nicht nur Bilder verwenden, auf denen ausschließlich Männer abgebildet sind. Beim Lohnvergleich nicht nur Kfz-Mechaniker sondern auch Beispiele wie Bürokauffrau heranziehen. Ideal wären Erfahrungen von Praktikantinnen und weiblichen Auszubildenden, die vor Ort oder in den Präsentationsmaterialien dargestellt werden. Wenn sie nicht im eigenen Betrieb vorliegen, wo liegen sie vor und können erfragt werden? Hierbei können Branchenverbände behilflich sein. Liegen Erfahrungen im eigenen Betrieb vor, bietet es sich selbstverständlich an, das Tandem um eine weibliche Arbeitskraft zu ergänzen.

Beim Kontaktgespräch in Schulen sollte die Einbeziehung beider Geschlechter in die Job-Präsentation mit Lehrerinnen und Lehrern vorab angesprochen werden (bereits im Anschreiben deutlich machen). Dabei ist zu ermitteln, welche Hinweise die Lehrerinnen und Lehrer geben können, um Schülerinnen und Schüler zu erreichen und zu motivieren.

Neben des Einsatzes vom Konzept „Job Präsentation in Schulen" sind weitere Einsatzmöglichkeiten auch im Unternehmen selbst denkbar. Hier ist beispielsweise der jährliche Girls Day (Mädchen-Zukunftstag) zu nennen. Dabei können Unternehmen sich an diesem bundesweiten Aktionstag beteiligen, um Mädchen für mädchenuntypische Berufe zu gewinnen. Unternehmen tragen sich auf einer Aktionslandkarte auf der entsprechenden Homepage ein, während sich Mädchen im Umkreis von bis zu 30 km in ihrer Umgebung ihren Girls Day-Arbeitsplatz aussuchen und sich online oder telefonisch anmelden (mehr unter www.girls-day.de). Unternehmen können hierbei Schulen gezielt ansprechen, um gemeinsam Mädchen für den Girls Day zu motivieren und zu begleiten.

Im Folgenden werden mögliche Kennzahlen für Auszubildende sowie für Führungskräfte und Mitarbeiter und abschließend personalstrategische Fragestellungen zusammengefasst.

Kennzahlen

Auszubildende
Rekrutierung, Bindung, Freisetzung
Bewerbungen Azubis nach Alter/Geschlecht pro Berufsbild
Anzahl Bewerbungen pro ausgeschriebene Stelle
Anzahl ausgeschriebener Stellen pro Berufsbild (letzte 5 Jahre)
Bewerbungen nach Bildungs-/Schulabschluss und Geschlecht
Anteil Azubis an Gesamtbelegschaft
Azubis nach Alter (+ Durchschnittsalter)
Azubis nach Geschlecht und Migrationshintergrund
Azubis nach Alter/Geschlecht pro Berufsbild
Azubis nach Berufsbild und Anteil Lehrjahre
Azubis nach Bildungs-/Schulabschluss
Anteil Azubis mit abgebrochener Ausbildung nach Geschlecht und Ausbildungsjahr pro Berufsbild
Anteil Azubis mit vorgezogener bestandener Prüfung nach Geschlecht und Berufsbild
Anteil Azubis mit bestandener Prüfung nach Geschlecht und Berufsbild
Anteil Übernahme an Azubis nach Geschlecht und Berufsbild

Kennzahlen

Führungskräfte und Mitarbeiter
Rekrutierung, Bindung, Freisetzung
Bewerbungen FK, MA und gesamt nach Alter/Geschlecht
Art der FK- bzw. MA-Bewerbung (Stellenausschreibung intern, Stellenausschreibung extern, Headhunter)
Anteil online/Papier Bewerbung
Neueinstellungen FK, MA und gesamt nach VZ/TZ/Aushilfe und Alter
Neueinstellungen FK, MA und gesamt nach befristet/unbefristet und Alter
Neueinstellungen FK und MA nach Geschlecht und Alter
Übernahmen aus befristeten Arbeitsverträgen nach Alter
Kosten nach Art der FK- bzw. MA-Bewerbung pro Neueinstellung
Durchschnittliche Dauer zur Nachbesetzung nach Art der Bewerbung
FK, MA und gesamt nach Alter (+Durchschnittsalter), Geschlecht und Migrationshintergrund
Anteil FK und MA an Gesamtbelegschaft
FK, MA und gesamt nach VZ/TZ und Geschlecht
FK, MA und gesamt nach VZ/TZ und Alter
FK, MA und gesamt nach unbefristet/befristet und Alter
FK bzw. MA nach Geschlecht und Alter
Betriebszugehörigkeit (BZG) FK und MA nach Alter und Geschlecht
Durchschnittliche Personalkosten FK und MA nach Alter und Geschlecht
Durchschnittliche Personalkosten FK und MA nach BZG
Anteil FK mit Ausbildungsberuf
Anteil FK und MA mit Nutzung betrieblicher Altersvorsorge
Austritte FK bzw. MA in Prozent
Austritte FK bzw. MA nach Alter
Austritte FK bzw. MA nach BZG
Austritte FK bzw. MA nach VZ/TZ/Aushilfe und befristet/unbefristet
Art des Austritts: ordentliche Kündigung, Aufhebungsvertrag, außerordentliche Kündigung, Befristung, sonst. Austrittsart
Austritte nach Art der Veranlassung: durch Arbeitgeber veranlasst, durch AN veranlasst, natürlicher Austritt (Rente, Befristung), sonstige
Ruhende Arbeitsverhältnisse in % an gesamt
Art des ruhenden Arbeitsverhältnisses: Erziehungsurlaub, Mutterschutz, Krankheit, Wehr-/Zivildienst, sonst.
Rückkehrquote aus ruhenden Arbeitsverhältnissen

Personalstrategische Fragen

- Wie sieht die ideale Belegschaft des Unternehmens im Jahr 2020 aus (Verteilung der Job Familien; Verhältnis Stamm- und Randbelegschaft)?
- Wie sieht der/die ideale Beschäftigte im Unternehmen im Jahr 2020 aus (Anforderungsprofile der Schlüsselgruppen)?
- Sind die verrentungsbezogenen und fluktuationsbezogenen Ersatzbedarfe der nächsten 10 Jahre bekannt? Sind die Rekrutierungs- und Weiterbildungskonzepte darauf abgestimmt?
- Wie sind die gegenwärtigen Konzepte zur Nachwuchsrekrutierung und zur Ersatzbedarfssicherung qualitativ/quantitativ zu bewerten? Ist die demografische Entwicklung im nächsten Jahrzehnt berücksichtigt? Welche Annahmen über Wachstum und Rationalisierung liegen vor?
- Wie ist die Zugangsmobilität nach Alter, Geschlecht, Qualifikationsgruppe, Arbeitszeit, Beschäftigungsverhältnis strukturiert? Welche Austritte mit der gleichen Struktur stehen dem gegenüber? Wie ausgeprägt ist die Zugangsmobilität 40+?
- Können (qualitative) Aussagen über die gegenwärtige Fluktuation getroffen werden? Ab welcher Betriebszugehörigkeitsdauer erreicht die Fluktuationsquote asymptotische Ausmaße?
- Welche Bedeutung hat (bzw. wird haben) die Beschäftigtenbindung (auf allen Hierarchie- bzw. Qualifikationsebenen)?
- Wie sieht das Anreizsystem zur Bindung (zukünftig) aus? Werden alle Job Familien mit einbezogen oder liegen nur Konzepte für High Potentials vor?
- Welche Chancen (Risiken) ergeben sich durch eine deutlich verlängerte Betriebszugehörigkeit und wie können sie genutzt werden (z. B. Erfahrungswissen)?
- Müssen zukünftig neue Rekrutierungspotenziale erschlossen werden (z. B. Frauen, Ältere, Migranten)? Liegen intelligente Rekrutierungskonzepte dafür vor?
- Ist die Entwicklung der Schulabgänger, der Ausbildungsnachfrage, der Migrantenanteile und des Rekrutierungspotenzials in den Regionen bekannt?
- Gibt es Kooperationen mit Schulen und Hochschulen? Werden Führungskräfte aus Ländern mit demografiekritischer Struktur angeworben? Was macht der Wettbewerb? Wo liegen die Benchmarks?
- Welche Laufbahnkonzepte bietet das Unternehmen an bei Karrierestau aufgrund alternder Führungskräfte (z. B. Fachlaufbahnen) an?
- Welche (immateriellen) Attraktivitätsmerkmale hat das Unternehmen im zukünftigen Kampf um die jungen, qualifizierten Schulabgänger? Liegt ein Gesamtkonzept des Employer Branding vor?
- Liegt speziell für weibliche Arbeits- und Führungskräfte ein Work-Life-Balance-Konzept vor?
- Wie wird zukünftig der Spielraum für Freisetzung sein?
- Wie wird mit Leistungsgewandelten umgegangen?
- Welche Übergangsformen in die Rente bietet das Unternehmen?
- Wird das Know-how der das Unternehmen verlassenden Kräfte systematisch sichergestellt?

10.1 Arbeitgeberattraktivität und Work-Life-Balance (WLB)

Die Themen Arbeitgeberattraktivität und Work-Life-Balance (WLB) sind betrieblich nicht einfach zu fassende Themen. Sie sind vergleichbar mit dem komplexen Thema „Demografischer Wandel" an sich. Das heißt, dass sie nicht einer betrieblichen Funktion als zentrale Aufgabe zuordenbar sind, sondern von ihrem Wesen her eigentlich Blickwinkel oder besondere Perspektiven, die querschnittsmäßig zu behandeln sind. Auch hier würde das Bild passen, bspw. Funktionen, Prozesse und Schnittstellen mit der Work-Life-Balance-Brille zu betrachten und zu bewerten.

Im Arbeitskreis Personalpolitik des ddn (Das Demographie Netzwerk) haben sich die Teilnehmer dem Thema in der Art genähert, dass sie gemeinsam darüber diskutiert haben, was denn eigentlich unter der Balance zwischen Work und Life zu verstehen ist. Das folgende Bild zeigt, dass die Balance sehr unterschiedlich verstanden werden kann, einmal als konstante Ausgewogenheit und klare Trennung, einmal als akzeptiertes zeitlich ständig wechselndes Ungleichgewicht oder als kaum trennbare und nah ineinandergreifende Aufteilung.

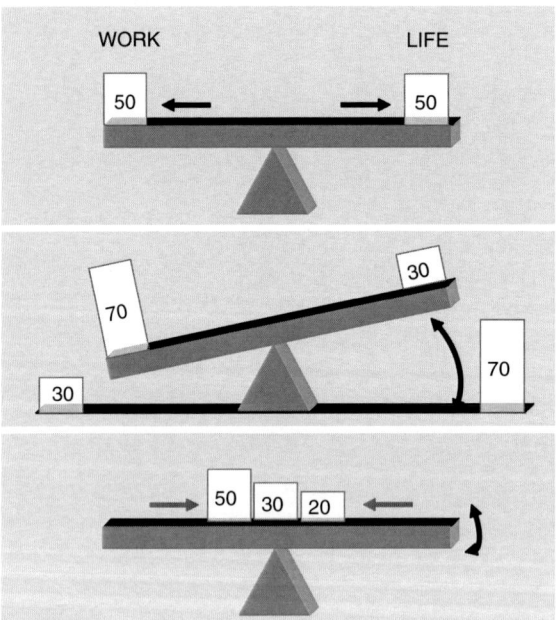

Abb. 10.1-1: Was bedeutet Balance zwischen Work und Life?

Diese sehr unterschiedlich verstandenen Auffassungen von Work-Life-Balance machen deutlich, dass sich Unternehmen erst einmal darüber klar werden müssen, was sie unter WLB verstehen. WLB kann man nicht einfach festlegen, anbieten und dann ist es da. WLB sollte beteiligungsorientiert beschrieben werden, d. h. den

Mitarbeitern die Aufgabe zu geben, einmal zu beschreiben, was für sie WLB ist, denn WLB kann unterschiedliche Instrumentalitäten besitzen, siehe folgende Abbildung.

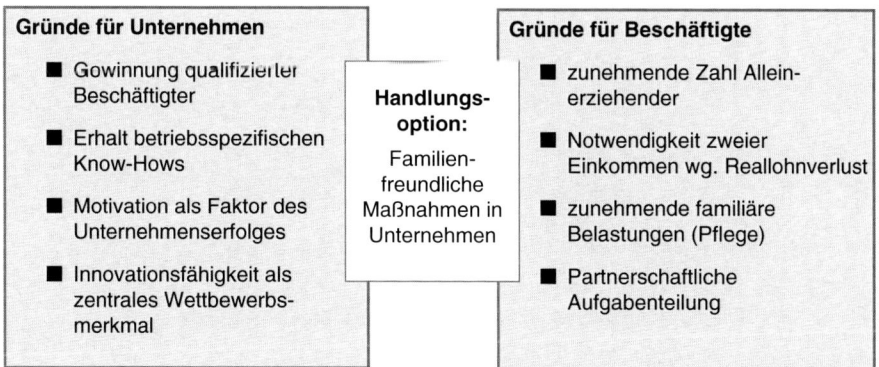

Abb. 10.1-2: Unterschiedliche Instrumentalitäten von Work-Life-Balance für Unternehmen und für Beschäftigte (Bucksteeg 2006)

Wenn Ulrich und Wülser davon sprechen, „Balancen zwischen den Möglichkeiten und Anforderungen der Erwerbsarbeit und den Möglichkeiten und Anforderungen anderer Lebenstätigkeiten zu finden bzw. zu erarbeiten" (Ulrich u. Wülser 2005), dann sind damit neben dem Familienleben auch Freizeitgestaltung, Ehrenamt, politische und soziale Aktivitäten eingeschlossen. Entscheidend ist für die Balance das „Austarieren von belastenden und erholenden Aktivitäten in *beiden* Handlungsbereichen" (Kastner 2004, S. 3). Hier wird nicht das Arbeitsleben einseitig als Belastungsquelle verstanden. Diese Sichtweise berücksichtigt, dass sowohl „work" als auch „life" jeweils Anforderungen an das Individuum stellen, genauso aber auch Möglichkeiten bieten (z. B. Selbstverwirklichung, Anerkennung, soziale Kontakte).

Schwierig wird es, das Thema im Rahmen der Aufgaben der betrieblichen Funktionen oder eines funktionsübergreifenden Projektes im Unternehmen zu implementieren und dauerhaft umzusetzen und zu leben. Grundsätzlich muss das Thema top down und unter Beteiligung der betrieblichen Interessenvertretung abgesegnet sein. I. d. R. wollen die Arbeitgeber Vorteile in der Rekrutierung mit der Werbung um attraktive Merkmale, einer verbesserten Mitarbeiterbindung und eine Erhöhung der Motivation und des Engagements der Beschäftigten erzielen (Produktivität) mit dem Nutzen für die Beschäftigten ein von ihnen gewünschtes Selbstmanagement und einen Ausgleich bei der zunehmenden Entgrenzung von Arbeit zu realisieren.

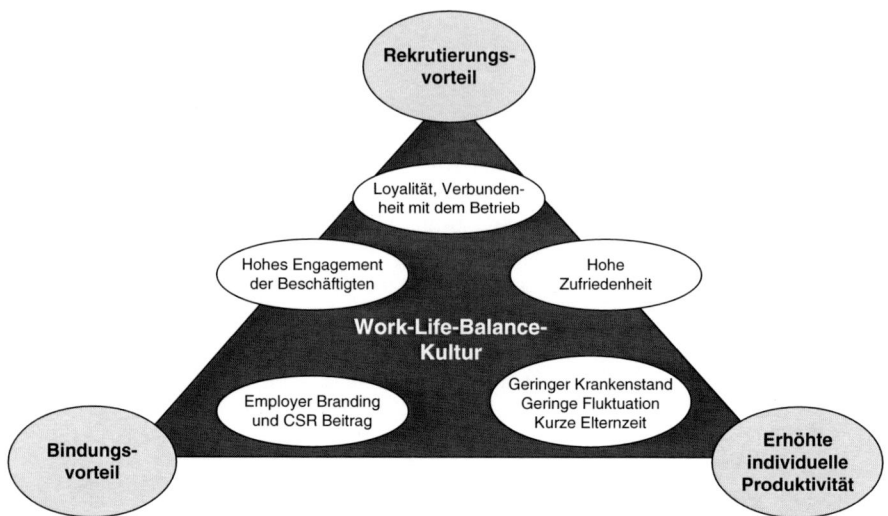

Abb. 10.1-3: Nutzen einer Work-Life-Balance-Kultur aus Arbeitgebersicht (weiterentwickelt nach Lotzmann 2008)

Wird WLB sinnvoll gestaltet, sind die Vorteile für Individuum, Unternehmen und Gesellschaft offensichtlich, so dass von einer „dreifachen Win-Situation" gesprochen wird (Prognos AG 2005, S. 4). Allerdings sind die ökonomischen Effekte der Work-Life-Balance bislang wenig erforscht. Es existieren lediglich Forschungsergebnisse zu familienfreundlichen Maßnahmen. In Deutschland errechnete die Prognos AG in einer Kosten-Nutzen-Analyse ein Return on Investment (ROI) für Maßnahmen zur Erhöhung der Familienfreundlichkeit von 25% (Bundesministerium für Familie 2003, S. 33). Die Wirksamkeit von Faktoren wie Telearbeit, Jobsharing, Teilzeitarbeit, Vertrauensarbeitszeit und anderer Werttreiber lässt sich nur schwer ermitteln, weil eine Kausalität zwischen Maßnahme und Nutzen oft erst nach einem längeren Zeitraum Auswirkungen zeigt.

Unternehmen nutzen häufig Flexibilisierungen vor allem der Arbeitszeit und des Arbeitsortes, um auf die Anforderungen der sich wandelnden Arbeitswelt zu reagieren. Die gestiegene Erreichbarkeit durch Internet und Mobiltelefone ist jedoch nicht nur von Vorteil, sondern erhöht auch das negative Belastungsempfinden der Beschäftigten (Fenner u. Renn 2004; Higgins u. Duxbury 2005) bzw. führt zu einem höheren work-life-conflict (Batt u. Valcour 2003). Diese Flexibilisierungen werden vom Unternehmen als Maßnahmen zur Förderung der WLB angesehen. Resultat dieser Entwicklung ist aber auch eine vermehrte Durchmischung und Auflösung der vormals örtlich und zeitlich getrennten Sphären Arbeits- und Privatleben (Entgrenzung der Arbeit, vgl. Gottschall et al, 2003). Es besteht dringender Bedarf zu untersuchen, unter welchen Bedingungen Flexibilisierung und Entgrenzung zu einer Verbesserung der Work-Life-Balance führen. Dabei geht es sowohl um die Identifikation von Bedingungen, die seitens der Organisation erfüllt sein sollten, als auch um individuelle Faktoren, die ggf. zu individuell-organisatorischen Lösungen im Unternehmen führen können.

In Studien konnte gezeigt werden, dass ein Unterschied zwischen dem *Angebot*, der konkreten *Inanspruchnahme* und dem wahrgenommenen *Nutzen* von Maßnahmen zur Förderung der WLB seitens der Beschäftigten besteht (Muse et al. 2008; Haar u. Spell 2004). Weiter kommt es vor, dass in einer Organisation zwar formelle oder informelle Angebote zur Förderung der WLB existieren, aber eine unterschwellige Botschaft an die Beschäftigten lautet, dass sie diese nicht nutzen sollten (Kossek et al 2006, S. 350). Nach Auffassung von Casper und Buffardi (2004), Eby und Kollegen (2005), Kossek und Ozeki (1998 und 1999) bleibt das Verhältnis zwischen angebotenen Maßnahmen zur Förderung der WLB und der Einstellung und Verhalten der Beschäftigten unklar, so dass weitere Forschung als notwendig erachtet wird. Dies gilt ebenso für die Aspekte Individualisierung (interindividuelle Unterschiede) wie auch für den Lebensphasenbezug (intraindividuelle Unterschiede).

In diesem Kontext kommt dem *Konzept des psychologischen Vertrages* besondere Bedeutung zu. Dieses kann dazu genutzt werden, die gegenseitigen Erwartungen und Bedürfnisse sowie die oben angesprochenen unterschwelligen Botschaften, die bezüglich der WLB und angebotenen oder fehlenden WLB-Maßnahmen bestehen, zu explizieren. Dadurch kann beispielsweise analysiert werden, wie Differenzen zwischen Angebot und Inanspruchnahme von WLB-Maßnahmen zustande kommen. So kann der Frage nachgegangen werden, ob es sich um Angebote handelt, die nicht den Bedürfnissen der Beschäftigten entsprechen, oder ob eine Nutzung (z. B. aufgrund unterschwelliger Botschaften durch defizitäres Führungsverhalten) als nicht erwünscht wahrgenommen werden. Grundidee des psychologischen Vertrages ist es, dass neben den formalen juristischen Verträgen zwischen Unternehmen und Mitarbeiter auch unausgesprochene gegenseitige Erwartungen und Verpflichtungen bestehen, die nach Rousseau (1995) als „psychological contract" bezeichnet werden. Solche impliziten Verträge dienen dazu, für beide „Vertragspartner" Verlässlichkeit bezüglich gegenseitiger Leistungen herzustellen und Unsicherheiten zu reduzieren. Die Tragfähigkeit der psychologischen Verträge hängt im Wesentlichen vom Grad der Übereinstimmung gegenseitiger Erwartungen und Angebote und von der Akzeptanz der Umsetzungslösung ab (s. folgende Abb.).

	MA erwartet	Unternehmen bietet	MA bietet	Unternehmen erwartet
Arbeitsplatzsicherheit				
Unterstützung bei Kinder-Betreuung				
Eldercare				
Arbeitszeitautonomie				
Teilzeitmöglichkeiten				
Technischer Support am Arbeitsplatz				
Medizinische Betreuung, Vorsorge und Check-ups				
Vertrauliche Beratung und Coaching				
EAP (Employee Assistance Program)				
Home-Office				
Persönliche Entwicklungsperspektive				
Selbstorganisation und Selbstverantwortung				
...				

Abb. 10.1-4: Beispielhafte Inhalte und Struktur eines Psychologischen Vertrages

Die Erwartungen können individuell variieren, jedoch finden sich typische Inhalte immer wieder: Arbeitnehmer erwarten Arbeitsplatzsicherheit, Vereinbarkeit von Arbeits- und Privatleben, Aufstieg etc.; Arbeitgeber hohe Arbeitsqualität, Loyalität, Flexibilität, Engagement etc. Bei dem psychologischen Vertrag handelt es sich nicht um ein neues Managementkonzept. Bis Ende der 90er Jahre hatte sich eine Art Balance zwischen den Angeboten und Erwartungen von Unternehmen und Beschäftigten herausgebildet. Seither haben permanente Flexibilisierungsmaßnahmen der Unternehmen dieses Gleichgewicht aufgelöst. Die steigenden Marktanforderungen „Immer mehr, immer schneller, mit immer weniger Ressourcen" bedingen im Unternehmen höchste Flexibilitätsanforderungen, während die Beschäftigten aufgrund von Personalabbau und Restrukturierungsmaßnahmen weniger Arbeitsplatzsicherheit und planbare Berufslaufbahnen erwarten können. Der klassische „psychologische Vertrag" trägt nicht mehr. Die Folge war und ist, dass sich die Beschäftigten dem Unternehmen weniger verbunden fühlen und ihr zusätzliches Engagement reduzieren (Restubog, Bordia u. Tang 2006).

Diese Veränderung wurde von Raeder und Grote (2000) in der Schweiz untersucht. Sie fanden systematische Transformationen des impliziten Deals „Arbeitsplatzsicherheit gegen hohe Leistungs- und Flexibilitätsbereitschaft". Unternehmen ersetzten Arbeitsplatzsicherheit durch kontinuierliche Förderung der Employability. Dies verlangte den Beschäftigten deutlich mehr Verantwortung für die eigene Entwicklung ab („Arbeitskraftunternehmer", Voß u. Pongratz 1998).

Die vor dem Hintergrund des demografischen Wandels vom BMBF initiierte Initiative Demotrans hat gezeigt, dass sich bei den Beschäftigten die Erwartungen aufgrund verschiedener Lebensphasen und damit verbundener Werthaltungen sowie gewandelter Leistungsfähigkeit ändern. Nach Meinung des Autors beachten Unternehmen zu wenig, wie sich die Erwartungen der Beschäftigten auf verschiedenen Altersstufen unterscheiden. Danach ist WLB unbeständig über die Zeit, d. h., dass die gleichen Beschäftigten je nach Lebensphase unterschiedliche Vorstellungen davon haben. Auch ändern sich die Schwerpunkte in der zeitlichen Entwicklung des demografischen Wandels (Ergebnisorientierung, Arbeitszeitflexibilität, Pflege Angehöriger, Übergangsformen in die Rente etc.). Dieser komplexen Situation mit teilweise widersprüchlichen Anforderungen kann nur durch wiederholte Anpassungen unter dynamischen Umfeldbedingungen sowie durch zunehmend individualisierte Vereinbarungen begegnet werden.

Auch ist das Verständnis von WLB zwischen den Berufsgruppen, Abteilungen etc. im Unternehmen sehr unterschiedlich. Letzteres ist einer der Hauptursachen, warum WLB-Konzepte gescheitert sind oder sich nicht nachhaltig etabliert haben. Typisches Beispiel ist das Angebot von Gleitzeit oder Telearbeit o.ä. für Verwaltungsmitarbeiter ohne Adäquates im Produktionsbereich anzubieten. Schnell kommt es zu Ungleichbehandlungen im Unternehmen, was letztlich zum Gegenteil von dem führt, was bei der gut gemeinten Berücksichtigung von WLB-Angeboten beabsichtigt wurde. Hier ist sehr behutsam und mit Augenmaß vorzugehen.

Ein anderer typischer Fehler in Unternehmen ist die Konzentration von WLB auf High Potentials und Young Professionals oder bestimmten für das Unternehmen wertvollen Berufsgruppen wie Fachingenieure o. ä. während es auf der anderen Seite an Wertschätzung für das Gros der operativen Beschäftigten fehlt. Ein falsch implementiertes WLB-Konzept birgt negative klimatische Effekte im Unternehmen.

Um die genannten Fallstricke zu vermeiden, ist es Wert das Konzept des psychologischen Vertrages in Deutschland vermehrt einzusetzen. In den USA (Rousseau 1995), Australien (Restubog, Bordia u. Tang 2006) und Großbritannien (Guest 2004) hat das Konzept des psychologischen Vertrags schon seit ca. 15 Jahren zunehmend Aufmerksamkeit gefunden. Während in diesen Ländern „psychological contracts" eher als standardisierte Lösungen umgesetzt werden, ist für die beschleunigt alternden und damit sich immer mehr ausdifferenzierenden Belegschaften (Baltes) in Deutschland/Europa zusätzlich von mehr individuellen Umsetzungen auszugehen. Dies bestätigen Unternehmen wie SAP, Pfizer, Metro Group (Lotzmann 2008, Tschentscher 2008, Pfister 2008). Darüber hinaus ist zu prüfen, ob in das Konzept zur Balancierung von Arbeit und Privatleben auch Aspekte des Diversity Managements (Lotzmann 2008) und des Corporate Volunteering (Diehl u. Conrad, 2008) zu integrieren sind.

Dennoch ist es für Unternehmen besonders im demografischen Wandel wichtig, sich dem Thema WLB zu stellen. Man kann man schon behaupten, dass der Wettbewerb der Zukunft sich auf den Personalmärkten entscheidet. Inwieweit Unternehmen qualifizierte und motivierte Mitarbeiter gewinnen, ausländische Mitarbeiter integrieren, Frauen gezielt fördern, das Erfahrungswissen und die Potenziale Älterer nutzen, High Potentials mit erfolgskritischem Wissen binden usw., sichert das Überleben und die Zukunft.

Dabei spielt die Attraktivität des Unternehmens und wie die Beschäftigten Privat- und Berufsleben miteinander in Einklang bringen können, eine entscheidende Rolle.

Unternehmensbeispiel aus dem Öffentlichen Dienst:

Ein Unternehmen des Öffentlichen Dienstes spürt heute schon, wie schwierig es ist, Fachhochschulingenieure und Facharbeiter als Werkstattpersonal zu rekrutieren. Die gewerbliche Wirtschaft zahlte 2007 knapp 40.000 Euro Bruttojahresgehalt für einen Fachhochschulabsolventen, nach TVöD ergeben sich für den Öffentlichen Dienst knapp 30.000 Euro Bruttojahresgehalt. Bei dem weiter zunehmenden Bedarf an Ingenieuren ist neben dem Rekrutierungsmarkt von Hochschulabsolventen auch mit einem zunehmendem Abwerben langjährig gedienter Ingenieure aus festen Arbeitsverhältnissen zu rechnen.
Das Unternehmen beschloss im Rahmen eines Workshops sämtliche, größtenteils immateriellen Attraktivitätsmerkmale zu ermitteln, um im zukünftigen Personalwettbewerb bestehen zu können. Dazu zählten: eine lukrative betriebliche Altersvorsorge, ein gutes Betriebsklima, mitarbeiterorientiertes Führungsverhalten, einen lokalen und damit familienfreundlichen Arbeitsplatz (ohne langen Dienstreisen), Wunscharbeitszeit, bevorzugte Behandlung von Kindern der Mitarbeiter bei der Einstellungspraxis, Bindung an das Unternehmen schon in jungen Jahren (duale Hochschulausbildung), relativ gesicherter Arbeitsplatz, Ansehen des Unternehmens in der Region, usw.).
Es kamen eine Menge Attraktivitätsmerkmale zusammen, die aktiv gestaltet und beworben werden können und sollen. Ob dies ausreichen wird, um im zukünftigen Wettbewerb bestehen zu können, sei dahin gestellt. Befragungen zeigen, dass Vergütung nicht das allein entscheidende Kriterium für die Arbeitsplatzwahl ist und das müssen sich Unternehmen zu Nutze machen.

Zunächst ist zu konstatieren, dass das Ineinanderfließen von Berufsleben und Privatleben keine Entwicklung ist, die ursächlich mit dem demografischen Wandel zusammenhängt. Nicht das in den 80er Jahren proklamierte Ende der Arbeitsteilung (Kern u. Schuhmann 1984) ist eingetroffen, sondern die umfassende Flexibilisierung von Arbeit, die zu einer Entgrenzung von Arbeit und Privatleben führt (Kratzer u. Sauer 2003). Dabei spielt insbesondere die zunehmende Subjektivierung von Arbeit eine Rolle. Das arbeitswissenschaftlich proklamierte Konzept der Selbstorganisation, vornehmlich als Selbstregulation in der Arbeit (Handlungsspielraum, Situationskontrolle) umgesetzt, enthält die Aufforderung zum unternehmerischen Handeln. Dabei sollen die Beschäftigten ihre Arbeitszeit, ihre Leistungsverausgabung und die Rationalisierung ihrer Arbeit selbst bestimmen. Und sie sollen und müssen dafür ihre subjektiven Ressourcen einbringen, die die Grenze zwischen Berufsleben und Privatleben zerbröseln lässt.

Angesichts des demografischen Wandels, der durch Verknappung von Arbeitskräften besondere Anforderungen an die Gewinnung und Bindung stellt, sind Unternehmen gut beraten, den Beschäftigten Angebote einer verbesserten Work-Life-Balance zu unterbreiten. Dass dies nicht nur unter Kosten abzubuchen ist, zeigt die folgende Abb.

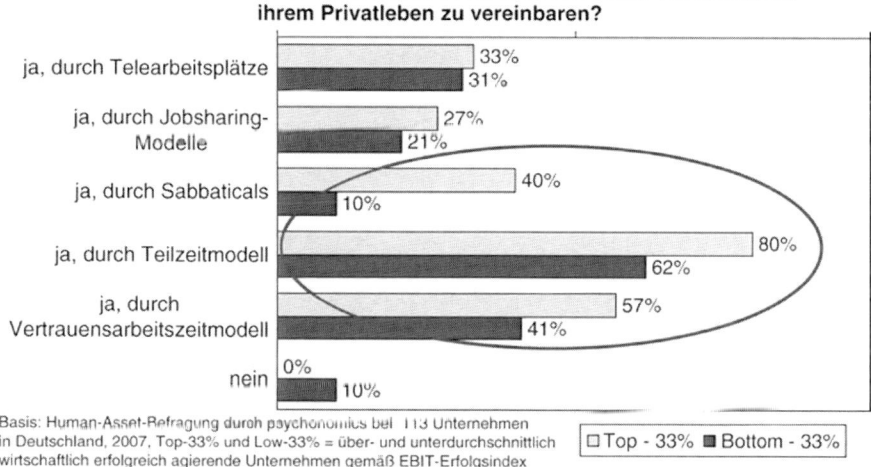

Abb. 10.1-5: Werttreiber aus dem Bereich Work-Life-Balance, zitiert nach Andreschak 2008

Die Abb. zeigt, dass sich überdurchschnittlich erfolgreiche Unternehmen von unterdurchschnittlich erfolgreichen Unternehmen signifikant in einigen Work-Life-Balance Dimensionen unterscheiden und zwar in Bezug auf Sabbaticals, Teilzeit und Vertrauensarbeitszeit.

Hinsichtlich der Rekrutierung belegen verschiedene Untersuchungsergebnisse wie die Towers Perrin Global Workforce Study 2005 oder Germany most wanted employers 2005, dass die Entscheidung für einen Arbeitgeber von nichtmonetären Faktoren dominiert wird (Sebald u. Enneking 2006; Company Consulting Team 2005, Bruch u. Menges 2006), s. auch folgende Abb.

Zu beachten ist, anders als bei der Mitarbeiterbindung, dass es sich um Zuschreibungen handelt, die die Unternehmen aufgrund des Auftretens in der Öffentlichkeit erhalten.

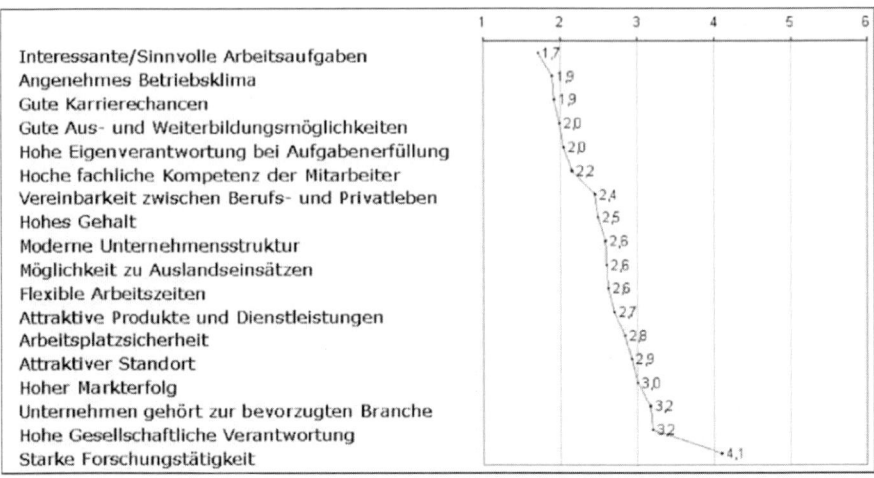

Teilnehmer: 747 Studenten, welche dem Bundesverband Deutscher Studentischer Unternehmensberatungen angeschlossen sind

Abb. 10.1-6: Profil eines idealen Arbeitgebers (Company Consulting Team 2005)

Abb. 10.1-6 zeigt 18 Eigenschaften eines Arbeitgebers, die bei der Auswahl für Bewerber von Bedeutung sind. Die Bewertung erfolgte von 1 bis 6 (1 = ausschlaggebend, 6 = irrelevant). Im Profil zeigt sich quasi der ideale Arbeitgeber aus Sicht von Hochschulabsolventen. Aus der grafischen Darstellung wird deutlich, dass die 747 befragten Studenten eine interessante und sinnvolle Arbeitsaufgabe, ein angenehmes Betriebsklima sowie gute Karriere- und Weiterbildungsmöglichkeiten als ausschlaggebend für die Auswahl des künftigen Arbeitgebers erachten. Die Vereinbarkeit von Berufs- und Privatleben sowie ein hohes Gehalt werden zwar als einflussreich erachtet, aber in der Bewertung nur an 7. und 8. Stelle gesetzt.

In der Towers Perrin Global Workforce Study liegt Work-Life-Balance bei der Bewertung der Arbeitgeberattraktivität im Hinblick auf Mitarbeitergewinnung ebenfalls tendenziell mittig auf Platz 6; Platz 1 ist hier ebenfalls die „herausfordernde Arbeit". Interessant ist, dass unsere Europäischen Nachbarländer Work-Life-Balance gleich nach „herausfordernde Arbeit" auf Platz 2 sehen. Es ist zu erwarten, dass das Kriterium Work-Life-Balance auch angesichts der demografischen Entwicklung in der Bedeutung für die Bewertung der Arbeitgeberattraktivität bei der Mitarbeitergewinnung in Deutschland in den nächsten 5 Jahren wesentlich steigen wird.

Zusammenfassend kann man sagen, dass für die Rekrutierung Kriterien der nicht-monetären Bereiche die größere Rolle spielen, insbesondere aus dem Bereich Lern- und Entwicklungsmöglichkeiten und Arbeitsumfeld.

Das sieht bei den Bewertungskriterien der Mitarbeiterbindung anders aus. Bei der Bindung spielen auch eine faire und gute Vergütung sowie angemessene Nebenleistungen eine Rolle. Work-Life-Balance taucht ebenfalls auf Platz 7 auf. Platz 1 wird von Karrieremöglichkeiten eingenommen, was auf die hohe Bedeutung des Talent Managements hinweist. Gerade dieser Punkt wird aber vor dem Hintergrund des demografischen Wandels immer kritischer, da zum einen oftmals nicht genügend Positionen zur Verfügung stehen und zum anderen keine alternativen Laufbahnkonzepte entwickelt und erprobt wurden. Besonders gefährdet sind hierbei heute jugendzentrierte Belegschaftstypen, die sich über die Besetzung ihrer Führungspositionen mit jungen Kräften wenig Gedanken machen und den bereits vorprogrammierten Karrierestau nicht im Blick haben.

Die folgende Abb. 10.1-7 zeigt die Top 10 Treiber für Rekrutierung, Bindung und Engagement der Global Workforce Study 2005, in der 86.000 Arbeitnehmer befragt wurden.

Rekrutierung	Bindung	Engagement
1. Herausfordernde Arbeit	1. *Aufstiegs-/ Karrieremöglichkeiten*	1. Senior Management ist an Mitarbeiter interessiert
2. Hohes Maß an Selbstständigkeit	**2. Hohes Maß an Selbstständigkeit**	**2. Hohes Maß an Selbstständigkeit**
3. Lern- und Entwicklungsmöglichkeiten	3. Ruf des Unternehmens als Arbeitgeber	3. Verbesserung der Fachkenntnisse und beruflichen Kompetenzen im letzten Jahr
4. *Positive finanzielle Situation des Unternehmens*	4. Faire Vergütung im Vergleich zu Arbeitskollegen	**4. Ruf des Unternehmens als Arbeitgeber**
5. *Aufstiegs-/ Karrieremöglichkeiten*	5. Angemessene, wettbewerbsfähige Nebenleistungen	5. Gute teamübergreifende Zusammenarbeit
6. Work/Life-Balance	6. Vorgesetzter versteht, was mich motiviert	6. Senior Management ist Vorbild im Sinne der Unternehmenswerte
7. Abwechslungsreiche Arbeit	7. *Work-Life-Balance*	7. Mitarbeiter werden an Zielvorgaben gemessen
8. Vergütung ist mit individueller Leistung verknüpft	**8. Bindung von erfolgskritischen Mitarbeitern**	8. Möglichkeit, aktiv die Arbeitsprozesse zu beeinflussen
9. Ruf des Unternehmens als Arbeitgeber	9. Programme und Anreize zur Gesundheitsvorsorge	**9. Bindung von erfolgskritischen Mitarbeitern**
10. Bindung von erfolgskritischen Mitarbeitern	10. Vorgesetzte sind offen und zugänglich	10. Angemessene, wettbewerbsfähige Nebenleistungen

Legende:

Fett und unterstrichen: Kriterien tauchen bei Rekrutierung, Bindung und Engagement auf

grau hinterlegt: Kriterien tauchen bei Bindung und Engagement auf

kursiv: Kriterien tauchen bei Rekrutierung und Bindung auf

Abb. 10.1-7: Top 10 Treiber für Rekrutierung, Bindung und Engagement der Global Workforce Study 2005 (Enneking u. Sebald 2005)

Die in allen 3 Dimensionen genannten Treiberindikatoren (siehe oben) sind quasi universell und stellen für das Personalmanagement höchste Priorität dar. Work-Life-Balance zählt zu den 6 wichtigsten Treiberindikatoren. Es wird von den Führungskräften auch deutlich mehr Präsenz und „Kümmerfunktion" im Hinblick auf die Mitarbeiter wie auch Vorbildfunktion im Hinblick auf die Unternehmenswerte erwartet.

Die folgende Abb. zeigt ebenfalls die Ergebnisse der Global Workforce Study 2005 mit einer Clusterung der Treiberindikatoren nach Vergütung, Lern- und Entwicklungsmöglichkeiten, Nebenleistungen und Arbeitsumfeld.

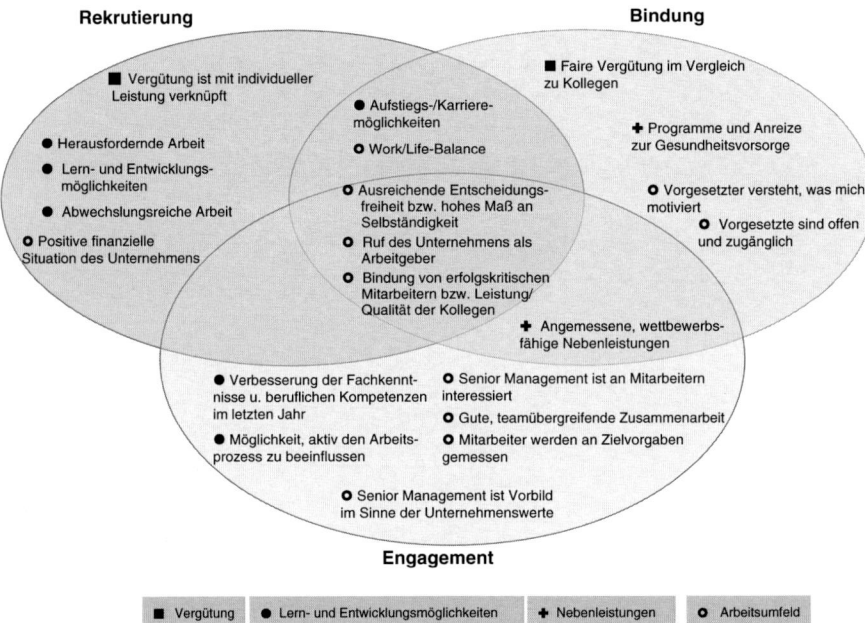

Abb. 10.1-8: Clusterung der Treiberindikatoren für Bindung, Engagement und Rekrutierung nach Vergütung, Lern- und Entwicklungsmöglichkeiten, Nebenleistungen und Arbeitsumfeld (Enneking u. Sebald 2005).

Untersuchungen der Universität St. Gallen zeigen, dass mithilfe der oben dargestellten Treiberindikatoren für Rekrutierung, Bindung und Engagement insbesondere kleine und mittlere Unternehmen den Kampf gegen die Großunternehmen bestehen können (Bruch u. Menges 2006). Dabei lassen sich gezielt Stärken nutzen, die von KMU wesentlicher ausgeprägt sind als in Großunternehmen, z. B. mehr Überschaubarkeit, weniger Anonymität, direkter Bezug zur Geschäftsführung, höhere Identifikationsmöglichkeit mit dem Unternehmen, weniger Bürokratie etc.

Abb. 10.1-9 zeigt den Total Rewards Ansatz, vereinfacht für den Mittelstand runtergebrochen.

10. Demografiefeste Personalstrategien

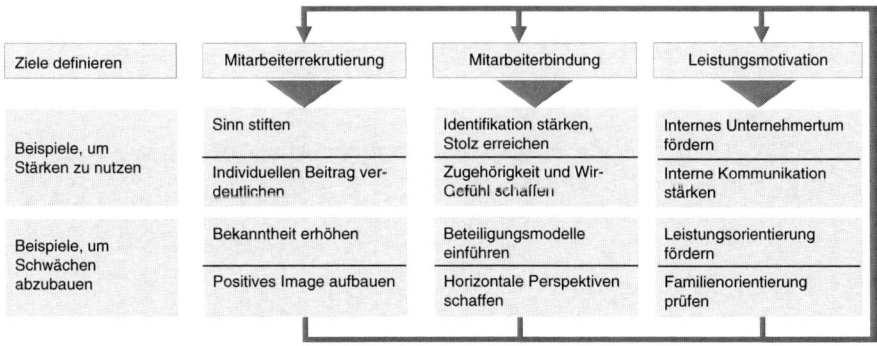

Zur Professionalisierung der Personalarbeit im Mittelstand gehören eine klare Zielsetzung und die Strukturierung von Arbeitsschritten.

Abb. 10.1-9: Personalstrategie für den Mittelstand (Bruch u. Menges 2006)

Wertet man die Angebote aus, die zum Thema Work-Life-Balance in den Unternehmen in Deutschland angeboten werden, so ist das Feld relativ unübersichtlich. Es fällt auf, dass es keine signifikanten Unterschiede zwischen Produktions- und Dienstleistungsunternehmen gibt, was wahrscheinlich damit zusammenhängt, dass auch in Produktionsunternehmen der Anteil an Dienstleistungen (Verwaltung, unternehmensnahe Dienstleitungen) entsprechend gegeben ist, so dass sich tätigkeitsbezogene Unterschiede kaum auswirken.

Bezogen auf die flächendeckende Verbreitung von Angeboten, kristallisieren sich drei Schwerpunkte heraus, die meistens mit der Vereinbarkeit von Beruf und Familie (im Sinne der Kinderbetreuung) zu tun haben. Neben der Kinderbetreuung im eigentlichen Sinn (Kindertagesstätte/Betriebskindergarten), sind hier vor allem jede Form von Flexibilisierung der Arbeitszeit zu nennen, aber auch die Möglichkeit zu Hause zu arbeiten (s. folgende Abb.).

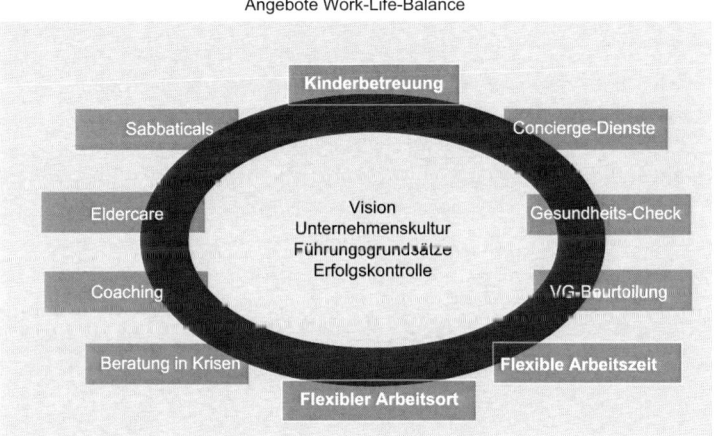

Abb. 10.1-10: Unternehmensangebote zur WLB (Andreschak 2008)

Die Bedeutung der Kinderbetreuung als zentraler Baustein von WLB-Konzepten wird vor dem Hintergrund des demografischen Wandels zunächst weiter an Bedeutung gewinnen, weil die Erhöhung der Frauenerwerbsquote sowohl politisch wie auch wirtschaftlich prioritäre Zielsetzung ist. In den nächsten 15 Jahren wird aber die hohe Bedeutung der Kinderbetreuung im Rahmen von WLB durch die Pflege Angehöriger ersetzt werden (s. unten).

Viele Unternehmen glauben durch das Angebot einer betriebseigenen Kindertagesstätte (Kita) insbesondere qualifizierte Frauen als Nachwuchskräfte sowohl besser rekrutieren wie auch besser binden zu können. Hinzu kommen weitere Effekte wie eine erhöhte Variabilität zwischen Voll- und Teilzeitarbeit wie auch die Erhöhung der Zahl weiblicher Führungskräfte mit Kinderwunsch. Hier sollte zunächst der tatsächliche Bedarf für das eigene Unternehmen geprüft werden. Die Bedürfnisse sind oftmals sehr unterschiedlich. Zum einen geht es meist um flexible Betreuung von Kleinkindern zwischen 6 Monaten und 3 Jahren, um auch Beschäftigte so schnell wie möglich wieder ins Unternehmen zurückzuholen. Zum anderen geht es oft um die regelmäßige Kinderbetreuung während der Schulferien zu Ostern, Sommer und Herbst.

Diese Fragen sollte ein Unternehmen vor der Entscheidung für eine betriebseigene Kita beantworten
• Warum möchten wir Kita-Plätze anbieten?
• Für wen sollen sie bereitstehen?
• Wie groß ist der Bedarf? Wie genau sieht der Bedarf aus? (Eventuell Umfrage durchführen).
• Wie viel Geld kann/ muss in das Projekt investiert werden?
• Sollen die Mittel nur in Investitionen oder auch in laufende Kosten fließen?
• Welches Modell passt zu uns? (Gegebenfalls Unternehmensberatung einschalten).

Quelle: Ostendorf-Servissoglou 2006

Betrachtet man die betriebseigene Kita wirtschaftlich, stellt sich in den meisten Fällen heraus, dass eine Kita nicht tragfähig ist. Hinzu kommen meist Akzeptanzprobleme mit dem Standort usw. Daher hat sich die Kooperation und der Zusammenschluss mehrerer Unternehmen als tragfähige Lösung herauskristallisiert. Eine weitere Möglichkeit besteht in der Beantragung öffentlicher Mittel, d. h. die Kita als öffentliche Einrichtung mit in die kommunale Bedarfsplanung mit aufnehmen zu lassen. Die folgende Checkliste stellt die ersten Schritte zur betriebseigenen Kita dar.

10. Demografiefeste Personalstrategien

Acht Schritte zur betriebsnahen Kita	
1. Nahe gelegene Unternehmen als Mitstreiter gewinnen.	5. Finanzierung (öffentliche Bezuschussung) abschließend klären und entsprechende Anträge stellen.
2. Pädagogisches Konzept und Angebot (zum Beispiel Zahl der Plätze, Öffnungszeiten) festlegen.	6. Aufteilung der verbleibenden Kosten zwischen Mitarbeiter und Betrieb festlegen.
3. Das geplante Kita-Projekt mit der Kommune absprechen und über die Förderung verhandeln.	7. Pädagogisches Personal einstellen.
4. Geeignete Räume suchen und Betriebserlaubnis einholen (Landesjugendamt).	8. Einrichtung eröffnen.

Quelle: Ostendorf-Servissoglou, E. 2006

Die Pflege Angehöriger durch Erwerbstätige

Im Kapitel „Demografiefeste Personalstrategien" wurde beschrieben und erläutert, dass sich die hohen Anforderungen an die Rekrutierung im nächsten Jahrzehnt ergeben, wenn die Babyboomer (Geburten zwischen 1955 und 1965) schrittweise in die Rente abtreten. Mit einem entsprechenden zeitlichen Nachlauf erhöht sich dann sprunghaft die Zahl der älteren Pflegebedürftigen und damit auch die Zahl der Erwerbstätigen, die pflegebedürftige Angehörige zu betreuen haben (s. Phasenverläufe in nachfolgender Abb.).

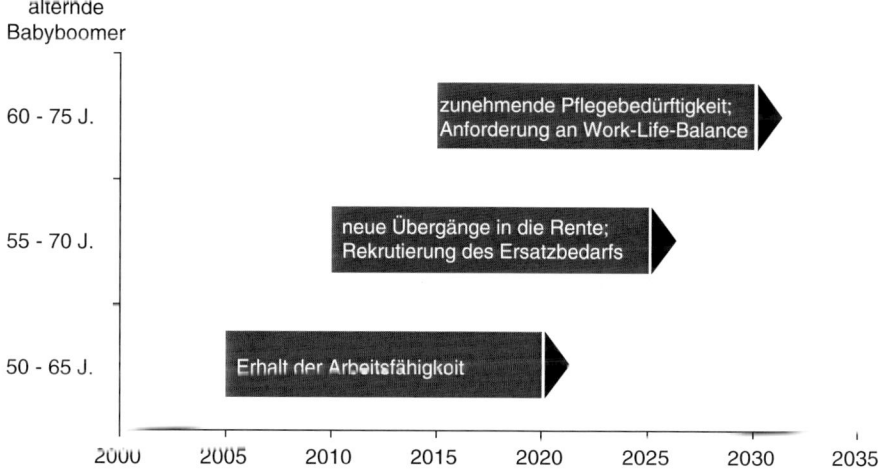

Abb. 10.1-11: Wirkungen der alternden Babyboomer (Geburtsjahrgänge 1955–1965)

Damit bekommt die Vereinbarkeit von Beruf und Familie einen neuen Schwerpunkt. Während bislang der Fokus auf die Balance von Beruf und Elternschaft und entsprechende Fragen der Kinderbetreuung gelegt wurde, rückt jetzt zunehmend die Pflege Angehöriger in den Mittelpunkt.

Empirische Daten zur Pflege besagen, dass Pflegebedürftige zu 80% privat, also durch Angehörige, gepflegt werden, die wiederum zu einem ¼ berufstätig sind (Becker 2007). Lediglich 15 bis 20% der Pflegebedürftigen wird in Altenheimen oder durch andere Organisationen gepflegt.

Die private Pflege wird wiederum zu 80% von Frauen wahrgenommen wird. Dies ist historisch gewachsen und durch traditionelle Sozialisierungsmuster gegeben, die sich in den nächsten 10 bis15 Jahren auch nur langsam aufweichen werden.[1]

Gleichzeitig werden insbesondere Frauen gezielt beworben (insbesondere für bislang männerdominierte Tätigkeiten), um Defizite des Arbeitsmarktes auszugleichen und das Rekrutierungspotenzial für Unternehmen insgesamt zu erhöhen. Dadurch sinkt die Verfügbarkeit von Frauen für die private Pflege (Enquete-Kommission „Demografischer Wandel 1998").

Des weiteren zeigen sich erhebliche Belastungssituationen bei Erwerbstätigen, die Angehörige pflegen und dabei keine oder kaum Unterstützung und Entlastung erleben. Dies zeigt sich in vermehrtem Stresserleben, Burn Out und vermehrt in psychischen Erkrankungen. Die Pflege erfordert Zeit, die weder in der Intensität noch in der Dauer berechenbar und psychisch meist belastender als die Erziehung kleiner Kinder ist. Der Alltag zeigt jedoch, dass Beschäftigte, die Angehörige pflegen, mit ihren Nöten auf viel weniger Verständnis stoßen als Eltern.

Untersuchungen in den USA zeigen, dass Erwerbstätige, die durch die Pflege Angehöriger belastet sind, zu 68% eine verkürzte Lebenserwartung aufweisen.

Im Jahr 2005 waren 2,1 Millionen pflegebedürftig in Deutschland (Statistisches Bundesamt). Im Jahr 2020 sollen es 2,9 Millionen sein (Deutsches Institut für Wirtschaftsforschung 2001). Höchstwerte, die sich durch die Alterung der Babyboomer ergeben, werden erst zwischen 2020 und 2030 erreicht werden. Die Folge ist, dass sich immer mehr Berufstätige um die Pflege ihrer Angehörigen kümmern müssen.

Im Schnitt wird im Jahr 2020 jeder 10. Beschäftigte einen Angehörigen zu Hause pflegen. Im Jahr 2030 wird es nach Schätzungen jeder 5. Beschäftigte sein.

Gleichzeitig wird sich auch die Struktur der Pflegebedürftigen ändern, insbesondere ist eine Zunahme älterer Behinderte, an Demenz Erkrankter und Migranten zu erwarten (Brandenburg 2002). Völlig unklar ist die Zunahme älterer pflegebedürftiger Migranten in Deutschland einzuschätzen. Bis zum Jahr 2030 ist mit 2,2 Millionen über 60jährigen Migranten zu rechnen (Behörde für Arbeit Gesund-

---

[1] Bspw. ist es immer noch vorherrschende Sichtweise, dass ältere Mütter oder Väter niemals ihren Söhnen zumuten, sie zu pflegen. Wenn, dann sind es immer die Töchter, von denen dies erwartet wird. Diese Einstellung gilt auch noch am Anfang des 21. Jahrhunderts uneingeschränkt.

heit und Soziales, 1998), deren Versorgungslage heute schon nicht gegeben ist (Geiger u. Brandenburg 2000).

Angebote und Gestaltungslösungen gibt es bisher nur wenige. Laut einer Umfrage machen 7% der Unternehmen in Deutschland Angebote zur Vereinbarung von Beruf und Pflege (berufundfamilie gGmbH 2007). Die meisten Unternehmen jedoch kümmern sich nicht, ähnlich wie bei der Rekrutierung, um Anforderungen, die erst im nächsten Jahrzehnt akut werden, und verspielen damit Pioniergewinne und zukünftige Wettbewerbsvorteile.

Die größte Stellhebel liegt in der Gestaltung der Arbeitszeit: Teilzeitarbeit, Wunscharbeitszeit, Vertrauensarbeitszeit, Wahlarbeitszeit, Telearbeit, Heimarbeit, Arbeitszeitkonten, Freistellungen, Sonderurlaube usw.

In Deutschland zählten die Automobilhersteller zu den ersten, die ihren Mitarbeitern zur Pflege Angehöriger Angebote gemacht haben: Notfallplan bei Ford in Köln sowie „Pausenmodell" bei DaimlerChrysler.

Wichtigste Erfahrung ist, das Thema Pflege Angehöriger öfters im Unternehmen zu thematisieren. Idealerweise kann dies als Bestandteil strukturierter regelmäßiger Mitarbeitergespräche realisiert werden.

Eine andere wichtige Erfahrung ist, dass der „Pflegefall" oftmals unvorhergesehen eintritt, mit der akuten Folge, dass Mitarbeiter in der Situation überfordert sind und die Leistungsfähigkeit nicht mehr gegeben ist. Hierfür sollten Unternehmen Hilfsangebote, Informationen, Anlaufstellen bzw. Ansprechpartner bereitstellen (s. bspw. Notfallplan bei Ford Köln).

Wie man Angehörige pflegen kann, ohne dass das Beschäftigungsverhältnis und die Berufslaufbahn darunter leidet, darum hat sich die Initiative „Beruf und Familie" (Hertie Stiftung) gekümmert und für diese Problematik eine Checkliste herausgegeben, anhand derer Unternehmen und Betroffene überprüfen können, welche Maßnahmen in ihrem Betrieb bereits praktiziert werden und wo Handlungsbedarf besteht (s. folgende Seite).

Checkliste zur Vereinbarkeit von Pflege und Beruf		
Arbeitszeit		
Gibt es im Unternehmen Gleit- oder Teilzeit?	ja ☐	nein ☐
Wird ein Arbeitszeitkonto angeboten?	ja ☐	nein ☐
Besteht die Möglichkeit, sich freistellen zu lassen oder Sonderurlaub zu nehmen?	ja ☐	nein ☐
Nehmen Vorgesetzte und Kollegen Rücksicht bei der Urlaubsplanung?	ja ☐	nein ☐
Arbeitsorganisation		
Setzt das Unternehmen auf Teamarbeit?	ja ☐	nein ☐
Wird bei Geschäftsreisen Rücksicht auf die Pflegesituation genommen?	ja ☐	nein ☐
Arbeitsort		
Lässt sich der Job mit Heim- und Telearbeit vereinbaren?	ja ☐	nein ☐
Information und Kommunikation		
Setzt sich das Unternehmen aktiv mit dem Thema Pflegen auseinander?	ja ☐	nein ☐
Versucht die Unternehmensleitung, die Belegschaft für dieses Thema zu sensibilisieren?	ja ☐	nein ☐
Wird Infomaterial bereitgestellt?	ja ☐	nein ☐
Ist ein Ansprechpartner für Vereinbarkeit von Beruf und Pflege vor Ort?	ja ☐	nein ☐
Führungskompetenz		
Werden Vorträge und Trainings für Führungskräfte angeboten?	ja ☐	nein ☐
Nehmen sich Vorgesetzte in Gesprächen über die persönliche Situation genügend Zeit?	ja ☐	nein ☐
Rotiert die Verantwortung für Pflegemaßnahmen?	ja ☐	nein ☐
Personalentwicklung		
Wird bei Fort- und Weiterbildungsveranstaltungen auf das Thema Pflege eingegangen?	ja ☐	nein ☐
Hält das Unternehmen Kontakt zu freigestellten Mitarbeitern?	ja ☐	nein ☐
Werden abwesende Angestellte kontinuierlich über Know-how-Entwicklungen informiert?	ja ☐	nein ☐
Service für Pflegende		
Werden Seminare und Schulungen für pflegende Angehörige angeboten?	ja ☐	nein ☐
Besteht die Möglichkeit zur Vermittlung externer Pflegedienste?	ja ☐	nein ☐
Gibt es einen Pool Freiwilliger für Betreuungsdienste?	ja ☐	nein ☐

leicht abgewandelt nach: berufundfamilie gGmbH 2007

10.2 Unternehmenskooperation als strategischer Ansatz im demografischen Wandel

Wenn Unternehmen eine umfangreiche Altersstrukturanalyse und ggf. eine Demografieanalyse des Unternehmensstandorts gemacht haben, ergeben sich viele strategische Fragestellungen bzw. Anforderungen an die Planung und Umsetzung von Maßnahmen, welche im Detail in Kapitel 5-10 beschrieben worden sind.

Oftmals führen Umfang und Qualität dazu, dass sich Führungskräfte überfordert fühlen oder nicht wissen, welche Maßnahmen zu priorisieren sind. Auch kommen viele Unternehmen zu dem Schluss, dass sie definitiv nicht die zeitlichen und vor allem die personellen Ressourcen bzw. Kompetenzen haben, die Fülle an Anforderungen zu bewältigen.

Die Komplexität, die in der Thematik des demografischen Wandels steckt (siehe Einleitung), wird zwar nach und nach mehr verstanden, führt aber oftmals nicht zu einem professionellen Demografiemanagement. Typische Defizite bei der Bewältigung der Anforderungen des demografischen Wandels sind:

- Schwer vermittelbare Anforderungen durch den demografischen Wandel an Mitarbeiter und Führungskräfte

- Fehlende Kompetenz im Unternehmen (Demografiemanagement, alternsgerechte Arbeits(zeit)gestaltung, lebensphasenorientierte Berufslaufbahngestaltung etc.)

- Zu hoher Aufwand bei Umsetzung demografietauglicher Personalarbeit (jährliche Mitarbeitergespräche; Erstellung von Anforderungs- und Fähigkeitsprofilen; Betriebliches Eingliederungsmanagement; aktive, zielgruppenbezogene Bewerbung von Nachwuchs- und Fachkräften; Umsetzung von Bindungsstrategien etc.)

Besonders kleine und mittlere Betriebe sind davon betroffen, da viele Führungsaufgaben in Personalunion ausgeführt werden und die Aufgaben, die sich aus dem demografischen Wandel ergeben noch hinzukommen und sich nicht delegieren lassen.

Daraus ergibt sich sachlogisch die Frage, ob nicht die Kooperation mit anderen Unternehmen ein strategischer Ansatz sein könnte, die Vielfalt der Anforderungen gemeinsam und arbeitsteilig zu bewältigen. Hinsichtlich der Erschließung neuer Märkte oder bei der Frage der Ausbildung gibt es bereits zahlreiche strategische Allianzen und Unternehmenskooperationen, die zeigen, dass dies ein erfolgreicher Weg sein kann.

Allerdings hat die Befragung des Instituts für Mittelstandsforschung 2008 (Suprinovic u. Kranzusch 2008) gezeigt, dass 60 bis 70% der Unternehmen mit weniger als 250 Beschäftigten sich noch nicht intensiv mit der Thematik des demografischen Wandels beschäftigt haben. Aber erst eine intensive Beschäftigung mit der Thematik führt in den Unternehmen dazu, Unternehmenskooperation als strategischen Lösungsansatz zu erwägen. Daher ist es nicht verwunderlich, wenn in Deutschland bisher wenig darüber kommuniziert bzw. publiziert wird.

Langhoff hat im Rahmen eines Ideenworkshops des ddn hierzu erste Ideen und Lösungsmöglichkeiten mit Unternehmen erarbeitet (Ebener 2008).

Potenziale bei der Unternehmenskooperation liegen demnach in der Nutzung gemeinsamer technischer Infrastruktur, der Teilung von Personalkapazitäten, der Nutzung komplementärer Kompetenzen, der Nutzung komplementärer Arbeitszeit sowie der Kostenteilung. Als inhaltliche zu beschreibende Kooperationsfelder sind folgende Schwerpunkte anzusehen (Langhoff 2008):

Rekrutierung

- Gemeinsame Kontaktaufnahme und Präsentation in Schulen zur Gewinnung von Praktikanten / Auszubildenden
- Gemeinsame Kontaktaufnahme und Präsentation in Universitäten zur Gewinnung von hochqualifizierten Abgängern bzw. zur Realisierung dualer Ausbildung (Facharbeiterbrief/Bachelor-Abschluss)
- Kooperative Erarbeitung aktiver Bewerbungsstrategien für spezifische Zielgruppen (z. B. Frauen in Männerberufen, Migranten, 50+ etc.)

Qualifizierung

- Kooperative Qualifizierung von An- und Ungelernten
- Kooperative Weiterbildung von Fachkräften bei neuen Technologien

Wechselseitiger Wissens- und Personaltransfer

- Gemeinsame Bildung von Infrastrukturen z. B. in der Logistik,
- Gemeinsame Poolbildung von Beschäftigten zur Gestaltung von organisiertem Belastungswechsel; Auftragsschwankungen,etc.

Gemeinsame Standortanalyse insbesondere im Bereich der DL- Kooperation

- Kooperative Analyse regionaler/lokaler Strukturdaten (Veränderung Wohn- und Arbeitsbevölkerung, Migrantenanteil, Schulabgänger, Azubis, Erwerbsquote Frauen, Arbeitslosenquote, Bildungswanderungen, Arbeitskräftewanderungen, Kaufkraft, Kundentypen)

Kinder- und Seniorenbetreuung

- Bedarf für das eigene Unternehmen reicht oft nicht aus. Kooperative Finanzierung und Einrichtung einer Kita
- Kooperative Standortsuche für Kita
- Kooperative Beantragung von öffentlicher Bezuschussung
- Kooperative Nutzung einer(s) Sozialberaters/in für die Pflege Angehöriger

Gesundheitsmanagement und Umgang mit Leistungseinschränkungen

- Gemeinsame Finanzierung/Nutzung eines Betriebsarztes mit besonderer Kompetenz für alternde Belegschaften: Nutzung WAI, Polar Own, IMBA etc.
- Kooperative Schaffung von Leichtarbeitsplätzen
- Kooperative Gründung eigener Geschäftsmodelle für Leistungsgewandelte

Kompetenznetze als konzertierte Aktionen

Von einer Unternehmenskooperation in Hessen wurde über gezielte Abwerbungen von Fachkräften berichtet, die sich im Rahmen einer gemeinsamen Rekrutierungsaktion zwischen Automobilzulieferern ergab. Bei einem mittelständischen Unternehmen führte dies zum Verlust von 15% der Fachkräfte in Schlüsselpositionen. Partner der Aktion hatten die Unternehmenskooperation dazu genutzt, Fachkräfte des anderen Unternehmens gezielt abzuwerben. Im Rahmen von Kooperationen sollten daher „Nicht-Abwerbungsabsprachen" bzw. Einstellungsverbote für Mitarbeiter von Kooperationspartnern vereinbart werden.

Eine Möglichkeit ein Unternehmensnetzwerk zu bilden, ist die Nutzung von Fachkräften, die ein Unternehmen nicht in Vollzeit beschäftigen könnte bzw. bräuchte, siehe als Beispiel http://www.20jahre.com/menschen-mit-erfahrung/ aktuelles/reportage/patchworkjobs-chance-im-mittelstand). Der Anlagenbauer für Licht- und Farbmessung X-Rite GmbH Optronik bietet älteren Arbeitnehmern die Möglichkeit, durch Teilzeitjobs oder befristete Projektverträge ihren Beruf auszuüben. Die Niederlassung in Berlin hat ein Netzwerk aufgebaut und unterstützt Arbeitnehmer dabei, mehrere Teilzeittätigkeiten miteinander zu verknüpfen.

Manche Unternehmen, insbesondere in ländlichen Regionen, werden zukünftig Probleme bekommen, geeigneten Fach- und Führungskräftenachwuchs zu bekommen. Demografisch gesehen, wird es in den nächsten Jahrzehnten lediglich fünf Agglomerationsräume geben (Köln/Bonn; Rhein/Main, Stuttgart, München, Hamburg), alle anderen werden stagnieren bzw. schrumpfen. Top-Unternehmen, die weit entfernt von diesen Agglomerationsräumen sind, beklagen heute schon die Rekrutierungsproblematik. Bspw. hat ein bekanntes Pharma-Unternehmen seine Zentrale von Karlsruhe nach Berlin verlegt aus o. g. Gründen. Daher ist es sinnvoll auch als regionales Cluster, sich zu verbünden und sich gemeinsam aufzustellen. Ein Beispiel für Ostwestfalen Lippe mit Unternehmen wie Oetker, Miele, Bertelsmann, Melitta etc. zeigt http://www.powerbrands-owl.de.

Insgesamt ist die Thematik „Unternehmenskooperation in demografischen Wandel" noch am Anfang der Debatte. Die Beschleunigungsphase des nächsten Jahrzehnts wird dies schnell ändern. Im Folgenden sind wichtige strategische Fragen dazu formuliert:

Strategische Fragen zur Unternehmenskooperation im demografischen Wandel
---
- Bei welchen operativen bzw. strategischen Gestaltungsfeldern wären Unternehmenskooperationen sinnvoll? Gibt es hierzu bereits in der Öffentlichkeit dokumentierte Beispiele?
- Wie können potenzielle Kooperationspartner gefunden werden?
- Was behindert die Unternehmen mit potenziellen Kooperationspartnern Kontakt aufzunehmen?
- Wie genau könnte die Kooperation inhaltlich aussehen? Kommen hierzu auch Wettbewerber in Frage?
- Wie kann die Kooperation formal gestaltet werden?
- Was können Erfolgsfaktoren von Kooperationen im demografischen Wandel sein?

11. Demografischer Wandel in Klein- und Kleinstbetrieben, insbesondere im Handwerk

Kleinbetriebe sind durch den demografischen Wandel in besonderer Weise betroffen. Nach Packebusch und Weber (2002) treffen insbesondere für das Handwerk folgende Beobachtungen zu.

- Die einzelnen Gewerke sind z. T. nicht attraktiv für junge Schulabgänger. Für Handwerksbetriebe ist es schwer, geeignete junge Nachwuchskräfte zu rekrutieren und an sich zu binden.

- Der Erhalt der Arbeitsfähigkeit bis zum Renteneintritt ist im erlernten Beruf oftmals nicht möglich.

- Ältere qualifizierte Arbeitskräfte wandern oftmals aufgrund von Perspektivmangel oder zu hoher Arbeitsbelastungen in die Industrie bzw. in unternehmensnahe Dienstleistungen ab.

- Trotz Abwanderung oder vorzeitigen Renteneintritts wegen Erwerbsminderung wird die Anzahl über 50-Jähriger aufgrund der demografischen Entwicklung im nächsten Jahrzehnt massiv ansteigen (s.folgende Abb.)

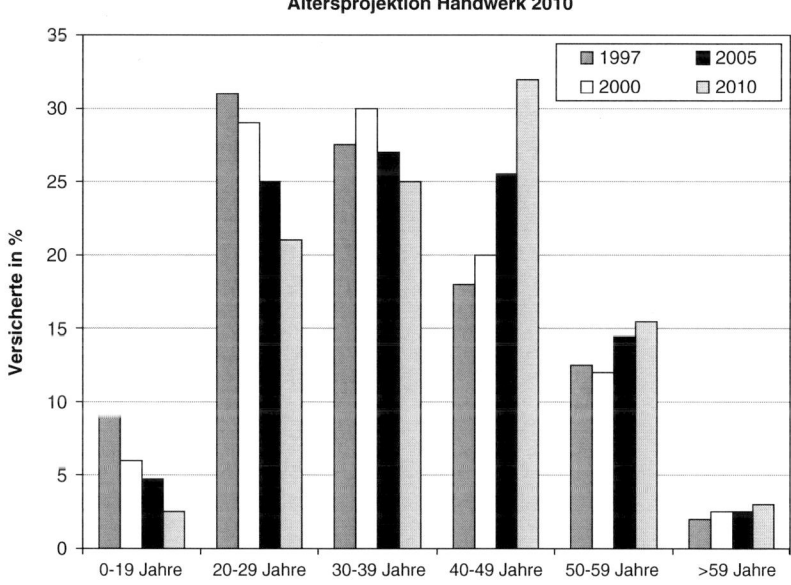

Abb. 11-1: Altersstruktur im Handwerk, Projektion von Packebusch/Weber auf der Datengrundlage der Jahre 1997–2005 des IKK-Bundesverbandes; Quelle: Packebusch/Weber 2008)

Die Abbildung zeigt, dass gegenwärtig die stärkste Alterskohorte die der 40- bis 50-Jährigen ist, welche im nächsten Jahrzehnt vollständig zu den über 50-Jährigen wandert. Zahlen des Verbandes der Rentenversicherungsträger zeigen, dass gegenwärtig bei den Bauberufen zwischen 40–60% (je nach Berufsgruppe) eine vorzeitige Rente wegen Erwerbsminderung in Anspruch nehmen (zitiert nach Packebusch u. Weber 2008). Massive Anstrengungen zum Erhalt der Arbeitsfähigkeit und zur Förderung der Attraktivität des Handwerks sind also geboten.

Hinzu kommt, dass die fortschreitende Alterung nicht nur die Beschäftigten, sondern auch die Betriebsinhaber betrifft. Eine Sekundäranalyse des BiBB/IAB Datensatzes von 1999 ergab, dass 50,8% der Selbständigen im Handwerk in NRW älter als 50 Jahre sind (Langhoff u. a. 2003). Dadurch steigt das Übergabepotenzial der Handwerksbetriebe unverhältnismäßig stark an. Laut einer Umfrage des ZDH im Jahre 2003 gaben 41,1% der Betriebsinhaber an, ihren Betrieb in den nächsten 10 Jahren übergeben zu wollen. Allein im Handwerk muss für über 200.000 Betriebe eine/n Nachfolger/-in gefunden werden.

> Die Frage der Nachfolgesicherung im Handwerk ist unter besonderer Berücksichtigung des demografischen Wandels bisher noch nicht untersucht worden. Es fehlt hier an Bewertungskategorien sowohl für Übergeber wie auch für potenzielle Übernehmer. Es wäre lohnenswert eine demografiefeste Due Dilligence für die Handwerksbetriebe zu entwickeln. Dabei kann auf Arbeiten zur Qualität und Nachhaltigkeit bei Existenzgründungen und Unternehmensnachfolgen im Handwerk von Lang u. Langhoff (2004) und Langhoff u. a. (2005 und 2006) aufgebaut werden.

Reflektiert man die bisherigen Ausführungen, sollte man zu dem Schluss kommen, dass sich Klein- und Kleinstbetriebe besonders mit den Auswirkungen des demografischen Wandels beschäftigen. Dies ist allerdings nicht der Fall, siehe folgende Abb.

11. Demografischer Wandel in Klein- und Kleinstbetrieben, insbesondere im Handwerk

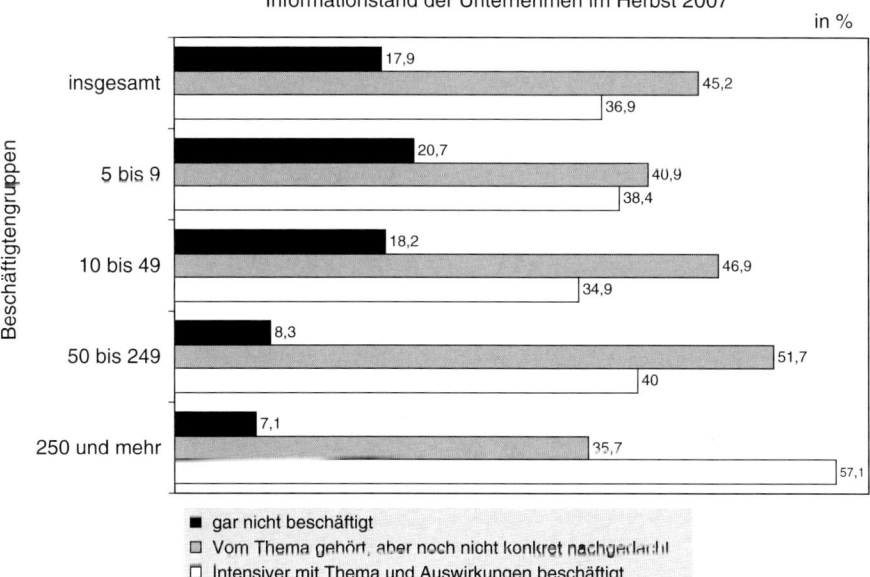

Abb. 11-2: Vorbereitung auf den demografischen Wandel nach Betriebsgröße (Suprinovic und Kranzusch 2008).

Wie die Abb. zeigt, haben sich nach einer Befragung des Instituts für Mittelstandsforschung im Herbst 2007 61,6% der Kleinstbetriebe (< 10 Beschäftigte) und 65,1% der Kleinbetriebe (10 bis 49 Beschäftigte) noch gar nicht mit der Thematik beschäftigt bzw. über die Auswirkungen des demografischen Wandels nachgedacht.

Allerdings ergeben sich durch die Verschiebung der Alterstruktur der Bevölkerung nicht nur Risiken sondern auch Chancen für das Handwerk. Die folgende Abb. 11-3 zeigt die Verschiebung des Altersaufbaus der unter 20-Jährigen im Vergleich zu den über 60-Jährigen, also im Wesentlichen der nicht erwerbstätige Teil der Bevölkerung.

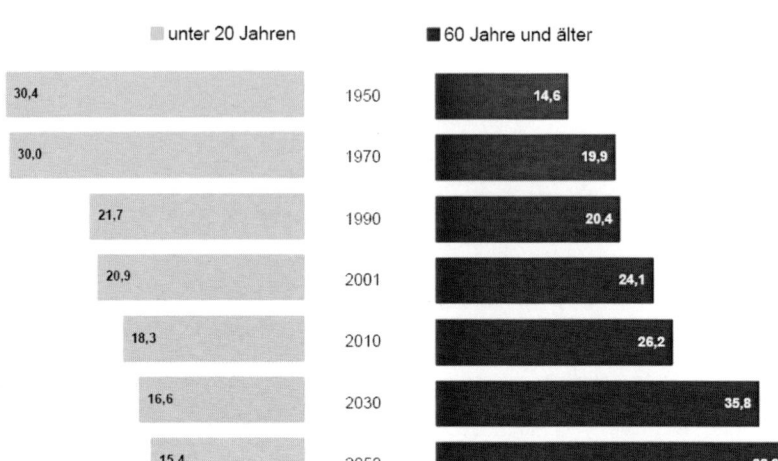

Abb. 11-3: Verschiebung des Altersaufbaus der unter 20-Jährigen im Vergleich zu den über 60-Jährigen von 1950 bis 2050 (Statistisches Bundesamt 2006).

Zwischen 2010 und 2030 wird es zu einem massiven Anstieg der über 60-Jährigen (bei gleichzeitiger Abnahme der unter 20-Jährigen) kommen, der für das Handwerk eine Reihe von Marktchancen mit sich bringt. Nach Weiß (2007)

- haben Ältere die höheren verfügbaren Einkommen sowie höhere Ersparnisse,

- fragen Ältere aufgrund geänderter Bedarfslagen vermehrt Handwerksleistungen nach,

- steigen im Alter Sicherheits- und Bequemlichkeitsbedürfnisse an,

- steigt im Alter die Nachfrage nach erhaltenden und pflegenden Leistungen,

- legen Ältere einen höheren Wert auf produktbegleitenden Service und Beratung.

Daraus ergeben sich für das Handwerk Wachstumsfelder in den Bereichen barrierefreies Bauen und Wohnen und seniorengerechte Dienstleistungen.

Demografiefeste Personalstrategien und alternsgerechte Arbeitsgestaltung im Handwerk

Das Problem des Handwerks, qualifizierten Nachwuchs zu rekrutieren wird sich angesichts knapper werdender Arbeitsmärkte und aggressiven Wettbewerbs um Fachkräfte weiterhin verschärfen. Dabei konkurriert das Handwerk mit Industrie und Dienstleistungen, die gleichsam vermehrte Anstrengungen unternehmen. Berücksichtigt man den Mangel an Berufslaufbahnkonzepten und die unattraktiven Arbeitsbedingungen diverser Gewerke (bspw. der Bau-, der Ausbau und der Lebensmittelhandwerke), hinkt das Handwerk bisher den anderen Sektoren hinterher (ZDH 2003). Zwar ist das Handwerk mit 30,7% Ausbildungsanteil bei nur 12,4% Beschäftigungsanteil seiner traditionellen Rolle des „Ausbilders der Nation" noch 2005 gerecht geworden, aber die Tendenz ist abnehmend.

Es gilt, intelligente Rekrutierungsstrategien zu entwickeln und auch bisher eher weniger berücksichtigte Zielgruppen für die Ausbildung aktiv zu bewerben (vgl. Reindl 2005; s. auch Kapitel 7).

Darüber hinaus ist ein Abwandern älterer Fachkräfte in die Industrie zu vermeiden. In der folgenden Abbildung werden Stärken und Schwächen älterer Fachkräfte aus Sicht von Betriebsinhabern formuliert. Die angegebenen Stärken machen deutlich, dass hier angesichts des demografischen Wandels bisher noch enorme ungenutzte Potenziale in den bereits genannten Wachstumsfeldern liegen (s. o.). Neben der größtenteils vorhandenen Fachqualifikation und langjährigen Berufserfahrung kommen insbesondere extrafunktionale Qualifikationen wie soziale Kompetenzen, hohe Zuverlässigkeit und eine höhere betriebliche Loyalität hinzu. Das befähigt ältere Fachkräfte für Tätigkeiten wie Mentoring, Prozessbegleitung und Kundendienstberatung (vgl. Weber u. a. 2003) wie auch für die Erschließung völlig neuer mit dem demografischen Wandel der Bevölkerung einhergehender Tätigkeitsfelder wie dezentrale Energie- und Wasserversorgung, alternative Wärmeangebote, dezentrale Stromerzeugung, Modelle der Public Private Partnership usw.

11. Demografischer Wandel in Klein- und Kleinstbetrieben, insbesondere im Handwerk

„Neue Besen kehren gut, aber die alten Besen kennen die Ecken !"

Schwächen	Stärken
• körperlich weniger belastbar / langsamer sowie	• höhere Sensibilität im Umgang mit Mitarbeitern/Kunden
• teurer als junge Kräfte	• höhere Beratungskompetenz
• hohe Abfindungen sind bei langer Betriebszugehörigkeit zu zahlen	• höhere Kundenbindung durch Kundenzufriedenheit: im Ergebnis eine höhere Dienstleistungsqualität
• „Lernentwöhnung" ist bei vielen eingetreten	
• Aufstiegsorientierung fehlt vielfach	• sehr gute Erfolge im kundennahen Einsatz
• traditionelle Lern- und Arbeitskonzepte sind verbreitet	• Ältere verfügen in der Regel über „soft skills""
• Laufbahn- und Lebensplanung sind abgeschlossen	
• Mentale Bereitschaft sich auf Veränderungen einzustellen ist schwach	

Abb. 11-4: Stärken und Schwächen älterer Fachkräfte aus Sicht von Betriebsinhabern (Langhoff 2007, zitiert nach Lippe-Heinrich 2002)

Die in Abb. 11-4 angegebenen Schwächen sind Folge eines Bündels von Faktoren, die sich in Mängeln der Berufslaufbahnplanung, der Arbeitsgestaltung, der Führungsorganisation, der Weiterbildung und dem Erhalt der Gesundheit der Beschäftigten zusammensetzt, s. folgende Abb.

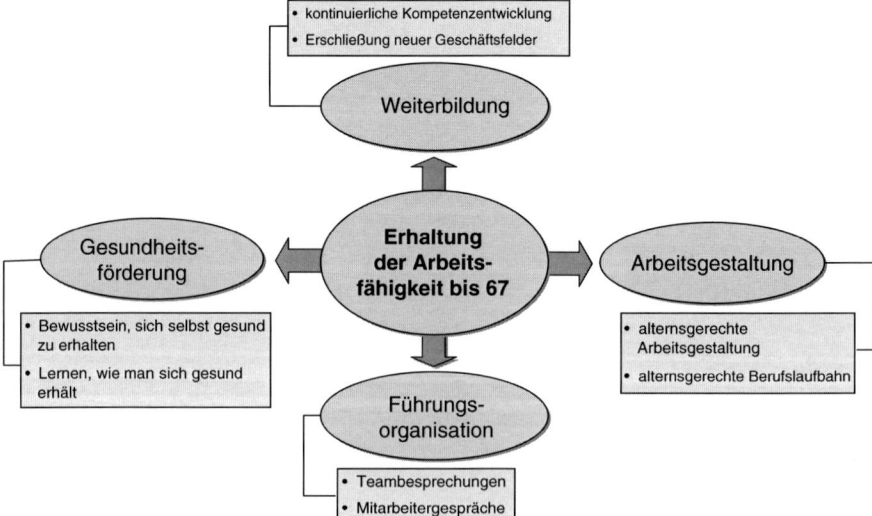

Abb. 11-5: Handlungsfelder einer generationenübergreifenden Personalpolitik im Handwerk (Langhoff 2007)

Für diese Handlungsfelder sind bisher kaum Lösungskonzepte, Handlungshilfen und Transferkonzepte erarbeitet worden. Rühmliche Ausnahme ist das Team um Weber und Packebusch des Instituts für Arbeitssystemgestaltung und Personalmanagement (IAP) der Hochschule Niederrhein. Auf Basis von Betriebsanalysen im SHK- und Dachdeckerhandwerk wurden partizipativ mit Beschäftigten, Betriebsinhabern und Multiplikatoren einzelne Module entwickelt, die sowohl von den Betrieben selbst, als auch im Rahmen von Schulungen, Beratungen und Coachingmaßnahmen von Innungen, Kreishandwerkerschaften und Handwerkskammern eingesetzt werden können (Weber u. Packebusch 2002; Weber u. a. 2003; Weber 2005; Weber u.a 2007). Einzelne vom IAP entwickelten Module zeigt die folgende Abb.

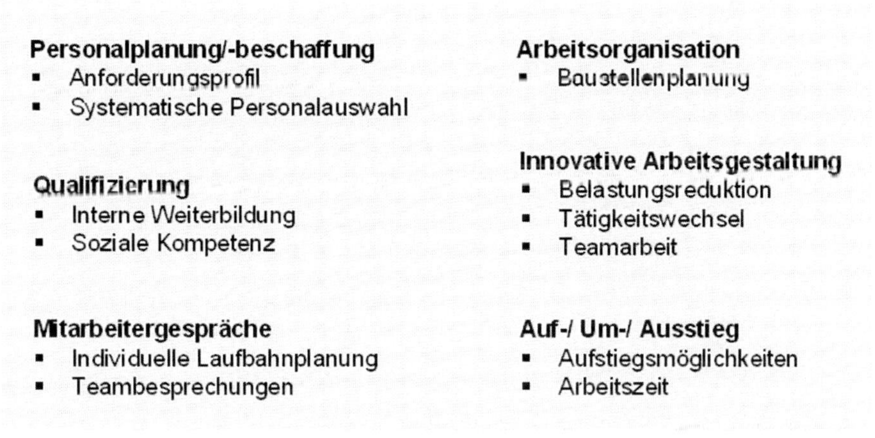

Personalplanung/-beschaffung
- Anforderungsprofil
- Systematische Personalauswahl

Qualifizierung
- Interne Weiterbildung
- Soziale Kompetenz

Mitarbeitergespräche
- Individuelle Laufbahnplanung
- Teambesprechungen

Arbeitsorganisation
- Baustellenplanung

Innovative Arbeitsgestaltung
- Belastungsreduktion
- Tätigkeitswechsel
- Teamarbeit

Auf-/ Um-/ Ausstieg
- Aufstiegsmöglichkeiten
- Arbeitszeit

Abb. 11-6: Schulungs-, Beratungs- und Coaching-Module für Personalmanagement und Arbeitsgestaltung im Handwerk (Packebusch u. Weber 2002)

Neben personalstrategischen Maßnahmen verlangt die alternsgerechte Arbeitsgestaltung im Handwerk besonderes Augenmerk. Hierbei gilt es, kombinierte Belastungen, die, dauerhaft auftretend, als alterskritisch einzustufen sind, zu vermindern und zu optimieren. Dazu zählen Heben und Tragen schwerer Lasten, Arbeiten unter Zeitdruck, Zwangshaltungen sowie Arbeiten unter wechselnden, z. T. extremen Witterungsbedingungen. Da Leichtarbeitsplätze für leistungseingeschränkte Beschäftigte und ein betriebliches Eingliederungsmanagement im Handwerk so gut wie nicht existieren, ist es umso wichtiger, eine präventive und prospektive Arbeitsgestaltung vorzunehmen, so dass eine Verweildauer bis zum Renteneintritt gewährleistet bleibt. Das folgende Beispiel zeigt, wie systematisch im Rahmen einer Arbeits(system)analyse nach dem TOP-Ansatz jede einzelne Belastung auf seine Optimierung partizipativ bewertet wird (Weber 2005).

Arbeitsgestaltung in einem Handwerksbetrieb mit 21 Beschäftigten - Auszug		
Außendienst	**Belastungen**	**Maßnahmen**
Technik	Belastung von Rücken und Gelenken beim Tragen schwerer Teile	Treppensteigegerät
Organisation	Stress bei zeitgerechter Auftragsbearbeitung, da Auftrag unklar und wichtige Angaben fehlen – nächster Kunde wartet	Erstellung eines Auftragszettels, der notwendige Informationen bei der telefonischen Auftragsannahme systematisch erfasst
Person	Monteur kann Bearbeitung des Auftrags nicht mit Kunden besprechen, da er keine Preise kalkulieren kann – Auseinandersetzung mit unzufriedenem Kunden	Innerbetriebliche Qualifizierung zur Preisgestaltung
	Belastungen	**Maßnahmen**
Technik	Arbeitsplatz schlecht beleuchtet, zugig und laut	Verlegung des Arbeitsplatzes
Organisation	Probleme der MitarbeiterInnen untereinander, da Zuständigkeiten für Kunden nicht eindeutig geklärt	Festlegung fester Innendiensttage und Kundenzuordnungen
Person	fehlende Ansprechzeiten der Geschäftsführung für Rückfragen von MitarbeiterInnen? – Stress durch mangelnde Absprachemöglichkeiten	interne Schulung der MitarbeiterInnen zur Rechnungsvorbereitung, um Geschäftsführung zu entlasten

Abb. 11-7: Alternsgerechte Arbeitsgestaltung in einem Handwerksbetrieb mir 21 Beschäftigten – Auszug (Weber 2005)

Eine präventive und prospektive Arbeitsgestaltung im Handwerk ist Grundlage, um für einzelne Berufsgruppen Konzepte einer Berufslaufbahn zu entwerfen. Dabei müssen die alterskritischen Belastungen, die nicht zu eliminieren sind, gestalterisch über die Lebensarbeitszeit berücksichtigt werden. Das bedeutet, dass Handwerkern bereits in jungen Jahren ein Bewusstsein über Langzeitwirkungen kombinierter Belastungen zu vermitteln ist. Auch ist bereits frühzeitig die Bedeutung lebenslangen Lernens verständlich zu machen, die mit fortschreitendem Alter immer mehr greift. Zunehmende Berufs- und Lebenserfahrung sind aktiv in die Gestaltung von Berufslaufbahnkonzepten zu integrieren (Langhoff 2007, s. folgende Abb.).

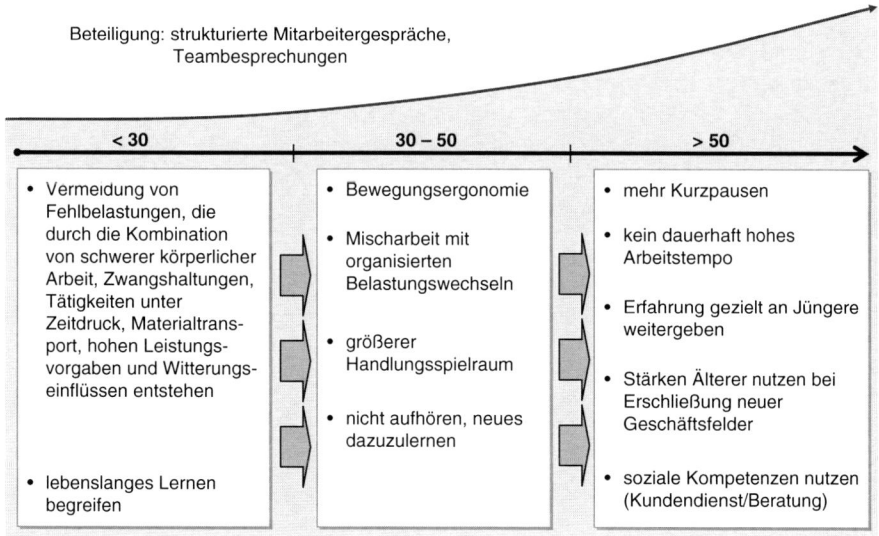

Abb. 11-8. Altersgerechte Berufslaufbahn im Handwerk (Langhoff 2007).

Demografiebedingte Marktchancen im Handwerk, insbesondere Seniorenwirtschaft

Der demografische Wandel birgt nicht nur Anforderungen an Personalstrategien und Arbeitsgestaltung im Kontext alternder Belegschaften im Handwerk, sondern beinhaltet auch Marktchancen und neue Geschäftsfelder vor dem Hintergrund der alternden Bevölkerung, also potenzieller Kundengruppen. Beides ist nicht voneinander zu trennen, da die Erschließung neuer Geschäftsfelder mit arbeits- und betriebsorganisatorischer Gestaltung sowie mit Qualifizierungsmaßnahmen ausgewählter Belegschaftsgruppen verbunden sind.

Bereits im Jahr 2020 wird knapp ein Drittel der Bevölkerung Deutschlands älter als 60 Jahre sein (vgl. auch Abb. 11-3). Hinzu kommt, dass die über 60-Jährigen immer älter werden. Dadurch ergeben sich umfangreiche Marktpotenziale im Bereich des barrierefreien Bauens und Wohnens, sowie der seniorengerechten Dienstleistungen.

Das barrierefreie Bauen bezieht sich weniger auf Neubauten, sondern eher auf Modernisierung und Sanierung bestehenden Wohnraums (Cramer 2003): altersgerechte Sanitäranlagen, elektrische Hebe-Hilfen, moderne Kommunikationsanlagen, Schließsysteme usw. Dafür sind weniger Standardlösungen als eher individuelle, auf die jeweiligen älteren Menschen und ihren Wohnraum bezogene handwerkliche Leistungen gefragt (Weiß 2007).

Allerdings konstatiert Becker (2005), dass sowohl das Bewusstsein der Betriebsinhaber im Handwerk, wie auch das Bewusstsein der älteren und alternden Kunden die Seniorenwirtschaft gegenwärtig noch nicht als nennenswerten Markt entstehen lässt. Hier ist wohl erst mit einer Boomphase ab 2015 zu rechnen. Das Handwerk ist jedoch gut beraten, sich jetzt schon darauf einzustellen und erste Lösungsansätze zu entwickeln. Dabei geht es nach Becker (2005) und Weiß (2007) um:

- Ausweitung des Angebots von Leistungen aus einer Hand: Beratung, Planung, Umsetzung, Entsorgung, Nachsorge. Damit verbunden ist die

- Ausweitung von Kooperationen innerhalb und außerhalb des Handwerks

- Insgesamt sind nachfragebezogene Komplettlösungen einschließlich produktbegleitender Dienstleistungen wie z. B. Finanzierung, Kundendienst etc. zu realisieren

- Entwicklung seniorenbezogener Marketingkonzepte und einer zielgruppenbezogenen Ansprache

- Umfangreiche Qualifizierung der Beschäftigten im Handwerk zu Leistungen der Seniorenwirtschaft

- Anpassung des Aufgabenzuschnitts der Beschäftigten und von Arbeitsabläufen (Auftragsbearbeitung) im Leistungsangebot

Die folgende Abb. zeigt beispielhaft das Vorgehen von Handwerksbetrieben des SHK-Handwerks zur Entwicklung von seniorengerechten Angeboten. Dabei wird das Ineinandergreifen von der Erschließung neuer Geschäftsfelder mit arbeits- und betriebsorganisatorischer Gestaltung sowie mit Qualifizierungsmaßnahmen ausgewählter Belegschaftsgruppen besonders deutlich.

Beispielhaftes Vorgehen von Handwerksbetrieben (Sanitär Heizung Klima) zur Entwicklung von senioren- und behindertengerechten Angeboten

Zukunftsstrategie	Betriebliche Maßnahmen
neue Marktstrategie und Zielgruppe, neues Geschäftsfeld	Entwicklung des neuen Geschäftsfeldes "Senioren- und behindertengerechte Installation" unter Berücksichtigung der demografischen Entwicklung und Senioren als Kunden
Organisatorische Voraussetzungen	Erstellung von neuen Arbeitsabläufen, Angeboten und Preiskalkulationen; Beschaffung neuer Arbeitsmittel
Weiterbildung	Qualifizierung erfahrener Beschäftigter im neuen Geschäftsfeld: Kundenbedürfnisse, Produktkunde, Planungshilfen u.ä.; Erstellung individueller Weiterbildungspläne mit Berücksichtigung u.a. der unterschiedlichen Lerntempi bei Jüngeren und Älteren
Gesundes und leistungsstarkes Altern der MitarbeiterInnen	Einbindung der Erfahrungsträger in optimierte Arbeitsabläufe: Einsatz älterer Kundendienstmonteure in Badplanung, Reklamationsbearbeitung und Kundenberatung
Sicherung des künftigen Fachkräftebedarfs	Verstärkung der innerbetrieblichen Betreuung von Auszubildenden über qualifizierte ältere Ausbildungspaten, Erhöhung der Attraktivität der Ausbildung für qualifizierte Bewerber

Abb. 11-9: Beispielhaftes Vorgehen von Handwerksbetrieben des SHK-Handwerks zur Entwicklung von seniorengerechten Angeboten (Weber 2005).

Zu den Potenzialen der Seniorenwirtschaft wird es aufgrund der Wanderungsbewegungen der ersten Hälfte des 21. Jahrhunderts zu weiteren Potenzialen des Handwerks kommen, die jedoch frühestens ab 2020 an Bedeutung gewinnen werden.

Durch die Konzentration auf wenige prosperierende Agglomerationsräume auf der einen Seite wird es auf der anderen Seite bei den demografisch schrumpfenden und verödenden Regionen und Landschaften zu wachsenden Grenzkosten der Bereitstellung der öffentlichen Daseinsvorsorge kommen. Diese Entwicklung birgt Potenziale

- der Übernahme öffentlicher Dienstleistungen durch private Anbieter,

- des Betriebs und der Wartung dezentraler und effizienter Energieversorgung sowie

- der Aufrechterhaltung von Infrastruktur.

12. Die Rolle der betrieblichen Interessenvertretung

Die Gestaltung des demografischen Wandels ist eine gesamtgesellschaftliche Aufgabe, die sowohl Arbeitgeberverbände wie auch Gewerkschaften betrifft. Aus arbeitswissenschaftlicher Sicht kommt es hierbei allerdings bisweilen zu merkwürdigen Koalitionen.

So hat die Verlängerung der Lebensarbeitszeit von 65 auf 67 Jahren dazu geführt, dass beide Betriebsparteien an alten Frühverrentungspraktiken festhalten wollen. Das Interesse der Arbeitgeber ist dabei, die Aufrechterhaltung der Leistungsfähigkeit der Unternehmen durch das Abstoßen leistungseingeschränkter Beschäftigter zu sichern, während die Beschäftigten selbst bei dauerhaft belastenden und krankmachenden Arbeitsbedingungen frühzeitig aus dem Erwerbsleben ausscheiden wollen.

Die Arbeit so zu gestalten, dass eine Arbeitsfähigkeit bis 67 erhalten werden kann, sollte eigentlich im Zentrum der Forderungen stehen. Da dies bis heute nicht der Fall ist, wird es schwer, bei Arbeitgebern den Wert von Erfahrungswissen, sozialen Kompetenzen, Loyalität und Disziplin, Qualitätsbewusstsein etc. als wichtige Leistungsfaktoren der älteren Arbeitnehmer ins Bewusstsein zu rücken. Umgekehrt wird es ebenso schwer, den Beschäftigten angesichts ihrer Berufsbiografien, die Bereitschaft und die Motivation zu vermitteln, länger zu arbeiten.

Aus diesem Dilemma heraus haben Politik (unterstützt von der Forschung) insbesondere den Erhalt der Beschäftigungsfähigkeit in den Mittelpunkt gerückt. Diese Strategie ist gesamteuropäisch bereits 1997 auf dem Beschäftigungsgipfel in Luxemburg vereinbart worden. Sie konzentriert sich auf die Themen Beschäftigungsfähigkeit, Unternehmergeist, Anpassungsfähigkeit und Chancengleichheit. Diese Leitlinien müssen alljährlich von den Mitgliedsstaaten in den nationalen Aktionsplänen (NAP) für Beschäftigung umgesetzt werden. Die Strategie wurde 2003 unter Berücksichtigung der Auswirkungen der EU-Erweiterung auf den Arbeitsmarkt neu konzipiert.

Als beschäftigungsfähig gelten Frauen und Männer, die dauerhaft am wirtschaftlichen und sozialen Leben aktiv teilhaben können.

Als Handlungsfelder wurden gesellschaftliches Klima und persönliche Einstellungen, Gesundheit bei der Arbeit, Arbeitsgestaltung (d. h. Gestaltung von Arbeitsorganisation und Arbeitszeit), Kompetenzentwicklung und insbesondere lebensbegleitendes Lernen definiert.

Als Beitrag zum Erhalt der Beschäftigungsfähigkeit hat der Deutsche Gewerkschaftsbund das Leitbild einer alternsgerechten Arbeitsgestaltung erarbeitet. Es bezieht die gesamte Belegschaft ein und setzt auf ein nachhaltiges, ganzheitliches und präventives Alternsmanagement, das auf Mitbestimmung und Partizipation der Beschäftigten ausgerichtet ist. Es bezieht die unterschiedlichen Lebensphasen der Erwerbstätigen mit ein und berücksichtigt den Erfahrungs- und Wissenstransfer zwischen allen Altersgruppen.

Das Konzept entspricht vollends dem Stand der arbeitswissenschaftlichen Forschung und der modernen Konzeption einer innovativen Arbeitsgestaltung (siehe Kasten).

Leitbild einer alternsgerechten Arbeitsgestaltung (DGB 2004)

Der Arbeit wieder ein gesundes Maß geben

    Krankmachende Arbeitsplätze durch altersflexible Arbeitsstrukturen verändern

    Erreichung des gesetzlichen Renteneintrittsalters ohne psychische und physische Einschränkungen

    Anpassung der Arbeitsorganisation an den Menschen, nicht umgekehrt

Zukunftsperspektiven für Ältere schaffen

    Schaffung präventiver Perspektiven für alterskritische Bereiche

    Nutzung arbeitswissenschaftlicher Konzepte

    Frühzeitiger Tätigkeitswechsel bei Tätigkeiten mit begrenzter Ausführungsdauer

Vorsorge für alle Altersgruppen fördern

    Altergruppenübergreifende präventive Maßnahmen

    Frühzeitiger Einsatz von Prävention (bereits in der Ausbildung)

Eine neue Balance von Arbeit und Leben schaffen

    Orientierung einer innovativen Arbeitszeit an den Bedürfnissen der Menschen

    Anpassung der Arbeitszeiten an unterschiedliche Lebensphasen: Qualifizierung, Kindererziehung, Pflege Angehöriger

---

Der Demografische Wandel in Tarifverträgen

Am 21. September 2006 schlossen die Tarifvertragsparteien in der Eisen- und Stahlindustrie den ersten Tarifvertrag zur „Gestaltung des demografischen Wandels" ab.

Kernstück des Tarifvertrages ist die Altersstrukturanalyse. Damit erkennen Arbeitgeber und betriebliche Interessenvertretung die Notwendigkeit an, auf empirischer, arbeitswissenschaftlich solider Vorgehensweise, Bewertungen vorzunehmen und Maßnahmen zur aktiven Gestaltung des demografischen Wandels im Betrieb zu treffen. Auch wenn Umfang und Güte der Altersstrukturanalyse bislang nur grob festgelegt worden sind, so stellt dieser Tarifvertrag dennoch einen ersten Meilenstein in der betrieblichen Gestaltung des demografischen Wandels dar.

Die tarifgebundenen Unternehmen der Eisen- und Stahlindustrie sind gehalten, Altersstrukturanalysen in Form von Bestandsaufnahme, Analyse und Prognose

12. Die Rolle der betrieblichen Interessenvertretung

durchzuführen. Untersucht werden soll die Altersverteilung in Organisationseinheiten. Dabei soll ein Bezug hergestellt werden zu Qualifizierung, Qualifizierungsbedarf sowie Gefährdungen und Belastungen. Die Altersstrukturanalyse soll alle 3 bis 5 Jahre fortgeschrieben werden.

Die im Tarifvertrag festgeschriebenen Anforderungen an eine Altersstrukturanalyse sind aus arbeitswissenschaftlicher Sicht zwar äußerst rudimentär (siehe Kapitel 3), aber der Gestaltungsansatz ist an sich richtig und im Verlauf der praktischen Umsetzung stellt sich die Erkenntnis einer differenzierteren Analyse bei günstiger Bewusstseinslage der betrieblichen Akteure irgendwann ein.

Auf der Grundlage der Ergebnisse der Altersstrukturanalyse sollen Maßnahmen abgeleitet werden wie

- Gesundheitsförderung sowie Befähigung und Motivation der Beschäftigten zu gesundheitsgerechtem Arbeitsverhalten

- Gesundheits- und alternsgerechte Gestaltung von Arbeitsbedingungen, Arbeitsprozessen und Arbeitsorganisation

- Qualifizierung

- Belastungswechsel und Abbau von Belastungsspitzen

- Arbeitszeitgestaltung

- Gesundheits- und alternsgerechte Einsatzplanung u. a.

Auf Beispiele, die auf arbeitswissenschaftlich längst widerlegten Mythen beruhen, soll hier nicht näher eingegangen werden (Senkung des Altersdurchschnitts, Bildung altersgemischter Teams).

Das gilt auch für die Bemühungen der Tarifvertragsparteien, gemeinsam auf den Gesetzgeber zuzugehen, um ihn zu veranlassen, Regelungen fortzuführen oder zu schaffen, die auch künftig ein vorzeitiges Ausscheiden aus dem Arbeitsleben ermöglichen.

Als ein kreativer und innovativer Lösungsansatz erscheint dagegen die Einrichtung und Finanzierung eines insolvenzgesicherten, betrieblichen „Fonds demografischer Wandel", der sich aus Mitteln der Arbeitgeber und Arbeitnehmer speist. Verwendet werden können die Fondsmittel u. a. für die betriebliche Altersvorsorge, für Einzahlungen in Arbeitszeitkonten oder für Qualifizierungen der Beschäftigten soweit es über den betriebsnotwendigen Bedarf hinausgeht.

Es bleibt abzuwarten, welche Erfahrungen mit dem Fond gemacht werden.

Am 16. April 2008 ist die Chemie-Branche mit dem Abschluss des Demografie-Tarifvertrages der Metallbranche gefolgt. In der Chemiebranche sind von den Tarifvertragsparteien 4 Elemente festgelegt worden:

• Demografie-Analyse

• Maßnahmen zur alters-, alterns-, und gesundheitsgerechten Gestaltung der Arbeitsprozesse

• Maßnahmen zur Qualifizierung während des gesamten Erwerbslebens

• Maßnahmen zur (Eigen-)Vorsorge und Nutzung flexibler Instrumente für gleitende Übergänge zwischen Bildungs-, Erwerbs- und Ruhestandsphase (Langzeitkonten, Altersteilzeit, Berufsunfähigkeitszusatzversicherung, Teilrente, tarifliche Altersvorsorge)

Es ist davon auszugehen, dass sich andere Branchen der Eisen- und Stahl- sowie der Chemieindustrie anschließen werden.

Die Rolle der betrieblichen Interessenvertretung in betrieblichen Demografieprojekten

Der demografische Wandel ist wie bereits in der Einleitung dargelegt ein komplexes Thema. Es gilt vor allem frühzeitig und mit langem Atem tätig zu werden, bevor man in den Sog eines branchen- und betriebstypenübergreifenden Gestaltungsbooms im nächsten Jahrzehnt gerät, der vor allem verbunden sein wird mit aggressivem Wettbewerb um qualifizierte Kräfte. Hier sind sowohl Arbeitgeber wie auch betriebliche Interessenvertretung gefordert, den demografischen Wandel in seinen Wirkungen zu verstehen und gemeinsam „das Richtige" zu tun. Arbeitgeberverbände und Gewerkschaften sind dabei oftmals keine vorbildlichen Akteure, wenn es um Forderungen nach längeren Arbeitszeiten, Einschnitten beim Kündigungsschutz, überzogenen Lohnforderungen u.ä. geht.

Zunächst sollten die betriebspolitischen Parteien gemeinsam ein konsensorientiertes Verständnis über die Wirkungen des demografischen Wandels im Markt, in der Branche und im Unternehmen entwickeln. Hierzu bedarf es einer objektiven Datengrundlage, die für den Betrieb mit der Altersstrukturanalyse, für das Betriebsumfeld mit einer Standort- oder Marktanalyse und für Wirtschaft und Gesellschaft insgesamt mit dem in diesem Buch dargelegten objektiven Entwicklungen gegeben ist. Darauf aufbauend können Arbeitgeber und Betriebsrat im gemeinsamen Co-Management ein betriebliches Demografieprojekt auflegen und sich über Laufzeit und Abwicklung verständigen.

Im Folgenden sollen einige Erfahrungen aus arbeitswissenschaftlicher Sicht geschildert werden, die sich insbesondere an Betriebsräte richten. Es werden Aspekte aus betrieblichen Demografieprojekten genannt, bei denen Betriebsräte im besonderen Maße ihre Möglichkeiten (insbesondere der Mitbestimmung) nutzen sollten, aber auch Aspekte, bei denen Betriebsräte traditionelle Blockadehaltungen aufgeben sollten.

Den demografischen Wandel verstehen und althergebrachte Vorurteile vom Alter abbauen

Arbeitgeber und Betriebsrat sollten sich gemeinsam (idealerweise im Rahmen eines zweitägigen Workshops) zum einen über die objektiven Entwicklungen im Kontext des demografischen Wandels kundig machen und zum anderen althergebrachte Vorurteile vom Alter abbauen. Hierzu empfiehlt es sich, einen Demografieexperten im Unternehmen vortragen zu lassen und gemeinsam am ersten Tag über Auswirkungen in Wirtschaft, Gesellschaft und Markt zu diskutieren. Am zweiten Tag sollte insgesamt ein Verständnis vom Altern als differenzierter Prozess vermittelt werden und damit die zentrale Botschaft, dass man sich zunehmend um jeden einzelnen Beschäftigten im Unternehmen kümmern sollte.

Mit der Altersstrukturanalyse eine objektive Datengrundlage im Betrieb schaffen und auf Basis der Ergebnisse ein Demografieprojekt auflegen

Wichtig zu Beginn einer Altersstrukturanalyse ist es, gemeinsam die für den Betrieb wichtigen, relevanten Funktionsgruppen (Jobfamilien), Funktionsbereiche und Schlüsselvariablen festzulegen.

Auch sollten Arbeitgeber und Betriebsrat gemeinsam die Parameter für mögliche Zukunftsszenarien (Prognosen) festlegen.

Die Ergebnisse der Altersstrukturanalyse sollten Arbeitgeber und Betriebsrat zusammen mit der Demografie-Expertise eines Arbeitswissenschaftlers bewerten und auf dieser Grundlage ein betriebliches Demografieprojekt initiieren. Für die einzelnen Handlungsfelder ergeben sich Handlungsbedarfe, die in Form von „Aufträgen" zur Klärung und zur Erarbeitung geeigneter Maßnahmen an Arbeitsgruppen weitergeleitet werden. In den Arbeitsgruppen sollte immer auch ein Betriebsratsmitglied vertreten sein.

Umgang mit Daten zur Arbeitsunfähigkeit

Je nach Wahl der Variable sowie Betriebs- und Abteilungsgröße können bei der Altersstrukturanalyse Zellengrößen kleiner Zahl, bspw. unter 20 Beschäftigten, auftreten. Dadurch können u. U. einzelne Beschäftigte namentlich identifiziert werden. Für solche Fälle müssen Arbeitgeber und Betriebsrat im Vorhinein Regelungen über Einsicht und Verwendung der Daten treffen.

Sollten hohe AU-Quoten bei den Ergebnissen auftreten, hat der Betriebsrat darauf zu achten, dass festzulegende Maßnahmen auf eine Verbesserung der Arbeitsbedingungen (Aufgabenzuschnitt, Arbeitsorganisation, Arbeitszeit) sowie auf eine angemessene Qualifizierung, angemessenes Führungsverhalten und Betriebsklima abzielen (Verhältnisprävention / präventive und prospektive Arbeitsgestaltung). Es gilt (falsch geführte) Krankenrückkehrgespräche, Druckerzeugung sowie Disziplinarmaßnahmen zu vermeiden.

Die Umsetzung einer handvoll betrieblicher Gesundheitsförderungsmaßnahmen (BGF) ist immer sinnvoll, aber reicht nicht aus. Die zentralen Stellhebel einer positiven Gesundheitsprognose liegen in der gesundheitsstabilen Arbeitsgestaltung und im Führungsverhalten.

Sensibilisierung der Belegschaft für eine verlängerte Lebensarbeitszeit

Hier ist in erster Linie der Arbeitgeber gefordert, die Belegschaft für eine verlängerte Lebensarbeitszeit zu sensibilisieren. Der Betriebsrat sieht sich hier nicht in der aktivierenden Rolle. Aber solange sich Arbeitgeberverbände und Gewerkschaften gemeinsam für eine Fortführung von staatlich geförderter Altersteilzeit und Vorruhestandspraktiken einsetzen, solange wird auch im Betrieb keine angemessene Sensibilisierung für längeres Arbeiten entstehen.

Die Folge ist, und das zeigen auch Befragungen aus Unternehmen (siehe Kapitel 9), dass die Verpflichtung einer verlängerten Lebensarbeitszeit bei der Belegschaft bei Weitem noch nicht angekommen ist, und dies trotz massiver Öffentlichkeits- und Medienwirksamkeit des Themas. Viele (und erstaunlicherweise auch viele junge) Produktionsmitarbeiter glauben heute noch, dass sie vor dem Alter von 60 aus dem Unternehmen austreten können. Hier sind Informations- und Überzeugungsleistungen (Erwartungsmanagement) notwendig.

Die Rolle des Betriebsrats an dieser Stelle könnte sein, eine erhebliche Verbesserung des Gesundheitsmanagements sowie eine Belastungsanalyse der Tätigkeiten zu fordern, mit dem Ziel Arbeitsbedingungen so zu gestalten, dass eine Verlängerung der Lebensarbeitszeit überhaupt erst möglich wird. Dies kann auch durch arbeitswissenschaftliche Gutachten untermauert werden.

Ermittlung der Rekrutierungsbedarfe

Im Rahmen der Altersstrukturanalyse werden funktionsgruppen- bzw. funktionsbereichsbezogen Ersatzbedarfe der nächsten 5 und 10 Jahre ermittelt. Als einfaches Orientierungsmaß wird i. d. R. die Bestandssicherung der Belegschaftsgröße angenommen (also Zahl der Austritte = Zahl der Eintritte), da eine differenzierte Diskussion über Verrentung, Fluktuation, Neueinstellung, Ausbildung usw. zu komplex ist und nicht zu konsensorientierten Ansichten über Ersatzbedarfsgrößen führt.

Dabei prüft der Arbeitgeber auch unter dem Gesichtspunkt der Rationalisierung jeden Funktionsbereich auf personalbezogene Einsparpotenziale.

Dem Betriebsrat bleibt meistens nichts anderes übrig, als hinsichtlich zunehmender Anforderungen der Zukunft hier einen Mehrbedarf zu artikulieren, der über wegfallende Bedarfskapazitäten ausgeglichen werden kann. Beispiel: Im Einzelhandel werden im nächsten Jahrzehnt durch die Einführung der RFID-Technologie im großen Umfang Kassenarbeitsplätze wegfallen bei gleichzeitiger Zunahme von Anforderungen an die Servicequalität. Hier wären Anpassungsqualifizierungen vorzunehmen, die eine Beschäftigungssicherung der betroffenen Arbeitnehmer/innen ermöglicht.

Vermeidung von Know-how-Verlust

Durch die zunehmende Zahl verrentungsbezogener Austritte (Beginn meistens zwischen 2010 und 2015 und danach bis 2025 weiter ansteigend) stellt sich auch die Frage nach einer frühzeitigen Nachfolgeplanung und angemessenen Sicherung des Erfahrungswissens. Da das Erfahrungswissen aus Beschäftigtensicht als ihr „Kapital" betrachtet wird, das sie vor Automatisierungsersatz schützt, ist hier mit Widerstand zu rechnen. Daher ist aus Betriebsratssicht darauf zu achten, dass implizites Wissen nicht einfach nur explizit gemacht wird, sondern weiter in den „Köpfen" der Belegschaft verbleibt. Somit ist bei der Nachfolgeplanung darauf zu achten, dass bspw. das Erfahrungswissen qualifizierter Fachkräfte von Person zu Person im Rahmen von Tandemkonzepten weitergegeben wird. Auch das wichtige Erfahrungswissen langjährig tätiger Produktions- oder Servicemitarbeiter/innen kann im Rahmen von moderierten Erfahrungsworkshops an die Jungen weitergegeben werden.

Umgang mit privaten Daten im Rahmen von Mitarbeitergesprächen

Vor dem Hintergrund des demografischen Wandels ist es notwendig, sich zunehmend mit jedem Einzelnen zu beschäftigen, mit seinem Gesundheitszustand, seinem Qualifikationsprofil, seiner Motivation, seinen Arbeitsbedingungen etc. Das ist deshalb geboten, weil eine zunehmende Alterung in der Belegschaft zu einer großen Streuung unterschiedlicher Leistungsvermögen führt. Es gibt den sportlichen 55-Jährigen. Es gibt aber auch den stark leistungseingeschränkten 55-Jährigen. I. d. R. wird das „sich um jeden Einzelnen kümmern" im Rahmen strukturierter Mitarbeitergespräche organisiert. Hier werden aus demografischer Sicht zunehmend auch Aspekte des privaten und familiären Hintergrunds mit einfließen (z. B. Kinderbetreuung, Pflege Angehöriger u. a.). Auch die Nutzung privater, im Unternehmen nicht bekannter Kompetenzen, ist für den Personaleinsatz interessant (IT-Kenntnisse, Sprachkompetenzen etc.). Die Nutzung oder überhaupt die Ansprache dieser „persönlichen" Daten, sollte im Betriebsratsgremium diskutiert werden. Traditionell blockiert der Betriebsrat jeglichen Einbezug des Privatlebens in betriebliche Belange. Es ist jedoch angesichts fortschreitender Entgrenzung und Flexibilisierung der Arbeit zu überlegen, wie private Daten zum Nutzen der Beschäftigten verwendet werden können.

Qualifizierung

Einer der zentralen Gestaltungsschwerpunkte des Betriebsrates ist die innerbetriebliche Qualifizierung. Dies gilt sowohl für die eigene Ausbildung und Übernahme, wie auch für die Qualifizierung meistens geringqualifizierter Kräfte für höherwertige Aufgaben oder für die Qualifizierung neuer/zukünftiger Aufgabenanforderungen. Strategischer Hintergrund ist die zunehmende Verknappung auf dem Arbeitsmarkt, die insgesamt den Blick nach innen richtet und eine Ausschöpfung aller Potenziale im Betrieb verlangt. Hier hat der Betriebsrat i. d. R. viele Möglichkeiten (s. u. Mitbestimmungsrechte), sich insbesondere für Beschäftigte einzusetzen, die bisher im Bereich geringqualifizierter Arbeit tätig waren und für höherwertige Aufgaben mit wechselnden Belastungen und damit verbundener Höhergruppierung weitergebildet werden sollen. Des weiteren sollte sich der Betriebsrat im besonderen Maße um langfristig lernentwöhnte Beschäftigte und um die Qualifizierung Älterer kümmern, die traditionell nicht im Blickpunkt der Arbeitgeber stehen.

Ganzheitliche Gefährdungs- und Belastungsanalyse

Die ganzheitliche Gefährdungs- und Belastungsanalyse ist zentraler Stellhebel zur Schaffung gesundheitsstabiler Arbeitssysteme. Hier hat der Betriebsrat zwingend seine Mitbestimmungsrechte einzubringen. Dabei sollte er insbesondere darauf achten, dass auch die Beurteilung psychischer Belastungen (das ist mit ganzheitlich gemeint) berücksichtigt werden (siehe hierzu insbesondere Satzer u. Geray 2008 und Marino u. Langhoff 2008).

Eine bundesweite Evaluation hat gezeigt, wie schlecht es mit einer ganzheitlichen Gefährdungs- und Belastungsanalyse in Deutschland bestellt ist und dass hier insbesondere Kampagnen wie Tatort Betrieb der IG Metall Baden Württemberg als ein erfolgreiches und nachahmenswertes Ausnahmebeispiel gelten (Satzer u. Langhoff 2008)

In Kapitel 5 wurde die Bedeutung von Stellenbeschreibungen mit integriertem Anforderungsprofil für die alternsgerechte Arbeitgestaltung beschrieben. In diesem Kontext ist die Beurteilung alternskritischer Gefährdungen und Belastungen besonders wichtig. Mit den Ergebnissen einer ganzheitlichen Gefährdungsbeurteilung lässt sich nicht nur das Arbeitsschutzgesetz angemessen umsetzen, sondern es können auch tätigkeitsbezogene Anforderungsprofile ermittelt werden, die für die Bestimmung des Aufgabenzuschnitts, für die Gestaltung der Arbeitsteilung und des Handlungsspielraums im Rahmen der Arbeitsorganisation herangezogen werden können. Es wird mit der Gefährdungsbeurteilung ebenfalls ein Beitrag zur Bestimmung von Qualifizierungsbedarfen und von Fähigkeitsprofilen im Rahmen der Wiedereingliederung geleistet (s. u. Mitbestimmungsrechte des Betriebsrats).

Führungsverhalten und Führungshandeln als zentraler Stellhebel

Schon bei der Festlegung der Handlungsfelder im Demografieprojekt sollte der Betriebsrat zwingend einfordern, dass „Führung und Motivation" als eigenständiges Handlungsfeld formuliert wird. Der Arbeitgeber weiß meistens, dass hier Handlungsbedarf besteht, scheut sich aber oftmals das Thema explizit aufzugreifen. Meist wird damit argumentiert, dass Führungshandeln eine Querschnittsaufgabe sei, die überall mitbehandelt würde. Gleiches gilt übrigens für das Betriebsratshandeln, das ebenfalls mit der demografischen Brille beleuchtet werden sollte. Entsprechende Anforderungen und Qualifizierungsmaßnahmen sind sowohl für die Führungskräfte wie auch für die Betriebsräte zu formulieren und umzusetzen.

Mitbestimmungsrechte des Betriebsrats zu Handlungsfeldern des demografischen Wandels

Altersgerechte Arbeitsgestaltung

Der Betriebsrat hat die Aufgabe, die Beschäftigung älterer Mitarbeiter im Betrieb zu fördern (§ 80 Abs. 1 Nr. 6 BetrVG). Die Wahrnehmung dieser Aufgabe setzt allerdings voraus, dass er über die Altersverteilung der Belegschaft differenziert informiert ist. Die Daten sind den Ergebnissen der Altersstrukturanalyse zu entnehmen. In Branchen, in denen die Umsetzung der Altersstrukturanalyse noch nicht tarifvertraglich geregelt ist, kann der Betriebsrat sich auf sein allgemeines Informationsrecht (§ 80 Abs. 2 BetrVG) berufen.

Maßnahmen einer altersgerechten Arbeitsgestaltung können auch Ergebnis der Beurteilung alterskritischer Gefährdungen und Belastungen nach § 5 ArbSchG sein, bei dessen Vorgehensweise und Umsetzung der Betriebsrat ein Mitbestimmungsrecht nach § 87 Abs. 1 Nr. 7 BetrVG hat (siehe unten).

Hinsichtlich der beruflichen Weiterbildung sind ältere Beschäftigte nach § 96 Abs. 2 BetrVG angemessen zu berücksichtigen. Nach der allgemeinen Maßgabe durch § 80 Abs. 1 Nr. 6 BetrVG hat der Betriebsrat nicht nur die berufliche Weiterentwicklung und Anpassung an betriebliche Veränderungen zu fördern, sondern auch die Neueinstellung älterer Arbeitnehmer auf geeignete Arbeitsplätze und den Erhalt solcher Arbeitsplätze. Die Nichtberücksichtigung älterer Arbeitnehmer/innen kann ein Widerspruchsgrund für den Betriebsrat sein (§ 99 BetrVG). Weitere Gestaltungsmöglichkeiten in Bezug auf ältere Beschäftigte liegen bei der Anpassungs- und Umqualifizierung (§ 97 Abs. 2) und beim Widerspruchsrecht im Falle von Kündigungen (§ 102 Abs. 3 BetrVG).

Sicherheits- und gesundheitsgerechte Arbeitsgestaltung

Zunächst hat der Betriebsrat darüber zu wachen, dass die zugunsten der Arbeitnehmer geltenden Gesetze, Verordnungen, Unfallverhütungsvorschriften, Tarifverträge und Betriebsvereinbarungen umgesetzt werden (§ 80 Abs. 1 Nr.1 BetrVG), also ArbSchG; AsiG, GefStoffVO, SGB IX etc.

Ferner hat er das Recht, Maßnahmen, die dem Betrieb und der Belegschaft dienen (also auch Arbeits- und Gesundheitsschutzmaßnahmen), beim Arbeitgeber zu beantragen (§ 80 Abs. 1 Nr. 2 BetrVG).

Der Betriebsrat hat außerdem nach § 80 Abs. 1 Nr. 9 BetrVG Maßnahmen des Arbeitsschutzes (und des Umweltschutzes) zu fördern und die zuständige Berufsgenossenschaft und staatliche Arbeitsschutzaufsicht durch Anregung, Beratung und Auskunft zu unterstützen (§ 89 Abs. 1 BetrVG).

Wichtig ist auch die Beteiligung des Betriebrates in allen Fragen des Arbeits- und Gesundheitsschutzes einschließlich Einsicht in alle diesbezüglichen Dokumente (§ 89 Abs. 2-5 Betr VG). Spezielle, gesondert ausgeführte Unterrichtungsrechte bestehen nach § 90 Abs. 1 BetrVG, § 21 Abs. 1-3 GefStoffVO und § 31 Abs. 4 GefStoffVO.

Der Betriebsrat hat ein Mitbestimmungsrecht bei der Bestellung und Abberufung sowie den Aufgaben von Betriebsärzten und Fachkräften für Arbeitssicherheit nach § 9 Abs. 3 ASiG einschließlich des Vetorechts bei Einstellung und Kündigung nach § 99 und § 102 BetrVG.

Hinsichtlich einer sicherheits- und gesundheitsgerechten Arbeitsgestaltung ist wohl das wichtigste Mitbestimmungsrecht die Ausfüllung von Rahmenregelungen über die Verhütung von Arbeitsunfällen und Berufskrankheiten sowie über den Gesundheitsschutz nach § 87 Abs. 1 Nr. 7 BetrVG. Ein solcher Regelungsspielraum ist bspw. die Umsetzung des Arbeitsschutzgesetzes im Betrieb, also insbesondere § 5 ArbSchG (Gefährdungsbeurteilung). Dieser Regelungsraum kann genutzt werden, um alterskritische Gefährdungen und psychische, physische und physikalische Belastungen zu identifizieren, zu bewerten und Maßnahmen einer alternsgerechten Arbeitsgestaltung einzuleiten.

Über § 87 Abs. 1 Nr. 7 hinaus besteht die Möglichkeit, Regelungen über zusätzliche Maßnahmen zur Verhütung von Unfall- und Gesundheitsschädigungen in Betriebsvereinbarungen abzuschließen (§ 88 Nr. 1 BetrVG).

Weiterhin hat er außerhalb der bestehenden gesetzlichen und tarifvertraglichen Regelungen zur Arbeitszeit ein Mitbestimmungsrecht zur Gestaltung der Arbeitszeit (§ 87 Abs. 1 Nr2-3 BetrVG), was vor dem Hintergrund der demografischen Entwicklung und der damit verbundenen Bedeutung der Arbeitszeit nicht zu unterschätzen ist. Diese Mitbestimmungsrechte ermöglichen dem Betriebsrat bspw. hinsichtlich Mehrarbeit und Schichtarbeit Sonderregelungen für besondere Beschäftigtengruppen (z. B. älter Arbeitnehmer) in Betriebsvereinbarungen zu erwirken.

Betriebliche Wiedereingliederung

Aufgrund der Alterung der Belegschaften und der damit verbundenen bereits existierenden Belastungsbiografien ist im kommenden Jahrzehnt mit einer Zunahme von Leistungseinschränkungen zu rechnen, die gegenwärtig nicht mehr im vollen Umfang präventiv und prospektiv angegangen werden können.

Daher wird in § 3 SGB IX betont, wie wichtig es ist, jede drohende Arbeitsunfähigkeit oder -einschränkung abzuwenden oder die Entwicklung einer Leistungswandlung präventiv einzugrenzen. Es ist somit darauf hinzuwirken, den Beginn einer Leistungseinschränkung einschließlich einer chronischen Erkrankung zu vermeiden.

Daraus ergibt sich, dass nach § 84 (2) SGB IX alle Arbeitgeber zum Betrieblichen Eingliederungsmanagement verpflichtet werden, sobald ein(e) Arbeitnehmer(in) innerhalb eines Jahres länger als sechs Wochen ununterbrochen oder wiederholt arbeitsunfähig ist. Diese Vorschrift gilt für jedes Unternehmen, unabhängig von der Betriebsgröße und es bezieht sich auf sämtliche Beschäftigte, nicht nur auf (schwer)behinderte Menschen.

Der Arbeitgeber hat zusammen mit dem Betriebsrat und mit Zustimmung und Beteiligung der betroffenen Person systematisch, umfassend und umgehend zu klären, wie die Arbeitsunfähigkeit entstehen konnte, wie die Arbeitsunfähigkeit überwunden, mit welchen Unterstützungsleistungen einer erneuten Arbeitsunfähigkeit vorgebeugt, wie der Arbeitsplatz erhalten und wie die Arbeitsfähigkeit des Beschäftigten weiter genutzt werden kann.

Soweit es einer fachkundigen Beratung bedarf, sind außerdem Betriebsarzt bzw. Arbeitsmedizinischer Dienst und die Sozialleistungsträger hinzuzuziehen.

Nach § 93 SGB IX hat der Betriebrat darüber zu wachen, dass der Arbeitgeber die ihm obliegenden Verpflichtungen erfüllt.

Gleichbehandlung und Diskriminierungsschutz

Nach § 75 Abs. 1 BetrVG haben Arbeitgeber und Betriebsrat darüber zu wachen, dass alle im Betrieb tätigen Personen nach den allgemeinen Rechtsgrundsätzen zu behandeln sind. Sie haben insbesondere darauf zu achten, dass Beschäftigte nicht wegen Überschreitung bestimmter Altersstufen benachteiligt werden.

Des weiteren sind alle Anforderungen, die sich aus dem seit August 2006 geltenden Allgemeinen Gleichbehandlungsgesetz (AGG) ergeben, im Betrieb zu befolgen. Damit sind Arbeitgeber gefordert, ein Arbeitsumfeld zu schaffen, dass keine Benachteiligungen oder Belästigungen aufgrund von Alter, Geschlecht, Behinderung, Migrationshintergrund, Religion und sexueller Orientierung zulässt.

Der Arbeitgeber ist verpflichtet, die erforderlichen Maßnahmen zum Schutz vor Benachteiligungen zu treffen. Dieser Schutz umfasst auch vorbeugende Maßnahmen und Maßnahmen im Rahmen der beruflichen Aus- und Weiterbildung (§ 12 AGG).

Der Betriebsrat ist gefordert, seine Mitbestimmungs- und Beteiligungsmöglichkeiten voll auszuschöpfen, um Gleichbehandlung, Gleichstellung und Chancengleichheit im Betrieb zu fördern.

Beschäftigungsförderung und -sicherung

Nach § 80 Abs. 1 Nr. 8 BetrVG ergibt sich für den Betriebsrat die Aufgabe zur Beschäftigungsförderung und -sicherung. Des weiteren kann der Betriebsrat nach § 92a BetrVG dem Arbeitgeber Vorschläge zur Beschäftigungsförderung und -sicherung machen. Der Inhalt dieses Vorschlagsrechts ist weit gefasst und bezieht Aspekte der Arbeitszeitgestaltung, der Arbeitsabläufe, der Arbeitsorganisation und der Qualifizierung bis hin zu betriebsorganisatorischen Veränderungen (Outsourcing) und Investitionen ein. Der Arbeitgeber hat die Vorschläge des Betriebsrats mit ihm zu beraten.

Eine weitere Komponente der Beschäftigungssicherung ergibt sich aus dem Mitbestimmungs- und Initiativrecht in § 97 Abs. 2 BetrVG. Wenn sich aufgrund vom Arbeitgeber getroffener Maßnahmen Tätigkeiten bei Beschäftigten ändern und dadurch bei den betroffenen Beschäftigten Qualifikationsdefizite entstehen, die ohne Teilnahme an betrieblichen Weiterbildungsmaßnahmen dazu führen, dass sie ihren bisherigen Arbeitsplatz verlieren, hat der Betriebsrat Mitbestimmungs- und Initiativrecht bei Maßnahmen der betrieblichen Weiterbildung. Damit kann der Betriebsrat präventiv Maßnahmen der betrieblichen Weiterbildung einfordern und muss nicht nur repressiv durch das Widerspruchsrecht bei Kündigungen nach § 102 Abs. 3 Nr. 4 BetrVG tätig werden.

13. Ausblick auf das nächste Jahrzehnt

Im abschließenden Kapitel soll ein Ausblick auf das nächste Jahrzehnt geworfen werden, welches einleitend schon als das Jahrzehnt der rasanten Beschleunigung der demografischen Entwicklung beschrieben wurde. Zunächst sollen in 13.1 viele in den vorherigen Kapiteln beschriebene Herausforderungen, Probleme und Bedarfe noch einmal nach einer vorgegebenen Systematik strukturiert, gebündelt und zusammengefasst werden.

Der Betriebspraktiker kann die wesentlichen Probleme, wie sie sich gegenwärtig in den Betrieben darstellen, konzentriert erfassen. Als Probleme gelten Unzulänglichkeiten der Umsetzung, ungelöste Fragen, Effizienzprobleme, fehlendes Wissen u. a. Dabei wird keine Priorisierung vorgenommen. Es wird lediglich die Bedeutung der Probleme für die betriebliche Zukunft bewertet. Folgende Aspekte werden in ihrer Problematik dargestellt.

Altersstrukturanalyse	Stellenprofile
Erhebung betrieblicher Daten	Personalrekrutierung
Demografiemanagement	Wegfall mittlerer Qualifikationsebenen
Vorhandene Expertise und Kapazitäten	Mitarbeiterbindung
Führung	Arbeitgeberattraktivität
Individualisierung und Partizipation	Work-Life-Balance
Tätigkeiten mit begrenzter Ausführungsdauer	Diversity-Management
	Alternsgerechte Qualifizierung
Schichtarbeit mit Nachtarbeit	Nachfolgeplanung
Arbeitszeitgestaltung	Planung von Berufsverläufen
Gesundheitsmanagement	

Anschließend wird für die jeweiligen betrieblichen Handlungsbedarfe beschrieben, ob und inwieweit entsprechendes arbeitswissenschaftliches Gestaltungswissen vorliegt. Dabei wird deutlich, dass mehrheitlich sowohl die Erkenntnisse wie auch das Wissen zur betrieblichen Gestaltung des demografischen Wandels bereits vorliegt. Die Probleme liegen eher in der Unkenntnis, im breitenwirksamen Transfer und vor allem in der betrieblichen Steuerung. Dabei spielen die Gestaltung des Managementhandelns und die ungelöste Effizienzfrage des Verhältnisses von Aufwand zu Nutzen die größten Rollen.

Ergänzend werden für jede Problemlage die noch offen Forschungsfragen, die zum gegenwärtigen Zeitpunkt vorliegen, für die Arbeitsforschung beschrieben. Auch der Betriebspraktiker kann daran erkennen, dass einige Problemlagen noch völlig ohne Erfahrungswerte zu betrachten sind. An dieser Stelle sei noch einmal auf die Dynamik der demografischen Entwicklung hingewiesen, die in 5 Jahren bereits ein anderes Bild zeigen wird. Hier ist 2008 eine Zwischenbilanz nach 10 Jahren betrieblicher Gestaltung des demografischen Wandels gezogen worden.

In 13.2 sollen Unternehmen Wege aufgezeigt werden, die sie aus der immer noch dominanten Trägheit herausführen. Sie sollen den Unternehmen helfen, den demografischen Wandel als den sichersten Zukunftsindikator, der vorliegt, proaktiv zu gestalten. Dabei werden wichtige Erfahrungen und Erkenntnisse berücksichtigt, die sich nach 10 Jahren betrieblicher Gestaltung des demografischen Wandels bilanzieren lassen. Die Botschaften sind konzentriert auf die Beherrschung der Zielfrage, der Wissensfrage und der Steuerungsfrage (siehe nachf. Kasten).

Die Zielfrage

    1. Arbeitsfähigkeit erhalten

    2. Intergenerative Umverteilung der Arbeit organisieren

    3. Rekrutierungspotenziale erschließen und Personalbestand sicherstellen

    4. Attraktivität der Arbeit im Unternehmen kontinuierlich verbessern

Die Wissensfrage	**Die Steuerungsfrage**
1. Differenzierung erkennen	1. Sensibilisieren
2. Ressourcen beherrschen	2. Initiieren
3. Gefühl für Zeit und Dynamik entwickeln	3. Institutionalisieren
4. Wandlungsfähigkeit beherrschen	4. Kulturalisieren

Die Zielfrage beinhaltet die wichtigsten operativen und strategischen Unternehmensziele, die im Kontext des demografischen Wandels zu stellen sind.

Die Wissensfrage konzentriert sich auf die wichtigsten Erkenntnisse, Kompetenzen und Lernerfahrungen, die Unternehmen generieren müssen, um die demografische Entwicklung zu gestalten.

Bei der Steuerungsfrage geht es darum, wie Akteure, Wissensbestände und Aktivitäten so integriert werden können, dass die Einbettung eines so komplexen Themas wie das des demografischen Wandels in die Unternehmensentwicklung gelingen kann.

13. Ausblick auf das nächste Jahrzehnt

13.1 Betrieblicher Handlungsbedarf und offene Forschungsfragen

Betrieblicher Handlungsbedarf	Bedeutung für die betriebl. Zukunft	Arbeitswissenschaftliches Gestaltungswissen	Offene Forschungsfragen
Altersstrukturanalyse: Die Betriebe haben zwar verstanden, dass sie sich ihre Altersstrukturen und Schlüsselvariablen anschauen müssen und sind auch in der Lage Daten zu generieren, aber sie haben nicht die Kompetenz einis schrittweisen, d. h. differenzierenden, an strategischen Fragen orientierten, analytischen Vorgehens. Es fehlt offensichtlich auch die Kompetenz, zu beurteilen, welche Variablen in welcher Korrelation wozu wichtig sind. Es mangelt auch an der Fähigkeit zur strategischen Interpretation und zur Übersetzung in betriebliche Aufträge und Maßnahmen. In Kapitel 3 ist der schwierige Versuch unternommen worden, hierzu eine allgemein gültige Vorgehensweise zu beschreiben. Es ist jedoch zu konstatieren, dass jedes Unternehmen einzigartig ist, und betriebliche Daten, ihre Auffälligkeiten und die von den Inhalten abhängigen Schritte der Vorgehensweise jedes Mal anders sind.	Damit werden die Grundlagen und die Güte betrieblichen Demografiemanagements bestimmt.	Liegt vor, wird aber überdeckt durch am Markt angebotene Standard-Tools, die über die Darstellung simpler Zusammenhänge nicht hinausgehen und kein betriebsspezifisch, differenzierendes Vorgehen erlauben.	Wie kann ein kontinuierliches Demografie-Reporting in Unternehmen aussehen?
Erhebung betrieblicher Daten: Der Zugriff auf betriebliche Daten ist in den wenigsten Fällen optimal: Weiterbildungsdaten sind meist nicht verwertbar oder nicht vorhanden. Eine Einteilung nach unterschiedlichen Anforderungsprofilen ist nicht möglich. Daten zu Führungskräften sind tabu, Informationen zum Führungsverhalten und zur Mitarbeiterzufriedenheit sind entweder nicht vorhanden oder qualitativer Art und mit anderen Variablen nicht korrelierbar. Wichtige Kennzahlen wie Tätigkeitswechsel, Handlungsspielraum, Grad vorgehaltener Qualifikationen, Belastungsgrad, Gruppen-/ Einzelarbeitsstrukturen liegen nicht vor.	Vorhandene Kennzahlensysteme müssen insb. um Kennzahlen zur Bewertung der Führung, der beruflichen Bildung und der Qualität einer altersgerechten Arbeit erweitert werden.	Die arbeitswissenschaftlichen Erkenntnisse, welche Kennzahlen wie zu messen sind, liegen vor. Es fehlt an der Kompetenz im Betrieb, an betrieblichen Modellbeispielen und vor allem an Personalkapazitäten für die Erhebung.	siehe oben

Betrieblicher Handlungsbedarf	Bedeutung für die betriebl. Zukunft	Arbeitswissenschaftliches Gestaltungswissen	Offene Forschungsfragen
Demografiemanagement: Vielen Unternehmen ist noch nicht bewusst, dass die Bewältigung des demografischen Wandels eine gesamtbetriebliche Querschnittsaufgabe ist, die jede betriebliche Funktion und alle betrieblichen Prozesse betrifft. Das zieht vor allem Anforderungen an die verschiedenen Führungsebenen nach sich und muss im Rahmen eines betrieblichen integrierten Managementsystems controllt und gemanagt werden. Die meisten legen einige Arbeitsschwerpunkte fest (z. B. Rekrutierung Azubis; Einrichtung von BGF-Maßnahmen usw.) und beachten dabei weder die Komplexität noch die Dynamik der demografischen Entwicklung. Betriebliche Instanzen, PDCA, BSC, Strategiecockpits, Audits und Reviews existieren noch nicht.	Es ist wichtig, sich bezüglich aller operativen und strategischen Handlungsfelder zu positionieren (Audit). Einzelne Arbeitsschwerpunkte nützen nicht viel. Es ist sinnvoll, zunächst in Projektlaufzeiten von 2 bis 5 Jahren zu denken.	Es geht hierbei nicht um die Frage arbeitswissenschaftlichen Gestaltungswissens, sondern um die Steuerungskompetenz im Betrieb.	Wie ist der demografische Wandel in ein betriebliches Demografiemanagement umzusetzen und in Unternehmensstrategien zu integrieren? Wie sehen Auditing, Reporting und Monitoring aus?
Vorhandene Expertise und Kapazitäten: Haben die Betriebe erst einmal angefangen, eine umfassende Bestandsaufnahme auf Basis von Betriebsdaten zu machen, stellen sie i. d. R. mit Erschrecken fest, dass der ermittelte Handlungsbedarf ihre Bewältigungskapazitäten und ihre vorhandene Expertise bei Weitem überschreitet. Die bereits beschriebene Festlegung einzelner Arbeitsschwerpunkte (s. o.) ist Ausdruck dieser Beobachtung. Meist handelt es sich um „mit eigenen Bordmitteln" selbst bewältigbare, d. h. wenig wissensintensive und komplexe Herausforderungen. Insgesamt haben die Betriebe noch nicht verstanden, dass die aktive Gestaltung des demografischen Wandels auch u. U. zu neuen Betriebsorganisationen bzw. zu neuen Stellen führt, zumindest die Anforderungen an das Management von Gesundheit, Bildung, Rekrutierung, Arbeitsgestaltung, kontinuierliche MAG usw. ist nicht mal eben nebenbei zu machen, sondern verlangt Zeit und fachliches Personal.	Es stellt sich grundlegend die Frage, was die Betriebe selbst wissen und leisten können/wollen und wofür sie externe Expertise brauchen? Mit welchen Personalkapazitäten in welchem Zeitraum sind welche Anforderungen zu bewältigen?	Siehe oben	Wie können Unternehmen im Rahmen von Unternehmenskooperationen den demografischen Wandel gemeinsam bewältigen? Systematische Ansätze und übertragbare Beispiele fehlen bisher noch.

13. Ausblick auf das nächste Jahrzehnt

Betrieblicher Handlungsbedarf	Bedeutung für die betriebl. Zukunft	Arbeitswissenschaftliches Gestaltungswissen	Offene Forschungsfragen
Führung: Das Thema Führung eigenständig zu behandeln, kommt so gut wie nie vor. Die Anforderungen an den fachlichen und zeitlichen Ressourceneinsatz seitens des Führungshandelns werden nicht verstanden und wenn, dann verdrängt. Auch fehlt die Erfahrung in der Führung von mehrheitlich älteren Belegschaften. Zu den wichtigsten demografiebezogenen Führungsaufgaben zählt die offene Thematisierung der verlängerten Lebensarbeitszeit, die Wertschätzung aller Belegschaftsgruppen, die Bindung von Gruppen mit Schlüsselqualifikationen für das Unternehmen, die Kenntnis des Gesundheitszustands, der Qualifikationsbedarfs sowie die Motivation jedes einzelnen Mitarbeiters (Individualisierung), die Pflege von Anforderungs- und Fähigkeitsprofilen, die Organisation der Beteiligung aller Mitarbeiter, sowie das regelmäßige Gespräch mit jedem Mitarbeiter, das auch eine Führungskraftbewertung einschließt.	Vor der Bereitstellung von Ressourcen und dem Kompetenz-Training zur demografiegerechten Führung muss zunächst die Akzeptanz, die Bereitschaft und das Verständnis für neue Aufgaben entwickelt werden. Werden die FK nicht umfassend sensibilisiert, scheitert jedes Demografieprojekt.	Es ist schon erstaunlich, wie wenig Führungsverhalten und Führungshandeln bei der Gestaltung des demografischen Wandels im Fokus stehen. Sämtliches Wissen zur Gestaltung der Arbeitsstrukturierung und zur Bestimmung neuer Aufgabenzuschnitte von Führung liegen vor.	Es liegen keine Forschungsfragen vor. Das Thema Führung ist ein reines Umsetzungsproblem.
Individualisierung und Partizipation: Dies schließt an die Themen Führung, vorhandene Expertise und Kapazitäten der Partizipation an. Individualisierung und Partizipation sind zwar als bedeutende Prinzipien der betrieblichen Gestaltung des demografischen Wandels verstanden worden (Baltes-Kurve!), aber fast nirgendwo in der Konsequenz umgesetzt, die notwendig wäre. Das betrifft die Umsetzung kontinuierlicher, strukturierter Mitarbeitergespräche, die Integration des Konstruktes der workability, die Erstellung von Kompetenzpässen bzw. -profilen. Letztere finden alle gut, aber keiner entwickelt sie.	Das Thema ist hier eigentlich gar keine Kulturfrage, sondern sachlich ableitbar aus den Wirkungen alternder Belegschaften. Im Vordergrund steht hier die Lösung der Effizienzfrage.	Die Vorgehensweisen zur Umsetzung sind bekannt. Hier fehlen vor allem gute Praxisbeispiele, die zeigen, dass der Aufwand zur umfassenden Beteiligung der Beschäftigten und zur Erarbeitung individueller Lösungen leistbar und nutzbringend ist.	Siehe oben

Betrieblicher Handlungsbedarf	Bedeutung für die betriebl. Zukunft	Arbeitswissenschaftliches Gestaltungswissen	Offene Forschungsfragen
Tätigkeiten mit begrenzter Ausführungsdauer: Es gibt nach wie vor zu viele Tätigkeiten, die mit körperlichen Belastungen (schwerer körperlicher Arbeit, einseitiger Arbeit, Zwangshaltungen), mit psychischen Belastungen (insbesondere durch Arbeitsverdichtung und Führungsverhalten) und mit Belastungen aus physikalischen Umgebungsbedingungen (Lärm, Hitze etc.) verbunden sind. Das führt zu einer begrenzten Ausführungsdauer der Tätigkeiten und damit zum Nichterreichen des Regelrenteneintrittsalters.	Betriebe, die mehrheitlich Tätigkeiten und Arbeitsstrukturen mit begrenzter Ausführungsdauer haben, müssen sich im Rahmen radikaler Restrukturierungen zukünftig neu erfinden. Davor schrecken sie zurück, also werden sie große Probleme bekommen.	Das Gestaltungswissen zur Mischarbeit mit organisiertem Belastungswechsel liegt vor.	Mischarbeit kann dort nicht gestaltet werden, wo eine hohe Funktionstrennung vorliegt, also gar keine Potenziale für Mischarbeit vorhanden sind (z. B. Fahrdienst im ÖPNV, Wach- und Wechselndienst bei der Polizei etc.).
Schichtarbeit mit Nachtarbeit: Schichtarbeit mit Nachtarbeit ist vom Betriebseintritt nach der Ausbildung bis zum Renteneintritt ebenfalls nicht dauerhaft durchführbar, zählt somit auch zu einer Form der Arbeitsstruktur mit begrenzter Ausführungsdauer. Daher ist die Gestaltung der Schichtarbeit bei zunehmend älter werdenden Belegschaften ein „Riesenthema", aber keiner weiß, wie es gestaltet werden kann. Das Problem ist generell mit der AZ-Gestaltung der Zukunft zusammen zu sehen.			Das Wissen zur alternsgerechten Gestaltung von dauerhaft ausgeführter Schichtarbeit mit Nachtarbeit liegt nach wie vor nicht vor.
Arbeitszeitgestaltung: Fast alle Unternehmen haben Bedarf bei der Weiterentwicklung ihres AZ-Regimes: AZ-Flexibilisierung, Erhöhung TZ-Quote, Vertrauens-AZ, Jahres-AZ, Lebens-AZ, Wunsch-AZ. Die Flexibilisierung der Arbeitszeit erweitert das Fenster zur Rekrutierung am Arbeitsmarkt, ermöglicht Work-Life-Balance-Konzepte, Teilzeit vermindert die Entwicklung von Leistungseinschränkungen etc.	Die Umgestaltung auf zukunftstaugliche Arbeitszeitregimen ruft den Widerstand aller MA-Gruppen hervor. Davor schrecken die Betriebe zurück.	Die Gestaltung von Arbeitszeitregimen nach arbeitswissenschaftlichen Erkenntnissen ist bekannt. Eine gesetzl. Auflage zur Insolvenzsicherung von AZ-Konten fehlt noch.	Wie können Unternehmen die Fähigkeit zur Selbsterneuerung entwickeln und praktizieren (Wandlungsfähigkeit)?

13. Ausblick auf das nächste Jahrzehnt

Betrieblicher Handlungsbedarf	Bedeutung für die betriebl. Zukunft	Arbeitswissenschaftliches Gestaltungswissen	Offene Forschungsfragen
Gesundheitsmanagement: Das Thema Gesundheitsmanagement wird von den meisten Unternehmen zu sehr auf verhaltensbezogene BGF-Maßnahmen beschränkt. Was fehlt ist eine konzeptionell etablierte, präventive und prospektive Gestaltung von alternsgerechter Arbeit. Bspw. wird Workability als Konstrukt zwar verstanden und akzeptiert, aber nicht konsequent umgesetzt und gelebt. Ein radikaler Wechsel im Bewusstsein der Akteure, verbunden mit einem Wechsel von verhaltensdominanten zu verhältnisdominanter Maßnahmen vollzieht sich bisher nicht. Ob jemals verstanden wird, dass Fehlzeiten ein Spätindikator und kein Frühindikator sind, bleibt abzuwarten. Ein integriertes demografietaugliches Managementsystem von Sicherheitsmanagement, Gesundheitsmanagement und Eingliederungsmanagement (mit Schnittstellen zum Bildungs- und Personalmanagement) ist Zukunftsmusik.	Solange modern daherkommende Gesundheitsthemen eher in Betrieben umgesetzt werden, als dass klassische Arbeitsgestaltung nach dem Stand der Forschung praktiziert wird, solange wird sich nichts ändern.	BGF ist aus arbeitswissenschaftlicher Sicht ein Hygiene-Faktor: sinnvoll, notwendig, aber längst nicht hinreichend. Das Gestaltungswissen für eine präventive, prospektive, alternsgerechte Arbeitsgestaltung liegt vor. Es fehlt an arbeitswissenschaftlicher Expertise in den Betrieben.	Das Thema betriebliche und persönliche Gesundheit muss im Rahmen der Konzepte von Arbeitsfähigkeit und Beschäftigungsfähigkeit sowie im Verhältnis von Individuum und Organisation neu definiert werden. Es fehlt an einem umfassenden Ursache-Wirkungs-Modell.
Stellenprofile: Zukünftig ist vor einer Zunahme an Leistungseinschränkungen bzw. von einer Zunahme an deutlich gestreuten Leistungsfähigkeiten auszugehen – zumindest in diversen Branchen. Um damit umgehen zu können, brauchen die Betriebe einen detaillierten Überblick über die Anforderungsprofile der Tätigkeiten und die Fähigkeitsprofile der Mitarbeiter und damit verbundenem Abgleich (Nutzen für Personaleinsatz, -entwicklung und Wiedereingliederung). Das ist zwar verstanden worden; eine solche Erstellung ist aber mit soviel zeitlicher und personellen Ressourcen verbunden, dass die Unternehmen davor zurückschrecken.	In den nächsten Jahren wird es zu einem Revival der Erstellung von Stellenprofilen mit integriertem Anforderungsprofilen kommen. Der Nutzen für Personal- und Demografiemanagement ist vielseitig.	Das arbeitswissenschaftliche Gestaltungswissen liegt vor.	Grundlegende Forschungsfragen hierzu sind nicht vorhanden. Es bleibt lediglich die ungeklärte Effizienzfrage zwischen Aufwand für Erstellung und Pflege gegenüber Nutzen.

Betrieblicher Handlungsbedarf	Bedeutung für die betriebl. Zukunft	Arbeitswissenschaftliches Gestaltungswissen	Offene Forschungsfragen
Personalrekrutierung: Die Rekrutierungsanforderungen und -schwierigkeiten werden in den Betrieben völlig unterschätzt und in seinem Ausmaßen noch nicht verstanden. Zwischen 2010 und 2020 beginnt aus der Gruppe der älteren AN ein jährliches Wegbrechen von Verrentungen in einer Größenordnung, die in den Unternehmensbiografien so noch nie da gewesen sind und das bei gleichzeitiger Verknappung des Arbeitsmarktes. Viele Unternehmen haben heute schon Fachkräfte- und Ingenieursmangel. Intelligente und demografietaugliche Rekrutierungskonzepte liegen nur in wenigen Unternehmen vor. Es fehlt an Entschlossenheit zur Umsetzung, kreativen Ideen und Lösungen.	Die Unternehmen, die heute verschlafen, intelligente Rekrutierungskonzepte zu entwickeln, werden im nächsten Jahrzehnt die Verlierer sein.	Intelligente, übertragbare, Rekrutierungskonzepte liegen modellhaft vor.	Es bedarf weiterer, neuer, kreativer Ansätze zur Kooperation Schule-Betrieb und Hochschule-Betrieb. Wie können Betriebe die Kräfte, die sie erst morgen brauchen, u. U. schon heute rekrutieren (bezahlbare Lösungen)?
Wegfall mittlerer Qualifikationsebenen: Fatal ist auch das Zerbröseln mittlerer Qualifikationsebenen. Demografiefeste Personalstrategien verbinden Unternehmen oft mit der Frage: Wie viel hoch/gut qualifiziertes Personal braucht das Unternehmen (z. B. 15–20% Facharbeiter) und wie viel geringqualifizierter Tätigkeit kann ich den Rest abwickeln (z. B. 60–70%)? Gut qualifizierte Kräfte werden immer schwieriger zu rekrutieren sein, geringqualifizierte Kräfte werde ich auf dem Arbeitsmarkt der Zukunft schon bekommen. Die Qualifikationsschere klafft durch den demografischen Wandel immer weiter auseinander, mittlere Qualifikationsebenen fallen mehr und mehr weg. Es gibt nur zum dauerhaften Überleben notwendige und aktuell brauch- oder unbrauchbare Belegschaftsanteile (Stamm- oder Randbelegschaft). Dies ist vor allem gegenwärtig in Großunternehmen zu beobachten.	Die Wandlung von Stammarbeitnehmern zu Leiharbeitnehmern wächst ständig. Die Wachstumspotenziale im demografischen Wandel liegen vor allem bei geringqualifizierten Tätigkeiten, die immer niedriger entlohnt werden.	Arbeitswissenschaftliches Gestaltungswissen liegt gegenwärtig nicht vor. Das Sicherheitsgeschehen und das Belastungsniveau im ständig den Betrieb wechselnden Leiharbeitnehmern ist völlig unbekannt. Langfristige Auswirkungen auf chronische Erkrankungen und dauerhaften Leistungseinschränkungen sind als bedrohlich anzusehen.	Was bedeuten der zunehmende Wegfall mittlerer Qualifikationen und die Zunahme der Leiharbeit für die Demografiefestigkeit von Personalstrategien und für die Arbeitskultur in Deutschland überhaupt?

13. Ausblick auf das nächste Jahrzehnt 339

Betrieblicher Handlungsbedarf	Bedeutung für die betriebl. Zukunft	Arbeitswissenschaftliches Gestaltungswissen	Offene Forschungsfragen
Mitarbeiterbindung: Auch die Anforderungen zur Bindung hochqualifizierter Kräfte werden gegenwärtig noch unterschätzt, weil der aggressive Kampf um die qualifizierten Kräfte erst schleichend in den nächsten Jahren steigen wird und seinen Höhepunkt in der zweiten Hälfte des nächsten Jahrzehnts haben wird. *Arbeitgeberattraktivität*: Dass in Rahmen eines gesamtbetrieblichen Konzeptes systematisch und kontinuierlich an der Erhöhung der Arbeitgeberattraktivität zu arbeiten ist, ist bisher nur von wenigen Unternehmen verstanden worden. Übertragbare Konzepte liegen kaum vor, da jeweils die Einzigartigkeit der Betriebe bedeutsam ist und unternehmenseigene Lösungen bisher wenig vermarktet werden.	Die Unternehmen, die heute verschlafen, an der Attraktivität ihres Unternehmens zu arbeiten und für ihre gut qualifizierten Kräfte Bindungsstrategien zu entwickeln, werden im nächsten Jahrzehnt Fluktuationsprobleme bekommen.	Die Merkmalskategorien materieller und immaterieller Attraktivitätspotenziale sind gut untersucht. Die Herausforderung liegt in der Etablierung einer dauerhaft lebenden und wirkenden Unternehmenskultur im turbulenten Umfeld.	Wie entwickeln sich Unternehmen von der Institutionalisierung arbeitsorganisatorischer Lösungen hin zu einer sich selbst befähigenden Unternehmenskultur im demografischen Wandel (Kulturalisierung)?
Work-Life-Balance (WLB): Den meisten Unternehmen ist bewusst, dass WLB eine wichtige Herausforderung der Zukunft ist (Attraktivitätsindikator für Rekrutierung/Bindung). Aber welches Unternehmen hat denn Kinderkrippen, Betreuungsdienste für pflegebedürftige Angehörige von Beschäftigten, Wahlarbeitszeit, Betreuung für Ruhezeiten usw.? Das Bewusstsein ist da, aber die Umsetzung wird angesichts zu vieler anderer als dringlicher wahrgenommener Baustellen nicht weiter verfolgt.	Im nächsten Jahrzehnt wird WLB unverzichtbares Element von Rekrutierungs- und Bindungsstrategien. Es empfiehlt sich heute bereits partizipativ, individuelle Lösungen für Beschäftigte zu entwickeln.	Arbeitswissenschaftliches Gestaltungswissen liegt vor: bei WLB-Konzepten sind angelsächsische Konzepte des psychological contract zu nutzen. Bei DM sind die Konzepte der Wertschätzungstrainings zu nutzen und weiter zu entwickeln.	Hier gilt vor allem, von anderen Ländern und Kulturen zu lernen und genau zu prüfen, welche Konzepte auf deutsche Belange zu übertragen und welche Besonderheiten zu beachten sind (crosscultural benchmarking). Gegenwärtig findet ein unreflektierter Übertrag statt.
Diversity-Management (DM): Bisher hat Diversity Management einen eher exotischen Charakter in Deutschland, wird als branchenfremd angesehen (Ausnahme: wissensintensive, globale Serviceleistungen, z. B.: IT/IuK oder High-Tech-Branchen wie Mikrosystem-/Nano-Technologien) und von wenigen Unternehmen angenommen, von vielen abgelehnt.			

Betrieblicher Handlungsbedarf	Bedeutung für die betriebl. Zukunft	Arbeitswissenschaftliches Gestaltungswissen	Offene Forschungsfragen
Alternsgerechte Qualifizierung: Alle Reden von alter(n)sgerechter Qualifizierung, aber kaum jemand kann beschreiben, was damit konkret eigentlich gemeint ist, z. B. im Unterschied zur Erwachsenenbildung. Probleme der betrieblichen Qualifizierung Älterer zeigen sich eher bei der Heterogenität der WB-Teilnehmer, bei der WB-Resistenz geringqualifizierter Gruppen sowie am Mangel lernförderlicher Arbeit(splätze). Innovativ sind Weiterbildungskonzepte, die komplette Erwerbsbiografien mit Lebens- und Lernphasen koppeln. Diese sind bisher jedoch nur von wenigen Pionierunternehmen umgesetzt worden. Insgesamt fehlt es an der Bereitstellung von Lernzeiten, an E-Learning- und Blended Learning Konzepten und es fehlt gänzlich an einem demografiefesten qualitativen und quantitativem Bildungscontrolling.	Innerbetriebliche Weiterbildung ist eine der zentralen Stellgrößen des demografischen Wandels. Dies wird maßgeblich durch den mangelhaften Zugriff auf externe Qualifikation verursacht, der die Binnensicht erhöht. Der interne Arbeitsmarkt wird zum Wettbewerbsfaktor.	Es gibt einzelne, arbeitswissenschaftliche Erkenntnisse, (Lerntempo berücksichtigen, an berufliches Erfahrungswissen anknüpfen etc.), aber konkrete, transferierbare Umsetzungskonzepte liegen bisher kaum vor. Eine Vielzahl von Befunden führt zu unterschiedlichen Ergebnissen. Alter ist nicht die entscheidende Variable.	Es gibt eine Reihe junger Forschungsansätze aus nichtpädagogischen Disziplinen, die zwingend weiter verfolgt werden müssen (Hirnforschung, Ernährungs- und Sportwissenschaften, Kognitions- und Emotionspsychologie u. a.)
Nachfolgeplanung und Planung von Berufsverläufen: Systematisch und vorausschauend durchgeführte Know-how-Sicherung von Personen mit erfolgskritischem Wissen, die das Unternehmen demnächst verlassen, halten alle für sinnvoll. Breitenwirksame Umsetzungen liegen jedoch nicht vor. Meist schrecken die Unternehmen vor der mit den Tandem-Konzepten verbundenen Investition zurück. Konzepte des betriebsinternen, altersgerechten Erwerbsverlaufs, quasi vom Azubi mit 16 bis zum Rentner mit 67, existieren nicht. Solche Zeithorizonte gelten als visionär und überambitioniert: Wer weiß heute schon, was mit dem Unternehmen und den aktuellen Azubis in 15, 20, 30 Jahren usw. passiert.	Eine breitenwirksame Know-how-Sicherung wird vor allem in der Zeit hoher Verrentungsfälle akut. Es ist sinnvoll hierfür jetzt Konzepte zu entwickeln, umzusetzen und Erfahrungen zu sammeln.	Das Gestaltungswissen zur Umsetzung von Nachfolgeplanungen liegt vor.	Die konzeptionelle Gestaltung von Erwerbsverläufen liegt bisher nur in Bruchstücken vor. Es fehlt an der Integration von Tätigkeits-, Belastungs-, Lern- und Entwicklungsverläufen am Beispiel unterschiedlicher Berufsgruppen.

13.2 Wege aus der Trägheit

Die Zielfrage

Mit der Zielfrage sollen noch einmal die wichtigsten operativen und strategischen Unternehmensziele, die im Kontext des demografischen Wandels zu stellen sind, genannt werden.

Das erste Gebot, sich auf den demografischen Wandel im Unternehmen einzustellen ist der *Erhalt der Arbeitsfähigkeit* von alternden Belegschaften. Seit 2005 wird die Kohorte der Babyboomer schrittweise zu den über 50 Jährigen in den Unternehmen und damit zur stärksten Altersgruppe. Das hat es nie zuvor in der Geschichte der Industriearbeit gegeben. Im nächsten Jahrzehnt wird in vielen Betrieben jeder zweite Beschäftigte über 50 Jahre sein. Damit stellen sich fundamentale Fragen an den Erhalt der Gesundheit und an die Gestaltung von Arbeit(sbedingungen), die ein breitenwirksames Arbeiten aller bis zum Renteneintritt mit 65-67 Jahren ermöglicht.

Die Verschiebung der Altersstrukturen bedeutet gleichermaßen, dass die Arbeiten, die noch in den 90er Jahren vornehmlich von Jüngeren ausgeführt wurden, zunehmend von Älteren ausgeführt werden müssen. Das bedeutet, dass es zu einer *intergenerativen Umverteilung von Arbeit* kommt, die sukzessive organisiert werden muss. Etwa gegen 2020 wird die auseinanderklaffende Altersschere, also das Verhältnis von über 50-Jährigen zu den unter 30-Jährigen seine größte Spanne erreicht haben. Bis dahin müssen bisher ungelöste Fragen wie bspw. die Verlängerung der Verweildauer in Schichtarbeit längst gelöst sein. Betriebe müssen heute damit beginnen, die intergenerative Umverteilung der Arbeit aktiv zu gestalten. Je eher Unternehmen damit Erfahrungen machen und daraus lernen, desto eher werden sie daraus Wettbewerbsvorteile generieren.

Spätestens ab dem Jahr 2015, wahrscheinlich schon ca. zwei Jahre eher, werden die ersten Jahrgänge der Babyboomer in großer Zahl verrentet werden. Das bedeutet (neben dem Kollaps der Rentenfinanzierung) für die Betriebe enorme Know-how-Verluste und Rekrutierungsbedarfe. Noch ist etwas Zeit, aber die Betriebe sind gut beraten, jetzt damit zu beginnen, konkrete Nachfolgeplanungen für Personen mit Schlüsselqualifikationen zu organisieren, intelligente Rekrutierungskonzepte zu entwickeln, *neue Rekrutierungspotenziale*, und das sind in erster Linie Frauen, Migranten und Ältere, *zu erschließen und den Personalbestand langfristig zu sichern*. In den nächsten Jahren wird sich schleichend ein Kampf um die jungen, gesunden und qualifizierten Kräfte des Arbeitsmarktes entwickeln, der immer aggressiver werden wird.

Mit der Rekrutierungsfrage unmittelbar verbunden ist auch die Bindungsfrage bestehender Belegschaftsteile (Stammbelegschaft) und somit die Attraktivität des Arbeitgebers mit den gebotenen Arbeits- und Entgeltbedingungen. Es gilt heute damit zu beginnen, die *Attraktivität der Arbeit im Unternehmen kontinuierlich zu verbessern*. Das gilt umso mehr für Unternehmen und Branchen, die nicht bei den Entgeltbedingungen an der Spitze stehen. Diese müssen verstärkt an den immateriellen Attraktivitätsmerkmalen arbeiten, z. B. an Work-Life-Balance-Konzepten u. Ä., um im Wettbewerb bestehen zu können.

Die Wissensfrage

Jede betriebliche Innovation beruht auf einer einmaligen Wissenskombination, sonst wäre es keine Innovation (Volkholz 2004). Hier geht es darum, das bestmöglich genutzte allgemeine Wissen mit dem exklusiven, unternehmensspezifisch erworbenen (und noch zu erwerbenden) Wissen zur betrieblichen Gestaltung der demografischen Entwicklung miteinander zu verbinden und idealerweise mit niemandem zu teilen, also mit und durch die einmalige Wissenskombination einer Gestaltung des demografischen Wandels Innovationen zu generieren.

Differenzierung erkennen

Eine Belegschaft altert nicht einfach nur, sie altert höchst unterschiedlich. Ersatzbedarf wird nicht einfach nur schwierig zu rekrutieren sein, sondern höchst unterschiedlich: je nachdem, ob Männer oder Frauen, (Hoch-)Schulabgänger oder Berufserfahrene, Ältere oder Jüngere, Angelernte oder Fachkräfte gesucht werden. Die Arbeitsfähigkeit einer Belegschaft stellt sich zwischen den Unternehmensebenen, den Belegschaftsgruppen/-teams, den Einzelnen und selbst innerhalb jedes einzelnen unterschiedlich dar. Die Beurteilung der Arbeitsfähigkeit führt je nach korrelierter Variablen (z. B. Alter, Betriebszugehörigkeitsdauer usw.) und damit eines anderen Blickwinkels zu völlig anderen Ergebnissen.

Differenzieren heißt, Komplexität erkennen, bewerten, in Maßnahmen umsetzen und damit für das Unternehmen exklusives Handlungswissen generieren. Das ist nicht mal eben nebenbei zu machen und bedarf einer Bewusstseinslage im Unternehmen, die dafür Bereitschaft zeigt und die notwendigen Fähigkeiten zur Differenzierung besitzt.

Eine differenziert durchgeführte Altersstrukturanalyse und die daraus abgeleitete differenzierte Struktur eines Demografiemanagements sind Gütesiegel für die Beherrschung des demografischen Wandels im Unternehmen.

2

15.50
15.2?
/80
3²⁸⁰

fachbezogen organisatorisch
Verortet

Die Bestimmung des
der Wandels statt nur bei
und im nächsten Jahr schul-
wird er zu eines der ent-
Scheidendsten Gewerbeplan

er 4. Sitzung des LA vom 1. November 2011
g
nine für 2012

n

uote"

zepte zur betrieblichen

rates an der Projektarbeit BGF

e „Optimierungsmöglichkeiten des

Ressourcen beherrschen

Hat man erst mal die demografische Brille aufgesetzt und betrachtet man sämtliche Jobfamilien, Organisationsbereiche und Unternehmensprozesse, wird derart viel Handlungsbedarf identifiziert, dass der Umfang und der notwendige Ressourceneinsatz zur Umsetzung im Unternehmen zur Paralyse führt. Um dies zu verhindern, ist die Beherrschung von Personalressourcen, Zeitressourcen und strukturellen Ressourcen notwendig.

Es bedarf einer Beurteilungskompetenz im Unternehmen, was das Unternehmen selbst managen und umsetzen kann und wozu das Unternehmen externe Expertise braucht. Es ist nicht damit getan, zu glauben, der demografische Wandel sei eine Managementherausforderung, wofür man nur ein Demografieprojekt zeitbefristet aufzulegen bräuchte und die es mittels eines Lenkungskreises zu lösen gilt. Die Unternehmen überschätzen Ihre Kompetenz, komplexe Zukunftsherausforderungen zu bewältigen, wofür sie weder geschult sind, noch Erfahrungen von wem auch immer vorliegen. Es ist sorgfältig zu bewerten, für welche Aufgaben im Unternehmen externe Expertise eingeholt wird und für welche nicht. Dabei sind auch mögliche Unternehmenskooperationen zur Ressourcenteilung einzubeziehen.

Nicht alle notwendigen Maßnahmen können sofort und gleichzeitig umgesetzt werden. Meist wählen Unternehmen das am leichtesten Bewältigbare oder Maßnahmen mit wenig radikalem Veränderungspotenzial oder geringem Ressourceneinsatz als Erstes. Wichtig ist vielmehr, Bedeutung und Dringlichkeit des Handlungsbedarfs beurteilen zu können und danach Zeitressourcen in einer Roadmap mit Handlungsplan für die nächsten 10 Jahre anzulegen. Personelle und zeitliche Ressourcen bestimmen die Struktur des Demografiemanagements.

Gefühl entwickeln für Zeit und Dynamik

Damit ist nicht das Zeitmanagement im Rahmen von Demografieprojekten gemeint, sondern die Dynamik der demografischen Entwicklung selbst. Noch vor fünf Jahren waren völlig andere Konzepte zu entwickeln und Maßnahmen umzusetzen als heute und als es in fünf Jahren zu realisieren gilt.

Aus der Altersstrukturanalyse können Prognoseverläufe im Rahmen verschiedener Szenarien und damit verbundener Annahmen abgeleitet werden. Dennoch sind sie alle statisch. Auch die objektiven gesellschaftlichen Entwicklungen und Trends in ihrer dynamischen Verflechtung frühzeitig und richtig zu erkennen, wird schwierig bleiben. Daher gilt es, ein Gespür und ein Gefühl zu entwickeln für die Dynamisierung des Prozesses der demografischen Entwicklung. Auch gilt es frühzeitig aktiv zu werden, um Pioniergewinne mitzunehmen, denn wenn die Beschleunigungsphase der demografischen Entwicklung erst einmal eingetreten ist (ca. ab 2012), wird dies nicht mehr möglich sein. Was muss heute vorbereitet werden, damit das Unternehmen 2012 gut aufgestellt ist? Wie entwickelt sich die Aggressivität auf dem Arbeitsmarkt? Was tun die Wettbewerber im Markt und wie muss das Unternehmen darauf reagieren? Ist der Standort des Unternehmens überhaupt noch sinnvoll? Wie gelingt die schrittweise Umverteilung intergenerativer Arbeit im Unternehmen? usw.

Wandlungsfähigkeit beherrschen

Nach Volkholz (2004) ist Einzigartigkeit die Schlüsselleistung eines wandlungsfähigen Unternehmens, mit der es sich in turbulenten Märkten behauptet und entwickelt. Einzigartigkeit muss immer wieder neu erzeugt werden. Dies geschieht durch den beständigen Auf- und Abbau eines unternehmensspezifischen Wissens. Dass durch die Altersstrukturanalyse und durch das Demografiemanagement entwickelte Wissen ist unternehmensspezifisch, eingebettet in die Wissenslandkarte des Unternehmens (Tomassini 2002), einzigartig und unkopierbar für andere und trägt zur Einzigartigkeit des Unternehmens bei.

Wandlungsfähigkeit beherrschen heißt, rechtzeitig

- Veränderungsfähigkeit und Innovationen (mit zunehmend Älteren als Innovationsträgern) im demografischen Wandel zu entwickeln

- eine endogene Potenzialentwicklung voranzutreiben, da in Deutschland der Arbeitsmarkt weniger regelt als bspw. in den USA und

- mit der Verankerung demografiespezifischen, exklusiven Wissens im Unternehmen eine Brücke zur Einzigartigkeit zu schlagen.

Die Steuerungsfrage als Impetus der Arbeitsforschung

Die Ausführungen in Kapitel 13.1 haben gezeigt, dass zu den operativen und strategischen Herausforderungen des demografischen Wandels reichlich Gestaltungswissen und arbeitswissenschaftliche Erkenntnisse vorliegen.

Was in den Betrieben fehlt ist das Steuerungswissen für komplexe Themen wie das des demografischen Wandels. Wahrscheinlich ist Steuerung generell das Problem in den Betrieben und durch die mangelhafte Steuerung des Themas Demografischer Wandel wird das Defizit nur umso deutlicher.

Es stellt sich die Frage, was eigentlich aus den Total-Quality-Management-Konzepten der 2. Hälfte der 90er Jahre, aus den mit Balanced Scorecards geführten Unternehmen und der Intellectual Capital-Ansätze und ihrer Wissensbilanzen der 1. Hälfte des 1. Jahrzehnts in diesem Jahrhundert geworden ist. Konnte damit nicht das Steuerungswissen erworben werden, das zur Behandlung komplexer Themen notwendig ist oder ist dies nach wie vor eine ungelöste Frage.

Untersuchungen, die dieser Frage bisher nachgegangen sind, liegen nicht vor. Die Zwischenbilanz zur Gestaltung des demografischen Wandels macht die Steuerungsfrage zum Impetus der Arbeitsforschung.

Der Phasenverlauf zur proaktiven Gestaltung des demografischen Wandels in den Unternehmen vollzieht sich in vier Schritten:

- Sensibilisieren

- Initiieren

- Institutionalisieren

- Kulturalisieren

Die meisten Unternehmen sind über die *Sensibilisierungs- und die Initiierungsphase* nicht hinausgekommen, und das betrifft sowohl die Vorreiter wie auch die Nachzügler. Sie unterscheiden sich lediglich in Güte und Umfang der Umsetzung in den beiden Umsetzungsschritten. Es ist an anderen Stellen bereits ausgiebig beschrieben worden, welche Defizite in den ersten beiden Phasen zu verzeichnen sind:

- Sensibilisierung der Mitarbeiter/innen für die Verlängerung der Lebensarbeitszeit,

- Sensibilisierung und Qualifizierung der Führungskräfte für neue Anforderungen und Aufgaben,

- solide Analyse und Formulierung des Gestaltungsbedarfs in Bezug auf betriebliche Handlungsfelder,

- Einrichtung eines betrieblichen Demografieprojekts und eines dafür angelegten Demografiemanagements,

- Formulierung von Arbeitsaufträgen und

- Einrichtung von Arbeitsgruppen zur Erarbeitung geeigneter Maßnahmen und Lösungsansätze.

Selbst Firms of Excellence stehen an dieser Stelle und sind noch nicht viel weiter gekommen. Hier machen sich die im Vorfeld beschriebenen Defizite des Wissensmanagements bemerkbar. Die Differenzierung mag noch erkannt worden sein, aber wer die personellen und zeitlichen Ressourcen nicht beherrscht und kein Gespür für Zeit und Dynamik der demografischen Entwicklung entwickelt, der kann auch kein systematisches Führungshandeln und damit die Steuerung im Rahmen eines Demografiemanagements realisieren.

Man könnte vermuten, dass es nicht an der fehlenden Steuerungskompetenz in den Unternehmen mangelt, sondern dass der Zeitpunkt noch zu früh sei und der Leidensdruck durch die Auswirkungen des demografischen Wandels erst in ca. fünf Jahren so groß sein wird, dass die Unternehmen entsprechend reagieren. Aber einiges spricht dagegen. Selbst Unternehmen, die für sich die „richtigen" Fragen formuliert haben, Trends realistisch einschätzen und präventiv und prospektiv agieren, stecken in der Steuerungsfalle fest.

Welcher betriebliche Personal- und Sozialbericht enthält ein Demografiereporting? Welchen Beitrag leistet ein Demografiereporting zur Unternehmenssteuerung? Solche Fragen bleiben offene Forschungsfragen.

Es gibt kaum ganzheitliche Ansätze und Erfahrungen, die Altersstrukturanalyse und Demografiereporting mit der Gefährdungsbeurteilung (nach ArbSchG) und dem Bildungsmanagement (Qualifizierungsbedarfsanalyse) verbinden. Ebenso fehlt es an Verbindungen zum Qualitätsmanagement und an KVP-Prozessen. Das viel proklamierte Plan-Do-Check-Act-Prinzip des Managementhandelns ist in das Demografiemanagement noch nicht eingezogen.

Auch das fehlende Wissen über die Zusammenhänge zwischen Humankapital und Strukturkapital im Unternehmen spiegelt sich an der Behandlung des demografischen Wandels wider (Edvinsson u. Malone 1997): Wie entwickeln sich Ursache-Wirkungsbeziehungen zwischen Mitarbeitern, Prozessen, Strukturen und Kunden vor dem Hintergrund des demografischen Wandels? Wie kann man sie in eine *demografiefeste Wissensbilanz* (Darstellung des Intellektuellen Kapitals) überführen?

Eine *Institutionalisierung* der Einbettung des demografischen Wandels in die Wandlungsfähigkeit der Unternehmen hat bisher nicht stattgefunden.

Als einen weiterzuverfolgenden Ansatz haben Beutler, Langhoff und Sell (2007) für Verkehrsunternehmen des ÖPNV und des Eisenbahnen- und Schienengüterverkehrs das Weiterbildungskonzept „*Betriebliche(r) Demografie-Begleiter(in)*" entwickelt und über die VDV-Akademie als Bildungseinrichtung des Verbandes Deutscher Verkehrsunternehmen (VDV) angeboten. Das Weiterbildungskonzept vermittelt Fach- und Methodenkenntnisse zur Beherrschung des demografischen Wandels im Betrieb. Es vermittelt umfangreiche Kenntnisse der demografischen Entwicklung, des betrieblichen Alternsmanagements und des demografiebezogenen Projektmanagements. Betriebliche Demografie-Begleiter(innen) sind Demografie-Experten, methodische Prozessbegleiter und Multiplikatoren in ihrem Betrieb. Sie erkennen die relevanten Schnittstellen, führen Aktivitäten zusammen und implementieren neues Wissen im Unternehmen (Embedded Knowing). Diese Kompetenz macht sie zu beratenden Ansprechpartnern für Unternehmensleitungen, Führungskräfte und betriebliche Interessenvertreter. Sie sind unabhängig und befugt in der Steuerung und Durchführung betrieblicher Demografie-Projekte.

Inwiefern dieser Ansatz erfolgversprechend sein wird, bleibt abzuwarten. Derzeit sind die Unternehmen noch nicht so weit, solche Angebote mit ansprechender Nachfrage anzunehmen.

Über eine Kulturalisierung des demografischen Wandels im Betrieb braucht man heute noch nicht zu sprechen. Es setzt voraus, dass sich die Institutionalisierung des Themas in betrieblichen Strukturen und Prozessen hineinschleicht in das Bewusstsein und das Verhalten der Beschäftigten und Führungskräfte und damit ebendiese Institutionalisierung aufhebt und zur Unternehmenskultur werden lässt. Aus arbeitsorganisatorischen Lösungen werden quasi selbstverständliche Verhaltensmuster. Eine solche Kulturalisierung kann gegenwärtig nur als Vision formuliert werden.

Literatur gesamt

o.A. Zerreißprobe Krankenpflege, in Fokus, 10. Oktober 2007

Ahn N, Mira P (2002) A note in the changing relationship between fertility and female employment rates in developed countries. J Popul Econ 15:667–682

Alexander, J et al (1995) Organizational demography and turnover: An examination of multiform and nonlinear heterogeneity. Hum Relat 48(12):1455–1480

Ancona D, Caldwell D (1992) Demography and design: Predictors of new product team performance. Organ Sci 3:321–341

Andreschak H (2008) Work-Life-Balance. Einführung und Diskussion, Arbeitskreis Personalpolitik des ddn, Vortrag am 10. Juni 2008 in Gelsenkirchen

Baltes MM, Baltes PB (1986) The psychology of control and aging, Hillsdale

Baltes PB (1987) Theoretical propositions of life-span developmental psychology: On the dynamics of growth and decline. Dev Psychol 23:611–626

Baltes PB, Lindenberger U, Staudinger UM (2006) Lifespan theory in developmental psychology. In: Lerner RM (ed) Handbook of child psychology, Bd 1, 6. Aufl. Wiley, New York

Barth HJ, Heimer A, Pfeiffer I (2006) Von Vorbildern lernen – „Best practice" – Strategien und Initiativen aus zehn Ländern. In: Bertelsmann Stiftung (Hrsg), Älter werden – aktiv bleiben. Gütersloh

Batt R, Valcour PM (2003) Human resources practices as predictors of work-family outcomes and employee turnover. Ind Relations 42:189–220

Batz M (2008) Training der Sinne, Vortrag im Arbeitskreis Personal- und Rekrutierungspolitik des ddn, 10. Juni

BAuA (Hrsg) (2007) Why WAI? Der Work Ability Index im Einsatz für Arbeitsfähigkeit und Prävention – Erfahrungsberichte aus der Praxis. Dortmund

Bauer TK (2006) Migration im Rahmen des demografischen Wandels, Rheinisch-Westfälisches Institut für Wirtschaftsforschung. Essen

Beauvoir Simone de (1972) Das Alter. Reinbek/Hamburg (La Vieillesse 1970)

Becker SJ (2007) Zerreißprobe Pflegefall, Pressemitteilung der berufundfamilie gGmbH

Becker V (2005) Bauleistungen und neue Dienstleistungen des Handwerks im Marktfeld Seniorengerechtes Wohnen. In: Seminar für Handwerkswesen (Hrsg) Demografischer Wandel – Auswirkungen auf das Handwerk, Duderstadt S 125ff

Behörde für Arbeit, Gesundheit und Soziales (Hrsg) (1998) Älter werden in der Fremde: Wohn- und Lebenssituation älterer ausländischer Hamburgerinnen und Hamburger. Hamburg

Benda H. von (1997) Alter. In: Luczak H, Volpert W (Hrsg) Handbuch Arbeitswissenschaft. Schäfer-Poeschel, Stuttgart

Bergmann B (2001) Innovationsfähigkeit älterer Arbeitnehmer. In: Kompetenzentwicklung 2001: Tätigsein – Lernen – Innovation (hrsg von der Arbeitsgemeinschaft Betriebliche Weiterbildungsforschung e.V. Kompetenzentwicklung Bd 6) Münster

Bertelsmann Stiftung (Hrsg) (2003) Die demografische Bedrohung meistern. Erste Bausteine eines nationalen, integrierten Aktionsplans, Gütersloh

Bertelsmann Stiftung; Bundesvereinigung der Deutschen Arbeitgeberverbände (Hrsg) (2005) Erfolgreich mit älteren Arbeitnehmern. Strategien und Beispiele für die betriebliche Praxis, 2. Aufl. Gütersloh

berufundfamilie gGmbH (Hrsg) (2007) Demografische Entwicklung rückt Vereinbarkeit von beruf und Pflegeanforderungen ins Blickfeld. Frankfurt

berufundfamilie gGmbH (Hrsg) (2007) Eltern pflegen. So können Arbeitgeber beschäftigte mit zu pflegenden Angehörigen unterstützen – Vorteile einer familienbewussten Personalpolitik. Frankfurt

Beutler K, Langhoff T, Sell R (2007) Betriebliche(r) Demografiebegleiter(in). Schwerpunkt Verkehrsunternehmen. Eine berufliche Weiterbildung der VDV-Akademie 2008/2009, unveröffentlichtes Weiterbildungskonzept und -material. Köln

Beutler K, Langhoff T, Marino D, Sistenich D, Weber-Wernz M (2007) Branchenleitfaden Demografie. Alternsgerechte Arbeitsgestaltung in Verkehrsunternehmen. Hrsg VDV Akademie e.V. Köln

Biener K, Schär M (1986) Gesundheit und Krankheit in der Industriegesellschaft. Bern

Birg H (2006) Die ausgefallene Generation, 2. Aufl. München

Birg H (2001) Die demografische Zeitenwende. Der Bevölkerungsrückgang in Deutschland und Europa. München

Birg H (2008) Dynamik der demografischen Entwicklung im Hinblick auf die Beschäftigungsentwicklung im Sektor Zeitarbeit, Forschungsbericht im Auftrag des Zukunftsvertrags Zeitarbeit (bisher unveröffentlicht). Berlin

Birg H et al (2007) Frauenerwerbsquote und Fertilität in Deutschland, Regionalanalyse der 439 Land- und Stadtkreise, Zusammenfassung der Ergebnisse und Arbeitsmaterialien. Bielefeld

Brader D, Lewerenz J (2006) Frauen in Führungspositionen: An der Spitze ist die Luft dünn. IAB-Kurzbericht 02/2006. Nürnberg

Breutmann N, Adenauer S (2007) Arbeitsfähigkeit messen und fördern: der Work Ability Index. Zeitschrift für angewandte Arbeitswissenschaft 19:1–15

Brandenburg H (2002) Zukunft der Pflege – der soziale Wandel und neue Tätigkeitsfelder in der professionellen Pflege alter Menschen. Pflegemanagement 7/8:133

Brokmann W (1969) Der altersadäquate Arbeitseinsatz. Berlin

Bruch H, Menges J (2006) Mit Strategie zu mehr Attraktivität. Personalwirtschaft 8:32

Bucksteeg M (2006) Demografiefestigkeit als Wertfaktor im Unternehmen. Vortrag 30.03.2006. Köln

Buhl C Gemeinsames Lernen zwischen älteren und jüngeren Mitarbeitern am Beispiel der Lernpartnerschaft (Forschungsprojekt), siehe auch www.generationenlernen.de

Bundesamt für Statistik (Hrsg) (2006) Erwerbsquoten älterer Arbeitnehmer im internationalen Vergleich. Wiesbaden

Bundesministerium für Bildung und Forschung (BMBF) (Hrsg) (2005) Demografischer Wandel – (k)ein Problem. Werkzeuge für betriebliche Personalarbeit. Bonn/Berlin

Bundesministerium für Familie, Senioren Frauen und Jugend (BMFSFJ) (Hrsg) (2003) Betriebswirtschaftliche Effekte familienfreundlicher Maßnahmen. Kosten-Nutzen-Analyse. Berlin

Casper WJ, Buffardi LC (2004) Work-life benefits and job pursuit intentions: The role of anticipated organizational support. J Vocat Behav 65:391–410

Colcombe S J, et al (2003) Aerobic fitness reduces brain tissue loss in aging humans. J Gerontol A Biol Sci Med Sci 58:M176–M180

Company Consulting Team (Hrsg) (2005) Germany's most wanted employers. Imageanalyse zur Arbeitgeberattraktivität. Berlin

ComTeam AG (Hrsg) (2007) Zur Situation der Führungsgeneration 50+, ComTeam Studie 2007. Gmund am Tegernsee

Cramer G (2003) Improving the Quality of Life – A Future Market for SMEs and Skilled Trades, Vortrag der Veranstaltung "The ageing society: Opportunities and challenges for strengthening Europes competitiveness". Brüssel

Deutscher Gewerkschaftsbund (Hrsg) (2004) Demografischer Wandel. Schritte zu einer alternsgerechten Arbeitswelt, erarbeitet von der Projektgruppe profil'04: Demografischer Wandel und alternsgerechte Arbeitsgestaltung. Berlin

Deutscher Gießerei Verband DGV (Hrsg) (2005) Neue Perspektiven für ältere und Jüngere im Betrieb – Instrumente und Praxisbeispiele zur Bewältigung des demografischen Wandels. Düsseldorf

Deutsches Institut für Wirtschaftsforschung (Hrsg) (2001) Auswirkungen der demografischen Entwicklung für die Zahl der Pflegefälle, Vorausschätzungen bis 2002 und Ausblick auf 2050 von Schulz E, Leidl R, König H-H. Berlin

Deutsches Institut für Wirtschaftsforschung (Hrsg) (2000) Migration und Arbeitskräfteangebot in Deutschland bis 2050, Wochenbericht Nr 48/2000. Berlin

Diehl B, Conrad C (2008) Corporate Volunteering – Chance für das Talentmanagement. Wirtschaftspsychologie aktuell 3:57–60

Dittmann-Kohli F, Van der Heijden BIJM (1996) Leistungsfähigkeit älterer Arbeitnehmer – interne und externe Einflussfaktoren. Zeitschrift für Gerontologie und Geriatrie 5:323

Ebener M (2008) Protokoll des offenen Ideenworkshops „Kooperation als strategischer Ansatz im demografischen Wandel". Dortmund

Eby LT, Casper WJ, Lockwood A, Bordeaux C, Brinley A (2005) Work and family research. In IO/OB: Content analysis and review of the literature (1980–2002). J Vocat Behav 66(1):124–197

Edvinsson L, Malone MS (1997) Intellectual capital. New York
Enneking A, Sebald H (2005) Towers perrin global workforce study 2005
Enquete-Kommission „Demografischer Wandel" (1998) 2. Zwischenbericht. Bundestags-Drucksache 13/11460, 15.10.1998
Eitner S (1975) Der alternde Mensch am Arbeitsplatz. Berlin (DDR)
Elsner G (1991) Alter, Leistung, Gesundheit. Bremen
Elsner G (2007) Der zweifelhafte Nutzen des Work Ability Index (WAI) in Zeiten älter werdender Belegschaften. gute Arbeit 5:36
Europäische Kommission (Hrsg) (2005) Geschäftsnutzen von Vielfalt, Brüssel
European Agency for Safety and Health at Work (Hrsg) (2006) Promoting occupational safety and health research in the EU. Publikationsreihe Forum Nr 15. Bilbao

Fenner GH, Renn RW (2004) Technology-assisted supplemental work: Construct definition and a research framework. Hum Resour Manage 43:179–200

Gallup GmbH (2004) Engagement Index 2004. Pressemitteilung
Gebert D (2004) Durch Diversity zu mehr Teaminnovativität? Die Betriebswirtschaft 64:412–430
Geiger I, Brandenburg H (2000) Seniorinnen und Senioren ausländischer Herkunft. In: Wahl HW, Tesch-Römer C (Hrsg) Angewandte Gerontologie in Schlüsselbegriffen. Stuttgart
Geißler-Gruber B, Arbeitsbewältigungs-Coaching. Erfahrungen aus Interventionen in Deutschland und Österreich. Foliensatz. www.arbeitsleben.com
Genz U (2008) Wie kann eine alternde Bevölkerung fit gehalten werden? Vortrag im Arbeitskreis Personal- und Rekrutierungspolitik des ddn, 14.03.2008
Gottschall K, Voß GG (Hrsg) (2003) Entgrenzung von Arbeit und Leben. Zum Wandel der Beziehung von Erwerbstätigkeit und Privatsphäre im Alltag. München. Hampp (Arbeit und Leben im Umbruch, 5)
Goeudevert D (2002) zitiert In: Stuber M (2004) Diversity. Das Potenzial von Vielfalt nutzen – den Erfolg durch Offenheit steigern. München, S 27
Graf A (2002) Lebenszyklusorientierte Personalentwicklung. Berner betriebswirtschaftliche Schriften Bd 29. Bern
Guest DE (2004) The psychology of the employment relationship: An analysis based on the psychological contract. Appl Psychol (In International Review) 53(4):541–555

Haar JM, Spell CS (2004) Programme knowledge and value of work-family practices and organizational commitment. Int J Hum Resour Manag 15:1040–1055
Hacker W (1996) Erwerbsarbeit der Zukunft – Zukunft der Erwerbsarbeit: zusammenfassende arbeitswissenschaftliche Aspekte und weiterführende Aufgaben. In: Hacker W (Hrsg) Erwerbsarbeit der Zukunft auch für Ältere? Zürich, S 175ff
Hamilton BH, Nickerson JA, Owan H (2004) Diversity in Production Teams. Working Paper

Hasselhorn H, et al. (2005) Berufsausstieg bei Pflegepersonal – Arbeitsbedingungen und beabsichtigter Berufsausstieg bei Pflegepersonal in Deutschland und Europa. Schriftenreihe der Bundesanstalt für Arbeitsschutz und Arbeitsmedizin Ü 15. Bremerhaven

Hasselhorn H (2006) Der Work Ability Index (WAI) – ein Instrument zur Erhaltung und Förderung der Arbeitsfähigkeit in Unternehmen. Vortrag am 12.–13.12.06 auf der Euroforum Konferenz „Herausforderung Demografischer Wandel". Köln

Hauser F (2004) Erfolgsfaktor Führung – Was zeichnet einen guten Arbeitgeber aus? Vortrag 18.-19.11.2004, 3. Forum protecT, Gemeinsam erfolgreich – Mitarbeiter motivieren und führen. Bad Wildungen

Herrmann WM, Stephan K. Therapeutische Möglichkeiten und Bedeutung von Arzneimitteln bei altersbedingten Hirnleistungsstörungen. In: Oswald W, Lehr U (Hrsg) Altern: Veränderung und Bewältigung. S 105

Higgins C, Duxbury LE (2005) Saying "No" in a culture of hours, money and non-support. Ivey Business Journal S 1–5

Höfkes U (2003) Arbeitsmarkt und Beschäftigungsfähigkeit im demografischen Wandel. G.I.B. info 3/2003, S 16ff

Holz M (2008) Lernen Ältere anders? Arbeitskreis Qualifikation und lebenslanges Lernen. Deutsches Demografie-Netzwerk 7 Februar 2008

Horn JL (1982) The aging of human abilities. In: Wolman BB (Hrsg) Handbook of developmental psychology. New York

Hüther G (2007) Bedienungsanleitung für ein menschliche Gehirn, 7. Aufl, Göttingen

http://adeccoinstitute.com Sensibilisierung für die demografische Herausforderung Europas: Die demografische Fitness Untersuchung 2006

IG Metall (Hrsg) (2006) Tarifvertrag zur Gestaltung des demografischen Wandels, Frankfurt/M

IG Metall Vorstand (Hrsg) (2005) Der Work Ability Index (WAI) oder auf deutsch der Arbeitsbewältigungsindex (ABI) aus Sicht der IG Metall, Positionspapier, 18.03.2005. Frankfurt

Ilmarinen J (1999) Ageing workers in the European Union – Status and promotion of work ability, employability and employment. Helsinki

Ilmarinen J (2006) Improving Lifelong Learning and Employability. 5th European Conference on Promoting Workplace Health. 19, 20th June 2006. Linz

Ilmarinen J, Tempel J (2002) Arbeitsfähigkeit 2010 – Was können wir tun, damit Sie gesund bleiben? Hamburg

Initiative Neue Qualität der Arbeit – INQA (Hrsg) (2007) Demografie-Werkstatt Deutschland, Tagungsbericht zum II. INQA-Know-how-Kongress am 14. März 2007 in Berlin. Dortmund

Innenministerium des Landes NRW (Hrsg) (2006) Bericht der Projektgruppe „Altersstruktur der Polizei NRW" (unveröffentlichter Bericht). Düsseldorf

Institut der deutschen Wirtschaft (Hrsg) (2006) Bildungsarmut und Humankapitalschwäche in Deutschland. Gutachten. Köln

Institut für angewandte Arbeitswissenschaft (Hrsg) (2005) Demografische Analyse und Strategieentwicklung in Unternehmen. Köln

Institut für Industriebetriebslehre und Industrielle Produktion (IIP) (2001–2004) RESPECT – Research action for improving Elderly workers Safety Productivity Efficiency and Competence Towards the new working environment. EU-Forschungsprojekt. Karlsruhe

Kalina T, Voss-Dahm D (2005) Mehr Minijobs = mehr Bewegung auf dem Arbeitsmarkt? IAT-Report. Gelsenkirchen

Kalina T, Voss-Dahm D (2005) Fluktuation und Mobilität im Einzelhandel. Gelsenkirchen

Kastner M (2004) Work-Life-Balance als Zukunftsthema. In: Kastner M (Hrsg) Die Zukunft der Work Life Balance. Wie lassen sich Beruf und Familie, Arbeit und Freizeit miteinander vereinbaren? Kröning: Asanger, S. 1–66

Kern H, Schuhmann M (1984) Das Ende der Arbeitsteilung? Rationalisierung in der industriellen Produktion: Bestandsaufnahme, Trendbestimmung. München

Kittel P, Langhoff T (2007) Managing an Aging Workforce. Key Indicators for Demografic Change: Recent Findings and Trends, Lecture on the METRO Group Human Resources Conference. Düsseldorf

Knauth P (2007) Schichtplangestaltung – Was machen ältere Beschäftigte? Vortrag 11/07. Düsseldorf

Knoche M (2005) Personalpolitik als Gestalter und Wegbereiter von Innovationsprozessen. ifo-Schnelldienst 58(1):14

Knülle E (2005) (Dis)Ability Management – Nicht Arbeit macht krank – Nichtarbeit macht krank. Vortrag 6. Oktober 2005

Köchling A (2003) Betriebliche Anforderungen an Lösungskonzepte zur Stärkung der Arbeitsfähigkeit auf Basis zukunftsorientierter Personalplanungen. In: Giesa H-G, Timpe K-P, Winterfeld U (Hrsg) Psychologie der Arbeitssicherheit und Gesundheit. 12. Workshop 2003. Heidelberg

Köchling A (2007) Diversity als Innovationskultur (DIVINKU), Forschungsprojekt gefördert vom Projektträger Innovative Arbeitsgestaltung des Bundesministeriums für Bildung und Forschung, Projekthomepage www.diversitiy-innovation.de

Köchling A (2004) Früherkennung altersstruktureller Probleme in Unternehmen. In: Busch R (Hrsg) Alternsmanagement im Betrieb. Ältere Arbeitnehmer – zwischen Frühverrentung und Verlängerung der Lebensarbeitszeit. S 123ff. München und Mehring

Köchling A et al. (Hrsg) (2002) Innovation und Leistung mit älter werdenden Belegschaften. München und Mehring

Köchling A (2004) Leitfaden zur Selbstanalyse altersstruktureller Probleme in Unternehmen. 2. Aufl S 141ff. Dortmund

Köchling A (2005) Nachfolgeplanung In: Demografischer Wandel – (k)ein Problem! Werkzeuge für betriebliche Personalarbeit, hrsg vom BMBF Bonn/Berlin (s. auch www.demowerkzeuge.de)

Köchling A (2005) Wertschätzungstrainings. In: Demografischer Wandel – (k)ein Problem! Werkzeuge für betriebliche Personalarbeit, hrsg vom BMBF Bonn/Berlin (s. auch www.demowerkzeuge.de)
Köppel P, Sandner D (2008) Synergie durch Vielfalt. Praxisbeispiele zu Cultural Diversity in Unternehmen. Gütersloh
Köppel P, Yan J, Lüdicke J (2007) Cultural Diversity Management in Deutschland hinkt hinterher. Gütersloh
Kommission der Europäischen Gemeinschaften (Hrsg) (2004) Mitteilung der Kommission an den Rat, das Europäische Parlament, den Europäischen Wirtschafts- und Sozialausschuss und den Ausschuss der Regionen: Anhebung der Beschäftigungsquote älterer Arbeitskräfte und des Erwerbsaustrittsalters, Nr 146, 03.03.2004, Brüssel
Kotlikoff LJ, Wise DA (1987) Employee Retirement and a Firm's Pension Plan. National Bureau of Economic Research Working Paper Series, No 2323
Kossek EE, Ozeki C (1998) Work-family conflict, policies, and the job-life satisfaction relationship: A review and directions for organizational behavior human resources research. J Appl Psychol 83(2)139–149
Kossek EE, Ozeki C (1999) Bridging the work-family policy and productivity gap: a literature review. Int J Commun Work Fam. 2(1):7–32
Kossek EE, Lautsch BA, Eaton SC (2006) Telecommuting, control, and boundary management: Correlates of policy use and practice, job control and work-family effectiveness. J Vocat Behav 68:347–367
Kraatz S, Rhein T, Sproß C (2006) Internationaler Vergleich – Bei der Beschäftigung liegen andere Länder vorn. IAB-Kurzbericht Nr 5/2006
Kratzer N, Sauer D (2003) Andere Umstände – Neue Verhältnisse: Ein Orientierungsversuch für Arbeitsforschung und Arbeitspolitik. In: WSI-Mitteilungen 10/2003 S 578ff
Kultusministerkonferenz (Hrsg) (2005) Statistische Veröffentlichungen der Kultusministerkonferenz Nr 173, Januar 2005 Vorausberechnung der Schüler- und Absolventenzahlen 2003 bis 2020. Bonn

Lang K-H, Langhoff T (2004) Sicher investieren und gesünder arbeiten – Nahtstellen zwischen Existenzgründern und Arbeitsschutz. Sicherheitsingenieur 10:38
Langhoff T (1991) Altersbedingte Leistungsveränderungen und ihre Bedeutung für die Arbeitsgestaltung in Büro und Verwaltung. Diplom-Arbeit. Bochum
Langhoff T (2008) Altersstrukturanalyse. Vortrag auf der Euroforum-Konferenz „Personalmanagement im demografischen Wandel". München
Langhoff T (2003) Betriebliche Gestaltung des demografischen Wandels. In G.I.B. info 3/2003 S 29
Langhoff T (2008) Betriebliche Gestaltungsfelder des demografischen Wandels, Vortrag in Haus Rissen am 15. Januar 2008. Hamburg
Langhoff T (2007) Demografie-Report Metro AG. Unveröffentlichter Bericht. Düsseldorf
Langhoff T (2002) Ergebnisorientierter Arbeitsschutz: Bilanzierung und Perspektiven eines innovativen Ansatzes zur Betrieblichen Arbeitsschutzökonomie.

Hrsg Bundesanstalt für Arbeitsschutz und Arbeitsmedizin, Fb 955. Dortmund/Berlin

Langhoff T (2007) Ergebnisse der Workshopreihe „Demografiefeste Personalstrategien". Unveröffentlichter Projektbericht. Dortmund

Langhoff T (2007) Generationenübergreifende Personalpolitik. Vortrag und Podiumsdiskussion auf dem 16. Europäischen Aus- und Weiterbildungskongress, Forum 2: Potenziale aller Beschäftigten dauerhaft ausschöpfen. Köln

Langhoff T (2003) Handeln müssen die Unternehmen jetzt! Demografischer Wandel und die Zukunftsfähigkeit der Betriebe. In: zoom Nr 11/03 S 10f

Langhoff T (2007) Kennzahlen zum demografischen Wandel, Kennzahlen zum Handlungsfeld Arbeitsgestaltung. Vortrag am 21.03.2007, Metro AG. Düsseldorf

Langhoff T (2007) Mit der Analyse betrieblicher Altersstrukturen Gestaltungsfelder des demografischen Wandels erkennen, beurteilen und Maßnahmen treffen. Aus: Pieper R, Lang, K-H (Hrsg) Sicherheitsrechtliches Kolloquium 2005–2006, Forschungsbericht Nr 14. Wuppertal

Langhoff T (2006) Kennzahlen zum Diversity Management. Workshop im Arbeitskreis „Kennzahlen zum Demografischen Wandel", 13.12.2006, METRO Group. Düsseldorf

Langhoff T (2008) Kooperation als strategischer Ansatz im demografischen Wandel. Vortrag Nov. 08 auf dem ddn-Ideenworkshop, ING-DiBa AG. Frankfurt

Langhoff T (2005) Weiterbildung – eine Frage des Alters. Vortrag 03.11.05 auf der ifb Fachtagung „Alternde Belegschaften". Düsseldorf

Langhoff T et al. (2005) Der pro:gründer Investitions-Check. Sicher investieren und gesünder arbeiten. Unveröffentlichte Broschüre, auch als Online-Werkzeug auf dem Gründungsportal www.progruender.de

Langhoff T et al. (2006) Geprüfte Nachfolge. Instrument zur Betriebssicherheit, Produktsicherheit und Umweltverträglichkeit bei der Nachfolge von kleinen und mittelständischen Unternehmen (Safety & Environmental Due Dillegence). Unveröffentlichte Broschüre, auch als download auf www.progruender.de

Langhoff T et al. (2003) Kurzrecherche und Ideenpapier zur Thematik „Demografischer Wandel und Handwerk". Unveröffentlichte Studie für den WHKT NRW. Dortmund

Lederle S (2007) Die Einführung von Diversity Management in deutschen Organisationen: Eine neoinstitutionalistische Perspektive. Zeitschrift für Personalforschung 21:22

Lehmann E (2005) Produktivität im demografischen Wandel – Erkenntnisse aus Medizin und Psychologie. Workshop am 23.06.2005. Dortmund

Lehr U (1983) Altern – Tatsachen und Perspektiven. Bonn

Lehr U (2003) Psychologie des Alterns. Wiebelsheim

Lehr U (2007) Psychologie des Alterns. Wiebelsheim

Linde M (1984) Theorie der säkularen Nachwuchsbeschränkung 1800 bis 2000. Frankfurt/M

Lippe-Heinrich A (2002) Demographischer Wandel und seine Auswirkungen auf Betriebe und Mitarbeiter. Exemplarische Überlegungen zur Sicherung von handwerklichen Arbeitsplätzen von und für ältere Fachkräfte Vortrag im Rahmen des Projekts ALFIH, gefördert vom BMBF im Förderschwerpunkt „Öffentlichkeits- und Marketingstrategie Demographischer Wandel"

Lotzmann N (2008) Arbeiten ohne Auszubrennen: Mitarbeiter-Unterstützung in einer sich ständig verändernden Arbeitswelt. Vortrag auf der Euroforum-Konferenz „Personalmanagement im demografischen Wandel". München

Mann H (2008) Prävention und Gesundheitsförderung bei Audi Vortrag 17.04.2008

Marino D, Langhoff T (2008) Stress – Psychology – Health: The START process for assessing the risk posed by work-related stress. In: Magazine of the European Agency for safety and Health at Work, No 11, Healthy Workplaces. Good for you. Good for business. Luxembourg

Mayer KU, Baltes PB (Hrsg) (1998) Die Berliner Altersstudie, 2. Aufl

Mc Evoy GM, Cascio WF (1989) Cumulative Evidence of the relationship between employee age and job performance. J Appl Psychol 74:11

Modis Th (1998) Conquering uncertainty – Understanding corporate cycles and positioning your company to survive the changing environment. New York

Müller-Limmroth W (1984) Lebensalter und Arbeit. Aus: ASP 10/84:34

Murell KFH, Humphries S (1978) Age, experience and short term memory. In: Gruneberg MM, Morries PE, Sykes RN (Hrsg) Practical aspects of memory. 363ff. London

Muse L, Harris SG, Giles WF, Feild HS (2008) Work-life benefits and positive organizational behavior: is there a connection. J Organ Behav 29:171–192

Netta F (2007) Leadership – Gesundheit – Wirtschaftsergebnis: Beiträge zur Bewältigung des demografischen Wandels und zur Steigerung des Betriebsergebnisses über ein führungskulturbezogenes ganzheitliches Gesundheitsmanagement. Vortrag 14./15.11.2008 auf der Herbsttagung des zentralen Arbeitskreises Personal des VDMA. Heidelberg

Nölle K, Langhoff T (2008) Zeitarbeit in Deutschland – Bestandsaufnahme und Prognose, Schriftenreihe zur betrieblichen Zukunftsgestaltung Nr 7 (bisher unveröffentlicht). Dortmund

Olesch G (2007) Welche personalpolitischen Strategien erfordert die demografische Entwicklung? Zeitschrift für angewandte Arbeitswissenschaft 193:27

Olson PL, Siwak M (1986) Perception-response time in unexpected roadway hazards. Hum Factors 28:91

Osborne D, Gaebler T (1992) Reinventing Government. How the Entrepreneurial Spirit is transforming the public sector. London

Ostendorf-Servicessoglou E (2006) Kinderbetreuung im Verbund. Personalwirtschaft 8:44

Packebusch L (2000) Laufbahngestaltung als Beitrag zum Arbeits- und Gesundheitsschutz in Kleinbetrieben. In: Musahl HP, Eisenhauer T (Hrsg) Psychologie der Arbeitssicherheit. Heidelberg

Packebusch L, Weber B (2003) Demografie-Initiative – Betriebliche Strategien einer alternsgerechten Arbeits- und Personalpolitik. Schwerpunkte, Lösungsansätze, Ergebnisse. Unter Mitarbeit von Dyas S, Kurze S. Zentralverband Sanitär, Heizung, Klima (Hrsg), Broschürenreihe Demografie und Erwerbsarbeit. Stuttgart

Packebusch L, Weber B (2008) Initiative Fit für 2025. Herausforderungen des demografischen Wandels meistern. Vortrag

Packebusch L, Weber B (2002) Laufbahngestaltung in Kleinbetrieben. In: Handlungsanleitungen für eine alternsgerechte Arbeits- und Personalpolitik – Ergebnisse aus dem Transferprojekt. Hrsg Projektverbund Öffentlichkeits- und Marketingstrategie demografischer Wandel, S 41 ff. Stuttgart

Packebusch L, Weber B (2001) Laufplangestaltung in Kleinbetrieben. In: Buch, H, Schletz A (Hrsg) Wege aus dem demographischen Dilemma durch Sensibilisierung, Beratung und Gestaltung. Stuttgart

Pelled L, Eisenhardt K, Xin, K (1999) Exploring the black box: An analysis of work group diversity, conflict, and performance. Adm Sci Q 44(1):1–28

Pfaffenholz H-P (2007) Demografischer Wandel – Programm „Generations". Pressekonferenz 01.02.2007. Frankfurt/Main

Pfister J (2008) Abschied von der Frühverrentungspolitik – Das Modell METRO. Vortrag auf der CeBIT Forum HR 05.03.2008. Hannover

Pfister J (2005) Den demografischen Wandel gestalten – Ansätze aus Sicht der METRO Group. Vortrag 16.11.2005. Dortmund

Pfister J (2008) Die Entwicklung einer „demografitten" Unternehmenskultur als Wettbewerbsfaktor in den Wissensökonomie. Vortrag auf der Euroforum-Konferenz „Personalmanagement im demografischen Wandel". München

Pfister J (2006) „Wir hätten das gerne so – das geht nicht". Interview mit Dr. Jürgen Pfister, geführt im Juni 2006 von Katharina Daniels, redaktionelle Betreuung von disability-manager

Prognos (Hrsg) Bildung neu denken! Das Zukunftskonzept. Gemeinschaftsprojekt der Vereinigung der bayrischen Wirtschaft und der Prognos AG – unterstützt vom Verband der bayrischen Metall- und Elektro-Industrie

Prognos (Hrsg) (2005) Work-Life-Balance. Motor für wirtschaftliches Wachstum und gesellschaftliche Stabilität. Berlin

Raeder S, Grote G (2000) Flexibilisierung von Arbeitsverhältnisse und psychologischer Kontrakt: Neue Formen persönlicher Identität und betrieblicher Identifikation. Verfügbar unter http://e-collection.ethbib.ethz.ch/view/eth:24961 [12.11.2008]

Refa-Verband für Arbeitsstudien und Betriebsorganisation e.V. (Hrsg) (1991) Grundlagen der Arbeitsgestaltung. München

Regnet E (2004) Karriereentwicklung 40+. Weitere Perspektiven oder Endstation? Basel

Reindl J (2005) Alternsgerechter Personaleinsatz. In: Demografischer Wandel – (k)ein Problem! Werkzeuge für betriebliche Personalarbeit. BMBF (Hrsg) Bonn/Berlin (s. auch www.demowerkzeuge.de)

Reindl J (2005) Personalgewinnung: Ältere Fachkräfte. In: Demografischer Wandel – (k)ein Problem! Werkzeuge für betriebliche Personalarbeit. BMBF (Hrsg) Bonn/Berlin (s. auch www.demowerkzeuge.de)

Reindl J, Feller C, Morschhäuser M, Huber A (2004) Für immer jung? Wie Unternehmen des Maschinenbaus dem demographischen Wandel begegnen. Frankfurt

Restubog SLD, Bordia P, Tang RL (2006) Effects of psychological contract breach on performance of IT-employees: The mediating role of affective commitment. J Occup Organ Psychol 79:299–306

Richenhagen G (2005) Arbeit, Gesundheit, Beschäftigung – Aktivitäten in NRW. Vortrag 08.11.2005

Richenhagen G (2007) Demografischer Wandel in der Arbeitswelt – Internationale Vergleiche weisen den Weg. Zeitschrift für Arbeitswissenschaft 2:109

Richenhagen G (2007) Der Eurem 15-Indikator – Ein internationaler Vergleich der Employability mit Hilfe der EU-Arbeitskräfteerhebung. Zeitschrift für Arbeitswissenschaft 2:103

Richenhagen G (2007) Gesundheit, Beschäftigungsfähigkeit, demografischer Wandel – Neue Herausforderungen für Unternehmen des ÖPNV? Vortrag 26.06.2007

Richenhagen G (2003) Länger gesünder arbeiten – Handlungsmöglichkeiten für Unternehmen im demografischen Wandel. Ministerium für Wirtschaft und Arbeit des Landes NRW, Düsseldorf

Richenhagen G (2007) Alternsgerechte Personalarbeit: Employability fördern und erhalten. Personalführung 7:35

Richenhagen G (2008) Ziele der demografiegerechten Arbeitsgestaltung. Vortrag 19.05.2008 bei den Deutschen Edelstahlwerken. Krefeld

Rousseau DM (1995) Psychological contracts in organizations. Understanding written and unwritten agreements. Newbury Park, CA

Salthouse TA (1985) A Theory of cognitive ageing. Amsterdam

Salthouse TA (1984) Effects of age and skill in typing. J Exp Psychol 113:345

Salthouse TA (1997) Implications of adult age differences in cognition for work performance. Arbete och Hälsa 29:15–28

Satzer R, Geray M (2008) Stress-Psyche-Gesundheit. Das Startverfahren zur Gefährdungsbeurteilung von Arbeitsbelastungen. Frankfurt/M

Satzer R, Langhoff T (2008) Aufarbeitung betrieblicher Erfahrungen zur Umsetzung der Gefährdungsbeurteilung bei psychischen Belastungen. Forschungsauftrag der Bundesanstalt für Arbeitsschutz und Arbeitsmedizin (BAuA). Unveröffentlichter Zwischenbericht. Köln/Dortmund

Schat H-D (2005) Produktivität im demografischen Wandel. Ergebnisse empirischer Studien. Workshop 23.06.2005, Dortmund

Schneider L (2007) Mit 55 zum alten Eisen? Eine Analyse des Alterseinflusses auf die Produktivität anhand des Linked-Employer-Employee-Datensatzes des Instituts für Arbeitsmarkt und Berufsforschung (IAB). ZAF 1:77

Schneider L (2006) Zu alt für den Arbeitsmarkt? Der Einfluss des Alters auf die Produktivität. Wirtschaft im Wandel 11:330

Sczesny C. et al (2006) Kompetenzentwicklung für angelernte, ältere Mitarbeiter. Vortrag 01.06.2006

Sebald H, Enneking A (2006) Was Mitarbeiter bewegt und Unternehmen erfolgreich macht. Gewinnen, Binden und Motivieren von Mitarbeitern als erfolgskritischer Beitrag zum Unternehmenserfolg. Frankfurt

Seligman MEP (1975) Helplessness. On Depression, Development and Death. San Francisco

Sigrist J, Dragano N (2008) Psychosoziale Belastungen und Erkrankungsrisiken im Erwerbsleben. Befunde aus internationalen Studien zum Anforderungs-Kontroll-Modell und zum Modell beruflicher Gratifikationsrisiken. Bundesgesundheitsblatt – Gesundheitsforschung, Gesundheitsschutz 3:305–312

Skirbekk V (2004) Age and individual productivity: A literature survey. In: Feichtinger G Vienna Yearbook of Population Research, S 133ff. Wien

Spilker M, Hollmann D (2006) Unternehmenskultur, Führung und Gesundheit, Vortrag 28./29.03.2006. Bonn

Statistisches Bundesamt (Hrsg) (2002) Projektion des Erwerbspersonenpotenzials in Gesamtdeutschland 1996–2040. Wiesbaden

Staudinger UM (2007) Dynamisches Personalmanagement als eine Antwort auf den demografischen Wandel. In: Ballweiser W, Börsig C (Hrsg) Demografischer Wandel als unternehmerische Herausforderung. Kongressdokumentation zum 60. Deutschen Betriebswirtschaftstag. Stuttgart

Stuber M (2004) Diversity. Das Potenzial von Vielfalt nutzen – den Erfolg durch Offenheit steiger. München

Suprinovic O, Kranzusch P (2008) Die Vorbereitung des Mittelstands auf die Auswirkungen des demografischen Wandels – erste Befragungsergebnisse, hrsg. vom Institut für Mittelstandsforschung (Foliensatz). Bonn

Tommassini MC (2002) Theories of knowledge development within organisations: a preliminary over view. In: Nyhon B (Hrsg) Taking steps towards the knowledge society. CEDEFOP Reference Series 35. Luxemburg

Trainings Zentrum Zeitarbeit (TZZ) (2006) Bausteine einer zukunftsweisenden Personaldienstleistung. Erfahrungen aus Europa. Broschüre November 2006

Tschentscher G (2008) Retention Management vor dem Hintergrund der Demografie, Vortrag auf der Euroforum-Konferenz „Personalmanagement im demografischen Wandel". München

Tuomi K, et al (1997) Aging, work, life-style and work ability among Finnish municipla workers in 1981–1992. Scand J Work Environ Health 23(suppl 1):58–65

Tuomi K, Ilmarinen J (1999) Work, lifestyle, health and work ability among ageing municipal workers in 1981–1992. In: Ilmarinen J, Louhevaara W (Hrsg) FinnAge – Respect for the aging: Action programme to promote health, work ability and well-being of aging workers in 1990–1996. Finnish Institute of Occupational Health, Helsinki, S 220–232

United Parcel Service of America (Hrsg) (2007) Europe Business Monitor, Executive Summery XVI. Brussels

Ulich E, Wülser M (2005) Gesundheitsmanagement in Unternehmen. Arbeitspsychologische Perspektiven. 2. aktualisierte Aufl Wiesbaden

VDV-Akademie (Hrsg) (2007) Branchenleitfaden Demografie. Alternsgerechte Arbeitsgestaltung in Verkehrsunternehmen. Düsseldorf
Verband der Rentenversicherungsträger (Hrsg) (2005) Rentenversicherung in Zahlen 2005. Berlin
Voelcker-Rehage C, Godde B, Staudinger UM (2006) Bewegung, körperliche und geistige Mobilität im Alter. In: Bundesgesundheitsblatt 6:558
Volkholz V (2004) Einzigartigkeit gestalten. Zu Vielfalt und Individualität von Unternehmen. Stuttgart
Volkholz V (2008) Wertschöpfung, Gesundheit und Lernen – Berichte von Erwerbstätigen. Arbeitspapier 159. Hans-Böckler-Stiftung (Hrsg). Düsseldorf
Volkholz V, Langhoff T (2003) Alter und Altern der Erwerbstätigen in NRW. Diskussionspapier im Rahmen der Beratung des Arbeitsministeriums in NRW 2002 2003
Volkholz V, Langhoff T (2008) Altern als Wettbewerbsfaktor. Unveröffentlichtes Papier zum Forschungsbedarf im demografischen Wandel. Dortmund
Voß GG, Pongratz HJ (1998) Der Arbeitskraftunternehmer. Eine neue Grundform der "Ware Arbeitskraft"? Kölner Zeitschrift für Soziologie und Sozialpsychologie 50(1):131–158
Voss-Dahm D (2005) Verdrängen Minijobs „normale" Beschäftigung? IAT-Jahrbuch 2005. Gelsenkirchen

Waldman DA, Aviolo BJ (1986) A meta-analysis of age differences in job performance. J Appl Psychol 71:33
Weber B (2005) Alternsgerechte Arbeitsgestaltung im Handwerk. In: Demografischer Wandel – (k)ein Problem! Werkzeuge für betriebliche Personalarbeit. BMBF (Hrsg) Bonn/Berlin (siehe auch www.demowerkzeuge.de)
Weber B (2005) Personalentwicklung im Handwerk. In: Demografischer Wandel – (k)ein Problem! Werkzeuge für betriebliche Personalarbeit. BMBF (Hrsg) Bonn/Berlin (siehe auch www.demowerkzeuge.de)
Weber B (2005) Strategieentwicklung im Handwerk. In: Demografischer Wandel – (k)ein Problem! Werkzeuge für betriebliche Personalarbeit. BMBF (Hrsg) Bonn/Berlin (siehe auch www.demowerkzeuge.de)
Weber B, Packebusch L (2002) Durch qualifizierte Mitarbeiter/Mitarbeiterinnen zum Erfolg. Eine Handlungshilfe. Mönchengladbach
Weber B et al (2003) GOLDIE – Qualifizierung von älteren Beschäftigten zur Sicherung von Arbeitsverhältnissen im Handwerk. Entwicklung eines Qualifizierungskonzeptes. Mönchengladbach
Weber B et al (2007) Gesunde Menschen – Gesundes Handwerk. Handlungshilfe und Coaching-Leitfaden. Krefeld
Weiß P (2007) Demografischer Wandel – Chancen und Herausforderungen für das Handwerk. Zentralverband des deutschen Handwerks. Berlin
WestLB (Hrsg) (2007) Demografie & Humankapital. Unterschätztes Risiko für die Wettbewerbsfähigkeit. Düsseldorf

www.demowerkzeuge.de
www.destatis.de, Pfaff H et al. (2007) Lebenslagen der behinderten Menschen – Ergebnisse des Mikrozensus 2005. Statistisches Bundesamt. Wiesbaden
www.einzelhandel.de/servlet/PB/menu/1002512/index; zugegriffen am 01.02.2007
www.uni-bielefeld-de/gesundh/fakultaet (2003)
www.vamb.de (2008) Verzahnte Ausbildung mit Berufsbildungswerken, Modellprojekt zur beruflichen Rehabilitation behinderter Jugendlicher der METRO Group mit Berufsbildungswerken. Zugegriffen November 2008

Ylikoski T (2007) How to Benefit Strengths of Senior Workers? Vortrag und Podiumsdiskussion auf dem 16. Europäischen Aus- und Weiterbildungskongress, Forum 2: Potenziale aller Beschäftigten dauerhaft ausschöpfen. Köln

Zeiß C (2007) Managing Diversity – Eine personalökonomische Analyse. Zeitschrift für Personalforschung, 21:494
Zenger T, Lawrence B (1989) Organizational demography: The differential effects of age and tenure distributions on technical communications. Acad Manage J 32(2):353–376
Zentralverband des Deutschen Handwerks (Hrsg) (2003) Ausbildungsplatzsituation im Handwerk – Ergebnisse einer Umfrage bei Handwerksbetrieben im 3. Quartal 2003. Berlin
Zimmermann H (2006) Brauchen ältere Beschäftigte spezielle Weiterbildungsangebote? In: Konzertierte Aktion Weiterbildung e.V. (Hrsg): Weiterbildung – (K)eine Frage des Alters – demografische Entwicklung und lebenslanges Lernen. Dokumentation des Jahreskongresses 2006, S 85ff
Zimmermann H (2008) Weiterbildungskonzepte für das späte Erwerbsleben, Realisierungsformen und Einblicke in ihre Praxis. In: BWP 01/08 S 35ff

Über den Autor

Dr. rerum securitatis Thomas Langhoff, Diplom-Arbeitswissenschaftler, Diplom-Psychologe ist Geschäftsführer der prospektiv Gesellschaft für betriebliche Zukunftsgestaltungen mbH, Dortmund.

Er ist seit 1990 in der angewandten Arbeitswissenschaft tätig und seit ca. 1999 verstärkt mit der Gestaltung des demografischen Wandels betraut.

In dieser Zeit hat er mehrere Forschungsprojekte zum demografischen Wandel sowie in über 60 Unternehmen verschiedenster Branchen mit dem Instrument astra® Altersstrukturanalysen durchgeführt. Im Rahmen der Forschungsprojekte hat er zu relevanten betrieblichen Gestaltungsfeldern alternsgerechte Instrumente, Konzepte und Vorgehensweisen erarbeitet, vorhandene Strukturen und Prozesse im Hinblick auf Demografietauglichkeit auditiert sowie demografiefeste Managementsysteme aufgebaut. Mit diesem Knowhow hat er zahlreiche betriebliche Demografieprojekte initiiert und die Unternehmen bei der Gestaltung des demografischen Wandels begleitet. Seine Erfahrungen erstrecken sich vom verarbeitenden Gewerbe (Metall- u. Stahlindustrie, Maschinenbau), verschiedenen Dienstleistungsbranchen (insbesondere Einzelhandel), dem Öffentlichen Dienst (ÖPNV, Polizei) bis hin zum Handwerk.

Dr. Langhoff hat 2002–2003 das Arbeitsministerium in NRW zu Eckpunkten einer demografiefesten Arbeitspolitik beraten und berät auch seit 2005 das Innenministerium des Landes NRW sowie die Polizei zu Fragen des demografischen Wandels. Er ist aktives Mitglied des ddn im Arbeitskreis Personalpolitik.

Dr. Langhoff stellt mit dieser Buchveröffentlichung sein profundes arbeitswissenschaftliches Wissen und sein breites branchen- und betriebspraktisches Erfahrungswissen zur Gestaltung des demografischen Wandels der Öffentlichkeit zur Verfügung.

Sachverzeichnis

A
aerobe Fitness, 38
Allgemeine Gleichbehandlungsgesetz, 232
Alternsforschung, 6
alternsgerechte Arbeitsgestaltung, 319
Altersberg, 68
Altersdurchschnitt, 56
altersgemischte Teams, 47
Altersgruppe, 4, 17
altershomogene Belegschaft, 47
Alterskohorte, 19, 56
Altersstabilität, 42
Altersstruktur, 14, 88, 341
Altersstrukturanalyse, 53, 100, 271, 320, 323, 327, 333
Altersteilzeitregelung, 63
Altersverläufe, 62
Altersvorsorge, 112
Alterung, 4
An- und Ungelernte, 56, 105
Anforderungs- und Fähigkeitsprofile, 243
Anforderungsprofile, 109, 176, 337
Antidiskriminierung, 232
Arbeitgeberattraktivität, 112, 234, 294, 339
Arbeits- und Aufgabenanalyse, 129
Arbeitsaufgabe, 119
Arbeitsbedingungen, 252
Arbeitsbewältigungscoaching, 201
Arbeitsbiographie, 243
Arbeitsfähigkeit, 4, 22, 72, 147, 188, 251, 252, 319, 341
Arbeitsforschung, 6, 344
Arbeitsgestaltung, 21, 72, 101, 119, 172, 251, 312, 313, 319, 328
Arbeitsmarkt, 5, 73, 234
Arbeitsorganisation, 119, 148, 319
Arbeitsplatzsicherheit, 290
Arbeitsschutz, 161
Arbeitsschutzgesetz, 107, 142
Arbeitssituation, 189

Arbeitsteilung, 102
Arbeitsumfeld, 119
Arbeitsunfähigkeit, 147, 174, 329
  Fehlzeiten, 77
Arbeitsunfähigkeitsfälle, 149
Arbeitsunfähigkeitstage, 149
Arbeitsverdichtung, 120, 155, 243
arbeitswissenschaftlich, 20
Arbeitszeit, 72, 101, 119, 319
Arbeitszeitgestaltung, 321, 336
Attraktivitätsmerkmale, 112, 292
Audit, 104, 179
Aufgabenanforderungen, 46, 120
Aufgabeninhalte, 102, 120
Aufgabenzuschnitt, 72, 119
Aus- und Weiterbildung, 203
Ausbildungsvoraussetzungen, 274
Ausführungsdauer, 159, 170
Austrittsalter, 247

B
Babyboomer, 1, 14, 56, 262
Balancierungs- oder Wissensindikator, 70
Belastungswandel, 155
Belastungswechsel, 46, 170, 172, 173, 178, 321
BEM-Beauftragte, 180
Berufsausbildung, 264
Berufslaufbahnen, 63, 290
Berufslaufbahnkonzepte, 314
Berufslaufbahnplanung, 101, 312
Beschäftigungsfähigkeit, 319
Beschäftigungsförderung und -sicherung, 330
Beschäftigungsquote, 24
Beschäftigungssicherung, 330
Beschäftigungsverhältnisse, 120
Beschäftigungswandel, 155
Beschwerden, 171
Betriebliches Eingliederungsmanagement (BEM), 101, 109, 174

betriebliche Gesundheitsförderungsmaßnahmen, 324
betriebliche Interessenvertretung, 176, 320
Betriebliche(r) Demografie-Begleiter(in), 346
Betriebsarzt, 109, 176
Betriebsauftrag, 53, 60
Betriebskindergarten, 112
Betriebsklima, 39, 170, 247, 252, 253, 275
Betriebskultur, 172
Betriebsratshandeln, 327
Betriebsvereinbarung, 179
Betriebszugehörigkeit, 225, 285
Betriebszugehörigkeitsdauer, 47, 72, 111, 173
Bevölkerungsentwicklung, 11
Bevölkerungsstruktur, 63
Bewältigungsressourcen, 167
Bildung, 21
Bildungsarmut, 5, 259
Bildungsbedarf, 105, 209
Bildungsbereitschaft, 209
Bildungscontrolling, 225, 340
Bindung, 63, 102, 269
Bindungskonzepte, 111

C
Chancengleichheit, 238, 330
chronische Erkrankung, 174

D
Datenmaterial, 88
Datenmenge, 60
Defizitmodell vom Alter, 32
Demografiebericht, 102
demografiefeste Wissensbilanz, 346
Demografiefestigkeit, 99
Demografiemanagement, 53, 71, 303, 334, 343
Demografie-Monitor, 54
Demografie-Ökonomie-Paradoxon, 14
Demografieprojekt, 100
Demografie-Reporting, 54
Demografietauglichkeit, 99, 104
Demografietyp, 63, 88
demografische Brille, 99
Dendritenbaum, 78
Diversitäten, 236
Diversity Management, 101, 229, 339

E
Eignungsdiagnostik, 169
einfache Fortschreibung, 63
Eingliederungsgespräch, 110
Eingliederungsmanagement, 337
Eingliederungsplan, 110
Einzigartigkeit, 344
Employability, 291
Employer Branding, 111

Erfahrungswissen, 105, 213, 325
Ergebnisindikatoren, 103
Erholungsfähigkeit, 72
Ersatzbedarf, 22, 54
Erwachsenenbildung, 220
Erwerbsbevölkerung, 31
Erwerbsfähigkeit, 151, 188
Erwerbspersonenpotenzial, 1, 28, 229, 259
Erwerbsstruktur, 63
Erwerbstätige, 15
Erwerbsunfähigkeit, 45

F
Fachkräftemangel, 259, 262
Fähigkeitsprofil, 109, 176, 183, 337
Fehlbeanspruchung, 127, 253
Fehlzeiten, 149, 151, 159, 176
Fehlzeitenquote, 45, 169
Fehlzeitenstatistik, 107
Flexibilisierung, 288, 297
Flexibilisierungsmaßnahmen, 290
fluide Intelligenz, 37
Fluktuationsquote, 111
Forschungsbedarf, 260
Frauenerwerbsquote, 234, 298
Früherkennung, 195
Frühindikatoren, 103
Frühverrentung, 19, 46, 218
Frühverrentungsmöglichkeiten, 31
Führung, 251
Führungskompetenz, 247, 248, 252
Führungskultur, 170, 207, 248
Führungsorganisation, 312
Führungspositionen, 267
Führungsverhalten, 148, 247, 252, 253
Funktionsbereiche, 60, 99
Funktionsgruppen, 60, 99
Funktionstrennung, 173, 178

G
Geburtenrate, 1, 8
Geburtenzahl, 4
Gefährdungs- und Belastungsanalyse, 326
Gefährdungs- und Belastungsbeurteilung, 107
Gefährdungsbeurteilung, 142, 191, 327
Gender-Beratung, 282
Gerontologie, 260
Gestaltungsfelder, 101
Gesundheit, 21
Gesundheitsförderung, 72, 88, 191, 321
Gesundheitsförderungsmaßnahmen, 148
Gesundheitsindikator, 70
Gesundheitsmanagement, 101, 148, 161, 251, 252, 337
Gesundheitsprävention, 22
Gesundheitsprognose, 169

Sachverzeichnis

Gesundheitsressourcen, 107
Gesundheitszustand, 148, 325
Girls Day, 283
Gleichbehandlung, 232, 238, 330
Gleichstellung, 238, 330

H
Handlungsfelder, 102
Handlungsspielraum, 127, 174
Headhunting, 112
High Potentials, 291
Hirnforschung, 215
Humanressourcenmanagement, 251

I
Indikator, 136
Individualisierung, 5, 189, 230, 243, 249, 335
Innovationen, 5
Innovationsfähigkeit, 31
Innovationssprung, 3
Innovationsträger, 230
Intelligenztest, 36
Interessenvertretung, 322

J
Jobfamilien, 60

K
kalendarische Alter, 39
Karrierestau, 112, 207, 295
Kennzahlen, 56, 71
Kernbelegschaft, 76
Kinderbetreuung, 297, 298
kognitive Leistungsfähigkeit, 38
Kohorten, 17
Kohorteneffekte, 34
Kohortenwanderung, 5, 7
Kompensationsstrategien, 42
Kompetenzentwicklung, 209, 319
Kompetenzpass, 76, 105, 209
Krankenkasse, 180
Krankheitsarten, 153
Kreativaufgaben, 236
kristalline Intelligenz, 31
Kundenzufriedenheit, 76
Kündigungsschutz, 22
Kurzzeitkranke, 77

L
Längsschnittuntersuchungen, 37
Langzeitkranke, 77
Laufbahnkonzepte, 215
Laufbahnplanung, 249
Lebensarbeitszeit, 72, 73, 113, 218, 243, 257, 324, 335, 345
Lebensbegleitendes Lernen, 319

Lebenserwartung, 1, 8
Lebenslanges Lernen, 38, 209
Lebensphasen, 219
Leicht- und Lernarbeitsplätze, 109
Leicht- und Lerntätigkeiten
Leichtarbeitsplätze, 182
Leiharbeit, 123
Leistungsbereitschaft, 38
leistungseingeschränkte Mitarbeiter, 131
Leistungseingeschränkte, 72
Leistungseinschränkung, 174, 329, 337, 338
Leistungsfähigkeit, 31
Leistungsgewandelte, 133, 186
Leistungsmotivation, 38
Leistungswandel, 38
Lernentwöhnte, 105
Lernfähigkeit, 215
Lernkultur, 105

M
Maximalkapazität, 34
Maximalleistungen, 34
Mehrarbeit, 156
Merkmalskombination, 80
Migration, 16
Mischarbeit, 336
Mismatch, 262
Mitarbeiterbindung, 339
Mitarbeitergespräch, 213, 301, 325
Mitarbeiterzufriedenheit, 76
Mitbestimmungsrecht, 328
Mittelalte, 63
Monitoring, 71, 104
Motivation, 215

N
Nachfolgeplanung, 105, 203, 325, 340
Nachwuchsgewinnung, 70, 71
Nachwuchskräfte, 262

O
Organisationsperformanz, 191
Outsourcing, 133

P
Partizipation, 5, 72, 128, 172, 189, 249, 335
Personalbestandserhaltungsindikator, 70
Personaldatenbogen, 61
Personaleinsatz, 222, 249
Personaleinsatzplanung, 176, 213
Personalinformationssystem, 180
Personalrekrutierung, 338
Personalstrategie, 54, 268
Pflegebedürftige, 299
Pioniergewinne, 3
Pionierunternehmen, 6

Prävention, 20
Produktivität, 31, 45
Prognose, 8
psychische Automatisierung, 43
psychische Belastung, 161
psychologischer Vertrag, 289

Q
Qualifikationen, 264
Qualifikationsniveau, 245, 260
Qualifikationsprofil, 105, 325
Qualifizierung, 207, 321, 340
Querschnittsuntersuchung, 37

R
Randbelegschaften, 121
Raumentwicklung, 16
Reinsourcing, 133
Rekrutierung, 4, 102, 111, 269
Rekrutierungsbedarfe, 325
Rekrutierungskonzepte, 111
Rekrutierungspotenzial, 71, 265, 341
Rekrutierungsstrategien, 311
Renteneintritt, 4, 257
Renteneintrittsalter, 30, 56, 72
Rentensystem, 30
Rentenzugänge, 151
Ressourceneinsatz, 99
Roadmap, 343
Routinetätigkeiten, 236

S
Schichtarbeit, 22, 68, 138, 178, 336
Schlüsselqualifikationen, 335
Schlüsselvariable, 162, 225
Schonarbeitsplätze, 185
Schulabgänger, 265
Selbstauditierung, 115
Selektionseffekte, 45
Seniorengerechtigkeit, 32
Seniorenwirtschaft, 315, 317
Senioritätslöhne, 51
S-Kurve, 2
soziale Unterstützung, 128
Spätindikator, 148
Stammbelegschaft, 121
Standortanalyse, 102
Stellen- und Anforderungsprofil, 109
Stellenbeschreibungen, 129, 133, 183
Stellenprofil, 187, 337
Strategiecockpit, 71, 113
systematisches Managementhandeln, 179

T
Tätigkeitsrotation, 102
Tätigkeitswechsel, 76, 136, 159, 173, 225

Teamperformanz, 47
Teilzeit, 138
Teilzeitarbeit, 137
Treiberindikatoren, 296

U
Ungelernte, 264
Unternehmenskooperation, 303
Unternehmenskultur, 237, 247, 253, 254
Unternehmensnachfolge, 308
Ursache-Wirkungs-Ketten, 252

V
Verhaltensprävention, 187
Verjüngung, 47
Vorreiterunternehmen, 115
Vorruhestand, 188
Vorruhestandsregelungen, 31, 45, 111, 167, 243, 264

W
Wachstumskerne, 16
Wechselschicht, 46, 138
Weiterbildung, 76, 251, 312
Weiterbildungsangebote, 227
Weiterbildungsbereitschaft, 215
Weiterbildungsinhalte, 227
Weiterbildungskosten, 76
Weiterbildungsquoten, 205
Weiterbildungsrendite, 76
Weiterbildungstage, 76, 105
Weiterbildungsteilnehmer, 76, 105
Wertschätzung, 207, 236, 252, 253, 291
Wertschätzungskultur, 240
Wertschätzungsmanagement, 172
Wertschöpfung, 238
Werttreiber, 288
Wettbewerbsfaktor, 5
Wissensdiffusion, 5
Wissenstandem, 105
Wissenstransfer, 203, 320
Workability-Index, 76, 189
Work-Life-Balance, 22, 72, 101, 111, 215, 339
Wunscharbeitszeit, 112, 138

Y
Young Professionals, 291

Z
Zugangsmobilität, 285
Zukunftsfähigkeit, 99
Zukunftsgespräch, 105, 214
Zukunftsindikator, 1, 7
Zukunftsprognose, 111
Zukunftsszenarios, 67
Zuwanderung, 1, 11

Printed by Books on Demand, Germany